KB102298

자동차 / 전기 / 메카트로닉스 / 건설 분야

일반기계공학

차흥식 · 양인권 공저

🌀 일진사

머리말

우리 생활에 필요한 모든 제품은 기계에 의해 제작되거나 상품화되고 있다. 특히, 자동차는 기계 공학의 집합체라 해도 과언이 아니며, 전자 또는 전기 제품을 생산하는 것도 기계이다. 즉, 공업의 발달은 곧 기계 공학의 발달에 의해 이루어진다고 할 수 있다.

이에 이 책은 순수 기계 공학을 전공하는 공학도뿐만 아니라 자동차, 전기, 메카트로닉스, 건설 등 기계 공업 현장의 실무자에게 유용한 지침서가 되도록 필수적으로 알아야 할 기초적인 내용을 다루었다. 또한 일반 4년제 대학뿐만 아니라 전문대학, 기능대학, 직업전문학교 등에서 모든 기계와 관련된 교과목의 교과서로 활용할 수 있게 다음과 같이 구성하였다.

제1장 일반 기계 공학의 개요 : 각종 산업기계의 분류와 정의
제2장 기계 공작법 : 주조, 소성가공, 용접, 측정 등 비절삭과 절삭이론, 각종
　　　　　　　　　　　공작기계 등의 절삭
제3장 재료 역학 : 하중과 응력 및 변형률, 보와 비틀림
제4장 기계 요소 설계 : 체결용 요소, 축계, 전동용 요소, 제어용 요소
제5장 기계 재료 : 금속재료와 비금속재료에 관한 특징과 용도 및 검사 등
제6장 유체 기계 : 수력기계와 공압, 유압기계의 이론과 실제

끝으로, 이 책을 이용하여 기계 공학을 공부하는 분들에게 많은 도움이 되길 바라며, 내용상 부족한 점 등 수정해야 할 부분은 앞으로 계속 독자들의 기탄 없는 지적을 수렴하여 반드시 수정, 보완할 것을 약속 드린다.

또한, 이 책이 출간되기까지 옆에서 도와주신 현장 및 학교 관계자와 도서출판 **일진사** 여러분께 진심으로 감사드린다.

저자 씀

차 례

제1장 일반 기계 공학의 개요

제2장 기계 공작법

제3장 재료 역학

제4장 기계 요소 설계

제5장 기계 재료

제6장 유체 기계

제1장 일반 기계 공학의 개요

1. 기계의 의미

인간이 기계를 수동적으로 이용하던 과거 시대에서 기계가 인간을 대신하여 움직이는 자동화(automation) 시대로 변해 가고 있다. 이와 같이 오늘날의 인류 문명은 기계 공업의 발달에 의해 이루어지고 있는 것이다.

기계(machine)란 저항력 있는 물체의 결합으로서 각부가 서로 연결되어 일정한 구속 운동을 하고, 에너지를 공급받아 필요한 일을 하는 것을 말한다.

예를 들면 자동차, 선박, 전동기 등은 주철, 강철, 철판, 강선 등의 저항력이 있는 물체의 조합이고, 이들을 구성하는 부품이 서로 연결되어 일정한 위치에서 회전운동 등을 하며, 외부에 대하여 일을 하므로 모두 기계의 요건을 만족한다.

1-1 동력기계

(1) 동력기계(power machine)

전기적 에너지, 화학적 에너지, 그 밖의 여러 가지 에너지를 우리들이 이용하기 편리한 기계적 에너지로 변화시키는 기계를 말한다.

(2) 증기 원동기(steam prime mover)

기름이나 석탄을 연소시켜 보일러에서 증기를 만들고, 그 열에너지를 기계적 에너지로 변화시키는 것을 말한다.

(3) 내연 기관(internal combustion engine)

가솔린 기관과 같이 실린더 내에서 연료를 연소시켜 연소에 의해 발생한 고온 고압의 가스가 갖는 에너지를 열에너지로 바꿔서 기관의 피스톤에 기계적 에너지를 부여하는 기관이다. 또, 가솔린 대신 연료로 디젤유 또는 중유를 사용하는 것은 디젤 기관이다.

(4) 원동기 (prime mover)

자연의 에너지를 기계적 에너지, 즉 동력으로 변화시키는 기계를 말한다.

① 원동기

(가) 풍수력 기관 : 풍차, 수차 등

(나) 열기관 (heat engine)

- 외연 기관 : 증기 원동기, 증기 터빈 등
- 내연 기관 : 가스 기관, 가솔린 기관, 디젤 기관, 가스 터빈 등

② 동력 중계기관 : 원동기에 의해 발생된 동력을 받아서 다시 동력을 발생시키는 기계를 말한다.

(가) 수압기, 전동기, 발전기

(나) 공기 기계 : 공기 압축기, 압축 공기 응용기계 등

1-2 작업기계

작업기계는 원동기로부터 에너지를 받아서 작업 목적을 달성하는 기계이다.

(1) 생산기계

① 공작기계 : 선반, 연삭기, 드릴링 머신, 용접기, 압연기 등

② 제조기계 : 방직 및 방적기, 제분기, 화학기계 등

(2) 운반기계

크레인, 컨베이어, 펌프, 송풍기, 호이스트 등

(3) 건설기계

불도저, 굴착기계, 스크레이퍼 (scraper), 기초 공사용 기계, 파일 드라이버 등

(4) 그 밖의 기계

인쇄기계, 염색용 기계 등

1-3 전달기계

작업기계와 작업기계 사이에서 동력기계로부터 발생한 기계적 에너지를 받아 작업기계에 전달하는 사이에 하고자 하는 작업에 알맞도록 운동의 방향 또는 빠르기 등을 조절하는 기계이다.

(1) 직접 접촉

기어 (gear), 마찰차 (friction wheel) 등

(2) 간접 접촉

벨트와 풀리, 체인과 스프로킷 휠, 로프와 로프 풀리 등

(3) 유체 전동

유체 토크 컨버터, 유체 커플링 등

(4) 전기전자식 전동

전자석을 이용하는 전자석 기중기 등

2. 기계 공학

기계 공학 (mechanical engineering) 이란 자연으로부터 얻어지는 재료를 과학적으로 이용하여 가공하거나, 형상 및 치수를 바꾸어 우리 인간에게 유용한 도구, 기계, 장치 등을 생산하는 기술을 연구하는 학문이다.

2-1 일반 기계 공학

기계의 재료와 제조 및 기계의 에너지 변환에 관한 기본 지식을 다루는 분야를 일반 기계 공학이라 한다.

(1) 기계의 재료와 제조에 관한 기본

① 기계의 고체 재료와 그 강도
② 기계 재료, 재료 역학

③ 기계의 계획, 기계 설계, 기계의 요소와 기구, 기계(기구)의 역학

④ 기계의 제조, 기계의 가공학

(2) 기계의 에너지 변환에 관한 기본

① 액체와 기체 재료의 성질, 유체 역학과 유체 에너지 변환

② 가스의 성질, 열역학과 열에너지 변환

③ 고체·액체·기체 등의 열 이동, 전열

2-2 응용 기계 공학

일반 기계 공학의 구체적인 기계로의 응용과 이용에 관한 것을 다루며 다음과 같이 나누어 생각할 수 있다.

① **원동기** : 내연 기관, 증기 터빈, 수력기계, 전동기 등

② **운반기계** : 자동차, 철도 차량, 선박, 항공기, 하역기계 등

③ **제조 및 작업기계** : 공작기계, 단조기계, 화학기계, 식품기계, 인쇄기계, 건설기계, 농업기계, 가정용 기계 등

3. 기계의 제작

3-1 기계의 제작 공정

기계는 앞에서 설명한 바와 같이 그 응용 범위가 매우 넓으며, 기계를 제작할 때는 먼저 기계를 만들기 위한 도면을 구성하고, 다음에 표시되는 순서에 따라 만들어 조립한 다음 시험과 검사를 거쳐 상품화한다.

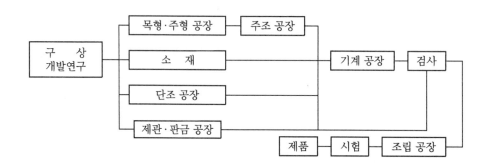

예제 **1.** 다음은 기계의 제작 순서를 나타낸 것이다. [   ] 속을 채우시오.

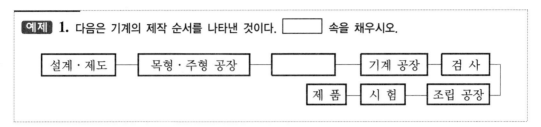

해설 주조 공장

3-2 기계 공학에 사용되는 중요 단위

(1) 압력(pressure)

압력의 단위는 kgf/cm^2, $\text{Pa}(=\text{N/m}^2)$을 사용하며, 이것을 표준 기압 atm으로 나타낸다.

압력에는 완전 진공을 기준으로 하는 절대압력(absolute pressure) P_{abs}, 대기압 P_a를 기준으로 하는 계기 압력(gauge pressure) P_g와 대기압보다 낮은 진공인 P_v가 있다. 이들 압력 사이에는 다음과 같은 관계가 있다.

$$P_{abs} = P_a + P_g = P_a - P_v$$

$1\,\text{atm} = 760\,\text{mmHg} = 10332\,\text{mmAq} = 1.0332\,\text{kgf/cm}^2\,(0\,℃) = 1.01325\,\text{bar}$
$\qquad = 101325\,\text{Pa(N/m}^2) = 14.7\,\text{psi}$

또한, 압력을 표시할 때에는 수주의 높이 mmAq가 사용되는 경우도 있다.

$1\,\text{mmAq} = 1\,\text{kgf/m}^2 = 9.8\,\text{N/m}^2\,(=\text{Pa})$

예제 **2.** 게이지 압력 235 kPa이라면 절대압력은 몇 kPa인가? (단, 대기압은 740 mmHg이다.)

해설 $P_{abs} = P_a + P_g = \dfrac{740}{760} \times 101.325 + 235 = 98.66 + 235 ≒ 333.66\,\text{kPa}$

(2) 일 (work)

물체에 힘 $F\,[\text{N}]$을 가하여 변위 $l\,[\text{m}]$만큼 이동하였다면 이때 한 일 $W\,[\text{N·m}]$는 다음과 같다.

$$W = Fl\,[\text{N·m} = \text{J}]$$

그림과 같이 힘의 방향과 변위의 방향이 α의 각도를 이루는 경우에는 다음과 같이 된다.

$$W = Fl\cos\alpha\,[\text{N·m}]$$

예제 3. 중량 30000 N의 물체를 3 m 들어 올리는 데 필요한 일은 몇 kN · m인가?

[해설] $W = Fs = 30000 \times 3 = 90000\,\mathrm{N \cdot m} = 90\,\mathrm{kN \cdot m\,(kJ)}$

(3) 동력 (power)

단위 시간에 한 일을 동력 (power)이라 하고, 그 단위로는 PS 또는 HP와 kW가 사용된다.

1 PS = 75 kgf · m/s = 0.7355 kW, 1 HP = 550 ft · lbf /s = 0.7457 kW

1 kW = 1 kJ/s = 1000 J/s = 860 kcal/h = 101.97 kgf · m/s = 3600 kJ/h

(1 PSh = 632.3 kcal ≒ 2647 kJ)

(4) 비체적, 비중량 및 밀도

① **비체적(specific volume)** : 단위 질량당의 체적 $v = \dfrac{V}{m}$ [m³/kg]으로 표시된다(밀도의 역수).

② **비중량 (specific weight)** : 단위 체적당의 중량 $\gamma = \dfrac{G}{V}$ [N/m³]으로 표시된다.

③ **밀도 (density)** : 단위 체적당의 질량 $\rho = \dfrac{m}{V}$ [kg/m³]으로 표시된다.

(5) 온도(temperature)

온도에는 섭씨 온도 (celsius 또는 centigrade)와 화씨 온도 (fahrenheit) 가 있다.

① **섭씨 온도** : 표준대기압 (760 mmHg, 101.325 kPa)에서 물의 어는점을 0℃, 끓는점을 100℃로 하고 그 사이를 100등분한 온도이다.

② **화씨 온도** : 표준대기압에서 물의 어는점을 32°F, 끓는점을 212°F로 하고 두 정점 사이를 180등분한 온도이다.

섭씨 온도 t_C와 화씨 온도 t_F 사이의 환산식은 다음과 같다.

$$t_C = \frac{5}{9}(t_F - 32)[℃], \quad t_F = \frac{9}{5}t_C + 32[°F]$$

한편 절대 온도를 T로 표시하면

$$T_C = t_C + 273.16 ≒ t_C + 273\,[K]$$

$$T_F = t_F + 459.69 ≒ t_F + 460\,[°R]$$

$$T_C = \frac{5}{9}T_F$$

예제 4. 섭씨 40 ℃는 화씨 몇 도인가?

[해설] $t_F = \dfrac{9}{5}t_C + 32 = \dfrac{9}{5} \times 40 + 32 = 104\,°F$

(6) 열량 (quantity of heat)

열량의 단위로는 kcal 또는 kJ이 사용되며, kcal는 순수한 물 1 kgf의 온도를 대기압하에서 1 ℃ 높이는 데 필요로 하는 열량이다.

$$물의\ 비열(C) = 1\,kcal/kgf\,℃ = 4.186\,kJ/kg\,K$$

① **15℃ 칼로리** : 대기압하에서 순수한 물 1 kgf 을 14.5℃에서 15.5℃까지 상승시키는 데 필요로 하는 열량을 15℃ 칼로리라 한다.

② **평균 칼로리** : 대기압하에서 순수한 물 1 kgf 을 0℃로부터 100℃까지 상승시키는 데 필요로 하는 열량을 100등분한 것을 평균 칼로리라 한다. 열량의 단위로 사용되는 Btu (British thermal unit)는 물 1bf의 온도를 1℉ (32℉에서 212℉까지 높이는 데 필요한 열량의 180분의 1) 상승시키는데 필요로 하는 열량을 말한다. 또, Chu (Centigrade heat unit)는 물 1bf를 0℃로부터 100℃까지 높이는 데 필요로 하는 열량의 1 / 100 을 말한다.

열량의 단위 환산표

kcal	Btu	Chu	kJ
1	3.968	2.205	4.186
0.252	1	0.5556	1.055
0.454	$1.8\left(=\dfrac{9}{5}\right)$	1	1.9
0.239	0.948	0.526	1

4. 기계의 효율

$$기계\ 효율(\eta) = \frac{기계가\ 하는\ 일}{기계에\ 공급한\ 에너지} \times 100\,\% \ 로\ 표시된다.$$

일반적으로 에너지를 공급하는 곳으로부터 일을 하는 곳까지의 사이에 몇 개의 기계 또는 기구가 마련되어 있는 경우 이들 전체 효율 η 는 각 기구의 효율 $\eta_1,\ \eta_1\cdots$ 의 곱으로 표시된다.

$$\eta = \eta_1 \cdot \eta_2 \cdot \eta_3 \dots \eta_n$$

직선운동에서 힘을 F [N], 속도를 V [m/s]라 하면 동력 H는 $H = \dfrac{FV}{1000}$ [kW]가 되고, 회전운동에서 토크를 T [N·m], 회전수를 n [rpm]이라 하면 동력 H는 $H = T \cdot \omega = \dfrac{2\pi n T}{1000 \times 60}$ [PS]가 된다.

앞에서 설명한 바와 같이 기계의 운전에는 반드시 손실이 따르므로 기계가 외부에 한 일은 기계에 공급된 에너지보다 적다. 외부에 한 기계적 일의 공급된 에너지에 대한 비를 기계 효율 η 로 정의하였으므로 이 값은 항상 1보다 작은 값이 된다.

지금 원동기의 효율을 η_1, 전동기의 효율을 η_2, 작업기의 효율을 η_3라 할 때 원동기–전동기–작업기를 일련의 기계로 생각하면 이때의 효율 η 는 $\eta = \eta_1 \cdot \eta_2 \cdot \eta_3$ 로 표시된다.

(1) 원동기의 효율 (η_1)

$$\eta_1 = \frac{\text{출력 축에서의 에너지}}{\text{공급된 에너지}} \times 100 \, (\%)$$

(2) 전동기의 효율 (η_2)

$$\eta_2 = \frac{\text{작업기에 주어진 기계적 에너지}}{\text{원동기로부터 받은 기계 에너지}} \times 100 \, (\%)$$

(3) 작업기의 효율 (η_3)

$$\eta_3 = \frac{\text{작업 대상물이 받는 기계적 일}}{\text{작업기에 주어진 기계적 에너지}} \times 100 \, (\%)$$

예제 5. 지름 30 cm인 마찰차가 1000 N 의 접선력을 받고 있을 때의 속도가 600 rpm 이라면 전달동력은 몇 kW인가?

[해설] ① 토크(T) $= Fr = 1000 \times \dfrac{0.30}{2} = 150$ N·m $= 150$ J

② 전달동력(H) $= \dfrac{T\omega}{1000} = \dfrac{2\pi n T}{1000 \times 60} = \dfrac{2\pi \times 600 \times 150}{1000 \times 60} ≒ 9.42$ kW

예제 6. 다음 그림과 같이 물체의 중심으로부터 r [m] 거리에 힘 F [N]가 작용하는 경우 회전축 둘레의 토크 T를 구하는 식은?

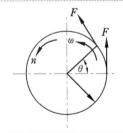

[해설] ① 토크(T) $= Fr$ [N·m=J]

② 일량(W) $= Fr\theta = T\theta$ [N · m=J]

제**2**장 **기계 공작법**

필요한 기계 재료를 설계된 모양과 치수 및 기능을 가지게 하기 위하여 열과 기계적인 힘을 가하여 사용 목적에 적합한 제품으로 만드는 방법과 기술을 기계공작이라 한다. 여기에 사용되는 재료는 앞에서 기술한 많은 종류의 재료가 쓰이나 주로 금속 재료가 많다. 금속을 가공하는 경우에는 그 금속의 성질에 따라 가용성, 전성 및 절삭성을 이용한다. 가용성을 이용하는 방법에는 주조, 용접 등이 있고, 전성을 이용하는 가공법에는 단조, 압연, 프레스 등의 소성 가공이, 그리고 절삭성을 이용하는 가공법에는 선반 가공, 밀링 가공, 드릴 가공, 연삭 가공 등이 있다.

1. 주 조 (casting)

주철, 구리 합금, 알루미늄 합금 등의 금속을 가열하여 용해해서 녹은 쇳물을 모래나 금속으로 만든 주형에 주입하여 응고시켜 소요의 형상인 제품을 만드는 가공법을 주조라 하며, 이때 만들어진 제품을 주물이라 하고, 주조는 복잡하고 대형인 제품을 비교적 쉽게 만들 수 있다.

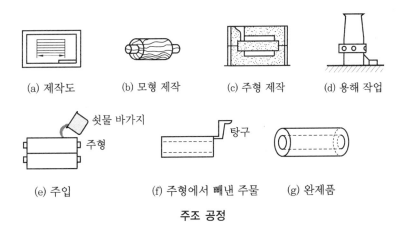

(a) 제작도   (b) 모형 제작   (c) 주형 제작   (d) 용해 작업

(e) 주입   (f) 주형에서 빼낸 주물   (g) 완제품

주조 공정

1-1 원형 (solid pattern)

원형에 사용되는 재료는 대부분이 목재이며, 그 밖에 금속, 합성수지, 석고 등이 있다. 목재로 만든 원형을 목형이라 하는데, 목재는 가공하기 쉽고 비교적 오랫동안 사용할 수 있으며, 가벼워서 취급하기 쉽고, 값이 싸서 널리 사용된다. 그리고 금속으로 만든 원형을 금형이라 하고 여러 번 반복하여 사용할 때와 기계조형 작업에 사용된다.

(1) 현 형

제작할 제품과 거의 같은 모양의 원형에, 주조 재료의 수축여유, 가공여유 등을 고려하여 만든 원형(solid pattern)을 말한다.

① **단체형** : 주물의 모양이 간단한 것을 목적으로 하는 주물과 동일하게 1개로 제작하는 것

② **분할형** : 원형을 주형에서 빼내기 쉽게 하기 위하여 상하를 두 부분으로 나누고 분할된 면은 맞춤못(다월 핀)으로 연결한 것

③ **부분형** : 주물이 대칭이면서 비교적 큰 기어와 같은 원형 제품을 일부분의 목형만 만들어 원형을 일부분씩 돌리면서 주형을 제작하는 것

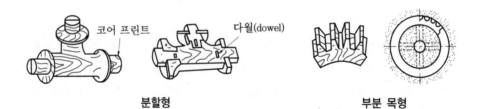

분할형 　　　　　　　부분 목형

(2) 코어형

주물에 속이 빈 부분을 만들 때에는 목형을 사용하여 주형을 만들고, 그 주형에 코어형(core box)으로 만든 코어를 넣으면 된다. 또, 코어를 지지하기 위하여 목형에 코어 프린트(core print)를 붙인다.

(a) 주물 　　　　(b) 목형 　　　　(c) 코어형

목형 및 코어 상자

(3) 골격형

주물의 수량이 적고 대형일 경우 전체의 골격만 만드는 것이다.

(4) 긁기형

단면이 일정하고 길이가 단면에 비해 길 때 사용한다.

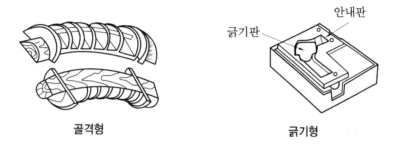

골격형   **긁기형**

1-2 주형 제작

　주물사로 만든 주형(mould)을 모래 주형이라 하며 가장 많이 사용된다. 주형은 제작하는 재료에 따라 모래 주형과 금형이 있다. 주형 제작에는 기계조형이 가능한 주형 제작 방법인 조립 주형법과 개방 주형법, 혼성 주형법 등이 있다. 주물사는 내열성과 강도가 커야 하고, 통기성이 커야 주물에 기공 등의 결함이 생기지 않는다. 또한, 성형성과 보온성, 경제성이 있어야 한다.

(1) 조립 주형법(flask moulding)

　위아래로 2개 또는 여러 개의 주형 틀을 사용하여 주형을 만드는 방법으로 주형 제작이 비교적 쉽고, 완성된 주형을 운반할 수도 있어 가장 많이 사용된다.

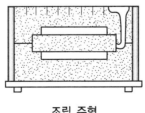

조립 주형

(2) 혼성 주형법(floor moulding)

혼성 주형법은 대형 주물을 만들 때 바닥에 주물사의 하형을 만들고, 상형에만 주형틀을 사용하는 방법이다.

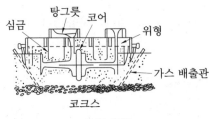

혼성 주형

(3) 기계 조형법

손 조형법은 시설비가 적게 드는 장점이 있으나, 생산속도가 느리고 제품이 균일하지 못하므로 대량 생산과 제품의 균일화를 위하여 조형작업에 여러 가지 기계 설비가 사용되고 있는데, 조형기를 사용한 주형 제작을 기계 조형법이라 한다.

1-3 용해와 주입

(1) 주조 방안

① **수축여유** : 목적하는 크기의 주물을 얻기 위해 수축량 만큼 모형을 크게 만들어 주는 양을 말한다.

② **주물자** : 표준 눈금의 자에 수축여유를 합쳐서 붙인 눈금의 자를 말한다.

③ **가공여유** : 다듬질이나 기계 절삭가공에 대한 여유 치수를 말한다.

④ **보정여유** : 수축여유, 가공여유 이외의 부분에 치수를 증대시키는 양을 말한다.

⑤ **목형 구배** : 모형을 뽑기 위한 기울기를 말한다.

⑥ **코어 프린트** : 코어가 들어가 지지될 부분을 말한다.

⑦ **라운딩** : 주물의 모서리 각을 내외면 모두 둥글게 만드는 것이다.

(2) 용해로

용해로는 일반적으로 주철에는 큐폴라(cupola) 와 전기로, 비철합금에는 도가니로, 전기로 등이 사용되는데, 용융금속의 용융점, 용해량, 주물의 성질 등에 따라 적합한 용해로를 선택하여야 한다.

① **큐폴라** : 주로 주철을 용해할 때 사용하며, 장입과 용해작업이 연속적으로 이루어지는 것으로 외부는 연강판으로 만들고, 내부는 내화벽돌로 쌓은 후, 내화점토를 바른다. 연료는 코크스(cokes)를 사용하며 장입구에서 코크스, 석회석, 지금(신철, 고철) 등을 교대로 반복하여 장입한다. 큐폴라의 용량은 1시간에 용해할 수 있는 쇳물의 무게로 나타내며, 3~10 톤의 것이 많이 사용되고 있다.

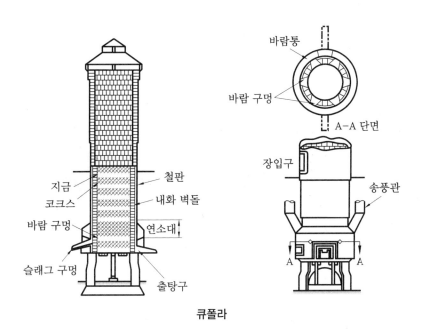

큐폴라

② **도가니로** : 흑연과 내화점토로 만들어진 도가니 안에 연료 금속을 넣고, 외부로부터 코크스, 중유, 가스 등의 열원을 가하여 용해하는 노로, 원료 금속이 연소가스에 직접 접촉되지 않으므로 구리 합금, 경합금, 합금강과 같이 정확한 성분을 필요로 하는 금속을 용해하는데 적합하다. 그러나 비싸고 수명이 짧으며, 열효율이 낮고 용해량이 도가니의 크기와 수에 따라 제한되므로 소용량의 용해에 사용된다.

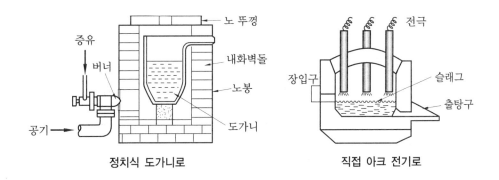

정치식 도가니로   직접 아크 전기로

③ **전기로(electric furnace)** : 전기로는 노 안의 온도를 높은 온도로 정확하게 유지할 수 있고 온도의 조절도 자유롭게 되며, 연소가스의 영향을 받지 않는 등의 많은 이점이 있어 고급 주철, 주강, 구리 합금의 용해에 많이 사용되며, 전기 에너지를 열로 바꾸는 방법에 따라 직접 아크로, 간접 아크로, 유도로 등이 있다. 전기 유도로는 아크로와 같은 전극을 사용하지 않고, 전류에 의하여 발생하는 유도작용을 응용하여 장입 금속 자체에 유도 전류를 흐르게 하여 가열 용해하는 노로서, 저주파로와 고주파로가 있다.

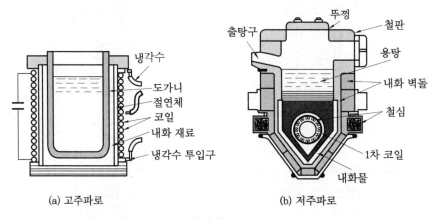

(a) 고주파로   (b) 저주파로

전기 유도로

1-4   그 밖의 주조법

(1) 원심 주조법 (centrifugal casting)

고속으로 회전하는 원통형의 주형 안에 주철, 경합금, 청동 등 일정량의 쇳물을 주입하고 원심력으로 원통 내면에 가압, 응고시켜 관, 피스톤 링, 실린더 라이너, 브레이크 링 등을 주조하는 데 이용된다.

(a) 원리   (b) 원심 주조기의 예

원심 주조법

(2) 칠드 주조법 (chilled casting)

모래형의 일부분을 금형으로 한 주형에 쇳물을 주입하여 금형에 접한 부분의 주물 표면은 급랭되어 대단히 단단한 탄화철의 조직이 되고, 내부는 서랭되어 본래의 연한 주물을 제작하는 것으로, 단단해진 표면을 칠드층이라 하고, 압연 롤러, 기차바퀴 등을 만들 때 사용된다.

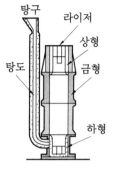

칠드 주조법

(3) 정밀 주조법 (precision casting)

① **다이 캐스트법** (die casting) : 두 쪽으로 벌어질 수 있도록 된 장치로 정밀하고 견고한 금속(die)에 용탕 (용해된 금속)을 고압으로 금형에 압입하여 응고한 후에 금속형을 벌려 주물을 빼내는 방법이다. 주물 표면이 깨끗하고 치수의 정밀도가 높으며, 제품이 균일하고 강도가 커 복잡한 모양의 얇은 주물 생산에 이용되며, 1개의 금형으로 많은 양의 주조가 가능하고 주조속도는 빠르므로 대량생산에 적합하다.

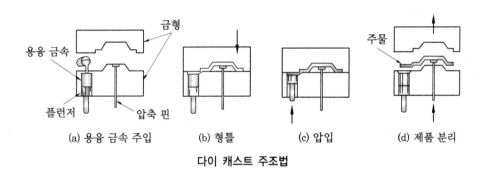

(a) 용융 금속 주입   (b) 형틀   (c) 압입   (d) 제품 분리

다이 캐스트 주조법

② **셸 몰드법** (shell mould process) : 규사와 열경화성인 석탄산계 합성수지의 혼합물인 주형 재료를 고정밀도로 제작한 후 200~300℃로 가열한 금형에 덮으면 주형 재료가 소결되어 원형 둘레에 약 4 mm 정도의 층이 생기며 밀착된다. 그 다음 300℃에서 2~3분 동안 가열하면 수지는 경화되어 얇은 두께의 셸을 만들게 된다. 이 셸을 맞추어 접착시켜 주형을 만들어 주조하는 방법을 셸 몰드법 또는 크로닝법(croning process)이라 하고, 자동차, 재봉틀, 계측기 등의 얇고 작은 부품의 주조에 이용된다.

③ **인베스트먼트법** (investment casting) : 점결제와 미세한 내화물을 배합한 인베스트먼트 주형 재료를 사용하며, 왁스(wax), 파라핀 또는 합성수지 등 가용성 물질을 모형에 사용하므로 로스트 왁스법(lost wax process)이라고도 한다. 이 주조법은 모양이

복잡하고 기계 가공이 어려운 경질의 합금이나 내열 합금 등으로 가스 터빈의 블레이드, 항공기 및 선박 용품, 계기 부품 등을 주조하는 데 많이 활용되고 있다.

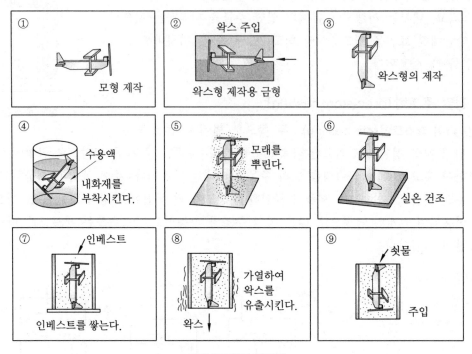

인베스트먼트 주조법

④ **연속 주조**(continuous casting) : 주괴는 보통 용탕을 잉곳 케이스(ingot case)에 부어 넣어 만들고 있으나, 연속 주조는 용탕을 주형에 주입하여 연속적으로 주괴를 주조하는 방법으로 현대화된 제철 공장에서 이용되고 있다.

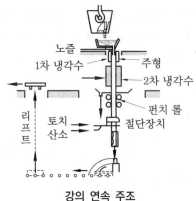

강의 연속 주조

2. 소성 가공 (plastic working)

재료에 힘을 가하면 재료에 변형이 일어나 힘을 제거하여도 원래의 형태로 완전히 복귀되지 않고 다소의 변형이 남게 되는데, 이런 성질을 소성(plasticity)이라 하며, 소성을 가진 재료에는 소성변형을 주어 원하는 형태로 성형하거나 분리·결합하여 제품을 가공하는 공작법을 소성 가공이라 한다. 여기에는 단조, 판금, 압연, 드로잉, 압출, 전조, 프레스 가공 등이 있다.

2-1 소성 가공법

(1) 냉간 가공

재결정 온도 이하에서 가공하는 것으로 가공면이 아름답고 정밀한 형상의 가공면을 얻을 수 있으며, 가공 경화로 강도가 한층 증가되고, 연신율은 감소된다.

(2) 열간 가공

재결정 온도 이상에서 가공하는 것으로 가공이 쉽고, 거친 가공에 적합하며, 표면이 가열되어 있으므로 산화로 인해서 정밀한 가공은 곤란하다.

2-2 소성 가공의 종류

(1) 단조 (forging)

재료를 기계나 해머로 두들겨 성형하는 가공이다.

① **자유 단조**(free forging) : 해머로 두드려서 성형하는 방법으로 절단, 늘이기, 넓히기, 굽히기, 압축, 구멍 뚫기, 비틀림, 단짓기 작업 등이 있다. 이 밖에 두 재료의 접합 부분을 용융점 부근까지 가열한 후 결합부를 서로 겹쳐 가압하여 접착시키는 단접이 있다.

② **형 단조**(die forging) : 상하 1개의 단조금형 사이에 가열한 재료를 끼우고, 가압 성형하는 방법으로, 모양이 복잡한 것은 1공정만으로 제품을 만들기가 어려우므로 여

러 공정으로 나누어 작업하는 경우가 대부분이다. 금형 값이 비싸지만, 균일한 제품을 능률적으로 가공할 수 있으므로 대량생산에 적합하다.

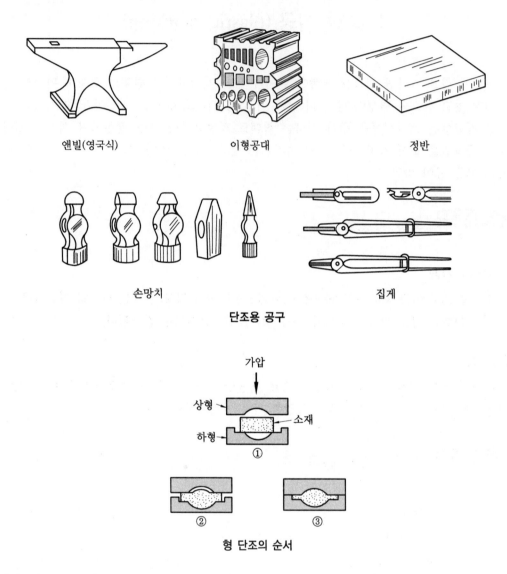

앤빌(영국식)	이형공대	정반
손망치		집게

단조용 공구

형 단조의 순서

(2) 판금 가공 (sheet metal working)

연강, 구리, 알루미늄 등의 판재, 관재, 선재 등을 소성 변형시켜 여러 가지 모양의 제품을 만드는 가공법을 판금 가공이라 한다. 이 가공은 복잡한 형상을 비교적 쉽게 가공할 수 있고, 제품이 가벼우며 제품의 표면이 아름답고, 표면처리가 용이하며, 대량생산에 적합하다.

① **판금 공구** : 수공 판금 가공에는 주로 항공 가위, 곧은 자, 금긋기 바늘, 직각 정규, 컴퍼스, 나무 해머, 판금정, 고정구, 받침쇠 등의 공구가 사용된다.

(a) 리벳 홀더　　(b) T자형　　(c) 오구형　　(d) 일자형

판금용 받침쇠의 종류

② **판금 가공용 기계**

㈎ 전단기(shearing machine)

• 직선 전단기(straight shear) : 전동기로 윗 날을 눌러서 판재를 직선으로 절단하는 것이다.

• 로터리 전단기(rotary shear) : 판재를 만들고자 하는 곡선 모양으로 절단하는 기계이다.

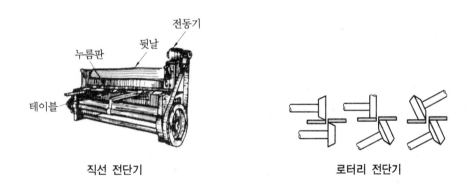

직선 전단기　　　　　　　　　　로터리 전단기

㈏ 굽힘용 기계(folding machine) : 판재를 굽힘 가공하는 기계로 절곡기라 하며, 굽힘 롤러는 3개의 롤을 적당한 관계 위치에 놓고 원통이나 원주형의 판금 제품을 만드는 데 사용하고, 롤 간격에 따라 굽힘 반지름이 달라진다.

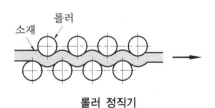

롤러 정직기

⒟ 스피닝 선반(spinning lathe) : 모양은 보통 선반과 비슷하나 이송나사가 없는 것
이 다르다. 사용할 때에는 선반의 주축에 가공하고자 하는 성형용 금형을 고정하
고, 이 형에 판재를 대고 축과 함께 고속 회전시키면서 스피닝 공구로 형에 밀어
눌러 성형한다.

③ **전단 가공**(shearing working) : 판재를 주어진 치수와 모양으로 절단하는 가공으로
가공 목적에 따라 다음과 같은 종류가 있다.

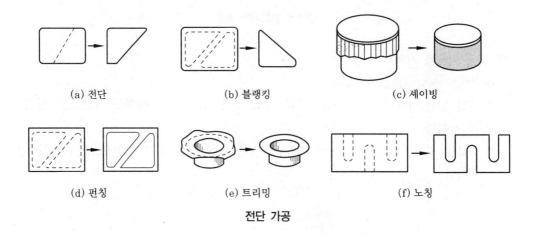

| (a) 전단 | (b) 블랭킹 | (c) 셰이빙 |
| (d) 펀칭 | (e) 트리밍 | (f) 노칭 |

전단 가공

⒜ 블랭킹(blanking) : 다이와 펀치를 이용하여 펀칭 가공으로 필요한 크기로 따내
어 제품을 만들어 내는 작업이다.
⒝ 구멍 따기(piercing) : 블랭킹과는 반대로 펀칭하고 남는 것이 제품이 된다. 즉,
재료에 필요한 치수와 모양의 구멍을 뚫는 가공이다.
⒞ 트리밍(trimming) : 판재를 드로잉 가공한 후 둥글게 자르는 작업이다.
⒟ 셰이빙(shaving) : 뽑기, 구멍 뚫기를 한 제품 끝을 약간 깎아 다듬질하는 작업
이다.

(3) 프레스 가공(press forming)

여러 가지 금형을 설치하여 금속판을 원하는 치수와 모양으로 자르거나 가공하는 데
사용되는 판금용 기계를 프레스(press)라 하며, 프레스를 사용하는 작업을 프레스 가공
이라 한다. 시계, 사진기 등의 소형 부품으로부터 자동차, 항공기 등의 대형 부품에까지
그 사용 범위가 넓다. 프레스 가공은 가공시간이 짧을 뿐만 아니라 제품이 가볍고 강하
며, 치수와 모양이 정확하고 호환성이 좋아서 대량생산에 적합하다. 프레스 가공에는 굽
힘 가공, 드로잉 가공 등이 있다.

① **굽힘 가공**(bending working) : 재료를 굽히는 가공으로 굽힘 방법에 따라 충격 굽힘, 이송 굽힘, 접기 등 여러 가지 방법이 있다.

② **디프 드로잉**(deep drawing) : 블랭킹한 재료를 사용하여 밑부분에 이음매가 없는 용기로 성형하는 가공방법으로 식기 · 세면기 등을 가공하며, 특히 펀치와 다이를 이용하는 것을 형 드로잉이라 한다.

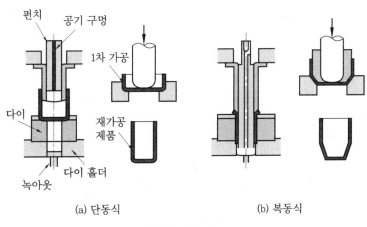

(a) 단동식   (b) 복동식

디프 드로잉 가공

③ **프레스의 종류**

(가) 크랭크 프레스(crank press) : 플라이휠이 가지고 있는 회전 운동 에너지를 이용하여 크랭크축을 회전시켜 다이 헤드(die head)를 직선으로 운동시키는 구조의 프레스로 주로 블랭킹, 구멍따기 작업 등에 단동식을 사용하고, 굽힘이나 디프 드로잉에는 판재를 누르고 나서 성형하는 복동식 프레스가 쓰인다.

(나) 액압 프레스(hydraulic press) : 액체의 압력을 이용하여 다이 헤드를 구동시키는 프레스를 액압 프레스라 하며, 유압식과 수압식이 있다. 유압 프레스는 자동차의 차체 부품을 대량으로 성형하는 데 사용되며, 용도에 따라 수십 톤에서 수만 톤의 대형 프레스가 있다.

(4) 압출 (extruding)

여러 가지 모양의 단면재와 관재 등을 제조할 때에는 알루미늄, 구리, 아연 합금 등과 같이 소성이 큰 재료를 압출 컨테이너에 넣고 램(ram)으로 압력을 가하여 다이의 구멍으로 밀어내어 일정한 단면의 제품을 만드는데, 이 가공법을 압출 가공이라 한다.

① **직접 압출** : 금속 빌릿(billet)을 압출 컨테이너 속에 넣고 이것을 램으로 다이를 통하여 밀어내는 것으로, 소재를 가압하는 램의 방향과 제품이 압출되어 나오는 방향이 같기 때문에 전방 압출(forward extrusion) 이라고도 한다.

② **간접 압출** : 제품이 램의 방향과 반대 방향으로 압출된다.

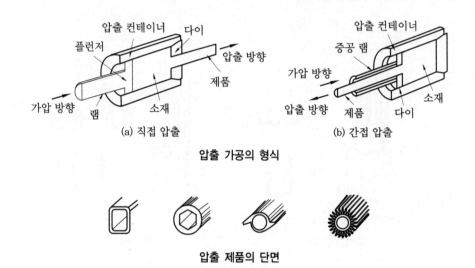

압출 가공의 형식

압출 제품의 단면

(5) 압연 (rolling)

압연은 고온이나 상온의 재료를 회전하는 2개의 롤러 사이로 통과시켜 재료의 소성을 이용하여 판 및 형재를 만드는 가공법으로 압연온도에 따라 열간압연과 냉간압연이 있다. 열간압연은 큰 변형을 줄 수 있고, 질이 균일한 좋은 제품을 짧은 시간에 능률적으로 대량생산할 수 있으며, 냉간압연은 제품을 정확한 치수로 가공할 수 있고, 제품의 기계적 성질도 개선할 수 있어 제품의 최종 완성작업으로 활용한다.

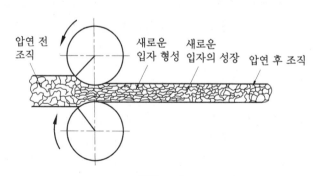

압연 조직

(6) 인발 (drawing)

인발은 소재를 다이(die)의 구멍을 통과시켜 소재의 단면을 감소 변형시키는 가공법으로, 동일 단면의 봉, 관, 선 등을 연속 제조하는 가공법이다. 소재는 압출이나 압연에서 어느 정도 가공된 소재를 사용한다. 가는 선재는 인발 가공법으로 만들어지며, 지름이 작은 와이어와 같은 제품의 드로잉을 특히 와이어 드로잉(wire drawing)이라 한다.

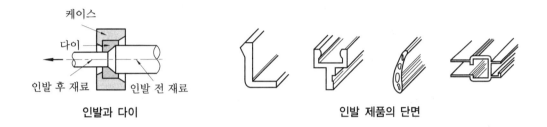

인발과 다이   인발 제품의 단면

(7) 전조 (forming)

회전하는 다이 표면에 필요한 요철부를 만들어 놓고 이것을 재료에 국부적인 압력을 가하여 굴리면 다이 표면과 같은 부품을 만들 수 있다. 이러한 가공법을 전조라 한다. 이 방법은 작은 나사, 기어 등을 만들 때 응용되고 재료가 경제적이며, 나사면도 깨끗하고 강하다. 또한, 정도가 높은 제품을 만들 수 있으며, 가공시간이 짧아지므로 대량생산에 적합하고, 나사 전조 (thread rolling) 와 기어 전조 (gear rolling) 등이 있다.

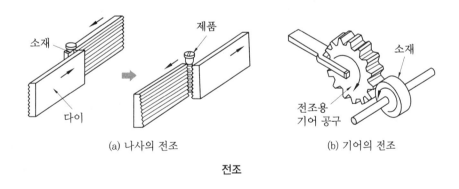

(a) 나사의 전조   (b) 기어의 전조

전조

3. 용 접

금속을 접합하는 방법 중에서 접합부분을 녹여서 접합하는 방법을 용접(welding)이라 한다.

3-1 가스 용접 및 가스 절단

(1) 가스 용접

아세틸렌, 수소 등과 같은 가연성 가스와 산소를 혼합하여 태울 때 생기는 불꽃으로부터 높은 열을 얻어 접합부를 용해시키고, 여기에 용접봉을 녹여서 용접하는 방법으로, 아세틸렌은 아세톤에 녹여 강철제의 봄베 속에 넣어 사용한다. 산소도 강제의 봄베 속에 압축시켜 넣은 것을 사용하고, 아세틸렌과 산소를 고무관을 통해 용접 토치에 보내어 적당히 혼합시켜 점화하여, 불꽃을 조정하면 3000℃ 정도의 고온을 얻을 수 있다.

아세틸렌은 탄소와 수소의 불안정한 가스 화합물로, 공기보다 가볍고, 무색 무취이며, 여러 가지 액체에 잘 용해된다. 그러나 온도가 505~515℃에 달하면 폭발하고, 압력이 1.5기압 이상이면 위험하고, 2기압 이상이면 폭발하며, 공기 또는 산소와 혼합하면 폭발하는데, 아세틸렌 15 %, 산소 85 % 부근이 가장 위험하다.

① **카바이드** : $CaC_2 + 2H_2O \rightarrow C_2H_2 + Ca(OH)_2$

② **아세틸렌 발생기**

  ㈎ 투입식 : 카바이드를 물에 투입하는 방식

  ㈏ 주수식 : 카바이드에 물을 가해주는 방식

  ㈐ 침수식 : 카바이드를 물에 담구었다 꺼냈다 하는 방식

③ **용접용 토치** : 가스 용접 시 산소와 아세틸렌을 각각 용기에서 고무호스로 연결하여 두 가스를 혼합하여 용접 불꽃을 일으키는 기구이다. 용접봉은 일반적으로 접합하는 금속과 거의 같은 재질을 사용하고, 주철이나 특수강을 용접할 때에는 특수 용접봉을 사용한다.

용제(flux)는 용접을 할 때 생기는 산화물의 작용으로 용접부분에 불순물이 들어가거나 재질의 성질이 달라지는 것을 예방하기 위하여 사용하는데, 주철, 비철금속 등을 용접할 때 사용한다.

가스 용접은 가열 온도의 조절이 아크 용접보다 쉽고, 또 사용기구의 운반도 쉬우므로 박판 용접에 사용되지만, 아크 용접에 비하여 용접속도가 느리고 가열면적이 넓어져서 용접부에 균열이 생기거나 변형되기 쉬운 결점이 있다.

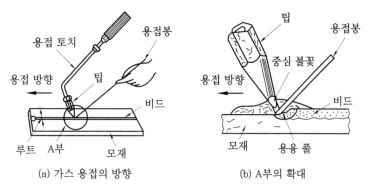

(a) 가스 용접의 방향   (b) A부의 확대

가스 용접 방법

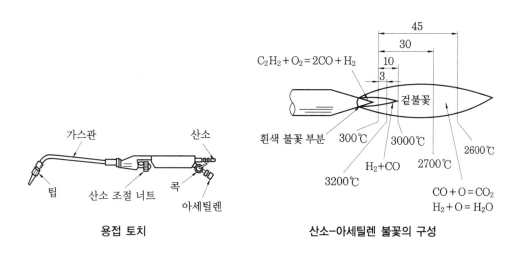

용접 토치   산소-아세틸렌 불꽃의 구성

(2) 가스 절단 (gas cutting)

철강의 절단할 부분을 혼합가스 불꽃으로 가열하여 용융상태에 이르기 직전에 고압의 산소로 불어내면 재료는 용해함과 동시에 산소의 압력으로 절단된다. 이를 가스 절단이라 한다. 가스 절단법은 10 cm 정도의 두꺼운 철강이라도 다른 기계 절단보다 훨씬 싸고 쉽게 절단되므로, 재료의 절단이나 구조물의 해체 등에 널리 사용되고 있다.

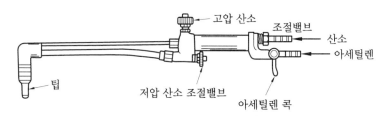

가스 절단용 토치

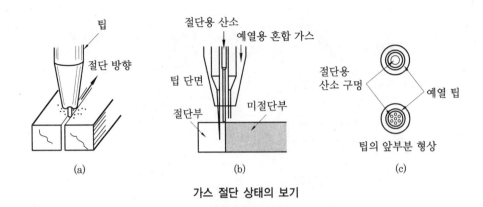

가스 절단 상태의 보기

3-2 아크 용접(electric arc welding)

아크 용접은 탄소 전극을 사용하는 탄소 아크 용접과 금속 전극을 사용하는 금속 아크 용접이 있다. 어느 것이나 아크에 의한 고열을 이용하는 것으로, 전원으로는 직류 또는 교류가 사용된다.

(1) 직류 용접기

아크가 안정되어 용접은 쉬우나 아크의 길이가 길면 용입이 불량하게 되어 반드시 극성을 고려해야 한다.

(2) 교류 용접기

일종의 변압기와 같은 역할을 하는 것으로 그 구조가 비교적 간단하고 가격도 싸고, 보수도 쉬워 널리 이용되고 있으며, 아크 쏠림 방지에도 효과적이다.

(3) 용접 상태

① **오버랩**(overlap) : 용융된 금속이 모재와 잘 융합되지 않고 표면에 덮혀 있는 상태이다.

② **스패터**(spatter) : 용접 중에 비산되는 슬래그 및 금속 입자가 모재에 부착된 것이다.

③ **언더컷**(undercut) : 용접 경계 부분에 생기는 홈이다.

(4) 탄소 아크 용접(carbon arc welding)

모재를 직류 전원의 양극(+)에 연결하고, 탄소 전극을 음극(−)으로 하여 아크를 발생시키며, 그 열을 이용하여 모재와 용접봉을 용해하여 용접하는 방법으로 전력의 소비는 많으나, 구리와 같은 열전도가 좋은 금속을 용접하는 데 적합하다.

(5) 금속 아크 용접(metal arc welding)

용접 모재와 금속 전극 사이에 아크를 발생시켜 전극 자신을 녹이면서 용접하는 방법으로 전극봉은 모재와 같은 금속에 용제를 바른 피복 아크 용접봉이 사용된다. 아크의 안전성은 직류 쪽이 좋으며, 근래에는 용접봉이 새롭게 개선되어 교류 용접기로도 직류 용접기와 같은 정도의 용접이 가능하게 되었다. 교류 아크 용접기가 비교적 값이 싸서 일반적으로 많이 사용되고 있으며, 최근에는 50~200 Hz 정도의 고주파(전류 값이 극히 적다)를 사용한 고주파 아크 용접기가 널리 사용되고 있어 아크의 발생을 유지하기 쉽고 소비전력이 적게 들어 작은 물건이나 박판 용접에 편리하다.

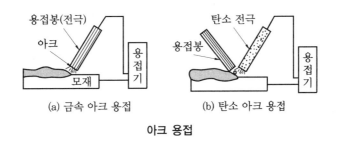

(a) 금속 아크 용접　　　　(b) 탄소 아크 용접

아크 용접

3-3 저항 용접(resistance welding)

용접할 금속을 서로 겹쳐 놓고 용접면에 직각 방향으로 전류를 흐르게 하면 접촉부의 전기 저항으로 그 부위가 가열되며, 양극에 압력을 가하면 접착하게 되는 용접방법을 저항 용접이라 한다. 강이나 황동의 용접은 용이하나 구리나 알루미늄은 곤란하며 맞대기 용접(butt welding), 점 용접(spot welding), 심 용접(seam welding) 등이 있다.

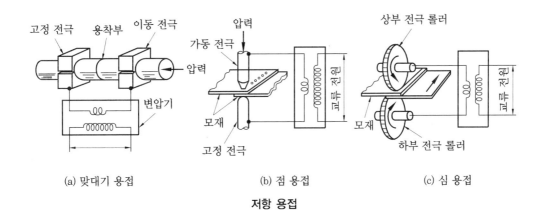

(a) 맞대기 용접　　　　(b) 점 용접　　　　(c) 심 용접

저항 용접

(1) 맞대기 용접

용접할 2개의 모재를 밀착시킨 다음 전류를 통하게 하면 접합 부분이 전기 저항열에 의하여 가열되어 용융 상태로 되는데, 이때에 압력을 가하고 전원을 끄면 용접이 된다. 용접 공정은 간단하나 가압력 때문에 용접 부위가 어느 정도 굵게 되고, 또 용접 후 용접 모재의 길이가 짧아지므로 길이에 대한 고려가 있어야 한다.

(2) 점 용접

구리로 된 양 전극 사이에 용접하고자 하는 2개의 모재를 겹쳐 2개의 전극 사이에 끼워 놓고 압력을 가하면서 큰 전류를 보내면 전기 저항에 의해 발열이 되어 접합부가 용융될 때 접촉 부분을 점 모양으로 용접하는 방법으로, 작업속도가 빠르고 대량생산에 적합하다. 또, 작업이 기계적으로 이루어지므로 작업자의 숙련도나 기량에 좌우되지 않으며, 용접 후 변형이나 잔류 응력이 적은 장점이 있다. 항공기, 가정 제품 등 기계 제조 공업의 전 분야와 자동차 차체 조립 공정에서 산업용 로봇을 이용한 점 용접에 의해 자동적으로 이루어지고 있다.

(3) 심 용접

2개의 원판 상 롤러 전극 사이에 용접할 모재를 겹쳐 놓고, 롤러 전극을 용접선에 따라 회전 이동시키면서 가압하며 전류를 통하여 이음부를 연속적으로 용접해 나가는 용접법으로, 수밀이나 기밀을 필요로 하는 용기의 이음에 사용되고, 점 용접의 연속이라 할 수 있다. 용접조건도 점 용접과 같다.

(4) 프로젝션 용접

점 용접의 일종으로 금속 재료의 접합장소에 형성된 돌기부를 접촉시켜 압력을 가하고 여기에 전류를 통하여 접합하는 방법이다.

3-4 불활성 가스 아크 용접

아르곤(Ar), 헬륨(He) 등의 불활성 가스 속에서 아크를 발생시켜 용접부를 공기와 차단된 상태에서 용접하는 방법을 불활성 가스 아크 용접(inert gas arc welding)이라 한다. 텅스텐 전극을 사용하는 TIG 용접법과 금속 전극을 사용하는 MIG 용접법이 있다. 이 용접법은 열 집중에 의한 균열과 변형이 적고, 기계적 성질이 좋기 때문에 알루미늄, 마그네슘, 구리, 합금강, 스테인리스 강 등의 용접에 널리 사용된다.

4. 정밀 측정

측정의 기초

(1) 측정의 목적과 용어 및 종류

① 측정의 목적

(가) 동일 부품의 다른 장소, 다른 시각에 제작된 것이라도 호환성(interchangeability) 을 갖게 한다.

(나) 품질과 성능의 우수성을 갖게 되어 제품 수명을 길게 한다.

(다) 국제 표준 규격화에 의한 수출을 할 수 있다.

(라) 우수한 공작기계, 지그 및 공구, 적당한 측정기 및 측정방법이 필요하며, 단위 통일이 필요하다.

② 측정의 용어 (measuring wording)

(가) 최소 눈금(scale interval) : 1눈금이 나타내는 측정량으로 눈금선 길이는 $0.7 \sim$ $2.5 \, \mathrm{mm}$ 가 가장 좋다(1눈금의 $\frac{1}{10}$ 을 눈가늠으로 읽을 수 있다).

(나) 측정기의 감도(sensitivity) : 측정량의 변화 ΔM 에 대한 지시량(눈금상에서 읽을 수 있는 측정량)의 변화 ΔA 의 비 $\left(\dfrac{\Delta A}{\Delta M} \right)$ 를 말한다.

(다) 배율(magnification) : 배율 E 는 눈금 간격 l 대 최소 눈금 s 의 비 $E = \dfrac{l}{s}$

(라) 지시범위(scale range) : 눈금상에서 읽을 수 있는 측정값의 범위를 말하며, 이 범위는 반드시 0으로부터 시작할 필요는 없고, 대부분의 길이 측정기는 지시범위 와 측정범위가 일치한다.

(마) 조정범위 : 측정 테이블 또는 앤빌이 조정 가능한 측정기에서는 측정범위를 조정 할 수 있는데, 이 범위를 말한다.

(바) 전 사용범위 : 조정범위와 지시범위의 합을 말한다.

(사) 유효 측정범위(effective range) : 오차가 일정한 수치 이하인 지시범위 부분을 말한다.

(아) 참값(truth value) : 측정에 의해서 구한 값(관념적인 값으로 실제로는 구할 수 없다)을 말한다.

(자) 측정값(measuring numerical value) : 측정되는 양의 참값을 말한다.

(차) 평균값(average numerical value) : 측정값을 모두 더하여 측정 횟수로 나눈 값, 즉 측정값의 산술 평균값이다.

(카) 정확도(correctness degree) : 치우침이 작은 정도를 말한다.

(타) 정밀도(precision degree) : 분산이 작은 정도, 즉 얼마만큼 참값에 가깝게 했느냐의 정도를 말한다.

(파) 오차(error) : 측정값로부터 참값을 뺀 값(오차의 참값에 대한 비를 오차율이라 하고, 오차율을 %로 나타낸 것을 오차의 백분율이라 한다) 을 말한다.

(하) 편차(declination) : 측정값으로부터 모 평균을 뺀 값을 말한다.

(거) 허용차(permission difference) : 측정값으로부터 모 평균을 뺀 값을 말한다.

(너) 공차(common difference) : 기준으로 잡은 값과 그에 대해서 허용되는 한계값과의 차를 말한다.

- 규정된 최댓값과 최솟값의 차이다.
- 허용값과 같은 뜻으로 사용한다.

(더) 측정과 검사

- 측정 : 어떤 양이 같은 종류의 크기를 얼마만큼 포함하고 있는가를 수치로 표시하는 조작이다.
- 검사 : 측정값을 판정 기준값과 비교하여 합격·불합격을 판정하는 행위이다.

③ 측정의 종류

(가) 절대 측정 : 직접 측정이라고도 하며, 측정기로부터 직접 측정값을 읽을 수 있는 방법으로 측정기에는 눈금자, 버니어 캘리퍼스, 마이크로미터 등이 있다.

(나) 비교 측정 : 표준 길이와 비교하여 측정하는 방법으로 비교 측정기에는 다이얼 게이지, 안지름 퍼스 등이 있다.

(다) 간접 측정 : 나사 또는 기어 등과 같이 형태가 복잡한 것에 이용되며, 기하학적으로 측정값을 구하는 방법이다.

(라) 한계 게이지 측정 : 제품의 허용값으로부터 최대 및 최소 허용치수를 각각의 한계로 정하여 측정하는 방법이다.

(2) 측정 단위

① 측정 단위 : 측정 단위는 길이, 무게, 시간을 기본으로 하며 우리나라는 미터법을 쓰고 있다.

보충 설명

- **미터 (meter)** : 빛이 진공 중에서 2억 9천 9백 79만 2천 4백 58분의 1초 동안에 진행한 거리를 1m로 한다 (제 17 차 국제 도량형 총회에서 결정되어 현재 사용되고 있다).

    1 km = 1000 m, 1 m = 100 cm, 1 cm = 10 mm, 1 m = 0.001 mm

② 각도 단위

(가) 각도 단위는 도(°)와 라디안(radian)이며, 길이와 길이의 비로서, 또는 원주를 분할한 중심각으로 표시한다.

(나) 1° : 원주를 360 등분한 호의 중심각 각도이다.

(다) 1 radian(라디안) : 원의 반지름과 같은 길이의 호 중심에 대한 각도이다.

4-2 측정 오차

(1) 개인 오차

측정하는 사람에 따라서 생기는 오차로 숙련됨에 따라서 어느 정도 줄일 수 있다.

(2) 계기 오차

① **측정기구 눈금 등의 불변의 오차** : 보통 기차(器差)라고 하며, 0점의 위치 부정, 눈금선의 간격 부정으로 생긴다.

② **측정기구의 사용 상황에 따른 오차** : 계측기 가동부의 녹과 마모로 생긴다.

(3) 시차

시차(視差)란 측정기의 눈금과 눈 위치가 같지 않은데서 생기는 오차로 측정 시는 반드시 눈과 눈금의 위치가 수평이 되도록 한다.

측정위치 불량 오차   시차

(4) 온도 변화에 따른 측정 오차

KS에서는 표준온도 20℃, 표준습도 65 %, 표준기압 101.3 kPa (760 mmHg)로 규정되어 있다.

(5) 재료의 탄성에 기인하는 오차

자중 또는 측정압력에 의해 생기는 오차이다.

(6) 확대기구의 오차

확대기구의 사용 부정으로 생긴다.

(7) 우연의 오차

확인될 수 없는 원인으로 생기는 오차로서 측정값을 분산시키는 원인이 된다.

4-3 정밀 측정기

(1) 측정력 (측정압)

비접촉식 측정기를 제외한 대부분의 측정기에서 정확한 측정을 위해 일정한 측정압 (measuring pressure)이 필요하다.

측정압은 밀리미터에서는 300 g, 다이얼 게이지에서는 150 g 정도로 한다. 측정압을 크게 하면 영구변형이 생기므로 피해야 한다.

(2) 길이 측정

① **길이 측정의 분류** : 길이 측정은 측정의 기초이며, 측정의 빈도가 가장 많다.

길이 측정의 분류

길이 측정	선 측정	• 전장 측정기 : 강철자, 버니어 캘리퍼스, 마이크로미터, 측장기, 안지름 퍼스, 바깥지름 퍼스, 하이트 게이지 • 비교 측정기 : 다이얼 게이지, 밀리미터, 옵티미터, 전기 마이크로미터, 공기 마이크로미터, 올소 테스트, 패시미터, 측미 현미경
	단면 측정(또는 게이지 측정) : 표준 (기준) 게이지, 한계 게이지, 잡 게이지	

미터 단위 환산

m	dm	cm	mm	μm	nm	Å
1	10^{-1}	10^{-2}	10^{-3}	10^{-6}	10^{-9}	10^{-10}
			1	10^{-3}	10^{-6}	10^{-7}

(3) 전장 측장기

① 버니어 캘리퍼스(vernier calipers) : 현장에서 노기스라고도 부르는 것으로, 길이 및 안지름, 바깥지름, 깊이, 두께 등을 측정할 수 있다. 어미자의 눈금보다 작은 치수를 읽기 위하여 아들자를 이용하고, 측정 정도는 0.05 mm 또는 0.02 mm로 피측정물을 직접 측정하기에 간단하여 널리 사용된다.

㈎ 버니어 캘리퍼스의 종류

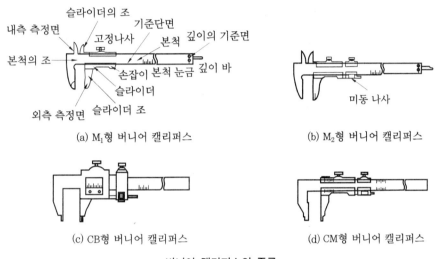

(a) M₁형 버니어 캘리퍼스

(b) M₂형 버니어 캘리퍼스

(c) CB형 버니어 캘리퍼스

(d) CM형 버니어 캘리퍼스

버니어 캘리퍼스의 종류

- M₁형 버니어 캘리퍼스 : 슬라이더가 홈형이며 내측 측정용 조(jaw)가 있고, 300 mm 이하에는 깊이 측정자가 있으며, 최소 측정값은 0.05 mm, 또는 0.02 mm (19mm를 20등분 또는 39 mm를 20등분)이다.
- M₂형 버니어 캘리퍼스 : M₁형에 미동 슬라이더 장치가 붙어 있는 것으로, 최소 측정값은 0.02 mm (24.5 mm를 25등분) (1 / 50 mm)이다.
- CB형 버니어 캘리퍼스 : 슬라이더가 상자형으로 조의 선단에서 내측 측정이 가능하고 이송 바퀴에 의해 슬라이더를 미동시킬 수 있다. CB형은 경량이지만 화려하기 때문에 최근에는 CM형을 널리 사용하나, 10 mm 이하의 작은 안지름을 측정할 수 없다.
- CM형 버니어 캘리퍼스 : 슬라이더가 홈형으로 조의 선단에서 내측 측정이 가능하고 이송바퀴에 의해 미동이 가능하다. 최소 측정값은 1/50=0.02 mm로 롱 조 (long jaw) 타입은 조의 길이가 길어서 깊은 곳의 측정이 가능하나, 10 mm 이하의 작은 안지름은 측정할 수 없다.

- 그 밖의 버니어 캘리퍼스 : 오프셋, 정압, 만능, 이두께, 깊이 버니어 캘리퍼스 등이 있다.
(내) 아들자의 눈금 : 어미자 (본척)의 $n-1$개의 눈금을 n 등분한 것으로, 어미자의 1 눈금 (최소 눈금) 을 A, 아들자 (부척) 의 최소 눈금을 B라고 하면, 어미자와 아들자의 눈금차 C는 다음 식으로 구한다.

$$C = A - B = A - \frac{n-1}{n}A = \frac{A}{n}$$

(대) 눈금 읽는 법 : 본척과 부척의 0점이 닿는 곳을 확인하여 본척을 읽은 후에 부척의 눈금과 본척의 눈금이 합치되는 점을 찾아 부척의 눈금수에다 최소 눈금 (예 M형에서는 0.05 mm)을 곱한 값을 더하면 된다.

예를 들면, 본척(어미자)의 한 눈금을 1 mm로 하고, 본척의 19(n) 눈금을 부척 (아들자)의 눈금으로 20($n+1$) 등분한 것이다.

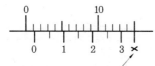

합치점은 이웃하는 두 눈금의
안쪽에 있다.

(a) 1+0.35=1.35 mm
(M형 1/20에서)

버니어 11번째 눈금이 합치되어 있다.

(b) 54.72 mm 의 판독(1/50 mm 에서)
54.5+(0.02×11)=54.72 mm

버니어 캘리퍼스 눈금 읽기의 보기

보충 설명

- 아베의 원리 (abbe's principle) : "측정하려는 시료와 표준값은 측정 방향에 있어서 동일축 선상의 일직선상에 배치하여야 한다."는 것으로서 콤퍼레이터의 원리라고도 한다.

예제 1. 다음 그림은 M형 버니어 캘리퍼스의 본척과 부척을 나타낸 것이다. 측정값은 얼마인가 ?

해설 7+0.2=7.2 mm

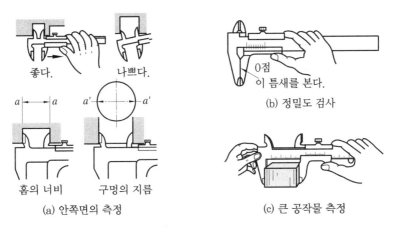

버니어 캘리퍼스에 의한 측정

② **마이크로미터** (micrometer) : 마이크로 캘리퍼스 또는 측미기라고도 불리며, 피치가 정확한 나사를 이용하여 치수를 측정하는 기구이다. 마이크로미터의 주요 부분은 스핀들의 일부분에 정확한 수나사 (보통 피치가 0.5 mm이다.) 가 나 있으며, 나사가 1회전하면 1피치 전진하는 성질을 이용하여 발명한 것으로, 이 수나사에 프레임과 일체가 되어 있는 암나사가 끼워져 있다.

외측 마이크로미터

㈏ 구조 : 스핀들과 같은 축에 있는 수나사 (mm 식에서는 피치 0.5 mm가 많음)와 암나사가 맞물려 있어서 스핀들이 1회전하면 0.5 mm 이동한다. 심블은 슬리브 위에서 회전하며 50등분되어 있다. 심블과 수나사가 있는 스핀들은 같은 축에 고정되어 있으며, 심블의 한 눈금은 $0.5\text{mm} \times \dfrac{1}{50} = \dfrac{1}{100} = 0.01\,\text{mm}$이다.

즉, 최소 0.01 mm까지 측정할 수 있다.

㈏ 측정범위 : 바깥지름 및 깊이 마이크로미터는 0~25, 25~50, 50~75 mm로 25 mm 단위로 측정할 수 있으며, 안지름 마이크로미터는 5~25 mm, 25~50 mm와 같이 처음 측정범위만 다르다.

㈐ 마이크로미터의 종류

- 표준 마이크로미터(standard micrometer)
- 버니어 마이크로미터(vernier micrometer) : 최소 눈금을 0.001 mm 로 하기 위하여 표준 마이크로미터의 슬리브 위에 버니어의 눈금을 붙인 것이다.
- 다이얼 게이지 부착 마이크로미터(dial gauge micrometer) : 0.01 mm 또는 0.001 mm 의 다이얼 게이지를 마이크로미터의 앤빌 측에 부착시켜서 동일 치수의 것을 다량으로 측정한다.
- 지시 마이크로미터(indicating micrometer) : 인디케이터 마이크로미터라고도 하며, 측정력을 일정하게 하기 위하여 마이크로미터 프레임의 중앙에 인디케이터 (지시기)를 장치하였다. 이것은 지시부의 지침에 의하여 0.002 mm 정도까지의 높은 측정을 할 수 있다.
- 기어 이두께 마이크로미터(gear tooth micrometer) : 일명 디스크 마이크로미터 라고도 하며 평기어, 헬리컬 기어의 이두께를 측정하는 것으로서 측정 범위는 0.5~6 모듈이다.
- 나사 마이크로미터(thread micrometer) : 수나사용으로 나사의 유효지름을 측정하며, 고정식과 앤빌 교환식이 있다.
- 포인트 마이크로미터(point micrometer) : 드릴의 홈 지름과 같은 골경의 측정에 쓰이며, 측정 범위는 0~25 mm, 75~100 mm 이고 최소 눈금 0.01 mm, 측정자의 선단 각도는 15°, 30°, 45°, 60°가 있다.
- 내측 마이크로미터(inside micrometer) : 단체형, 캘리퍼스형, 삼점식이 있다.

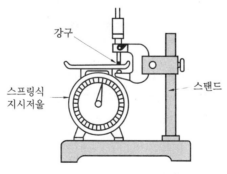

마이크로미터의 측정력 측정방법

㈑ 눈금 읽는 법 : 슬리브 기선상에 나타나는 치수를 읽은 후에, 심블의 눈금을 읽어서 합한 값을 읽으면 된다. 슬리브 면에는 0.5 mm 의 눈금이 새겨져 있으며, 이 눈금으로 읽을 수 없는 0.01 mm 까지의 치수는 심블 끝의 눈금에 의하여 읽을 수 있다. 스핀들의 나사 피치를 0.5 mm 라 하고, 심블의 원주를 50등분하였다면 스핀들이 1회전하였을 때 심블은 $\frac{1}{50}$ 회전하므로 $50 \times \frac{1}{50} = \frac{1}{100}$ mm 가 되어 심블의 한 눈금은 0.01 mm 가 된다.

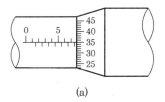 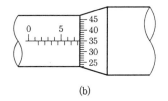

(a)

슬리브의 읽음 7.5 mm
심블의 읽음 0.35 mm
마이크로미터의 읽음 7.85 mm

(b)

슬리브의 읽음 7.0 mm
심블의 읽음 0.86 mm
마이크로미터의 읽음 7.86 mm

마이크로미터의 치수 읽는 법

예제 2. 다음 마이크로미터에 나타난 측정값은 얼마인가 ?

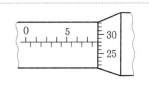

해설 7.5 + 0.28 = 7.78 mm

---

③ 하이트 게이지 (height gauge)

㈎ 구조 : 스케일(scale)과 베이스(base) 및 서피스 게이지(surface gauge) 를 하나로 합한 구조로, 여기에 버니어 눈금을 붙여 고정도로 정확한 측정을 할 수 있게 하였으며, 스크라이버로 금긋기에도 쓰인다.

㈏ 종 류

• HM형 하이트 게이지 : 견고하여 금긋기에 적당하며, 비교적 대형으로 0점 조정이 불가능하다.

• HB형 하이트 게이지 : 경량 측정에 적당하나 금긋기용으로는 부적당하다. 스크라이버의 측정면이 베이스면까지 내려가지 않는다.

• HT형 하이트 게이지 : 표준형이며, 본척의 이동이 가능하다.

- 다이얼 하이트 게이지 : 다이얼 게이지를 버니어 눈금 대신 직주 2개로 슬라이더를 안내한다.
- 디지트 하이트 게이지 : 스케일 대신 직주 2개로 슬라이더를 안내하며, 0.01 mm 까지의 치수가 숫자판으로 지시한다.
- 퀵세팅 하이트 게이지 : 슬라이더와 어미자의 홈 사이에 인청동판이 접촉하여 헐거움 없이 상하 이동이 되며 클램프 박스의 고정이 불필요한 형으로 원터치 퀵세팅이 가능하고 0.02 mm 까지 읽을 수 있다.
- 에어플로팅 하이트 게이지 : 중량 20 kg 호칭 1000 mm 이상인 대형에 적용되는 형으로 베이스 내부에 노즐 장치가 있어 일정한 압축 공기가 정반과 베이스 사이에 공기막이 형성되어 가볍게 이동이 가능한 측정기이다.

(대) 하이트 게이지와 병용하는 공구

- 정밀 석정반 : 경년변화가 전혀 없고, 온도 변화에 변형이 적어 항상 안정하며, 주철제보다 경도가 2배 이상이다. 수명이 길고, 방청유 없이도 녹슬음이 없으며, 재질이 비자성체이므로 자성체를 측정할 수 있다. 또한, 유지비가 적게 든다.
- 테스트 인디케이터 : 소형 경량으로 보통의 다이얼 게이지로 측정하기 힘든 좁은 곳이나 깊은 곳의 측정에 필요하다.

(라) 측장기(measuring machine) : 마이크로미터보다 더한 정도를 요하는 게이지류의 측정에 쓰이며, 0.001 mm의 정밀도가 측정된다. 일반적으로 1m 에 달하는 긴 것을 고정도로 측정할 수 있다.

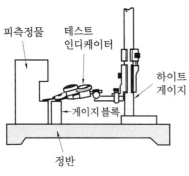

레버식 다이얼 게이지를 사용해서
블록 게이지와 비교 측정하는 경우

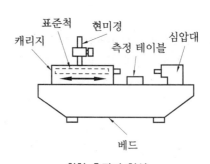

횡형 측장기 형식

(마) 하이트 마이크로미터 : μm 단위의 정밀 측정을 위해서 사용하며, 높은 정밀도와 능률을 올릴 수 있다(열팽창의 염려가 없다).

(4) 비교 측정기 (comparative measuring instrument)

① 다이얼 게이지(dial gauge) : 래크와 피니언 운동을 이용하여 미소한 변위를 확대하여 눈금판에 바늘로 길이 또는 각도로 지시하도록 하는 비교 측정기로서, 용도는 회전체의 흔들림 정도, 원통의 진원도, 일감의 평행도, 평면 측정 및 공작기계의 정밀도 검사 등에 쓰인다. 최소 측정값은 $\frac{1}{100}$ mm, $\frac{1}{1000}$ mm 가 있다.

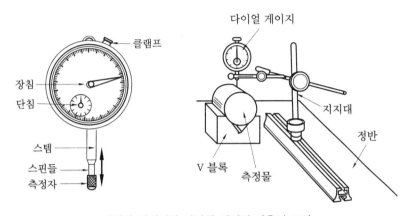

다이얼 게이지와 다이얼 게이지 사용의 보기

㉮ 특 징
- 소형이고 경량으로 취급이 용이하며 어태치먼트의 사용 방법에 따라서 측정범위가 넓어진다.
- 연속된 변위량의 측정이 가능하고 읽음 오차가 적다.
- 다원 측정(많은 곳 동시 측정)의 검출기로서 이용이 가능하다.

㉯ 종 류
- 눈금량에 따라 최소 눈금이 0.1 mm, 0.05 mm, 0.01 mm, 0.005 mm가 있으며, 측정범위는 5 mm, 10 mm, 20 mm 등이 있다.
- 사용 목적에 따라 높이, 두께, 깊이, 바깥지름 등을 측정하는 것이 있다.

② 기타 비교 측정기
㉮ 측미 현미경(micrometer microscope) : 길이에 사용되는 것으로서 대물렌즈에 의해 피측정물의 상을 확대하여 그 하나의 평면 내의 실상을 맺게 해 이것을 접안렌즈로 들여다보면서 측정한다.
㉯ 공기 마이크로미터(air micrometer, pneumatic micrometer) : 보통의 측정기로는 측정이 불가능한 미소한 변화를 측정할 수 있으며, 확대율이 만배 정도이지만

측정범위는 대단히 작다. 일정압의 공기가 두 개의 노즐을 통과하여 대기 중으로 흘러나갈 때의 유출부의 작은 틈새의 변화에 따라서 나타나는 지시압의 변화에 의해서 비교 측정이 된다. 공기 마이크로미터는 노즐 부분을 교환함으로써 바깥지름, 안지름, 진각도, 진원도, 평면도 등을 측정할 수 있다. 또 비접촉 측정이라서 마모에 의한 정도 저하가 없으며, 피측정물을 변형시키지 않으면서 신속한 측정이 가능하다.

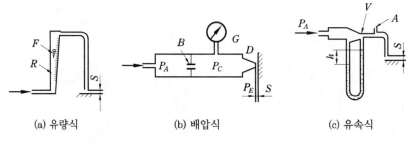

(a) 유량식   (b) 배압식   (c) 유속식

공기 마이크로미터의 종류

⒟ 미니미터(minimeter) : 지렛대를 이용한 것으로서 지침에 의해 100~1000배로 확대 가능한 기구다. 부채꼴의 눈금 위를 바늘이 180° 이내에서 움직이도록 되어 있으며, 지침의 흔들림은 미소해서 지시범위는 60 μm 정도이고, 최소 눈금은 보통 1 μm, 정도는 ±0.5 μm 정도이다.

⒠ 오르토 테스터(ortho tester) : 지렛대와 1개의 기어를 이용하여 스핀들의 미소한 직선운동을 확대하는 기구로서 최소 눈금 1 μm, 지시범위 100 μm 정도이지만 확대율을 배로 하여 지시범위를 ±0.5 μm로 만든 것이다.

⒣ 전기 마이크로미터(electric micrometer) : 길이의 근소한 변위를 그에 상당하는 전기량으로 바꾸고, 이를 다시 측정 가능한 전기 측정 회로로 바꾸어서 측정하는 장치로서 0.01 μm 이하의 미소의 변위량도 측정 가능하다.

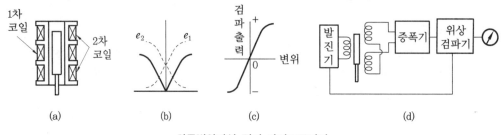

(a)   (b)   (c)   (d)

차동변압기식 전기 마이크로미터

(바) 패소미터(passometer) : 마이크로미터에 인디케이터를 조합한 형식으로서 마이크로미터부에 눈금이 없고, 블록 게이지로 소정의 치수를 정하여 피측정물과의 인디케이터로 읽게 된다. 측정범위는 150 mm 까지이며, 지시범위(정도)는 0.002~0.005 mm, 인디케이터의 최소 눈금은 0.002 mm 또는 0.001 mm 이다.

(사) 패시미터(passimeter) : 기계 공작에서 안지름 검사의 측정에 사용되며, 구조는 패소미터와 거의 같다. 측정두는 각 호칭 치수에 따라서 교환이 가능하다.

(아) 옵티미터(optimeter) : 측정자의 미소한 움직임을 광학적으로 확대하는 장치로서 확대율은 800배이다. 최소 눈금 1 μm, 측정범위 ±0.1 mm, 정도(精度) ±0.25 μm 정도이다. 사용 가능한 범위는 원통의 안지름, 수나사, 암나사, 축 게이지 등과 같은 고정도를 요하는 것을 측정한다.

(5) 단면 측정기

① **블록 게이지(block gauge)** : 블록 게이지는 합금 공구강의 직육면체로 육면 중에서 서로 상대하는 두 면이 정확하게 평행한 평면으로 만들어져 있다. 면과 면, 선과 선의 길이의 기준을 정하는데 가장 정도가 높고(0.01 μm) 대표적인 것이다. 두께가 호칭 치수로 되어 있으며, 비교 측정의 기준 게이지로 사용되고 있다.

(가) 특징 : 광(빛) 파장으로부터 직접 길이를 측정할 수 있으며, 손쉽게 사용할 수 있고 서로 밀착하는 특성이 있어 여러 치수로 조합할 수 있다.

(나) 종류 : KS에서는 장방형 단면의 요한슨형(johansson type)이 쓰이지만, 이밖에 장방형 단면(각 면의 길이 0.95″)의 중앙에 구멍이 뚫린 호크형(hoke type), 얇은 중공 원판 형상인 캐리형(carry type)이 있다.

| (a) 요한슨형 | (b) 호크형 | (c) 캐리형 |

형상에 따른 블록 게이지의 종류

(다) 치수 정도(dimension precision) : KS에서는 블록 게이지의 정도를 나타내는 등급으로 AA, A, B, C급의 4등급을 규정하고 있다.

블록 게이지의 등급과 용도 및 검사주기

등 급	용 도	검사주기
AA급 (참조용, 최고 기준용)	표준용 블록 게이지의 참조, 정도, 점검, 연구용	3년
A급 (표준용)	검사용 게이지, 공작용 게이지의 정도 점검, 측정기구의 정도 점검용	2년
B급 (검사용)	기계 공구 등의 검사, 측정기구의 정도 조정	1년
C급 (공작용)	공구, 날공구의 정착용	6개월

㈑ 밀착 (wringing) : 표면을 청결한 천으로 닦아낸 후 돌기나 녹의 유무를 검사하여 필요한 두께의 블록 게이지끼리 조합하여 사용한다.

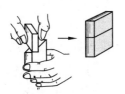 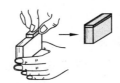 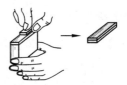

(a) 두꺼운 것의 조합   (b) 두꺼운 것과 얇은 것의 조합   (c) 얇은 것의 조합

블록 게이지의 밀착

㈎ 블록 게이지의 부속품
- 조 (jaw)와 홀더(holder) : 바깥지름이나 안지름을 블록 게이지로 검사할 때 배합해서 쓰이며, 조는 둥근형(A형)과 평형(B형)이 있다.
- 스크라이버 포인트(scriber point) : 정밀한 금긋기에서 블록 게이지 및 베이스 게이지와 1조가 되어 사용되며, 하이트 게이지로도 사용될 수 있다.
- 센터 포인트 (center point) : 나사산 (60°)을 검사하는 부품이다.
- 기타 : 이외에도 베이스 블록(base block)과 스트레이트 에지(straight edge)가 있다.

㈐ 블록 게이지의 기타 사항
- 측정면의 거칠기 : 최대 높이(R_{max})로 AA, A급은 0.06 μm 이하, B, C급은 0.08 μm 이하이다.
- 열팽창계수 : $(11.5 \pm 1.0) \times 10^{-6}$ / ℃
- 측정면의 경도 : H_V 750~800 이상
- 치수의 경년변화 : 블록 게이지는 서브제로(subzero) 열처리와 뜨임(tempering) 처리를 반복하여 조직을 안정화시켰다고 하지만, 경년변화의 현상으로 인하여 100 mm당 ±0.5 μm 정도의 치수 변화가 생긴다.

(6) 한계 게이지(limit gauge)

제품을 정확한 치수대로 가공한다는 것은 거의 불가능하므로 오차의 한계를 주게 되며, 이때의 오차 한계를 측정하는 게이지를 한계 게이지라고 한다. 즉, 기계 부품 제작 시 그 정밀도에 따라 최대 치수와 최소 치수의 범위를 정하고, 그 범위 안에 들도록 가공하기 위하여 쓰이는 측정기로서, 구멍용 (플러그 게이지)과 축용 (스냅 게이지)이 있다.

구멍용에서는 최대 치수쪽을 정지측, 최소 치수쪽을 통과측이라 하고, 축용에서는 최대 치수쪽을 통과측(go side), 최소 치수쪽을 정지측(no go side) 이라 한다. 정지측으로는 제품이 들어가지 않고 통과측으로 제품이 들어갈 때, 그 제품은 주어진 공차 내에 있음을 나타낸다. 한계 게이지는 그 용도에 따라서 공작용 게이지, 검사용 게이지, 점검용 게이지가 있다.

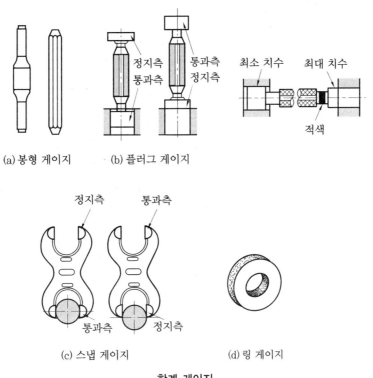

(a) 봉형 게이지   (b) 플러그 게이지

(c) 스냅 게이지   (d) 링 게이지

한계 게이지

① **한계 게이지의 장·단점** : 제품 상호간에 교환성이 있으며, 최대한의 분업방식이 가능하다. 완성된 게이지가 필요 이상 정밀하지 않아도 되기 때문에 공작이 용이하다. 가격이 비싸고, 특별한 것은 고급의 공작 기계가 있어야 제작이 가능하다.

한계 게이지의 적용 예

적 용	대표적인 게이지
구멍의 지름 검사용	플러그 게이지·평 게이지·봉 게이지·테스트 인디케이터를 갖춘 한계 게이지
원통형이 아닌 구멍의 축, 끼워 맞춰지는 구멍에 대응하는 부분의 폭의 검사용	평 게이지·봉 게이지·테스트 인디케이터를 갖춘 한계 게이지
구멍과 단의 깊이 검사용	깊이 게이지·판형 게이지
축의 지름 검사용	스냅 게이지·링 게이지·테스트 인디케이터를 갖춘 한계 게이지·조정 게이지
테이퍼 구멍의 지름 검사용	테이퍼 게이지
원통형이 아닌 제품의 외측 치수 검사용	스냅 게이지·테스트 인디케이터를 갖춘 한계 게이지·조정 게이지
길이 검사용	스냅 게이지·트래멀·테스트 인디케이터를 갖춘 한계 게이지·각종 조립 게이지·조정 게이지
외측에 있는 단의 높이 또는 길이 검사용	깊이 게이지·평 게이지·단 게이지
위치 검사용	판 게이지·스냅 게이지·트래멀·테스트 인디케이터를 갖춘 한계 게이지·조립 게이지
테이퍼 검사용	테이퍼 게이지·조립 게이지
각도 검사용	각도 게이지·테이퍼 게이지·조립 게이지
둥글기 검사용	둥글기 게이지·플러그 게이지
나사 검사용	플러그 게이지·스냅 게이지·나사 플러그 게이지·나사링 게이지·테이퍼 게이지·테이퍼 나사 플러그 게이지·테이퍼 나사 링 게이지·피치 나사 게이지·끼워 맞춤 점검나사·플러그 게이지·끼워 맞춤 점검 나사 링 게이지
윤곽 검사용	형상 게이지

② 종 류

　㈎ 봉형 게이지(bar gauge) : 블록 게이지로 측정이 곤란한 부분의 측정에 사용하고 단면에 의하여 길이 표시를 하며, 단면 형상은 양단 평면형, 곡면형이 있고, 블록 게이지와 병용하며 사용법도 거의 같다.

　㈏ 플러그 게이지(plug gauge)와 링 게이지(ring gauge) : 바깥지름과 안지름이 표

준치수로 되어 있으며, 플러그 게이지는 구멍의 안지름을, 링 게이지는 구멍의 바깥지름을 측정하며, 플러그 게이지와 링 게이지는 서로 1조로 널리 사용된다. 또한, 캘리퍼스나 공작물의 지름검사에 쓰이며 비교적 정확한 측정이 된다.

(다) 터보 게이지(turbo gauge) : 한 부위에 통과측과 불통과측이 동시에 있는 것이다.

③ **테일러의 원리**(Taylor's theory) : 통과측의 모든 치수는 동시에 검사되어야 하고, 정지측은 각 치수를 개개로 검사하여야 한다.

④ **그 밖의 표준 게이지**

(가) 나사 게이지(screw thread gauge) : 수나사용과 암나사용이 있으며, 가공한 수나사와 암나사를 검사할 때 끼워 맞추어 보아 비교 측정한다.

(나) 테이퍼 게이지(taper gauge) : 테이퍼로 되어 있는 구멍과 축을 서로 끼워서 맞춤 정도를 측정하는 것으로서, 구멍용과 축용으로 분류된다.

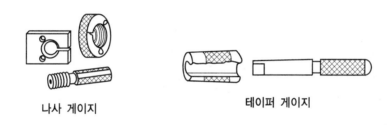

나사 게이지   테이퍼 게이지

4-4   기타 게이지류

(1) 틈새 게이지(thickness gauge, clearance gauge, feeler gauge)

미세한 간격과 틈새 측정에 사용되고, 박강판으로 두께 0.02~0.7 mm 정도를 여러 장 조합하여 1조로 묶은 것으로 몇 가지 종류의 조합으로 미세한 간격을 비교적 정확히 측정할 수 있다.

(2) 반지름 게이지(radius gauge)

모서리 부분의 라운딩 반지름 측정에 사용되며, 여러 종류의 반지름으로 된 것을 조합한다.

(3) 와이어 게이지(wire gauge)

철사의 지름을 번호로 나타낼 수 있게 만든 게이지로, 구멍의 번호가 커질수록 와이어의 지름은 가늘어진다.

(4) 센터 게이지(center gauge)

선반의 나사 바이트 설치, 나사 깎기 바이트 공구각을 검사하는 게이지로, 60°용과 55° 및 애크미 나사용이 있다.

(5) 피치 게이지(pitch gauge, thread gauge)

나사산의 피치를 신속하게 측정하기 위하여 여러 종류의 피치 형상을 한데 묶은 것이며 밀리미터(mm)계와 인치(inch) 계가 있다.

(6) 드릴 게이지(drill gauge)

직사각형의 강판에 여러 종류의 구멍이 뚫려 있어서 여기에 드릴을 맞추어 보고 드릴의 지름을 측정하는 게이지이다. 번호나 지름으로 표시하며, 번호 표시의 경우는 번호가 클수록 지름이 작아진다.

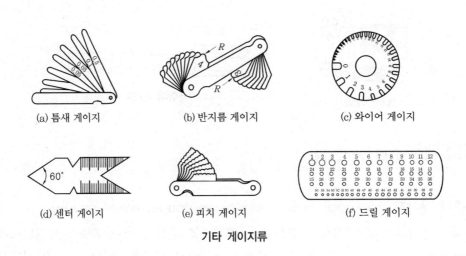

(a) 틈새 게이지   (b) 반지름 게이지   (c) 와이어 게이지

(d) 센터 게이지   (e) 피치 게이지   (f) 드릴 게이지

기타 게이지류

4-5 각도, 평면 및 테이퍼 측정

(1) 각도 측정

① 각도 측정기

㈎ 분도기와 만능 분도기

- 분도기(protractor) : 가장 간단한 측정기구로서 주로 강판제의 원형 또는 반원형으로 되어 있다.
- 만능 분도기(universal protractor) : 정밀 분도기라고도 하며, 버니어에 의하여

각도를 세밀히 측정할 수 있다. 최소 눈금은 어미자 눈금판의 23°를 12등분한 버니어가 있는 것이 5′이고, 19°를 20등분한 버니어가 붙은 것이 3′이다.

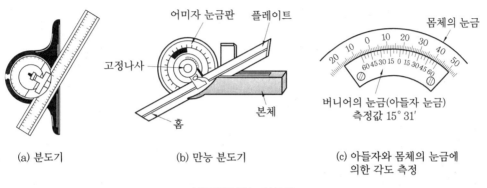

| (a) 분도기 | (b) 만능 분도기 | (c) 아들자와 몸체의 눈금에 의한 각도 측정 |

분도기와 만능 분도기

- 직각자(square) : 공작물의 직각도, 평면도 검사나 금긋기에 쓰인다.
- 콤비네이션 세트(combination set) : 분도기에다 강철자, 직각자 등을 조합해서 사용하며, 각도의 측정·중심 내기 등에 쓰인다.

콤비네이션 세트

② **사인 바**(sine bar) : 블록 게이지 등을 병용하고, 삼각함수의 사인(sine)을 이용하여 각도를 측정 및 설정하는 측정기이다.

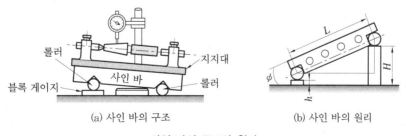

(a) 사인 바의 구조   (b) 사인 바의 원리

사인 바의 구조와 원리

㈎ 본체 양단에 2개의 롤러를 조합한다. 이때 중심거리(사인 바의 호칭치수)는 일정 하다. 즉, 사인 바의 길이(크기)는 양쪽 롤러의 중심거리로 한다.

㈏ 롤러 밑에 블록 게이지를 넣어서 양단의 높이를 H, h로 한다.

㈐ 각도 구하는 공식은 다음과 같다.

$$\sin\phi = \frac{H-h}{L}, \quad \phi = \sin^{-1}\left(\frac{H-h}{L}\right)$$

여기서, H : 높은 쪽 높이,　　h : 낮은 쪽 높이,　　L : 사인 바의 길이

㈑ 사인 바의 호칭치수는 100 mm 또는 200 mm이다.

㈒ 각도 설정법

• 계산식에 의하여 블록 게이지 H와 h를 롤러 밑에 넣는다.

• 블록 게이지는 정확한 것을 선택한다.

• 각도 1°는 $H - h$를 1.75 mm로 하면 된다.

③ **각도 게이지(angle gauge)** : 각도가 정확한 블록들을 조합하여 여러 가지 각을 만들 어 비교 측정하는 데 사용된다. 이것은 폴리곤(polygon) 경과 같이 게이지, 지그(jig) 공구 등의 제작과 검사에 쓰이며 원주 눈금의 교정에도 편리하게 쓰인다.

㈎ 요한슨식 각도 게이지(Johansson type angle gauge) : 지그 공구, 측정 기구 등 의 검사에 반드시 필요하며, 박강판을 조합해서 여러 가지의 각도를 만들 수 있게 되어 있다. 길이 약 50 mm, 폭 약 20 mm, 두께 1.5 mm 정도의 판 게이지가 49개 또는 85개를 한 조로 하고 있으며, 이 중 1개 또는 적당한 것을 2개 결합해서 임의 의 각도로 만들어 쓴다.

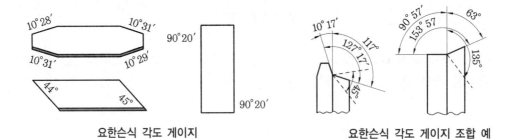

요한슨식 각도 게이지　　　　　　요한슨식 각도 게이지 조합 예

㈏ NPL식 각도 게이지(NPL type angle gauge) : 길이 약 90 mm, 폭 약 15 mm의 측 정면을 가진 쐐기형의 열처리된 블록으로 각각 6″, 18″, 30″, 1′, 3′, 9′, 27′, 1°, 3°, 9°, 27°, 41°의 각도를 가진 12개의 게이지를 한 조로 한다 (고정도의 측정용으 로는 6″, 18″, 30″ 대신에 3″, 9″, 27″를 쓴다). 이들 게이지를 2개 이상 조합해서

6″로부터 81° 사이를 임의로 6″ 간격으로 만들 수 있다. 측정면이 요한슨식 각도 게이지보다 크며, 몇 개의 블록을 조합하여 임의의 각도를 만들 수 있고, 그 위에 밀착이 가능하다.

예제 3. NPL식 각도 게이지를 그림과 같이 조합했을 때의 각도 θ 는?

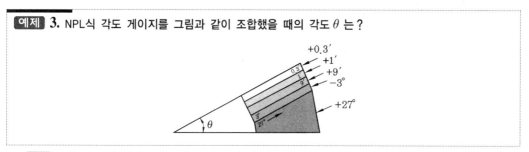

해설 $27° - 3° + 9' + 1' + 0.3' = 24°10.3' = 24°10'18''$

---

④ **수준기** : 수준기는 수평 또는 수직을 측정하는 데 사용한다. 수준기는 기포관 내의 기포 이동량에 따라서 측정하며 감도는 특종 (0.01 mm/m−2초), 제 1 종 (0.02 mm/m − 4초), 제 2 종 (0.05 mm/m−10초), 제 3 종 (0.1 mm / m −20초) 등이 있다.

⑤ **광학식 각도계** (optical protracter) : 원주 눈금은 베이스 (base) 에 고정되어 있고, 원 판 중심축의 둘레를 현미경이 돌며 회전각을 읽을 수 있게 되어 있다.

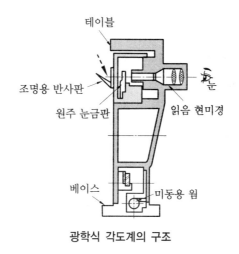

광학식 각도계의 구조

⑥ **오토 콜리메이터** (auto collimator) : 오토 콜리메이션 망원경이라고도 부르며, 공구 나 지그 취부구의 세팅 및 공작 기계의 베드나 정반의 정도 검사에 정밀 수준기와 같이 사용되는 각도기로 각도, 진직도, 평면도 등을 측정한다.

(2) 평면 측정

기계 가공 후, 가공된 면이 울퉁불퉁한 것을 거칠기라 하며, 거칠기가 적은 것은 평면도가 좋다고 할 수 있다.

① 평면도와 진직도의 측정

(개) 정반에 의한 방법 : 정반의 측정면에 광명단을 얇게 칠한 후, 측정물을 접촉하여 측정면에 나타난 접촉점의 수에 따라 평면도를 측정한다.

(내) 직선자에 의한 방법 : 측정물에 광명단을 얇게 바르고 직선자를 측정물에 접촉하여 측정면에 나타난 접촉점의 수에 따라 평면도를 측정한다.

(대) 직각자에 의한 방법 : 정반과 같은 평면에 측정물을 놓고 직각자를 접촉시켜 평면과 측정물의 직각도(진직도)를 측정한다.

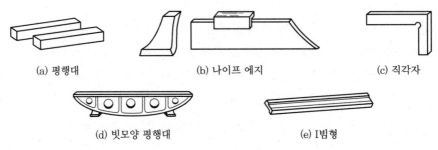

(a) 평행대   (b) 나이프 에지   (c) 직각자

(d) 빗모양 평행대   (e) I빔형

평면도와 진직도의 측정 공구

② 옵티컬 플랫(optical flat) : 광학 측정기로서 비교적 작은 면에 매끈하게 래핑된 블록 게이지나 각종 측정자 등의 평면 측정에 사용하며, 측정면에 접촉시켰을 때 생기는 간섭무늬의 수로 측정한다.

예제 4. 옵티컬 플랫에서 평면도(F)를 구하는 식은 ? (단, a : 간섭무늬의 중심 간격(mm), b : 간섭 무늬의 굽은 양(mm), λ : 사용하는 빛의 파장(μm)이다.)

[해설] 평면도 $F = \dfrac{b}{a} \times \dfrac{\lambda}{2} \ [\mu \mathrm{m}]$

③ 공구 현미경(tool maker's microscope)

(개) 용도 : 현미경으로 확대하여 길이, 각도, 형상, 윤곽을 측정하고 정밀부품 측정, 공구 치구류 측정, 각종 게이지 측정, 나사 게이지 측정 등에 사용한다.

(내) 종류 : 디지털(digital) 공구 현미경, 라이츠(leitz) 공구 현미경, 유니언(union) SM형, 만능 측정 현미경 등이 있다.

④ **투영기**(profile projector) : 광학적으로 물체의 형상을 투영하여 측정하는 기기이다.

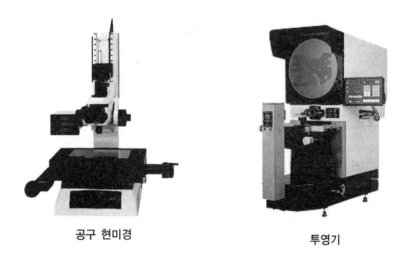

공구 현미경   투영기

(3) 테이퍼 측정

① **테이퍼 측정법의 종류** : 테이퍼 게이지(링 게이지와 플러그 게이지), 사인 바, 각도
게이지에 의한 법, 롤러에 의한 법, 공구 현미경에 의한 방법이 있다.

② **테이퍼 측정 공식** : 롤러와 블록 게이지를 접촉시켜서 M_1형과 M_2를 마이크로미터
로 측정하여 테이퍼 값(α)을 구한다.

$$\tan\alpha = \frac{M_2 - M_1}{2H}$$

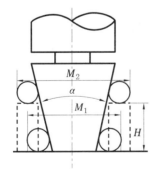

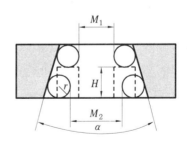

(a) 바깥지름 테이퍼(롤러 사용)   (b) 구멍 테이퍼(강구 사용)

롤러를 이용한 테이퍼 측정

예제 5. 다음 그림과 같이 테이퍼 1/30 의 검사를 할 때, A에서부터 90 mm 까지의 다이얼 게이지를 이동시키면 다이얼 게이지의 차이는 몇 mm인가 ?

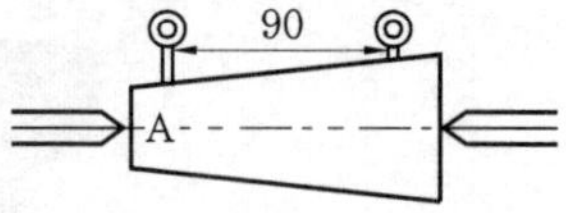

해설 $\dfrac{1}{30} = \dfrac{a-b}{90}$, $a - b = \dfrac{90}{30} = 3\text{mm}$

∴ 다이얼 게이지의 차이는 $3 \div 2 = 1.5$ mm

(4) 표면 거칠기 측정

① **표면 거칠기의 의미** : KS에서 표면 거칠기(roughness)는 작은 간격으로 나타나는 표면의 요철(凹凸)을 의미하며, '거칠다', '매끄럽다'라고 하는 감각의 근본이 된다. 파상도(waviness)는 표면 거칠기에 비하여 큰 간격으로 거듭 나타나는 기폭이며, 전체의 길이에 비하면 작은 간격으로 나타나는 것이 요철(凹凸)이다.

② **표면 거칠기의 측정 부분**

(개) 기계류의 미끄럼면, 운동 부분 표면

(내) 블록 게이지, 마이크로미터의 측정면 등 기준이 되는 면

(대) 피스톤 링, 밸브, 유압 실린더 등과 같이 유밀, 기밀을 요하는 부분

(래) 도장 부분 등 접착력을 요하는 부분의 표면

(매) 내식성을 필요로 하는 피복 표면

(배) 외관 및 성능에 영향을 주는 부분

(새) 기타 반복 하중을 받는 스프링, 인쇄 용지 표면, 기타 정밀 가공 표면

③ **표면 거칠기 측정법**

(개) 광절단식 표면 거칠기 측정 : 피측정물의 표면에 수직인 방향 0에 대해서 β쪽에서 좁은 틈새(slit)로 나온 빛을 투사하여 광선으로 표면을 절단하도록 하여, 최대 1000배까지 확대하여 비교적 거칠은 표면 측정에 사용한다.

(내) 비교용 표준편과 비교 측정 : 비교용 표준편과 가공된 표면을 비교하여 측정하는 방법으로 육안 검사 및 손톱에 의한 감각 검사, 빛, 광택에 의한 검사가 쓰인다.

(대) 현미경 간섭식 표면 거칠기 측정법 : 빛의 표면 요철(凹凸)에 대한 간섭무늬의 발생 상태로 거칠기를 측정하는 방법이며, 요철(凹凸)의 높이가 $1\,\mu\text{m}$ 이하의 비교적 미세한 표면 측정에 사용된다.

(래) 촉침식 측정기 : 촉침을 측정면에 긁었을 때, 촉침의 상하 이동량에 의하여 전기 증폭장치에 의해 표면 거칠기를 측정한다.

④ **표면 거칠기 표시법** : 기준 길이에 대한 거칠기의 높이를 최대 높이로 표시하는 최대 높이 표시법 R_{max}, 중심선 평균 거칠기 표시법 R_a, 10점 평균 거칠기 표시법 R_z 등이 있다.

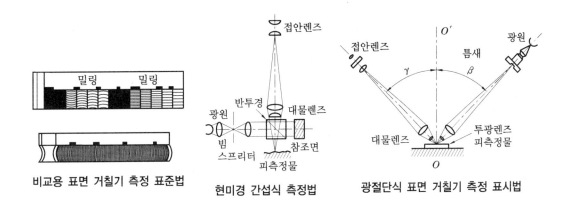

| 비교용 표면 거칠기 측정 표준법 | 현미경 간섭식 측정법 | 광절단식 표면 거칠기 측정 표시법 |

5. 절삭 이론

5-1 절삭 가공의 개요

(1) 절삭 가공 방법의 종류

① **선삭** : 선반(lathe)을 사용하여 공작물의 회전운동과 바이트의 직선 이송운동에 의하여 바깥지름 및 안지름의 정면가공과 나사가공 등을 하는 가공법을 말한다.

② **평삭** : 평삭은 셰이퍼나 플레이너, 슬로터에 의한 가공법으로 바이트 또는 공작물의 직선 왕복운동과 직선 이송운동을 하면서 절삭하는 가공법이며, 절삭행정과 급속 귀환행정이 필요하다.

③ **밀링(milling)** : 밀링 머신에 의하여 가공하는 방법으로 원주형에 많은 절삭날을 가진 공구의 회전 절삭행정과 공작물의 직선 이송운동의 조합으로 평면, 측면, 기어, 모방 절삭 등을 할 수 있다.

④ **구멍 뚫기(drilling)** : 드릴링이라고도 하며 드릴 머신에 의하여 드릴 공구의 회전 상하 직선 운동으로 가공물에 구멍을 뚫는 가공법이다.

⑤ **보링**(boring) : 드릴링된 구멍을 보링 바(boring bar)에 의해 좀 더 크고, 정밀하게 가공하는 방법으로 여기에 사용하는 기계를 보링 머신이라 한다.

⑥ **태핑**(tapping) : 뚫린 구멍에 나사를 가공하는 방법으로 대량 나사 절삭이 필요한 경우 전용 태핑 머신을 사용하면 편리하다.

⑦ **연삭**(grinding) : 입자에 의한 가공으로 연삭 숫돌에 고속 회전운동을 주어 입자 하나하나가 절삭날의 역할을 하면서 가공하게 된다.

⑧ **래핑**(lapping) : 미립자인 랩(lap)제를 사용하여 초정밀 가공을 하는 방법으로 습식법과 건식법이 있으며, 래핑 머신을 사용하면 편리하다.

⑨ **기타** : 기어 가공, 브로치 가공, 호닝 등이 있다.

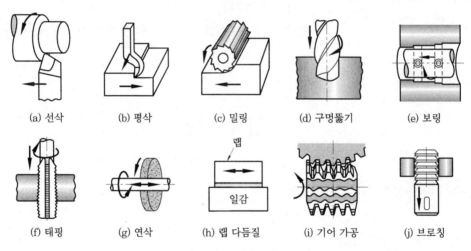

절삭 가공 방법의 종류

(2) 절삭 가공 방법

① 절삭 공구를 사용하는 방법
② 연삭 숫돌을 사용하는 방법
③ 연삭 입자를 사용하는 방법

(3) 공작기계

① **공작기계의 구비조건**

㈎ 절삭가공 능력이 좋고, 제품의 치수 정밀도가 좋을 것
㈏ 동력 손실이 적고, 조작이 용이하며, 안전성이 높을 것
㈐ 기계의 강성(굽힘, 비틀림, 외력에 대한 강도)이 높을 것

② **공작기계의 3대 기본운동**

　㈎ 절삭운동 (cutting motion) : 일감을 깎는 기계인 절삭공구가 가공물의 표면을 깎는 운동을 한다.

　• 절삭운동의 3가지 방법

　　− 공구는 고정하고 가공물을 운동시키는 절삭운동 : 선반, 플레이너

　　− 가공물은 고정하고 공구를 운동시키는 절삭운동 : 드릴링 머신, 밀링, 연삭기, 브로칭 머신

　　− 가공물과 공구를 동시에 운동시키는 절삭운동 : 연삭기, 호닝 머신, 래핑 머신

　㈏ 이송운동 (feed motion) : 절삭운동과 함께 절삭 위치를 바꾸는 것으로 공구 또는 일감을 이동시키는 운동이다.

　㈐ 조정운동 (위치 결정 운동) : 일감을 깎기 위해서는 공구의 고정, 일감의 설치, 제거, 절삭깊이 등의 조정이 필요하다.

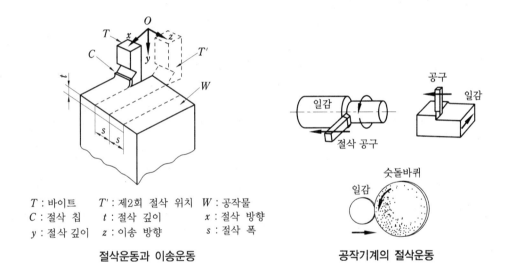

T : 바이트　　T' : 제2회 절삭 위치　W : 공작물
C : 절삭 칩　　t : 절삭 깊이　　x : 절삭 방향
y : 절삭 깊이　z : 이송 방향　　s : 절삭 폭

절삭운동과 이송운동　　　　　**공작기계의 절삭운동**

③ **사용 목적에 의한 분류**

　㈎ 일반 공작기계 : 선반, 밀링, 레이디얼 드릴링 머신(소량 생산에 적합)

　㈏ 단능 공작기계 : 바이트 연삭기, 센터링 머신, 밀링 머신(간단한 공정작업에 적합)

　㈐ 전용 공작기계 : 모방 선반, 자동 선반, 생산형 밀링 머신(특수한 모양, 치수의 제품 생산에 적합)

　㈑ 만능 공작기계 : 1대의 기계로 선반, 드릴링 머신, 밀링 머신 등의 역할을 할 수 있는 기계

④ **절삭속도와 회전수** : 가공물이 단위 시간에 공구의 인선을 통과하는 원주속도 또는 선속도를 절삭속도라 하며 공작기계의 동력을 결정하는 요소이다. 절삭깊이×이송이 일정하다면 절삭속도가 클수록 절삭량도 증가한다.

$$V = \frac{\pi DN}{1000}$$

여기서, V : 절삭속도 (m/min)

N : 가공물 회전수 또는 공구의 회전수(rpm)

D : 가공물의 지름(선반인 경우), 또는 회전하는 공구의 지름(밀링, 드릴 연삭의 경우)

(4) 절삭공구

① 절삭공구와 공구 재료

㈎ 절삭공구 (cutting tool)

- 바이트 : 선반, 셰이퍼, 슬로터, 플레이너 등에서 사용하는 공구이다.
- 드릴(drill) : 드릴링 머신에서 구멍을 뚫는 공구로서 $\phi 13\,mm$ 까지는 탁상 드릴링 머신의 척(chuck)에 끼워서 사용하고, 드릴의 표준 선단각은 118°이다.
- 커터(cutter) : 밀링 머신에서 절삭공구로 사용되며 회전 절삭운동을 한다.
- 연삭 숫돌 : 연삭 입자를 결합제로 결합시켜 굳힌 것으로 고속 강력 절삭에 편리하다.
- 탭, 리머, 보링 바 : 구멍에 나사를 내는 공구를 탭, 드릴 구멍을 정밀하게 다듬는 공구를 리머, 구멍을 더욱 크고 정밀하게 넓히는 공구를 보링 바라 한다.

㈏ 절삭공 재료의 구비조건

- 피절삭재보다 굳고 인성이 있을 것
- 절삭가공 중 온도 상승에 따른 경도 저하가 적을 것
- 내마멸성이 높을 것
- 쉽게 원하는 모양으로 만들 수 있을 것
- 값이 쌀 것
- 공구 재료 : 탄소 공구강 (STC), 합금 공구강 (STS), 고속도강 (SKH), 주조 경질합금, 초경합금 세라믹 (Al_2O_3), 다이아몬드 등
  - 세라믹(Al_2O_3) : 세라믹 공구는 무기질의 비금속 재료를 고온에서 소결한 것으로 최근 그 사용이 급증하고 있다. 세라믹 공구로 절삭할 때는 공작기계에 진동이 없어야 하며, 고속 경절삭에 적당하다.

장　　　점	단　　　점
• 경도는 1200℃까지 거의 변화가 없다 (초경합금의 2~3배 절삭). • 내마모성이 풍부하여 경사면 마모가 작다. • 금속과 친화력이 적고 구성 인선이 생기지 않는다 (절삭면이 양호). • 원료가 풍부하여 다량 생산이 가능하다.	• 인성이 적어 충격에 약하다. • 팁의 땜이 곤란하다. • 열전도율이 낮아 내열 충격에 약하다. • 냉각제를 사용하면 쉽게 파손한다.

– 다이아몬드 (diamond) : 다이아몬드는 내마모성이 뛰어나 거의 모든 재료 절삭에 사용된다. 그 중에서도 경금속 절삭에 매우 좋으며 시계, 카메라, 정밀기계 부품 완성에 많이 사용된다.

장　　　점	단　　　점
• 경도가 크고 열에 강하며, 고속 절삭용으로 적당하고, 수명이 길다. • 잔류응력이 적고 절삭면에 녹이 생기지 않는다. • 구성인선이 생기지 않기 때문에 가공면이 아름답다.	• 바이트가 비싸다. • 대단히 부서지기 쉬우므로 날 끝이 손상되기 쉽다. • 기계진동이 없어야 하므로 기계 설치비가 많이 든다. • 전문적인 공장이 아니면 바이트의 재연비가 곤란하다.

② **공구의 수명** : 새로 연마한 공구를 사용하여 동일한 가공물을 일정한 조건으로 절삭을 시작하여 더 이상 깎여지지 않을 때까지 절삭한 시간으로 표시한다. 드릴의 경우 절삭한 구멍 길이의 총계 또는 더 이상 깎여지지 않을 때까지의 가공물 개수로 표시하기도 한다.

㈎ 절삭속도와 공구수명 관계 : 보통의 절삭범위에서는 $n = \dfrac{1}{10} \sim \dfrac{1}{5}$ 의 값

$$VT^n = C$$

여기서, C : 상수, T : 공구수명(min), n : 지수

㈏ 공구수명과 절삭온도의 관계 : 공작물과 공구의 마찰열이 증가하면 공구의 수명이 감소되므로 공구 재료는 내열성이나 열 전도도가 좋아야 하는 것은 물론, 온도 상승이 생기지 않도록 하는 방법도 공구수명을 연장하는 하나의 방법이다. 고속도강은 600℃ 이상에서 경도가 급격히 떨어지며 공구수명이 떨어진다.

(다) 공구수명 판정방법
- 공구 날끝의 마모가 일정량에 달했을 때
- 완성가공면 또는 절삭가공한 직후에 가공 표면에 광택이 있는 색조나 반점이 생길 때
- 완성가공된 치수의 변화가 일정 허용범위에 이르렀을 때
- 절삭저항의 주분력에는 변화가 없으나 배분력 또는 횡분력이 급격히 증가하였을 때

5-2 바이트

(1) 바이트 크기 및 각부 명칭

① **크기** : 폭, 높이, 길이로 표시한다. 예 $15 \times 20 \times 130$
② **자루** : 바이트 날부가 아닌 고정되는 부분, 공구대에 설치하는 부분이다.
③ **밑면** : 자루의 밑면으로 절삭 시 수직 압력을 받는다.

(2) 각종 바이트의 날끝 각도

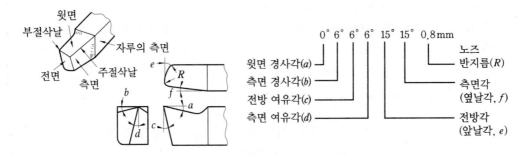

바이트 각과 날부분의 표시 방법

(3) 바이트 날의 손상

바이트 날부분 손상의 대표적 형태

날 손상의 분류		날의 선단에서 본 그림	날 손상으로 생기는 현상
마 모	날 마모(선단 마모, 또는 에지 마모라고 한다.)		바이트와 일감과의 마찰 증가로 다음 현상이 생긴다. • 절삭면의 불량 현상이 생긴다. • 다듬면 치수가 변한다(마모, 압력 온도에 의해). • 소리가 나며 진동이 생길 수 있다. • 불꽃이 생긴다. • 절삭동력이 증가한다.
	여유면 마모(일명 크레이터라고 한다.)		

경사면 마모		처음에는 바이트의 절삭 느낌이 좋아지지만 그 후 시간이 경과함에 따라 손상이 심해진다. • 칩의 꼬임이 작아져서 나중에는 가늘게 비산한다. • 칩의 색이 변하고 불꽃이 생긴다. • 시간이 경과하면 날의 결손이 된다.

5-3　절삭 칩의 생성과 구성인선

(1) 절삭 칩의 생성

칩의 모양		발생 원인	특징(칩의 상태와 다듬질면, 기타)
유동형칩		• 절삭속도가 클 때 • 바이트 경사각이 클 때 • 연강, Al 등 점성이 있고, 연한 재질일 때 • 절삭깊이가 적을 때 • 윤활성이 좋은 절삭제의 공급이 많을 때	• 칩이 바이트 경사면에 연속적으로 흐른다. • 절삭면은 평활하고 날의 수명이 길어 절삭조건이 좋다. • 연속적 칩은 작업에 지장을 주므로 적당히 처리한다(칩 브레이크 등을 이용).
전단형칩		• 칩의 미끄러짐 간격이 유동형보다 약간 커진 경우 • 경강 또는 동합금 등의 절삭각이 크고(90° 가깝게) 절삭깊이가 깊을 때	• 칩은 약간 거칠게 전단되고 잘 부서진다. • 전단이 일어나기 때문에 절삭력의 변동이 심하게 반복된다. • 다듬질면은 거칠다(유동형과 열단형의 중간).
열단형칩		• 경작형이라고도 하며 바이트가 재료를 뜯는 형태의 칩 • 극연강, Al합금, 동합금 등 점성이 큰 재료의 저속 절삭 시 생기기 쉽다.	• 표면에서 긁어낸 것과 같은 칩이 나온다. • 다듬질면이 거칠고, 잔류 응력이 크다. • 다듬질 가공에는 아주 부적당하다.
균열형칩		• 메진 재료(주철 등)에 작은 절삭각으로 저속 절속을 할 때 나타난다.	• 날이 절입되는 순간 균열이 일어나고, 이것이 연속되어 칩과 칩 사이에는 정상적인 절삭이 전혀 일어나지 않으며 절삭면에도 균열이 생긴다. • 절삭력의 변동이 크고 다듬질면이 거칠다.

㊟ 절삭각＝90°−경사각(α)

(2) 구성인선 (built up edge)

연강, 스테인리스강, 알루미늄처럼 바이트 재료와 친화성이 강한 재료를 절삭할 경우, 절삭된 칩의 일부가 날 끝부분에 부착하여 대단히 굳은 퇴적물로 되어 절삭날 구실을 하는 것을 구성인선이라 한다.

① **구성인선의 발생 주기** : 발생 → 성장 → 분열 → 탈락의 과정을 반복하며, $\dfrac{1}{10} \sim \dfrac{1}{200}$ 초를 주기적으로 반복한다.

② **구성인선의 장·단점**

(개) 치수가 잘 맞지 않으며 다듬질면을 나쁘게 한다.

(내) 날 끝의 마모가 크기 때문에 공구의 수명을 단축한다.

(대) 표면의 변질층이 깊어진다.

(래) 날 끝을 싸서 날을 보호하며, 경사각을 크게 하여 절삭열의 발생을 감소한다.

③ **구성인선의 방지책**

(개) 30° 이상으로 바이트의 전면 경사각을 크게 한다.

(내) 120 m/min 이상으로 절삭속도를 크게 한다 (임계속도).

(대) 윤활성이 좋은 윤활제를 사용한다.

(래) 절삭속도를 극히 늦게 한다.

(매) 절삭깊이를 줄인다.

(배) 이송속도를 줄인다.

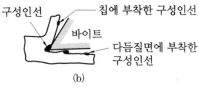

구성인선

5-4 절삭저항의 3분력

절삭 중에 받는 저항은 주분력, 배분력, 이송분력(횡분력) 등 3가지가 있다.

(1) 주분력

절삭방향과 평행하는 분력을 말하며 공구의 절삭방향과는 반대방향으로 작용한다. 배분력·횡분력보다 현저히 크며, 공구수명과 관계가 깊다.

(2) 배분력

절삭깊이의 반대방향으로 작용하는 분력이며 주분력에 비해 작지만, 바이트가 파손되는 순간에는 현저히 크다.

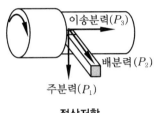

절삭저항

(3) 이송분력

이송방향과 반대방향으로 작용하는 분력으로 횡분력이라고도 한다.

5-5 절삭유 및 윤활

(1) 절삭유

일감의 가공면과 공구 사이에는 절삭 및 전단작용에 의해서 온도가 상승하여 나쁜 영향을 주게 된다. 이와 같은 나쁜 영향을 방지하기 위하여 절삭유를 사용한다.

① 절삭유의 작용과 구비조건

절삭유의 작용	절삭유의 구비조건
• 냉각작용 : 절삭공구와 일감의 온도 상승을 방지한다. • 윤활작용 : 공구날의 윗날과 칩 사이의 마찰을 감소시킨다. • 세척작용 : 칩을 씻어 버린다.	• 칩 분리가 용이하여 회수가 쉬워야 한다. • 기계에 녹이 슬지 않아야 한다. • 위생상 해롭지 않아야 한다.

② 절삭유의 종류

(개) 알칼리성 수용액 : 냉각작용이 큰 물에 알칼리(방청을 목적으로 하기 때문에)를 가한 것으로 냉각과 칩의 흐름을 쉽게 하며, 주로 연삭작업에 사용한다.

(내) 광물유 : 머신유, 스핀들유, 경유 등을 말하며, 윤활작용은 크나, 냉각작용이 적어 경절삭에 쓰인다.

(대) 동식물유 : 리드유, 고래유, 어유, 올리브유, 면실유, 콩기름 등이 있으며 광물성보다 점성이 높으므로 강도는 크나 냉각작용은 좋지 않아 중절삭에 쓰인다.

㈑ 동식물유＋광물성유(혼합유) : 작업 내용에 따라 혼합 비율을 달리하여 사용하며 냉각작용과 윤활작용이 필요할 때 사용한다.

㈒ 극압유 : 절삭공구가 고온, 고압 상태에서 마찰을 받을 때 사용하는 것으로 윤활을 목적으로 사용한다. 광물유, 혼합유 극압 첨가제로 황(S), 염소(Cl), 납(Pb), 인(P) 등의 화합물을 첨가한다.

㈓ 유화유 : 냉각작용 및 윤활작용이 좋아 절삭작업에 널리 사용하는 것으로 원액에 물을 혼합하여 사용하고, 절삭용은 10~30배, 연삭용은 50~100배로 혼합하여 사용한다. 색깔은 광물성 기름을 비눗물에 녹인 것으로 유백색 색깔을 띠고 있다.

㈔ 염화유 : 염소를 파라핀 또는 지방유에 결합시키고 다시 광유로 희석시킨 것으로, 절삭분과 공구 사이의 고온 고압하의 염화철의 고체막을 만들어 윤활을 좋게 하는 작용을 한다. 사용온도는 400℃까지이므로 기어 절삭가공 또는 비철금속의 절삭에 적당하다.

㈕ 유화 염화유 : 유화유의 혼합유 또는 염화유황을 지방유에 결합시키고 광유로 희석한 것이 있다. 중절삭용의 절삭유제의 대부분은 유화 염화유이다.

(2) 윤 활

① 윤활제(lubricant)

㈎ 윤활작용 : 윤활작용이란 고체 마찰을 유체 마찰로 바꾸어 동력 손실을 줄이기 위한 것이며, 이때 사용하는 것이 윤활제이다. 윤활에 사용하는 윤활제는 액체(광물유, 동식물유 등), 반고체(그리스 등), 고체(흑연, 활석, 운모 등)가 있다.

㈏ 윤활제의 구비조건
- 양호한 유성을 가진 것으로 카본 생성이 적어야 한다.
- 금속의 부식성이 적어야 한다.
- 열전도가 좋고 내하중성이 커야 한다.
- 열이나 산에 대하여 강해야 한다.
- 가격이 저렴하고 적당한 점성이 있어야 한다.
- 온도 변화에 따른 점도 변화가 작아야 한다.

㈐ 윤활의 목적
- 윤활작용 : 두 금속 상호간의 상대운동 부분마찰 면에 유막 (oil film) 을 형성하여 마찰, 마모 및 용착을 막는다.
- 냉각작용 : 마찰면의 마찰열을 흡수한다.
- 밀폐작용 : 밖에서 들어가는 먼지 등을 막는다 (그리스 등). 피스톤 링과 실린더 사이에 유막 형성으로 가스의 누설 방지 등 밀봉작용을 한다.

• 청정작용 : 윤활제가 마찰면의 고형물질을 청정하여 녹스는 것을 방지한다.

㈃ 윤활방법

• 완전 윤활 : 유체 윤활이라고도 하며, 충분한 양의 윤활유가 존재할 때 접촉면에 두 금속면이 분리되는 경우를 말한다.

• 불완전 윤활 : 상당히 얇은 유막으로 쌓여진 두 물체간의 마찰로 상대속도나 점성은 작아지지만 충격이 가해질 때, 유막이 파괴되는 정도의 윤활로 경계 윤활이라고도 한다.

• 고체 윤활 : 금속간의 마찰로 발열, 용착 등이 생기는 윤활로 절대 금지해야 한다.

㈄ 윤활제의 종류

• 액체 : 광물유와 동식물유가 있으며 유동성, 점도, 인화점은 동식물유가 좋으며, 고온에서의 변질이나 금속의 부식은 광물유가 좋다 (수지 베어링에는 물이 좋다).

• 특수 윤활제 : 극압물 (P이나 S 등)을 첨가한 극압 윤활유와 응고점이 −35∼−50℃인 부동성 기계유와 내한 내열에 적합한 실리콘유가 있다.

• 고체 : 흑연, 비눗돌, 운모 등이 있으며 그리스는 반고체유이다.

② 급유방법의 종류

㈎ 적하 급유법(drop feed oiling) : 마찰면이 넓은 경우 또는 사용 빈도가 많을 때 사용하고, 저속 및 중속 축의 급유에 사용한다.

㈏ 오일링 급유법(oiling lubrication) : 고속 축의 급유를 균등히 할 목적으로 사용하며, 회전축보다 큰 링을 축에 걸쳐 기름통을 통하여 축 위에 급유한다.

㈐ 배스 오일링 및 스플래시 오일링(bath oiling and splash oiling) : 베어링 및 기어류의 저속, 중속의 경우 사용 회전수가 클수록 유면을 낮게 한다.

㈑ 강제 급유법(circulating oiling or forced oiling) : 고속 회전에 베어링의 냉각효과를 원할 때, 경제적으로 대형 기계에 자동 급유할 때 사용하는 것으로 최근 공작기계는 대부분 강제 급유 방식을 채택하고 있다.

㈒ 분무 급유법(oil mist lubrication) : 분무 상태의 기름을 함유하고 있는 압축공기를 공급하여 윤활하는 방법이며 냉각 효과가 크기 때문에 온도 상승이 매우 적다.

㈓ 튀김 급유법(splash oiling) : 커넥팅 로드 끝에 달린 기름 국자로부터 기름을 퍼올려 비산시켜 급유하는 방법이다.

㈔ 패드 급유법(pad oiling) : 무명과 털을 섞어서 만든 패드(pad) 의 일부를 기름통에 담가 저널 아래면에 모세관 현상으로 급유하는 방법이다.

㈕ 담금 급유법(oil bath oiling) : 마찰부 전체를 기름 속에 담가서 급유하는 방식으로 피벗 베어링 등에 사용한다.

6. 선반 가공

선반(lathe)은 일감을 주축에 고정하여 회전운동시키고 공구대에 고정한 바이트에 수동 또는 자동으로 절삭깊이와 이송을 주면서 바깥지름 절삭, 보링, 절단, 단면 절삭, 나사 절삭 등의 가공을 하는 공작기계이다. 선반 가공은 절삭 가공 중 가장 기본적인 것으로 특별한 장치나 공구를 사용하면 특수한 작업도 할 수 있다.

6-1 보통 선반의 구조

일반적으로 선반은 보통 선반(engine lathe)을 뜻한다. 보통 선반은 베드, 주축대, 왕복대, 심압대 등의 주요 부분으로 구성되어 있다.

(1) 선반의 구조와 기능

선반은 주축대, 심압대, 왕복대, 베드의 4개 주요부와 그 밖의 부분으로 구성되어 있다.

① **주축대(head stock)** : 공작물을 지지, 회전 및 변경 또는 동력 전달을 하는 일련의 기어 기구로 구성되어 있다. 구동장치와 주축과 주축의 회전속도를 조절할 수 있는 변속장치가 있다.

  ㈎ **주축(spindle)** : 보통 합금강으로서 주축의 앞에는 척, 면판 등을 고정하며 주축의 양쪽은 베어링으로 지지되어 있다. 구멍 앞부분은 테이퍼(주로 모스 테이퍼)로 되어 있어 센터를 고정할 수 있다. 주축의 재질은 Ni-Cr 강이다.

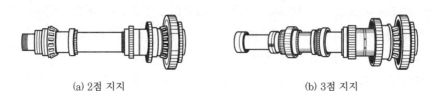

      (a) 2점 지지   (b) 3점 지지

주축

  ㈏ 기어식 주축대와 단차식 주축대의 특징은 다음 표와 같다.

기어식 주축대의 특징	단차식 주축대의 특징
• 전동기와 직결 • 레버에 의해 변속 (속도변환 간단) • 변속은 슬라이딩 기어식, 클러치식 무단변 속을 이용한다. • 고속절삭(2000 rpm 정도) 이 가능하다. • 고장 시 수리가 힘들다. • 중량이 무겁다. • 등비급수 속도열을 많이 사용한다.	• 주축속도 변화 수가 적다. • 벨트 걸이로 위험하다. • 구조가 간단하다. • 600 rpm 정도이다. • 종합운전이 가능하다. • 값이 싸다. • 고속을 얻기 어렵다. • 백기어가 설치되어 있다 (목적 : 저속 강력절삭).

② **왕복대 (carriage)** : 왕복대는 베드 위에 있고, 새들과 에이프런으로 구성되어 있으며, 바이트 및 각종 공구를 설치한 공구대를 평행하게 전후, 좌우로 이송시킨다.

  ㈎ 새들(saddle) : H자로 되어 있으며, 베드면과 미끄럼면 접촉을 한다. 새들은 베드 위를 세로 방향으로 이송할 수 있도록 되어 있고, 그 위에 가로 방향 이송대와 복식 공구대가 붙어 있다.

  ㈏ 에이프런(apron) : 자동장치, 나사 절삭장치 등이 내장되어 있으며, 왕복대의 전면, 즉 새들 앞쪽에 있다.

  ㈐ 하프 너트(half nut) : 나사 절삭 시 리드 스크루와 맞물리는 분할된 너트 (스플리트 너트)이다.

  ㈑ 복식 공구대 : 임의의 각도로 회전시키면 테이퍼 절삭을 할 수 있다.

③ **심압대 (tail stock)** : 심압대는 우측 베드 상에 있으며, 센터작업을 할 때 일감을 지지하는 것으로 일감의 길이에 따라 베드 위의 적당한 위치에 고정할 수 있다.

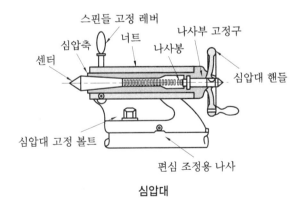

심압대

  ㈎ 축에 정지센터를 끼워 긴 공작물을 고정하거나 센터 대신 드릴, 리머 등을 고정할 수 있다.

㈏ 조정나사의 조정으로 심압대를 편위시켜 테이퍼 절삭을 할 수 있다.

㈐ 심압축을 움직일 수 있다.

㈑ 심압대 축은 모스 테이퍼로 되어 있다.

④ **베드(bed)** : 베드는 주축대, 왕복대, 심압대 등 주요한 부분을 지지하고 있는 곳으로 절삭력 및 중량을 충분히 견딜 수 있도록 강성 정밀도가 요구된다. 베드의 재질로 고급 주철, 칠드 주철 또는 미하나이트 주철, 구상흑연 주철을 많이 사용하고 있다.

㈎ 베드의 특징

• 베드는 영식(평형)과 미식(산형)으로 구분한다.

• 베드면은 표면경화를 하여야 한다.

• 베드의 정밀도는 $\dfrac{0.02}{1000}$ mm 정도의 직진도를 갖고 있어야 한다.

• 베드는 주조 후 주조응력을 제거하기 위해 시즈닝 작업을 하여야 한다.

베드의 특징

항　목	영　식	미　식
수압 면적	크다	작다
단면 모양	평면	산형
용도	강력 절삭용	정밀 절삭용
사용 범위	대형 선반	중·소형 선반

㈏ 베드의 종류

(a) 영식 베드　　　(b) 미식 베드　　　　　(c) 절충식 베드

베드의 종류

⑤ **이송장치** : 왕복대의 자동 이송이나 나사 절삭 시 적당한 회전수를 얻기 위해 주축에서 운동을 전달받아 이송축 또는 리드 스크루까지 전달하는 장치를 말한다.

운동 전달 순서는 선반 모터 → 주축대 → 변환기어 → 이송장치 → 이송량 또는 리드 스크루 → 왕복대 순이다. 특히, 선반에는 주축 회전방향에 관계없이 이송장치의 정·역회전이 조절 가능한 장치가 선반 주축대에 장치되어 있는데, 이것을 텀블러 장치라 한다.

(2) 선반의 각부 명칭

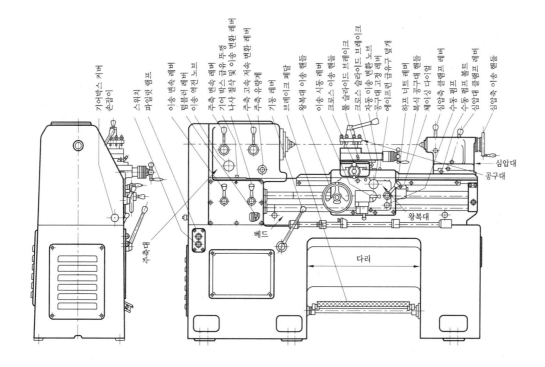

(3) 선반의 크기 표시

선반은 다음과 같은 크기로 그 규격을 정하고 있다.

① **스윙(swing)** : 베드상의 스윙 및 왕복대상의 스윙을 말한다. 즉, 물릴 수 있는 공작물의 최대 지름을 말하며, 스윙은 센터와 베드면과의 거리가 2배이다.

② **양 센터간의 최대 거리** : 라이브 센터(live center)와 데드 센터(dead center)간의 거리로서 깎을 수 있는 공작물의 최대 길이를 말한다.

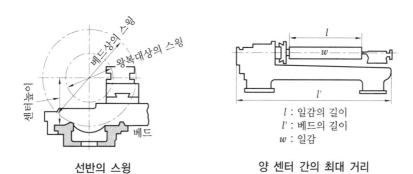

선반의 스윙   양 센터 간의 최대 거리

l : 일감의 길이
l' : 베드의 길이
w : 일감

6-2 선반의 부속품

(1) 면판 (face plate)

면판은 척을 떼어내고 부착하는 것으로 공작물의 모양이 불규칙하거나 척에 물릴 수 없을 때 사용한다. 특히, 엘보 가공 시 많이 사용한다. 이때는 반드시 밸런스를 맞추는 다른 공작물을 설치하여야 하고, 공작물 고정 시 앵글 플레이트와 볼트를 이용한다.

(2) 회전판 (driving plate)

양 센터 작업 시 사용하는 것으로 일감을 돌리개에 고정하고 회전판에 끼워 작업한다.

(3) 돌리개 (driving dog)

양 센터 작업 시 사용하는 것으로 굽힘 돌리개를 가장 많이 사용한다.

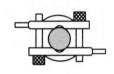

(a) 곧은 돌리개(직선)　　　(b) 굽힘 돌리개(곡형)　　　(c) 평행 돌리개(클램프)

돌리개의 종류

면판　　　　　　　　　　회전판

(4) 센터 (center)

양 센터 작업 시 또는 주축 쪽을 척으로 고정하고 심압대 쪽은 센터로 지지할 경우에 사용한다. 센터는 양질의 탄소공구강 또는 특수 공구강으로 만들며, 보통 60°의 각도가 쓰이나 중량물 지지에는 75°, 90°가 쓰이기도 한다. 센터는 자루 부분이 모스 테이퍼로 되어 있으며 모스 테이퍼는 0~7번까지가 있다.

(5) 심봉 (mandrel)

정밀한 구멍과 직각 단면을 깎을 때, 또는 바깥지름과 안지름이 동심원이 필요할 때 사용하는 것으로, 심봉의 종류는 단체 심봉, 팽창 심봉, 원추 심봉 등이 있다.

 보충 설명

- 표준 심봉의 테이퍼 : $\dfrac{1}{100}$, $\dfrac{1}{1000}$
- 심봉의 호칭지름 : 작은 쪽의 지름

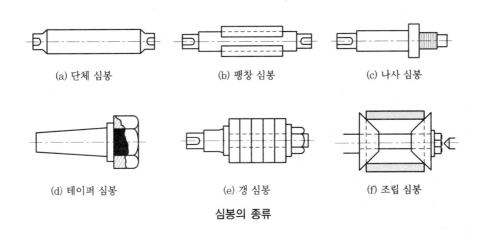

(a) 단체 심봉　　(b) 팽창 심봉　　(c) 나사 심봉

(d) 테이퍼 심봉　　(e) 갱 심봉　　(f) 조립 심봉

심봉의 종류

(6) 척 (chuck) 의 종류와 특징

척은 주축의 끝에 있는 나사에 끼워 일감을 고정하는 데 사용한다. 고정 방법에는 조(jaw)에 의한 기계적인 방법과 전기적인 방법이 있다. 척의 종류에는 단동척, 연동척, 복동척, 공기척, 유압척, 전자척 등이 있다.

① **단동척(independent chuck)** : 단동척은 4개의 조(jaw) 가 각기 움직일 수 있어 불규칙한 일감을 고정시키는 데 적합하다.

㈎ 단동척의 특징

- 강력 조임에 사용하며, 조가 4개 있어 4번 척이라고도 한다.
- 원, 사각, 팔각 조임식에 용이하다.
- 조가 각자 움직이며 중심 잡는 데 시간이 걸린다.
- 편심 가공이 편리하다.
- 가장 많이 사용한다.

㈏ 단동척의 크기 : 척의 크기는 바깥지름으로 표시한다.

단동척

② **연동척**(universal chuck ; 만능척) : 연동척은 3개 조가 동시에 움직이는 구조로서 원형이나 육각형의 일감을 고정하는 데 편리하다.

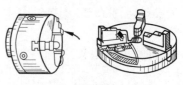

연동척

(개) 조가 3개이며, 3번 척, 스크롤척이라고 한다.

(나) 조 3개가 동시에 움직인다.

(다) 조임이 약하다.

(라) 원, 3각, 6각봉 가공에 사용한다.

(마) 중심 잡기 편리하다.

③ **마그네틱척**(magnetic chuck ; 전자척, 자기척) : 전자석에 의하여 철강 제품을 흡착하는 것으로 얇은 일감을 고정시키는 데 적합하다.

(개) 전류자기를 이용한 자화면이다.

(나) 필수 부속장치로는 탈자기장치가 있다.

(다) 강력 절삭이 곤란하다.

(라) 사용전력은 200~400 W이다.

④ **공기척**(air chuck) : 조를 압축공기에 의하여 개폐하는 척이다.

(개) 공기 압력을 이용하여 일감을 고정한다.

(나) 균일한 힘으로 일감을 고정한다.

(다) 운전 중에도 작업이 가능하다.

(라) 조의 개폐가 신속하다.

⑤ **유압척** : 작업 중에 일감을 물리거나 풀기가 쉬워 대량 생산에 많이 이용된다.

⑥ **콜릿척**(collet chuck)

(개) 터릿 선반이나 자동 선반에 사용된다.

(나) 지름이 작은 일감에 사용한다.

(다) 중심이 정확하고 원형재, 각봉재 작업이 가능하다.

(라) 대량 생산이 가능하다.

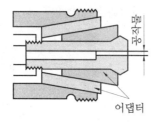

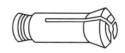

콜릿척

⑦ **특수 가공장치**

(개) 모방 절삭장치 : 제품과 동일한 모형의 형판을 만들어 모방 절삭장치의 촉침인 트레이서를 접촉한 후 이동시키면 바이트가 모형에 따라 움직이면서 서서히 절삭 하도록 되어 있다.

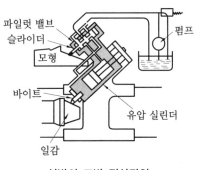

선반의 모방 절삭장치

(내) 테이퍼 절삭장치 : 모방 절삭장치의 원리로 테이퍼 절삭장치를 설치하고 가이드 로 안내되면 공구대가 따라 움직이며, 가이드 끝에는 각도 눈금이 있어 적당한 각 도로 회전하도록 되어 있다.

⑧ **방진구** (work rest) : 지름이 작고 긴 공작물을 절삭할 때 생기는 떨림을 방지하기 위 한 장치이며 보통 지름에 비해 길이가 20배 이상 길 때 쓰이고, 이동식과 고정식이 있다.

(개) 이동식 방진구 : 왕복대에 설치하여 긴 공작물의 떨림을 방지, 왕복대와 같이 움 직인다 (조의 수 : 2개).

(내) 고정식 방진구 : 베드면에 설치하여 긴 공작물의 떨림을 방지해 준다 (조의 수 : 3개).

(대) 롤 방진구 : 고속 중절삭용

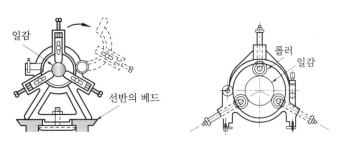

방진구

6-3 절삭조건

(1) 절삭속도 (cutting speed)

절삭속도는 일감의 표면이 1분간에 깎이는 길이, 즉 원주속도로서 단위는 m/mim으로 나타낸다. 일감의 지름을 D [mm], 절삭속도를 V [m/min]라 하면, 선반의 주축 회전수 N 은 다음 식으로 나타낸다.

$$N = \frac{1000\,V}{\pi D}\,[\text{rpm}]$$

예제 **6.** 선반을 이용하여 지름이 30 mm인 환봉의 바깥지름을 절삭하여야 한다. 절삭속도가 30 m/min일 때, 회전수는 몇 rpm으로 하는가?

해설 $N = \dfrac{1000\,V}{\pi D}\,[\text{rpm}] = \dfrac{1000 \times 30}{\pi \times 30} = 318.3\,\text{rpm}$

$\therefore$ 318.3 rpm

(2) 절삭깊이

바이트로 일감을 깎는 깊이이며, 깎을 면에 대하여 수직방향으로 측정하고 그 단위는 mm 로 나타낸다.

(3) 이송 (feed)

이송이란 일감의 매 회전마다 바이트가 길이 방향으로 이동하는 거리이며, 단위는 mm/rev 로 나타낸다.

6-4 그 밖의 각종 선반

선반의 종류와 특징

선반의 종류	특 징
보통 선반 (engine lathe)	가장 일반적으로 베드, 주축대, 왕복대, 심압대, 이송기구 등으로 구성되며, 주축의 스윙을 크게 하기 위하여 주축 밑부분의 베드를 잘라낸 절삭 선반도 있다.
탁상 선반 (bench lathe)	탁상 위에 설치하여 사용하도록 되어 있는 소형의 보통 선반으로 구조가 간단하고 이용범위가 넓으며, 기계·계기류 등의 소형물 가공에 쓰인다.

모방 선반 (copying lathe)	자동 모방 장치를 이용하여 제품과 동일한 모양의 모형이나 형판을 따라 공구대가 자동으로 바이트를 안내하여 형판과 같은 윤곽으로 턱붙이 부분, 테이퍼 및 곡면 등을 모방 절삭하는 선반이다. 각종 모방 장치로는 유압식, 유압 기압식, 전기식, 전기 유압식 등이 있다.
터릿 선반 (turret lathe)	볼트, 너트, 나사류, 핀 등 작은 기계 부품을 대량 생산할 목적으로 고안된 선반으로 보통 선반의 심압대 대신 여러 개의 공구를 방사상으로 설치하여 공정 순서대로 공구를 차례로 사용할 수 있도록 되어 있다. 모양에 따라 6각형과 드럼형이 있으나 6각형이 주로 쓰이며, 형식에 따라 램형(소형 가공)과 새들형(대형 가공)이 있다. 사용되는 척은 콜릿 척이다.
공구 선반 (tool room lathe)	주로 절삭 공구의 가공에 사용되는 정밀도가 높은 선반으로 테이퍼 깎기 장치, 리빙 장치가 부속되어 있으며, 주로 저속 절삭작업을 한다.
차륜 선반 (wheel lathe)	철도 차량 차륜의 바깥둘레를 절삭하는 선반
차축 선반 (axle lathe)	철도 차량의 차축을 절삭하는 선반
나사 절삭 선반 (thread cutting lathe)	나사를 깎는 데 전문적으로 사용되는 선반
리드 스크루 선반 (lead screw cutting lathe)	주로 공작 기계의 리드 스크루를 깎는 선반으로 피치 보정기구가 장치되어 있다.
자동 선반 (automatic lathe)	공작물의 고정과 제거까지 선반의 조작을 캠과 유압 기구를 이용하여 자동으로 하며, 이는 터릿 선반을 개량한 것으로 생산성이 매우 높아 대량 생산에 적합하다.
다인 선반 (multi cut lathe)	공구대에 여러 개의 바이트가 부착되어 이 바이트의 전부 또는 일부가 동시에 절삭 가공을 하는 선반
NC 선반 (numerical control lathe)	정보의 명령에 따라 절삭공구와 새들의 운동을 제어하도록 만든 선반으로 자기 테이프, 수치적인 부호의 모양으로 되어 있는 선반
정면 선반 (face lathe)	바깥지름은 크고 길이가 짧은 가공물의 정면을 깎는다. 면판이 크며, 공구대가 주축에 직각으로 광범위하게 움직이는 선반이다. 보통 공구대가 2개이고 리드 스크루가 없다.

수직 선반 (vertical lathe)	주축이 수직으로 되어 있으며, 대형이나 중량물에 사용된다. 공작물은 수평면에서 회전하는 테이블 위에 장치하고, 공구대는 크로스 레일(cross rail) 또는 칼럼을 이송 운동한다. 지름이 크고, 너비가 짧은 일 감을 가공하는 데 적합하다. 보링 가공이 가능하여 수직 보링 머신이라고도 한다.
롤 선반 (roll turning lathe)	압연용 롤러를 가공한다.
크랭크축 선반 (crank shaft lathe)	크랭크축 선반은 크랭크축의 베어링 저널 부분과 크랭크핀을 깎는 선반이며, 주축대와 심압대에는 크랭크핀을 편심시켜 고정하는 주축대가 있다.

6-5 선반 작업

(1) 선반 작업의 종류

① 바깥지름 절삭(turning) ② 안지름 절삭(boring)
③ 테이퍼 절삭(taper turning) ④ 단면 절삭(facing)
⑤ 총형 절삭(formed cutting) ⑥ 구멍 뚫기(drilling)
⑦ 모방 절삭(copying) ⑧ 절단 작업(cutting)
⑨ 나사 절삭(threading) ⑩ 리밍(reaming)
⑪ 광내기 작업(polishing) ⑫ 널링(knurling)

 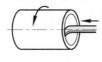

(a) 바깥지름 절삭   (b) 안지름 절삭   (c) 테이퍼 절삭   (d) 단면 절삭   (e) 총형 절삭

    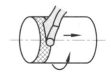

(f) 드릴링(구멍 뚫기)   (g) 절단   (h) 나사 절삭   (i) 측면 절삭   (j) 널링

선반 작업의 종류

(2) 가공물 고정 방법

① 양 센터에 의한 고정 방법
② 척에 의한 고정 방법
③ 척과 데드 센터에 의한 고정 방법
④ 면판에 의한 고정 방법
⑤ 콜릿척, 전자척에 의한 고정 방법
⑥ 홀더에 의한 고정 방법

(3) 선반 절삭 작업

① **센터 작업**(center work) : 라이브 센터와 데드 센터를 이용한 작업으로 대체적으로
가공물이 길고 둥글 때 하는 작업이다.

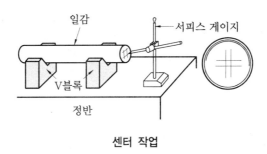

센터 작업

② **척 작업**(chuck work) : 환봉 등 척에 물리기 쉬운 공작물을 가공할 때 척을 이용하
여 가공하는 방법으로 척은 주축에 대하여 직각이 되어야 한다. 척 작업은 모양이 규
칙적인 물체에는 연동척을, 모양이 불규칙적인 물체에는 단동척을 이용하는 것이 보
통이다.

③ **널링 작업**(깔주기 작업) : 핸들, 게이지 손잡이, 둥근 너트 등의 미끄럼 방지를 위해
일감의 표면에 널링을 하는 작업이다.

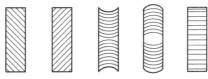

우경사목 좌경사목 홈평목 둥근평목 평목
널의 종류

널의 치수

모듈 (m)	피치(mm)
0.2	0.628
0.3	0.942
0.5	1.571

④ **편심 작업** : 하나의 중심에 대해 공작물 일부가 다른 중심을 갖게 되어 중심이 2개, 또는 그 이상으로 되게 작업하는 것이다.

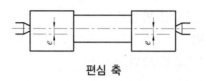

편심 축

6-6 테이퍼 절삭 작업(taper cutting work)

선반 작업으로 테이퍼를 깎는 방법에는 심압대 편위법, 복식 공구대 이용법, 테이퍼 절삭장치 이용법, 총형 바이트에 의한 방법 등이 있다.

(1) 심압대를 편위시키는 방법

심압대를 선반의 길이 방향에 직각 방향으로 편위시켜 절삭하는 방법이다.

 보충 설명

> 심압대를 작업자 앞으로 당기면 심압대 쪽으로 가공 지름이 작아지고, 뒤쪽으로 편위시키면 주축대 축 쪽으로 가공 지름이 작아진다.

심압대 편위에 의한 테이퍼 절삭 그림에서 편위량 e는 다음과 같다.

① $e = \dfrac{D-d}{2L}$ (전체가 테이퍼일 경우)

② $e = \dfrac{L(D-d)}{2l}$ (일부분만 테이퍼일 경우)

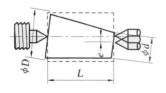

(a) 전체가 테이퍼일 경우

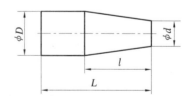

(b) 일부분만 테이퍼일 경우

심압대 편위에 의한 테이퍼 절삭

(2) 복식 공구대 회전법

베벨 기어의 소재보다 비교적 크고 길이가 짧은 경우에 사용되며, 손으로 이송하면서 절삭하는데 복식 공구대 회전각도는 다음 식으로 구한다.

$$\tan\theta = \frac{(D-d)}{2L}$$

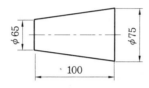

예제 **7.** 다음 그림과 같이 복식 공구대를 사용하여 테이퍼를 절삭할 때, 복식 공구대의 선회 각도는 얼마로 하면 되는가?

$\phi 65$ $\phi 75$ 100

해설 $\tan\theta = \dfrac{D-d}{2l} = \dfrac{(75-65)}{2 \times 100} = 0.05$

$\therefore \theta = \tan^{-1} 0.05 = 2.86°$

(3) 테이퍼 절삭장치 이용법

전용 테이퍼 절삭장치를 만들어 절삭을 하는 방법이며, 이송은 자동 이송이 가능하고 절삭 시에 안내판 조정, 눈금 조정을 한 후 자동 이송시킨다.

심압대 편위법보다 넓은 범위의 테이퍼 가공이 가능하며, 공작물 길이에 관계없이 같은 테이퍼 값의 가공이 가능하다.

(4) 총형 바이트에 의한 법

테이퍼용 총형 바이트를 이용하여 비교적 짧은 테이퍼 절삭을 하는 방법이다.

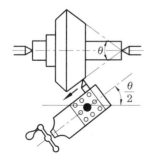

복식 공구대 회전에 의한 테이퍼 절삭

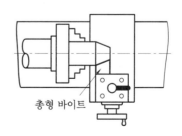

총형 바이트 이용법

6-7 심봉 작업

기어나 풀리 등과 같이 보스 구멍이 뚫린 경우 보스 구멍과 바깥지름이 동심원이 되게 하기 위하여 심봉(mandrell)을 보스에 끼워 센터 작업하는 방법이다.

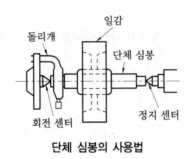

단체 심봉의 사용법

6-8 나사 절삭

(1) 나사 절삭의 원리

공작물이 1회전하는 동안 절삭되어야 할 나사의 1피치만큼 바이트를 이송시키는 동작을 연속적으로 실시하면 나사가 절삭된다. 주축의 회전이 중간축을 지나 리드 스크루 축에 전달되며, 리드 스크루 축은 하프 너트를 통하여 왕복대에 이송을 주어 절삭한다.

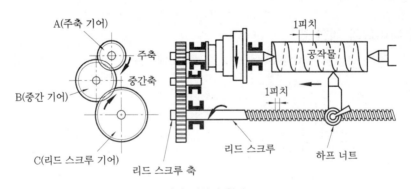

나사 절삭의 원리

(2) 나사 절삭 요령

① 선반의 어미 나사와 깎고자 하는 나사가 미터식인지 인치식인지 알아야 한다.

② 필요한 변환 기어를 결정하고 재료 및 공구를 준비한다 (해당 선반의 변환 기어 치수를 알아둘 것).

③ 공구(바이트)를 고정한다.

④ 하프 너트(half nut)를 닫아 나사 절삭을 한다.

⑤ 최초에 하프 너트를 닫는 위치로부터 일정한 주기를 반복하기 위해서 체이싱 다이얼을 사용한다.

㈎ 체이싱 다이얼(chasing dial) : 리드 스크루와 맞물려 있는 웜 기어와 그 축의 일단에 장치한 다이얼로 되어 있으며, 나사 절삭 시 나사의 산수가 리드 스크루 산수의 정수배가 아닐 때나 리드 스크루의 피치가 깎으려는 나사 피치의 정수배가 아닐 때, 하프 너트를 넣는 시기가 제한되므로 2번째 이후의 절삭 시 이 시기를 지정하기 위하여 사용한다.

㈏ 하프 너트 사용 : 나사 작업은 수회 반복되므로 매 공정마다 먼저 낸 홈에 따라 바이트가 이송하여야 한다. 이 방법으로는 체이싱 다이얼을 사용하면 된다.

• 웜 기어 잇수 : 어미 나사가 4산/in일 때, 24개 잇수가 있으며 6산/in일 때는 24개로 되어 있다.

• 하프 너트를 다이얼 어떤 곳에 넣어도 되는 경우

$$\frac{\text{리드 스크루의 피치}}{\text{일감의 피치}} \times \text{웜 기어의 잇수} = \text{정수},\ \frac{t}{T} = \text{정수일 때}$$

• 하프 너트를 지정된 곳에만 넣을 경우 : $\frac{t}{T}$ = 분수일 때

(3) 변환 기어 잇수 계산

① 변환 기어의 잇수

㈎ 영국식 선반 : 변환 기어의 잇수가 20, 25, 30 … 120 까지 5의 배수로 있으며, 127개짜리 1개가 있다.

㈏ 미국식 선반

• 변환 기어의 잇수가 20, 24, 28 … 64까지 4개의 배수로 있으며, 72, 80, 120개짜리와 127개 짜리 1개가 있다.

• 127개짜리 잇수는 인치식 선반에서 미터식 나사를 깎을 경우와 미터식 선반에서 인치식 나사를 깎을 때 사용한다.

$$\text{즉, } \frac{25.4\,\text{mm}}{1''} = \frac{12.7}{0.5} = \frac{127}{50} \text{의 관계가 있다.}$$

② 변환 기어 계산법

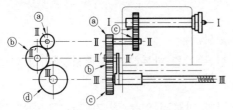

I : 주축   II : 스터드 축
II′ : 중간 축   III : 리드 스크루
ⓐ : 주축 변환 기어   ⓑ : 중간 기어
ⓒ : 텀블러 기어 축   ⓓ : 리드 스크루 축의 기어

단식 변환 기어법

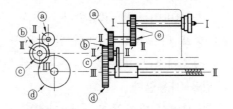

I : 주축   II : 스터드 축
II′ : 중간 축   III : 리드 스크루
ⓐ : 주축 변환 기어   ⓑ, ⓒ : 중간 기어
ⓓ : 리드 스크루 축의 기어   ⓔ : 텀블러 기어 축

복식 변환 기어법

(개) 2단 넣기(단식법) : 변환 기어 회전비가 적을 때는 단식법에 의하여 변환 기어 잇수를 계산한다.

(내) 4단 넣기(복식법) : 회전비가 1 : 6 이상인 경우에는 변환 기어를 4단으로 하여 주는 방법이다.

(대) 다줄 나사 절삭방법 : 중간 기어를 빼고 주축을 $\dfrac{1}{n}$ 회전시켜 다시 중간 기어를 맞물려 다줄 나사를 절삭한다.

$$리드 = 피치 \times 줄 수 = P \times n$$

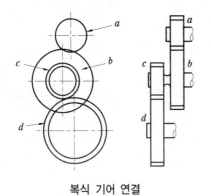

복식 기어 연결

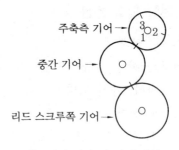

다줄 나사 절삭 시 기어 배열

(래) 미터식, 어미나사식으로 미터나사를 깎을 때의 계산식 : 절삭할 나사의 피치 P_w [mm], 리드 스크루의 피치 P_c [mm], 주축에 붙일 기어 잇수를 a, 리드 스크루에 붙일 기어의 잇수를 d, 중간 기어를 b, c라 하면 다음 식과 같다.

- $\dfrac{절삭할\ 나사의\ 피치}{리드\ 스크루의\ 피치} = \dfrac{P_w}{P_l} = \dfrac{a}{d}$ (단식) ⋯⋯ ①

- $\dfrac{절삭할\ 나사의\ 피치\ P_w}{리드\ 스크루의\ 피치\ P_l} = \dfrac{a \times c}{b \times d}$ (복식) ⋯⋯ ②

(마) 인치식 어미나사식 선반으로 인치 나사를 깎을 때의 계산식 : 절삭할 나사의 산수 P_w [mm], 리드 스크루의 피치 P_l [mm]이라 하면 다음 식과 같다.

- $\dfrac{리드\ 스크루의\ 산수\,(P_w)}{절삭할\ 나사의\ 피치\,(P_l)} = \dfrac{a}{d}$ (단식) ⋯⋯ ③

- $\dfrac{P_w}{P_l} = \dfrac{a \times c}{b \times d}$ (복식) ⋯⋯ ④

(바) 미터식 어미나사 P_l [mm]로 인치나사 P_w [산/in]를 절삭할 경우의 계산식

$$\frac{127}{5P_w P_l} = \frac{a}{d} = \frac{a \times c}{b \times d} \quad \cdots\cdots ⑤$$

(사) 인치식 어미나사 P_w [산 / in]로 인치나사 P_l [mm]를 절삭할 경우의 계산식

$$\frac{5P_w P_l}{127} = \frac{a}{d} = \frac{a \times c}{b \times d} \quad \cdots\cdots ⑥$$

예제 8. 리드 스크루의 피치 8 mm의 선반으로 피치 12 mm의 나사를 절삭할 경우 각 기어의 잇수는?

해설 $\dfrac{P_w}{P_l} = \dfrac{a}{d} = \dfrac{a \times c}{b \times d}$ 이므로 $\dfrac{12}{8} = \dfrac{12 \times 5}{8 \times 5} = \dfrac{60}{40}$

∴ $a = 60,\ d = 40$

예제 9. 리드 스크루의 피치 12 mm의 선반으로 피치 2 mm의 나사를 절삭할 경우 각 기어의 잇수는?

해설 회전비가 6 : 1 이므로 4단 걸기(복식)로 해야 한다. 앞의 공식 ②에 의하여

$\dfrac{P_w}{P_l} = \dfrac{a \times c}{b \times d}$ 이므로 $\dfrac{2}{12} = \dfrac{12 \times 5}{8 \times 5} = \dfrac{1}{3} \times \dfrac{2}{4} = \dfrac{1 \times 20}{3 \times 20} \times \dfrac{2 \times 20}{4 \times 20} = \dfrac{20}{60} \times \dfrac{40}{80}$

∴ $a = 20,\ b = 60,\ c = 40,\ d = 80$

예제 10. 어미나사가 2산인 선반으로 20산의 나사를 절삭할 경우의 기어의 잇수는?

해설 앞 공식 ④식에 의하여(회전비가 1/6 이상으므로)

$\dfrac{P_w}{P_l} = \dfrac{2}{20} = \dfrac{1 \times 2}{4 \times 5} = \dfrac{1 \times 20}{4 \times 20} \times \dfrac{2 \times 20}{5 \times 20} = \dfrac{20}{80} \times \dfrac{40}{100} = \dfrac{a \times c}{b \times d}$

∴ $a = 20,\ b = 80,\ c = 40,\ d = 100$

예제 11. 어미나사 산수가 4산인 미식 선반으로 피치 9 mm 나사를 깎을 때의 변환 기어는 얼마인가?

해설 $\dfrac{5P_w P_l}{127} = \dfrac{5 \times 4 \times 9}{127} = \dfrac{180}{127} = \dfrac{2.5}{1} \times \dfrac{72}{127} = \dfrac{2.5 \times 24}{1 \times 24} \times \dfrac{72}{127} = \dfrac{60}{24} \times \dfrac{72}{127}$

$\therefore a = 60,\ b = 24,\ c = 72,\ d = 127$

7. 밀 링

7-1 밀링 머신의 개요

(1) 밀링 머신의 종류 및 특성과 용도

밀링 머신이란 원판 또는 원통체의 외주면이나 단면에 다수의 절삭날을 가진 공구 (커터)에 회전운동을 주고, 일감을 이송시키면서 평면, 곡면 등을 절삭하는 공작기계를 말한다. 밀링 머신에는 여러 가지 종류가 있으나, 가장 많이 사용되는 것은 수평 밀링 머신, 수직 밀링 머신, 만능 밀링 머신이다.

(a) 평면 절삭	(b) 절단	(c) 각파기
(d) 정면 절삭	(e) 곡면 절삭	(f) 나선 절삭
(g) 총형 절삭	(h) 기어 절삭	(i) 키홈 절삭

밀링 가공의 종류

① **밀링 머신의 종류**

㈎ 사용 목적에 의한 분류 : 일반형, 생산형, 특수형

㈏ 테이블 지지 구조에 의한 분류 : 니형, 베드형, 플레이너형

㈐ 주축 방향에 의한 분류 : 수직형, 만능형

㈑ 용도별 분류 : 공구 밀링, 형조각 밀링, 나사 밀링

㈒ 기타 : 모방 밀링, NC(수치제어) 밀링

② **밀링 머신의 특성과 용도**

㈎ 니형 밀링 머신 : 칼럼의 앞면에 미끄럼면이 있고 칼럼을 따라 상하로 니(knee)가 이동하며, 니를 새들과 테이블이 서로 직각방향으로 이동할 수 있는 구조로 수평형, 수직형, 만능형 밀링 머신이 있다.

• 수평 밀링 머신(horizontal milling machine) : 주축이 칼럼에 수평으로 되어 있고, 니(knee)는 칼럼의 전면의 안내 면을 따라 상하운동 한다. 밀링 커터를 주축에 직접 설치하거나 아버(arbor)에 설치하여 회전시키면서 테이블 위에 설치한 일감을 절삭할 수 있으며, 절삭속도와 이송을 크게 하여 강력한 작업에 적합한 구조로 되어 있다. 수평 밀링 머신에 분할대를 사용하면 원주를 임의로 등분할 수 있으므로 각도의 등분이나 기어의 치형을 절삭할 수 있다.

• 수직 밀링 머신(vertical milling machine) : 주축이 테이블 면에 대하여 수직이며, 여기에 엔드밀(end mill)이나 정면 커터(face milling cutter)를 설치하여 평면 깎기나 홈깎기 등을 할 수 있다.

수평 밀링 머신

수직 밀링 머신

• 만능 밀링 머신(universal milling machine) : 겉모양은 수평 밀링 머신과 거의 같으나 다른 점은 테이블을 어느 각도(45° 이상)만큼 선회시킬 수 있고, 주축 헤드

가 임의의 각도로 경사가 가능하며 분할대를 갖추어, 수평 밀링 머신 이상으로 넓은 범위의 작업을 할 수 있다. 수평 밀링 머신과 수직 밀링 머신을 겸할 수 있는 것도 있다.

㈏ 베드형 밀링 머신 : 일명 생산형 밀링 머신이라고도 하며, 용도에 따라 수평식, 수직식, 수평·수직 겸용식이 있다. 사용범위가 제한되지만 대량 생산에 적합한 밀링 머신이다.

㈐ 보링형 밀링 머신 : 구멍 깎기(boring) 작업을 주로 하는 것으로 보링 헤드 바(bar)를 설치하고 여기에 바이트를 끼워 보링 작업을 한다.

㈑ 평삭형 밀링 머신 : 플레이너의 바이트 대신 밀링 커터를 사용한 것으로 테이블은 일정한 속도로 저속 이송한다. 주로 단순한 평면, 엔드밀에 의한 측면 및 홈 가공 등의 작업을 한다.

보링형 밀링 머신

③ 니형 밀링 머신의 구성

㈎ 칼럼(column) : 밀링 머신의 본체로서 앞면은 미끄럼면으로 되어 있으며, 아래는 베이스를 포함하고 있다. 미끄럼면은 니를 상하로 이동할 수 있도록 되어 있으며, 베이스와 니 사이에 잭 스크루를 지지하고 있어 니의 상하 이송이 가능하도록 되어 있다.

㈏ 오버 암 (over arm) : 칼럼의 상부에 설치되어 있는 것으로 플레인 밀링 커터용 아버(arbor)를 아버 서포터가 지지하고 있다. 아버 서포터는 임의의 위치에 체결하도록 되어 있다.

㈐ 니(knee) : 니는 칼럼에 연결되어 있으며 위에는 테이블을 지지하고 있다. 또한 니에는 테이블 좌우, 전후, 상하를 조정하는 복잡한 기구가 포함되어 있다.

㈑ 새들 (saddle) : 새들은 테이블을 지지하며, 니의 상부 미끄럼면 위에 얹혀 있어

그 위를 앞뒤 방향으로 미끄럼 이동하는 것으로서 윤활장치와 테이블의 어미나사 구동 기구를 속에 두고 있다.

㈐ 테이블 : 공작물을 직접 고정하는 부분이며, 새들 상부의 안내 면에 장치되어 수평면을 좌우로 이동한다.

니형 밀링 머신의 구성

④ **니형 밀링 머신의 크기**

㈎ 테이블의 이동량 : 테이블의 이동량(전후×좌우×상하)을 번호로 표시하며 0~4 번까지 번호가 클수록 이동량도 크다.

㈏ 테이블 크기 : 테이블의 길이×폭

㈐ 테이블 위에서 주축 중심까지 거리

(2) 밀링 절삭조건

① **절삭방법**

㈎ 상향 절삭(up cutting) : 공구의 회전 방향과 공작물의 이송이 반대 방향인 경우

㈏ 하향 절삭(down cutting) : 공구의 회전 방향과 공작물의 이송이 같은 방향인 경우

㈐ 절삭의 합성 : 상향 절삭과 하향 절삭이 합성한 경우

절삭 방향

절삭 방향의 특성

상향 절삭	하향 절삭
• 칩이 잘 **빠져나와** 절삭을 방해하지 않는다. • 백래시가 제거된다. • 공작물이 날에 의하여 끌려 올라오므로 확실히 고정해야 한다. • 커터의 수명이 짧고 동력 소비가 크다. • 가공면이 거칠다.	• 칩이 잘 **빠지지** 않아 가공면에 흠집이 생기기 쉽다. • 백래시 제거 장치가 필요하다. • 커터가 공작물을 누르므로 공작물 고정에 신경 쓸 필요가 없다. • 커터의 마모가 적고 동력 소비가 적다. • 가공면이 깨끗하다.

② **절삭속도**

절삭속도 계산식

$$V = \frac{\pi DN}{1000} [\text{m} / \text{min}]$$

여기서, V : 절삭속도, D : 밀링 커터의 지름 (mm), N : 밀링 커터의 1분간 회전수 (rpm)

예제 **12.** 지름 150 mm의 밀링 커터를 매분 220 회전시켜 절삭하면 그 절삭속도는?

해설 $V = \dfrac{150 \times \pi \times 220}{1000} = 103.5 \text{ m/min}$

$V = \dfrac{\pi DN}{1000} = \dfrac{\pi \times 150 \times 220}{1000} ≒ 104 \text{ m/min}$

7-2 절삭속도의 선정

(1) 공구수명을 길게 하려면 절삭속도를 낮게 한다.

(2) 같은 종류의 재료에서 경도가 다른 공작물의 가공에는 브리넬 경도를 기준으로 하면 좋다.

(3) 처음 작업에서는 기초 절삭속도에서 절삭을 시작하고 서서히 공구수명을 확인하면서 절삭속도를 상승시킨다.

(4) 실제로 절삭해 보고 커터가 쉽게 마모되면 즉시 속도를 낮춘다 (커터의 회전을 늦춘다).

(5) 좋은 다듬질면이 필요한 때에는 절삭속도는 빠르게 하고 이송은 늦게 한다 (능률은 저하된다).

7-3 절삭동력

(1) 절삭동력 계산식

절삭속도, 날 1개당 이송, 절삭깊이, 날 수의 증가에 따라 절삭동력도 증가된다. 또한, 커터의 모따기 각도도 절삭 소비동력, 절삭능률, 커터의 마모 등과 관계 있다. 절삭동력 (U_w)은 다음 식에 의하여 구할 수 있다.

$$U_w = \frac{K_\rho \times b \times a \times n \times f_z \times Z}{6000000}$$

여기서, K_ρ : 비절삭력 (N), b : 절삭 폭(mm), a : 절삭깊이(mm)
n : 회전수(rpm), f_z : 날 1개당 이송(mm/날), Z : 커터의 날 수

(2) 절삭깊이와 이송

$$f_z = \frac{f_r}{Z} = \frac{f}{Z \cdot n} [\text{mm/날}], \ f = f_z \cdot Z \cdot n$$

여기서, f_r : 커터 1회전에 대한 이송(mm /rpm)
f : 테이블의 이송(mm /min)

또, 절삭깊이와 절삭량의 관계는 다음 식과 같다.

$$Q = \frac{b \times a \times f}{1000} [\text{cm}^3/\text{min}]$$

여기서, Q : 절삭량 (cm³/min), b : 절삭 폭(mm), a : 절삭깊이(mm), f : 분당 이송(mm/min)

(3) 일감 표면의 거칠기 요인

① 절삭조건   ② 기계의 강성 및 정밀도
③ 절삭공구와 일감의 재질   ④ 절삭제
⑤ 기계의 진동   ⑥ 아버의 휨
⑦ 커터의 편심   ⑧ 날의 불균일

7-4 밀링 부속 장치

(1) 바이스 (vise)

① **수평 바이스** (plane vise) : 보통형(바이스 중에서 가장 간단한 것)이다.
② **회전 바이스** (swivel vise) : 테이블에 고정한 바이스가 임의의 각도로 회전할 수 있다.

③ **만능 바이스**(universal type vise) : 회전 바이스 역할을 하며 수평에서 회전 및 경사가 되는 바이스이다.

④ **유압식 바이스**(hydraulic type vise) : 유압에 의하여 클램핑하며, 보통 바이스의 2.5배 이상 죔력을 얻는다.

(a) 수평 바이스   (b) 회전 바이스   (c) 유압 바이스   (d) 만능 바이스

밀링 바이스의 종류

(2) 부속 장치

① **수직 밀링 장치**(vertical attachment) : 수평 밀링 머신이나 만능 밀링 머신의 주축단 칼럼면에 장치하여 밀링 커터 축을 수직으로 사용하는 것이다. 주축의 중심을 좌우로 90°씩 경사할 수 있다. 절삭능력은 본 기계의 50 % 정도이다.

② **래크 밀링 장치** : 수평 밀링 머신이나 만능 밀링 머신의 주축단에 장치하여 기어 절삭을 하는 장치로, 테이블의 선회각도에 의하여 45°까지의 임의의 헬리컬 래크도 절삭이 가능하다.

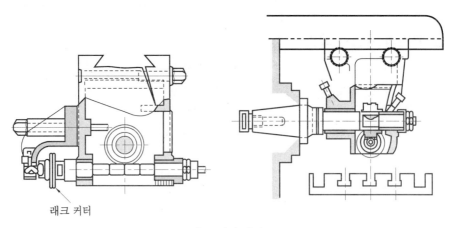

래크 커터

래크 밀링 장치

③ **슬로팅 장치** : 수평 밀링 머신이나 만능 밀링 머신의 주축 회전운동을 직선운동으로

변환하여 슬로터 작업을 할 수 있는 것으로, 주축을 중심으로 좌우 90°씩 선회할 수 있다.

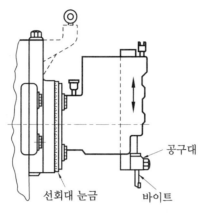

슬로팅 장치

④ **만능 밀링 장치**(universal attachment) : 수평 밀링 머신이나 만능 밀링 머신의 주축 끝 칼럼면에 장치된다. 커터 축은 칼럼면과 평행한 면과 그에 직각인 면내에 있어서 360° 선회할 수 있다. 절삭 능력은 30~40 % 정도이다.

⑤ **래크 인디케이팅 장치**(rack indicating attachment) : 래크 가공 작업을 할 때 합리적인 기어 열을 갖추어 변환 기어를 쓰지 않고도 모든 모듈을 간단하게 분할할 수 있다.

⑥ **회전 원형 테이블**(circular table attachment) : 가공물에 회전운동이 필요할 때 사용하며 가공물을 테이블에 고정하고 원호의 분할 작업 연속 절삭, 기타 광범위하게 쓰인다.

⑦ **기타 부속장치**

㈎ 아버(aber) : 커터를 고정할 때 사용한다.

㈏ 어댑터(adapter)와 콜릿(collet) : 자루가 있는 커터를 고정할 때 사용한다.

퀵 체인지 어댑터의 설치

콜릿(collet)

(3) 밀링 커터

① 밀링 커터의 종류와 용도

(가) 평면 커터(plain cutter) : 원주 면에 날이 있고 회전축과 평행한 평면 절삭용이
며, 고속도강, 초경합금으로 만든다.

(나) 측면 커터(side cutter) : 원주 및 측면에 날이 있고 평면과 측면을 동시에 절삭할
수 있어 단 달린 면이나 홈 절삭에 쓰인다.

(다) 정면 커터(face milling cutter) : 본체는 탄소강, 팁은 초경팁을 경납 또는 기계
적으로 고정하며 평면 가공, 강력 절삭을 할 수 있다.

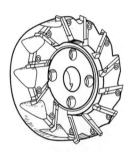

평면 커터　　　　**측면 커터**　　　　**심은날 정면 커터**

(라) 엔드밀(end mill) : 드릴이나 리머와 같이 일체의 자루를 가진 것으로 평면 구멍 등
을 가공할 때 사용한다. 자루 모양은 생크의 모양이 곧은 것과 테이퍼부로 되어 있
고, 비틀림 각은 12~18°(보통), 20~25°(거친날), 40~60°(스파이럴 엔드밀)이며, 날
수는 2~4날이며, 셸 엔드밀(날과 자루 분리), 볼 엔드밀(금형 가공용) 등이 있다.

(a) 4날 엔드밀　　　　　　　(b) 6날 엔드밀

엔드밀의 종류

(마) 총형 커터(formed cutter) : 고속도강, 초경합금으로 만들며, 기어 가공, 드릴의
홈 가공, 리머, 탭 등 형상 가공에 이용되고, 볼록 커터(convex milling cutter),
오목 커터(concave milling cutter), 인벌류트 커터(involute gear cutter) 등이 있다.

총형 커터

㈐ 각형 커터(angular cutter) : 고속도강, 초경합금으로 만들며, 각도, 홈, 모따기 등
의 절삭에 이용되며 등각 밀링 커터, 부등각 밀링 커터, 편각 밀링 커터 등이 있다.

㈑ 메탈 슬리팅 소(metal slitting saw) : 고속도강, 초경합금으로 만들며, 절단, 홈
파기 등에 사용된다.

㈒ T홈 커터(T-slot cutter) : 고속도강, 초경합금으로 만들며, T홈 가공에 사용된다.

㈓ 더브 테일 커터(dove tail cutter) : 고속도강으로 만들며, 더브 테일 홈 가공, 기
계 조립 부품에 많이 이용된다.

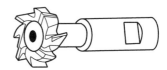

편각 커터　　　　**양각 커터**　　　　**T홈 커터**

(4) 밀링 커터의 각도

① **날의 각부 명칭** : 밀링 커터의 날은 사용 목적에 따라 여러 가지 종류가 있으나, 대
표적인 치수 및 형상은 KS에 규정되어 있다.

액시얼 각도　　　　　　(a) 정면 밀링 커터　　(b) 플레인 밀링 커터

　　　　　　　　　　　　　　　밀링 커터의 주요 공구각

② **날의 각부 작용**

㈎ 커터의 본체 : 솔리드 밀링 커터 등은 본체 자신에 절삭날이 있으며, 열처리를 한 후에 인선 연삭을 하여 사용하는 것도 있으나 이러한 본체에는 고속도강제 2종 (SKH 2)부터 제 4 종(SKH 4)이 일반적으로 쓰이고 있다.

㈏ 인선 : 경사면과 여유면이 교차하는 부분으로서 절삭 기능을 충분히 발휘하기 위해서는 연삭을 잘 해야 된다.

㈐ 랜드 : 여유각에 의하여 생기는 절삭날 여유면의 일부로서 랜드의 너비는 작은 커터가 0.5 mm 정도이고, 지름이 큰 커터는 1.5 mm 정도이다.

㈑ 경사각 : 절삭날과 커터의 중심선과의 각도를 말하고, 이것은 인선의 접선과 커터축이 이루는 각도가 된다.

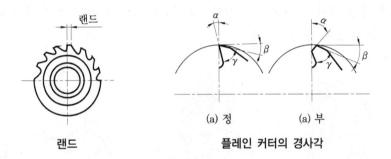

랜드
플레인 커터의 경사각

㈒ 여유각 : 커터의 날 끝이 그리는 원호에 대한 접선과 여유면과의 각을 말하며, 일반적으로 재질이 연한 것은 여유각을 크게, 단단한 것은 작게 한다.

• − 경사각 : 왼쪽으로 비틀어진 것으로 절삭력이 크고 다듬질면이 양호하며, 추력은 위쪽으로 받는다.

• + 경사각 : 오른쪽으로 비틀어진 것으로 절삭 정밀도가 좋으며, 추력은 아래로 받는다.

• 막깎기용은 25~45°, 보통 절삭용은 10~15°이다.

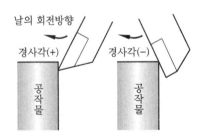

경사각과 커터의 날 끝

③ **바깥둘레** : 커터의 절삭날 선단을 연결한 원호로, 밀링 커터의 지름을 측정하는 부분이다. 정면 밀링 커터의 지름 D와 일감의 너비 w와의 관계는 $\dfrac{D}{w} = \dfrac{5}{3} \sim \dfrac{3}{2}$ 정도로 하는 것이 좋다.

<h2>7-5 밀링 작업</h2>

(1) 기본 밀링 작업

① **평면 절삭 작업**(face milling) : 밀링 머신은 주로 평면 절삭을 하는 기계이며, 수평형에서는 플레인 밀링 커터, 수직형에서는 정면 밀링 커터(페이스 커터)를 사용하는 것이 일반적이지만 능률이 좋은 것은 수직형으로 정면 밀링 커터를 사용하는 경우이다.

② **홈파기** : 엔드밀이나 사이드 커터를 사용한다.

③ **T 홈 파기** : T형 홈을 팔 때는 T형 커터를 사용한다. T형 밀링 커터는 절삭날 주위에 칩이 완전히 쌓여 있으므로 칩의 배출이 나쁘다.

④ **정면 절삭 및 원통 절삭** : 공작물의 평면을 절삭하는 것으로 정면 커터와 플레인 커터가 있다. 선반과는 달리 공구를 회전시켜서 공작물을 이송하여 절삭한다.

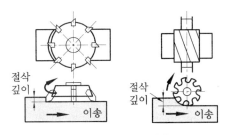

정면 절삭과 원통 절삭

⑤ **측면 절삭 작업** : 측면 절삭이라 하여도 대부분은 단절삭의 일부이다. 단절삭 가운데에서 측면이 크든가, 측면을 다듬질 하든가, 피삭재의 자세로 측면이 되었을 뿐이다. '측면'이라 해도 평면이란 점만은 변하지 않는다. 단, 평면이 테이블에 수직이 되었다는 것이다.

⑥ **비틀림 홈 절삭** : 비틀림 홈 절삭은 밀링 머신에서 드릴, 헬리컬 기어 등을 절삭할 때 공작물을 θ 각만큼 회전시키는 동시에 테이블을 이송시켜야 한다. 이때는 만능 밀링 머신을 사용해야 한다.

$$\tan\theta = \frac{\pi d}{L}, \quad L = \frac{\pi d}{\tan\theta} = \pi d \cot\theta$$

여기서, d : 공작물의 지름 (mm), θ : 비틀림각 (rad)

(2) 특수 가공

① 자동 사이클 장치에 의한 가공

㈎ 테이블 전면 T홈에 임의로 배치된 여러 개의 도그에 따라 전기적 제어에 의하여 테이블의 이동을 자동 사이클로 하여 능률적으로 연속작업을 하는 방법이다.

㈏ 모터에 의해 이송, 변속 등을 한다.

㈐ 자동 사이클 동작은 블록 다이어프램에 의해 이송방향과 속도를 조작판상의 변화 스위치에 세팅시킨 후 자동 사이클 기동의 스위치를 누르면 된다.

㈑ 다량 생산 작업에 적합하다.

② 더브테일 홈 절삭

㈎ 그림 (a)와 같은 더브테일 홈 (비둘기 꼬리 홈) 가공은 다음과 같이 W를 절삭할 수 있다.

$$W = 30 - 2Z, \quad Z = 7\tan 30° = 4.04145$$
$$\therefore W = 30 - 2Z = 30 - 2 \times 4.04145 = 21.917$$

㈏ 그림 (d)에서 홈 모서리 모따기는 1 mm이다.

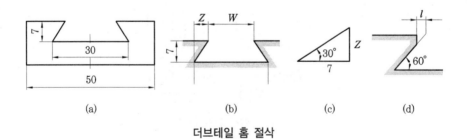

더브테일 홈 절삭

㈐ 더브테일을 완성한다.

(3) 회전 테이블의 취급법

회전 테이블은 원형의 홈, 캠의 절삭 등에 쓰이며 종류는 다음과 같다.

① 기계적 분할 회전 테이블 장치

② 광학식 분할 테이블 장치

③ 경사형 분할 회전 테이블 장치

㈎ 회전 테이블에 장치한 분할판은 통상 3매이며, 60까지 모든 수가 분할될 수 있으며, 120까지는 2, 3, 5의 배수를 분할할 수 있다.

㈏ 분할판의 구멍 수
- No. 1 : 30, 32, 34, 27, 38, 41
- No. 2 : 43, 44, 46, 47, 49, 52
- No. 3 : 53, 54, 56, 58, 59, 62

㈐ 회전 테이블의 분할법은 웜과 웜 휠의 회전비가 90 : 1이므로 다음 식으로 구한다.

$$핸들의\ 회전수 = \frac{90}{구하는\ 분할수}$$

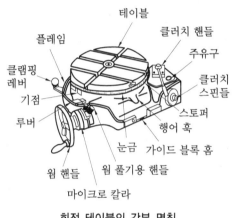

회전 테이블의 각부 명칭

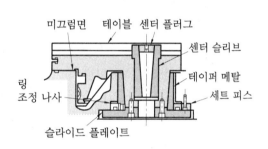

회전 테이블의 구조

7-6 분할대와 분할 작업

분할대의 사용 목적으로는 공작물 분할 작업(스플라인 홈 작업, 커터나 기어 절삭 등), 수평, 경사, 수직으로 장치한 공작물에 연속 회전이송을 주는 가공 작업(캠 절삭, 비틀림 홈절삭, 웜 기어 절삭 등) 등이 있다.

(1) 분할대의 종류와 특성
① 분할대의 분류
㈎ 직접 분할대 : 분할수가 적은 것으로 단순 직선 절삭
㈏ 만능 분할대 : 직선 및 구배 절삭, 비틀림 절삭
㈐ 광학적 분할대 : 광학적인 원리에 의해 직접 분할

[현재 많이 쓰이고 있는 대표적인 분할대]
- 신시내티형 만능 분할대
- 트아스형 광학 분할대
- 밀워키형 만능 분할대
- 브라운 샤프형 만능 분할대
- 라이비켈형 분할대

② 밀워키형 만능 분할대

(가) 구조는 신시내티형과 거의 같다.

(나) 구성은 크랭크 핸들과 주축이 하이포이드 기어에 의하여 구성, 기어의 잇수는 100개이며, 잇수 200개의 피니언에 의해 전달된다.

(다) 주축 테이퍼는 내셔널 테이퍼 No. 50을 갖고 있다.

(라) 분할판은 2장 표준의 것은 2~100까지 분할, 차동 분할은 500까지 분할이 가능하다.

③ 브라운 샤프형 만능 분할대

(가) 분할판 3매를 사용한다.

(나) 주축 끝을 수평 이하 5°에서 수직을 넘어 100°까지 임의의 각도로 선회한다.

(다) 주축의 직접 분할에 쓰이는 24등분된 핀 구멍이 있다.

(라) 분할판 표준형
- 제 1 매 : 15, 16, 17, 18, 19, 20
- 제 2 매 : 21, 23, 27, 29, 31, 33
- 제 3 매 : 37, 39, 41, 43, 47, 49

(마) 단순 분할, 차동 분할 등 730까지 분할 가능

④ 트아스형 광학 분할대

(가) 기계 구조는 만능 분할대와 같다.

(나) 선회대는 눈금판과 부척에 의해 5분까지 정밀도가 임의의 각도로 회전할 수 있다.

(다) 주축에는 유리제의 눈금판과 자리잡기 현미경으로 구성되어 있어 15초까지 정확히 구할 수 있다.

(라) 현미경 접안경은 수직축 중심으로 360° 회전할 수 있다.

(2) 분할대의 구조

분할대 주축에 40개의 이를 가진 웜 기어가 고정되어 있고, 웜 축에는 1줄의 웜이 있어 웜 축을 1회전시키면 주축은 $\frac{1}{40}$ 회 회전한다. 즉, 웜을 40회전시키려면 분할대 주

축은 1회전한다. 따라서 공작물이 $\frac{1}{N}$ 회전하게 되면, $\frac{40}{N}$ 회전시켜야 하므로 분할 크랭크 핸들의 회전수 n 은 다음과 같다.

$$n = \frac{40}{N} \text{ (여기서, } N : \text{분할 수)}$$

① **분할판** : 분할하기 위하여 판에 일정한 간격으로 구멍을 뚫어 놓은 판을 말한다.

② **섹터** : 분할 간격을 표시하는 기구이다.

③ **선회대** : 주축을 수평에서 위로 110°, 아래로 10° 경사시킬 수 있다.

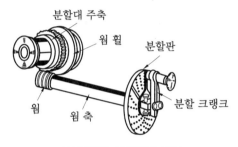

신시내티형 분할대의 구조

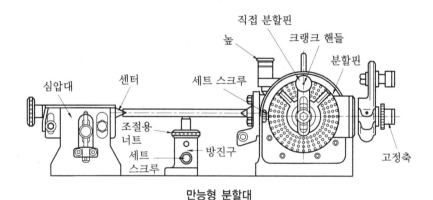

만능형 분할대

(3) 밀링 분할 작업

분할대는 분할 작업 및 속도 변위가 요구될 때, 즉 기어나 드릴 홈을 깎을 때 이용되며 분할법은 다음과 같다(브라운 샤프형 분할대를 기준).

① **직접 분할법**(direct dividing method) : 직접 분할법은 주축 앞부분에 있는 24개의 구멍을 이용하여 분할하는 방법으로 24의 약수인 2, 3, 4, 6, 8, 12, 24로 등분할 수 있다.

예제 13. 원주를 8등분하시오.

해설 $24 \div 8 = 3$ 즉, 3구멍씩 회전시켜 가며 절삭하면 원주는 8등분된다.

② **간접 분할법**(indirect dividing method)

⑺ 단식 분할법(simple dividing) : 단식 분할법은 분할판과 크랭크를 사용하여 분할하는 방법으로 인덱스 크랭크를 1회전시키면, 인덱스 스핀들에 붙어 있는 잇수 40의 웜 휠이 $\dfrac{1}{40}$ 회전한다. 즉, 인덱스 크랭크 40회전에 웜 휠(인덱스 스핀들도 같음)이 1회전한다. 따라서, 필요한 분할수 계산은 다음과 같다.

$$n = \frac{40}{N} (브라운 \ 샤프형과 \ 신시내티형)$$

$$n = \frac{R}{N} = \frac{5}{N} (밀워키형)$$

여기서, n : 핸들의 회전수, N : 분할수

분할판의 종류와 구멍수

종 류	분 할 판	구 멍 수
브라운 샤프형	No. 1 No. 2 No. 3	15, 16, 17, 18, 19, 20 21, 23, 27, 29, 31, 33 37, 38, 39, 41, 43, 47, 49
신시내티형	표면 이면	24, 25, 28, 30, 34, 37, 38, 39, 40, 42, 43 46, 47, 49, 51, 53, 54, 57, 58, 59, 62, 66
밀워키형	표면 이면	60, 66, 72, 84, 92, 96, 100 54, 58, 68, 76, 78, 88, 98

⑻ 차동 분할법(differential dividing) : 차동 분할법은 단식 분할이 불가능한 경우에 차동장치를 이용하여 분할하는 방법이다. 이때 사용하는 변환 기어의 잇수는 24(2개), 28, 32, 40, 48, 56, 64, 72, 86, 100의 12개가 있다.

• 분할수 N 에 가까운 수로 단식 분할할 수 있는 N'를 가정한다.

• 가정수 N'로 등분하고 분할 크랭크 핸들의 회전수 n 을 구한다.

$$n = \frac{40}{N'}$$

• 변환 기어의 차동비를 구한다(S, W, A, B : 변환 기어의 잇수).

$$i = 40 \times \frac{N' - N}{N'} = \frac{S}{W} \ (2단)$$

$$i = 40 \times \frac{N' - N}{N'} = \frac{S \times B}{W \times A} \ (4단)$$

• 여기서, 차동비가 +값일 때에는 중간 기어 1개, −값일 때에는 중간 기어 2개를 사용한다.

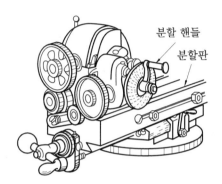

차동 분할 장치

예제 **14.** 브라운 샤프형 분할대를 사용하여 잇수가 92개인 스퍼 기어를 절삭하려 할 때, 분할 크랭크의 회전수를 구하시오.

해설 $n = \dfrac{40}{N} = \dfrac{40}{92} = \dfrac{10}{23}$

즉, 구멍수 23인 분할판 No. 2를 사용하여 10구멍씩 회전시켜 절삭한다.

예제 **15.** 원주를 239 등분하시오.

해설 ① $N' = 240$으로 하면 분할판의 구멍수와 크랭크 회전수 n은 다음과 같다.

$$n = \frac{40}{N'} = \frac{40}{240} = \frac{1}{6} = \frac{3}{18}$$

즉, 18구멍 열을 사용하여 크랭크를 3구멍씩 회전시킨다.

② 변환 기어 계산

$$\frac{S}{W} = \frac{40(N' - N)}{N'} = \frac{40(240 - 239)}{240} = \frac{40}{240} = \frac{4}{24} = \frac{1 \times 4}{3 \times 8} = \frac{1 \times 24}{3 \times 24} \times \frac{4 \times 6}{8 \times 6} = \frac{24 \times 24}{72 \times 48}$$

즉, $W = 72$, $A = 48$, $S = 24$, $B = 24$로 한다.

중간 기어는 $N' - N > 0$이므로 같은 방향으로 돌도록 1개를 사용한다.

㈐ 각도 분할법 : 공작물의 원 둘레를 어느 각도로 분할할 때에는 단순 분할법과 마 찬가지로 분할판과 크랭크 핸들에 의해서 분할하며, 신시내티형 분할대를 예를 들면 다음과 같다.

분할대의 주축이 1회전하면 360°가 되며, 크랭크 핸들의 회전과 분할대 주축과의 비는 40 : 1이므로 주축의 회전 각도는 $\dfrac{360°}{40}$ = 9°이다.

$$n = \dfrac{D°}{9°}$$

여기서, n : 구하고자 하는 분할 크랭크의 회전수, D : 분할 각도

7-7　기타 가공법

(1) 조합 커터에 의한 밀링 절삭

일명 갱 커터라 하며, 2개 이상의 커터를 설치하여 더브 테일 및 스플라인 홈 등을 가 공한다.

(2) 특수 분할대에 의한 클러치 가공

동력 전달을 연결 · 차단하는 것에 사용하는 것이며, 자동 분할장치로 고안된 것으로 테이블의 움직임을 전기적인 신호로 바꾸어서 공기로 분할하는 방법이다.

(3) 특수 지그에 의한 원통 캠의 절삭

2날 엔드밀을 사용하여 원통 캠을 가공한다. 회전 이송장치에는 모델을 설치하여 회전 하면서 공작물을 가공한다.

(4) 곡면 밀링 가공

일반적으로 1차원의 가공이 많으며, 그 외에 부속장치를 이용하여 곡면을 가공한다.

8. 연삭 가공

여러 가지 모양의 연삭 숫돌 바퀴(grinding wheel)를 고속으로 회전시켜 예리한 숫돌 입자의 날을 공구로 사용하여 가공물의 표면을 상대운동으로 미소량씩 정밀 절삭하여 평

면과 원통면 등을 다듬는 가공을 연삭이라 하며, 연삭에 쓰이는 기계를 연삭기(grinding machine)라 한다.

연삭 가공은 열처리하여 경화된 강이나 합금강과 같이 절삭이 어려운 재료의 가공도 가능하며 가공 정밀도가 높고 정밀한 다듬면을 얻을 수 있으므로 각종 절삭공구의 연삭과 정밀 부품의 다듬질 가공에 사용된다.

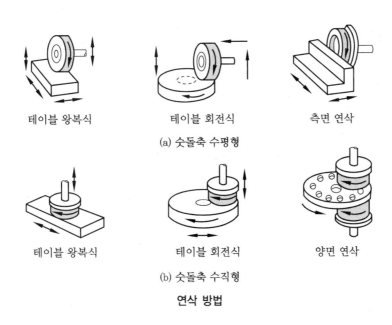

연삭 방법

개 요

(1) 연삭 가공의 이점

입자가 단단한 광물질이기 때문에 초경합금이나 담금질강, 주철, 구리 등의 금속류부터 고무, 유리, 플라스틱, 석재에 이르기까지 연삭할 수 있다.

(2) 연삭기의 종류

원통 연삭기, 만능 연삭기, 내면 연삭기, 평면 연삭기, 공구 연삭기, 센터리스 연삭기 등이 있다.

나사와 탭(tap), 나사 게이지를 연삭하는 나사 연삭기(thread grinder)와 스플라인 축을 연삭하는 스플라인 연삭기(spline grinder), 크랭크축의 주 저널(main journal) 및 크랭크 핀을 연삭하는 크랭크 축 연삭기(crank shaft grinder), 강, 구리, 알루미늄 등의 압연 롤을 연삭하는 롤 연삭기(roll grinder), 캠을 연삭하는 캠 연삭기(cam grinder), 평기어, 헬리컬 기어, 베벨 기어 등을 연삭하는 기어 연삭기(gear grinder), 총형 바이트, 블랭킹 다이(blanking die) 등을 연삭하는 모방 연삭기(profile grinder)도 있다.

8-2 각종 연삭기의 특징 및 용도

(1) 원통 연삭기(cylindrical grinder)

원통 연삭기는 연삭 숫돌과 가공물을 접촉시켜 연삭 숫돌의 회전 연삭운동과 공작물의 회전운동에 의하여 원통형 공작물의 바깥지름과 테이퍼 연삭을 주로 하는 기계이다.

① 연삭 이송방법

(가) 테이블 이동형 : 노튼 방식이라고도 하며, 소형 공작물의 연삭에 적당하고, 숫돌은 회전운동을, 공작물은 회전 좌우 직선운동을 한다.

(나) 숫돌대 왕복형 : 랜디스 방식이라고도 하며, 대형 공작물의 연삭에 사용한다. 공작물은 회전운동을, 숫돌대는 수평 이송운동을 한다.

(다) 플랜지 커트형 : 짧은 공작물의 전체 길이를 동시에 연삭하기 위하여 회전운동만을 주며, 좌우 이송없이 숫돌차를 절삭깊이 방향으로 이송하는(윤곽 가공) 방식이다.

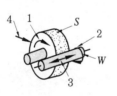  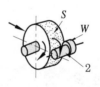

(a) 테이블 이동형	(b) 숫돌대 왕복형	(c) 플런지 커트형
(norton type)	(landis type)	(plunge cut type)

S : 숫돌, W : 공작물
1 : 절삭 운동, 2 : 주 이송 운동, 3 : 부 이송 운동, 4 : 절삭 깊이 운동

원통 연삭기의 이송 방법

② 주요 부분의 구조

(가) 주축대

• 공작물을 설치하는 것으로 회전·구동용 전동기, 속도 변환장치 및 공작물의 주축으로 구성되며, 고정식과 선회식이 있다.

 – 고정식 : 센터 작업 또는 척을 붙인 내면 연삭이 가능하고, 테이블 위에 위치한다.

 – 선회식 : 센터 작업 또는 테이퍼 연삭이 가능하고, 테이블 위에서 360° 선회한다.

- 공작물의 양 센터 지지형, 회전 센터형, 만능형이 있다.
- 가공물 회전 원주속도 : 7~50 m/min에서 사용하므로 무단 변속장치가 필요하다.

(나) 심압대

- 주축 센터의 연장선상의 길이 방향에서 자유로이 이동하도록 한다.
- 테이블 안내면을 따라 적당한 위치에 고정시켜 가공물을 지지한다.

(다) 연삭 숫돌대

- 연삭기 성능을 좌우하는 중요한 구성요소이며, 숫돌과 구동장치로 되어 있다.
- 테이블 운동방향에 대하여 직각으로 된 안내면에 따라 고정되어 이송되거나 나사에 의해 이송되며, 절삭 깊이 방향 이동도 된다.

(라) 테이블과 테이블 이송장치

- 하부 좌우 왕복운동 테이블과 그 위에 어느 정도(보통 7°) 선회 가능한 구조로, 테이퍼, 원통도 조정이 가능하다.
- 기어식에 의한 방법보다 유압식에 의해 베드 위를 미끄럼 왕복운동하는 것이 널리 쓰인다.
- 각 행정 끝 부분에서 공작물 끝 부분의 비틀림 흔적을 방지하기 위해 테이블을 급정지시키고 역전작용 전까지의 여유시간 (tarry motion) 을 가질 수 있다.

(2) 센터리스 연삭기 (centerless grinding machine)

원통 연삭기의 일종이며, 센터 없이 연삭숫돌과 조정숫돌 사이를 지지판으로 지지하면서 연삭하는 것으로 주로 원통면의 바깥에 회전과 이송을 주어 연삭하며, 통과 · 전후 · 접선 이용법이 있다. 외면용, 내면용, 나사 연삭용, 단면 연삭기가 있으며, 연속 작업이 가능하고, 공작물의 해체 · 고정이 필요 없으며, 대량 생산에 적합하다. 기계의 조정이 끝나면 초보자도 작업을 할 수 있으며, 고정에 따른 변형이 적고 연삭 여유가 작아도 된다. 가늘고 긴 핀, 원통, 중공 등을 연삭하기 쉽고, 센터나 척에 고정하기 힘든 것을 쉽게 연삭할 수 있다.

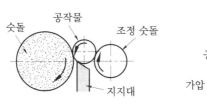

(a) 외면용 센터리스 연삭

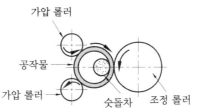

(b) 내면용 센터리스 연삭

센터리스 연삭

(3) 내면 연삭기(internal grinder)

원통이나 테이퍼의 내면을 연삭하는 기계로서 구멍의 막힌 내면을 연삭하며, 단면 연삭도 가능하고, 공작물에 회전운동을 주어 연삭하는 보통형 연삭과 공작물은 정지하고 숫돌은 회전 연삭운동과 동시에 공전운동을 하는 플래니터리(planetary)형의 연삭 방법이 있다.

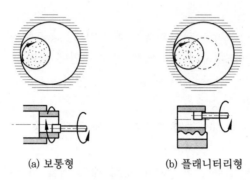

(a) 보통형   (b) 플래니터리형

내면 연삭기

(4) 만능 연삭기(universal grinding machine)

원통 연삭기와 유사하나 공작물 주축대와 숫돌대가 회전하고 테이블 자체의 선회 각도가 크며, 내면 연삭장치를 구비한 것으로, 원통연삭·테이퍼·플랜지 커트 등의 원통과 측면의 동시 연삭이 가능하며, 척 작업, 평면, 내면 연삭이 가능하다. 테이블 회전 연삭법, 숫돌대(주축대) 회전 연삭법, 내면 연삭장치에 의한 내면 연삭법, 모방 숫돌 튤링장치에 의한 모방 연삭법 등이 있다.

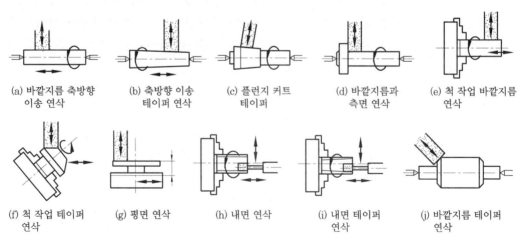

(a) 바깥지름 축방향   (b) 축방향 이송   (c) 플런지 커트   (d) 바깥지름과   (e) 척 작업 바깥지름
    이송 연삭   테이퍼 연삭   테이퍼   측면 연삭   연삭

(f) 척 작업 테이퍼   (g) 평면 연삭   (h) 내면 연삭   (i) 내면 테이퍼   (j) 바깥지름 테이퍼
    연삭   연삭   연삭

만능 연삭기의 연삭 가공

(5) 평면 연삭기 (surface grinding machine)

테이블이 직선 왕복운동 또는 회전운동을 하고, 회전하는 숫돌바퀴의 바깥둘레 또는 측면으로 평면 연삭하는 연삭기로 테이블에 T홈을 두고 마그네틱 척, 고정구, 바이스 등을 설치하여 이곳에 일감을 고정시켜 평면 연삭을 하며 각도 연삭, 성형 연삭도 할 수 있다.

평면 연삭기는 연삭 형식에 따라 다음과 같이 분류한다.

① 숫돌의 원주면으로 연삭하는 형식

㉮ 수평축 긴 테이블형 : 주축은 수평이고 4각 테이블이 왕복하면서 숫돌축이 테이블 윗면에 평행한 형식이다.

㉯ 수평축 원형 테이블형 : 주축은 수평하고 테이블은 원형으로 회전하면서 숫돌축이 테이블 윗면에 평행한 형식이다.

② 숫돌의 측면으로 연삭하는 형식

㉮ 수직축 긴 테이블형 : 주축은 수직, 테이블은 4각형으로 왕복 운동을 하면서 숫돌축이 테이블 윗면에 수직이다.

㉯ 수직축 원형 테이블형 : 주축은 수직, 테이블은 원형이고 회전하며 숫돌축이 테이블 윗면에 수직이다.

㉰ 수평축 긴 테이블형 : 주축은 수평, 테이블은 4각형이고 왕복운동을 하면서 숫돌축이 테이블 윗면에 평행하다.

㉱ 수직축 원형 테이블형 : 주축은 수평, 원형 테이블은 회전하면서 숫돌축이 테이블 윗면에 평행하다.

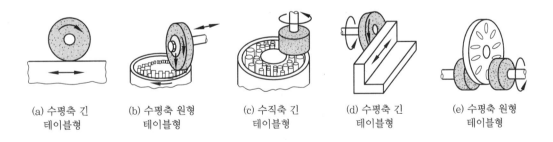

(a) 수평축 긴 테이블형   (b) 수평축 원형 테이블형   (c) 수직축 긴 테이블형   (d) 수평축 긴 테이블형   (e) 수평축 원형 테이블형

(5) 공구 연삭기 (tool grinding machine)

① **바이트 연삭기** : 공작기계의 바이트 전용 연삭기이며, 바이트 이송, 절삭깊이 조절은 작업자 손으로 가감한다.

② **드릴 연삭기** : 보통 드릴의 날끝 각, 선단 여유각 등 드릴 전용 연삭기이다.

③ **만능 공구 연삭기** : 여러 가지 부속장치를 써서 드릴, 리머, 탭, 밀링 커터, 호브 등의 연삭을 하며 숫돌대, 공작물 설치대의 회전 및 상하운동이 되는 연삭기이다

8-3 연삭 숫돌

(1) 연삭 숫돌의 구성

연삭 숫돌은 숫돌입자, 결합제, 기공 등의 3요소로 구성되어 있으며, 입자는 숫돌재질을, 결합제는 입자를 결합시키는 접착제를, 기공은 숫돌과 숫돌 사이의 구멍을 말한다.

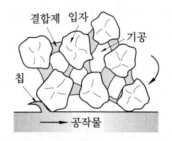

숫돌 바퀴의 3요소

(2) 연삭 숫돌의 5대 성능 요소

숫돌 바퀴는 숫돌 입자의 종류, 입도, 결합도, 조직, 결합제의 종류에 의하여 연삭 성능이 달라진다.

① **숫돌 입자** : 인조산과 천연산이 있는데, 순도가 높은 인조산이 구하기 쉽기 때문에 널리 쓰이며 알루미나와 탄화규소가 많다.

숫돌 입자의 종류와 용도

	연삭 숫돌	숫돌 기호	용　　　　　도	비 고
인 조 연 삭 숫 돌	산화알루미늄 (Al$_2$O$_3$)	A 숫돌	중연삭용	갈색
		WA 숫돌	경연삭용, 담금질강, 특수강, 고속도강	백색
	탄화규소질(SiC)	C 숫돌	주철, 동합금, 경합금, 비철금속, 비금속	암자색
		GC 숫돌	경연삭용, 특수주철, 칠드주철, 초경합금, 유리	녹색
	탄화붕소질(BC)	B 숫돌	메탈본드 숫돌, 일래스틱 본드 숫돌, D 숫돌의 대용, 래핑재	
	다이아몬드(MD)	D 숫돌	D 숫돌용	

| 천연연삭숫돌 | 다이아몬드 (MD) | D 숫돌 | 메탈, 일래스틱 비트리 화이트 숫돌, 유리, 보석 절단, 연삭, 각종 래핑재, 연질금속, 절삭용 바이트, 초경합금 연삭 | |
| | 애머리, 가넷 프린트, 카보런덤 | | 숫돌에는 사용하지 않고 연마재나 사포에 쓰임 | |

② **입도**(grain size) : 입자의 크기를 번호 (#) 로 나타낸 것으로 입도의 범위는 #10~3000번이며, 번호가 커지면 입도는 고와진다. #10~220까지는 체로 분별하고, 그 이상의 것은 평균 지름을 μm로 나타낸다.

숫돌의 입도

호칭	거친 눈	보통 눈	가는 눈	아주 가는 눈	극히 가는 눈
입도	15, 12, 14, 16, 20, 24	30, 36, 46, 54, 60	70, 80, 90, 100, 120, 150, 180, 200	240, 280, 400, 500, 600, 700, 800	1000, 1200, 1500, 2000, 2500, 3000
용도	막다듬질	다듬질	경질 다듬질	광내기	

③ **결합도**(grade) : 숫돌의 경도를 말하며, 입자가 결합하고 있는 결합제의 세기를 말한다.

결합도

결합도 번호	E, F, G	H, I, J, K	L, M, N, O	P, Q, R, S	T, U, V, W, X, Y, Z
호 칭	극히 연함	연함	보통	단단함	극히 단단함

④ **조직**(structure) : 숫돌 바퀴에 있는 기공의 대소 변화, 즉 단위 부피 중 숫돌 입자의 밀도 변화를 조직이라 한다.
　㈎ 거친 조직(W) : 숫돌 입자율 42 % 미만
　㈏ 보통 조직(M) : 숫돌 입자율 42~50 %
　㈐ 치밀 조직(C) : 숫돌 입자율 50 % 이상

조직

입자의 밀도	조 밀	보 통	거 침
KS 기호	C	M	W
노턴(norton) 기호	0, 1, 2, 3	4, 5, 6	7, 8, 9, 10, 11, 12
숫돌 입자율 (%)	62, 60, 58, 56 (56 % 이상)	54, 52, 50 (50~54 %)	48, 46, 44, 42, 40, 38 (48 % 미만)

보충 설명

숫돌 입자율이란 숫돌 전용적에 대한 숫돌 입자 용적의 백분율이다.

⑤ **구비조건**

  ㈎ 결합력의 조절 범위가 넓을 것

  ㈏ 열이나 연삭액에 안정할 것

  ㈐ 적당한 기공과 균일한 조직일 것

  ㈑ 원심력, 충격에 대한 기계적 강도가 있을 것

  ㈒ 성형이 좋을 것

⑥ **결합제** (bond) : 숫돌을 성형하는 재료로서 연삭 입자를 결합시킨다.

결합제의 종류와 용도

결합제의 종류		기호	재 질	제 조	용 도
비트리파이드 (vitrified)		V	장석, 점토	형에 넣어 성형하여 1300℃로 굽는다.	숫돌 전량의 80 % 이상을 차지하며 거의 모든 재료의 연삭에 사용
실리케이트 (silicate)		S	규산나트륨 (물초자)	프레스 성형하여 적 열로 소성한다.	주수연삭, 물초자의 용출로 윤활성 이 있으며, 대형 숫돌을 만들고, 절 삭공구나 연삭 균열이 잘 일어나는 재료의 연삭에 사용
탄성숫돌	고무 (rubber)	R	생고무 인조고무	고무 만드는 것과 같다.	얇은 숫돌, 절단용 쿠션의 작용이 있으며, 유리면 다듬질에 사용
	레지노이드 (resinoid)	B	합성수지	합성수지의 제작과 동일하다.	강도가 커지고 안전 숫돌, 주물 덧쇠 떼기, 비렛의 홈 없애기, 석재 연삭 에 사용
	셸락 (shellac)	E	천연 셸락	가열 압착한다.	고무 숫돌보다 탄성이 있으며, 유 리면 다듬질에는 최고이다.
	폴리비닐 알코올	PVA	폴리비닐 알코올	PVA를 아세틸화하 여 성형한다.	독특한 탄성작용으로 연금속이나 목재 다듬질에 사용
메탈		M	연강, 은, 동, 황동, 니켈	금속분과 함께 소결 하거나 연금속으로 압입한다.	초경합금, 세라믹, 보석, 유리 등의 연삭에 사용

(3) 숫돌의 모양 및 표시 방법

① **바퀴의 모양** : 연삭 목적에 따라 여러 가지 모양으로 만들어져 왔으나 근래에 규격을 통일하였다.

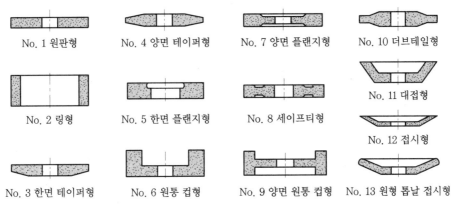

No. 1 원판형　　No. 4 양면 테이퍼형　　No. 7 양면 플랜지형　　No. 10 더브테일형

No. 2 링형　　No. 5 한면 플랜지형　　No. 8 세이프티형　　No. 11 대접형

No. 3 한면 테이퍼형　　No. 6 원통 컵형　　No. 9 양면 원통 컵형　　No. 12 접시형

No. 13 원형 톱날 접시형

숫돌의 표준 모양

② **표시** : 숫돌 바퀴를 표시할 때에는 구성 요소를 부호에 따라 일정한 순서로 나열한다.

숫돌의 표시법

WA	70	K	m	V	1호	A	205	×	19	×	15.88
↓	↓	↓	↓	↓	↓	↓	↓		↓		↓
숫돌 입자	입도	결합도	조직	결합제	숫돌 형상	연삭면 형상	바깥지름		두께		구멍지름

(4) 다이아몬드 숫돌

초경합금 공구류가 대량 생산됨에 따라 다이아몬드 숫돌의 사용이 많아지고 있으며, 다이아몬드 숫돌은 일반 연삭 숫돌과 같이 입도, 결합도, 집중도, 결합제의 종류 등에 의해서 분류된다. 또한 다이아몬드 층 두께를 명시한다.

① **다이아몬드의 종류** : 현재 사용되고 있는 다이아몬드의 종류는 천연 다이아몬드와 합성 다이아몬드가 대표적이다.

다이아몬드의 종류

종　류	천연 다이아몬드	합성 다이아몬드	금속피복 다이아몬드	보라존
표시 기호	D 또는 ND	SD 또는 MD	SDC	CBN

② **결합도와 집중도**

㉮ 결합도 : H, J, L, N, O, P, R, T의 8가지로 분류되어 있다.

㉯ 집중도 : 본드 1cm³ 중에 다이아몬드 4.4 캐럿이 함유된 것을 100 % 라 표시할 때, 그것의 반인 2.2 캐럿이 함유된 것을 50으로 나타내며, 표시 숫자와 함유율의 관계는 표와 같다.

집중도의 표시

표시 기호 (%)	25	50	75	100	125	150	175	200
캐럿 (cst/cm³)	1.1	2.2	3.3	4.4	5.5	6.6	7.7	8.8

③ **입도** : 입도는 대부분 메시로 나타내지만, 입자의 지름을 미크론(μm) 단위로 나타내는 경우도 있다.

④ **결합제**

㉮ 레지노이드 본드(resinoid bond) : 합성수지로 결합시킨 것으로, 특히 연삭성이 우수하며 가공면의 표면 거칠기가 요구될 때 우수하여 습식, 건식에 많이 사용된다.

㉯ 메탈 결합제(metal bond) : 금속질 분말로 다이아몬드 입자를 소결한 것으로서 내열성, 내마모성이 우수하고 수명이 길며, 변형이 잘 안되므로 중연삭과 정밀 연삭에 사용된다. 특히 애자, 렌즈(lens), 세라믹(ceramic), 석재 콘크리트의 연삭, 절단에 우수하다. 메탈 결합제 숫돌은 충분한 냉각액을 공급하여 습식으로 사용한다.

㉰ 비트리파이드 결합제(vitrified bond) : 다이아몬드 입자의 결합력이 높아 열에 강하며, 메탈 결합제에 비하여 연삭면이 좋고 레지노이드 결합제에 비하여 수명이 길다.

⑤ **다이아몬드의 두께와 숫돌 표시**

㉮ 다이아몬드 층의 두께 : 직각방향의 두께를 표시한다.

㉯ 다이아몬드 숫돌의 표시 방법

다이아몬드 숫돌의 표시 예

다이아몬드의 종류	입도	결합도	집중도	본드	다이아몬드의 층	냉각 방법
D	120	N	100	B	2.0	W

8-4 **연삭 작업**

(1) 연삭 가공의 일반사항

① 연삭 숫돌에 발생되는 현상

㈎ 자생작용 : 연삭 시 숫돌의 마모된 입자가 탈락되고 새로운 입자가 나타나는 현상을 말한다.

㈏ 로딩(loading) : 숫돌 입자가 표면이나 기공에 칩이 끼어 연삭성이 나빠지는 현상으로 눈메움이라고도 하며, 입도의 번호와 연삭깊이가 너무 클 때와 조직이 치밀한 때, 숫돌의 원주속도가 너무 느린 경우에 발생한다.

㈐ 글레이징(grazing ; 날의 무딤) : 자생작용이 잘 되지 않아 입자가 납작해지는 현상을 말하며, 이로 인하여 연삭열과 균열이 발생한다. 이 현상은 숫돌의 결합도가 클 경우, 원주속도가 클 경우, 공작물과 숫돌의 재질이 맞지 않을 경우에 발생한다.

② 드레싱 (dressing) : 글레이징이나 로딩 현상이 생길 때 숫돌 표면을 성형하거나 칩을 제거하는 작업을 드레싱이라고 하며, 절삭성이 나빠진 숫돌의 면에 새롭고 날카롭게 입자를 발생시키는 것으로, 드레서는 강판 (별꼴 드레서) 이나 다이아몬드 (입자봉 드레서) 로 만든다.

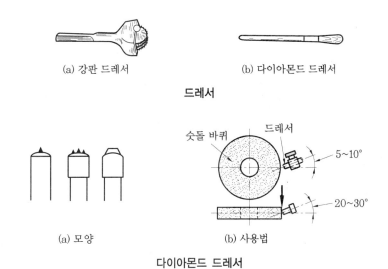

(a) 강판 드레서 (b) 다이아몬드 드레서

드레서

(a) 모양 (b) 사용법

다이아몬드 드레서

③ 트루잉 (truing) : 모양 고치기라고도 하며, 연삭 조건이 좋더라도 숫돌 바퀴의 질이 균일하지 못하거나 공작물이 영향을 받아 모양이 좋지 못할 때, 일정한 모양으로 고치는 방법으로 흔히 드레싱과 병행하여 실시한다.

(2) 연삭 작업

① **연삭깊이** : 거친 연삭 시 깊이를 깊게 주고 다듬질 연삭 시는 얕게 준다.

② **이송** : 원통 연삭에서 일감 1회전마다의 이송은 숫돌 바퀴의 접촉너비 B [mm]보다 작아야 한다. 이송을 f 라 하면 다듬질 연삭은 $f = \left(\dfrac{1}{4} \sim \dfrac{1}{3}\right)B$, 거친 연삭은 강철일 때 $f = \left(\dfrac{1}{3} \sim \dfrac{3}{4}\right)B$, 주철일 때에는 $f = \left(\dfrac{3}{4} \sim \dfrac{4}{5}\right)B$ 로 한다.

강을 연삭할 때 절삭깊이

구 분	원통 연삭	내면 연삭	평면 연삭	공구 연삭
거친 연삭	0.01~0.04	0.02~0.04	0.01~0.07	0.07
다듬질 연삭		0.0025~0.005		0.02

(3) 피연삭성

숫돌 바퀴의 소모에 대한 피연삭재 연삭의 용이성을 말한다. 즉, 숫돌 바퀴의 단위부피가 소모될 때 피연삭재가 연삭된 부피의 비이며, 이를 연삭비라 한다.

$$연삭비 = \frac{피연삭재의\ 연삭된\ 부피}{숫돌\ 바퀴의\ 소모된\ 부피}$$

9. 기타 범용 기계 가공

9-1 드릴링 · 보링 · 브로치

(1) 드릴링 머신

① **드릴 머신의 종류**

(가) 탁상 드릴링 머신(bench drilling machine) : 소형 드릴링 머신으로서 주로 지름이 작은 구멍의 작업에 쓰이며, 공작물을 작업대 위에 설치하여 사용한다.

(나) 레이디얼 드릴링 머신(radial drilling machine) : 비교적 큰 공작물의 구멍을 뚫을 때 쓰이며, 공작물을 테이블에 고정시켜 놓고 필요한 곳으로 주축을 이동시켜 구멍의 중심을 맞추어 사용한다.

전동 모터

주축

칼럼

테이블

베이스

탁상 드릴링 머신　　　　　레이디얼 드릴링 머신

㈐ 다축 드릴링 머신(multiple drilling machine) : 많은 구멍을 동시에 뚫을 때 쓰이며, 공정의 수가 많은 구멍의 가공에는 많은 드릴 주축을 가진 다축 드릴링 머신을 사용한다.

㈑ 직립 드릴링 머신(up-right drilling machine) : 주축이 수직으로 되어 있고 기둥, 주축, 베이스, 테이블로 구성되어 있으며 소형 공작물의 구멍을 뚫을 때 쓰인다. 크기는 스핀들 (spindle) 의 지름, 스윙으로 표시하며, 탁상 드릴링 머신보다 크다.

㈒ 심공 드릴링 머신(deep hole drilling machine) : 내연기관의 오일 구멍보다 더 깊은 구멍을 가공할 때에 사용한다.

㈓ 다두 드릴링 머신(multi-head drilling machine) : 나란히 있는 여러 개의 스핀들에 여러 가지 공구를 꽂아 드릴링, 리밍, 태핑 등을 연속적으로 가공한다.

다축 드릴링 머신　　　　　직립 드릴링 머신

② 드릴링 머신의 크기 표시

  ㈎ 스윙(스핀들 중심부터 기둥까지 거리의 2배)으로 크기를 표시한다.

(나) 뚫을 수 있는 구멍의 최대 지름으로 나타낸다.

(다) 스핀들 끝부터 테이블 뒷면까지의 최대 거리로 표시한다.

③ **드릴 작업의 종류**

(가) 드릴링(drilling) : 드릴링 머신의 주된 작업으로서 드릴을 사용하여 구멍을 뚫는 작업이다.

(나) 리밍(reaming) : 드릴을 이용하여 뚫은 구멍의 내면을 리머로 다듬는 작업이다.

(다) 태핑(tapping) : 드릴을 사용하여 뚫은 구멍의 내면에 탭을 사용하여 암나사를 가공하는 작업이다.

(라) 보링(boring) : 드릴을 사용하여 뚫은 구멍이나 이미 만들어져 있는 구멍을 넓히는 작업이다.

(마) 스폿 페이싱(spot facing) : 너트 또는 볼트 머리와 접촉하는 면을 고르게 하기 위하여 깎는 작업이다.

(바) 카운터 보링(counter boring) : 볼트의 머리가 일감 속에 묻히도록 깊게 스폿 페이싱을 하는 작업이다.

(사) 카운터 싱킹(counter sinking) : 접시머리 나사의 머리 부분을 묻히게 하기 위하여 자리를 파는 작업이다.

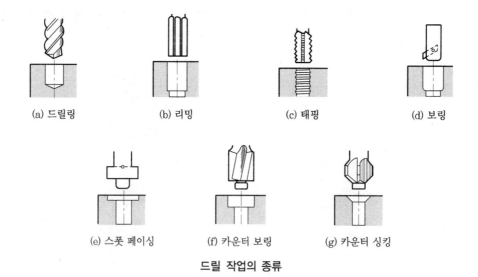

| (a) 드릴링 | (b) 리밍 | (c) 태핑 | (d) 보링 |

(e) 스폿 페이싱   (f) 카운터 보링   (g) 카운터 싱킹

드릴 작업의 종류

④ **드릴의 종류와 용도**

(가) 트위스트 드릴(twist drill) : 가장 널리 쓰이는 드릴로서, 2개의 비틀림 날의 날 끝으로 되어 있어 절삭성이 매우 좋다.

(내) 평 드릴(flat drill) : 둥근 봉의 선단을 납작하게 만들어 날을 붙인 것이며, 가장 간단한 형식으로 보통 연한 재질을 가진 공작물의 구멍을 뚫을 때 사용된다.

(대) 센터 드릴(center drill) : 공작물을 선반이나 연삭기에 고정할 경우 공작물에 지지가 되는 센터구멍을 뚫을 때 사용된다.

(라) 곧은 홈 드릴(straight flute drill) : 홈이 직선으로 파여진 드릴로서 선단의 각도가 0°이므로 황동이나 얇은 핀 구멍을 뚫을 때 사용된다.

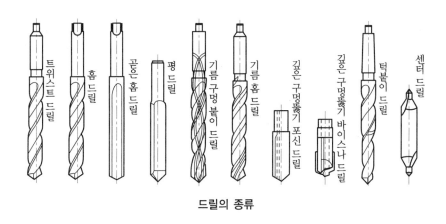

드릴의 종류

(마) 반원 드릴 : 드릴의 선단이 1개의 날로 되어 있으며, 날 끝은 드릴의 중심부에 대해 편위되어 있다.

⑤ 드릴의 각부 명칭

(가) 드릴 끝(drill point) : 드릴의 끝 부분으로써 원뿔형으로 되어 있으며, 2개의 날이 있다.

(내) 날끝 각도(drill point angle) : 드릴의 양쪽 날이 이루고 있는 각도를 날끝 각도라고 하며 보통 118° 정도이다.

(대) 날 여유각(lip clearance angle) : 드릴이 재료를 용이하게 파고 들어갈 수 있도록 드릴의 절삭날에 주어진 여유각을 절삭날각이라고 하며, 보통 10~15° 정도이다.

(라) 비틀림 각 (angle of torsion) : 드릴에는 두 줄의 나선형 홈이 있으며, 이것이 드릴축과 이루는 각도를 비틀림 각이라고 한다. 일반적으로 비틀림 각은 20~35° 정도이며, 단단한 재료에는 각도가 작은 것을, 연한 재료에는 큰 것을 사용한다.

(마) 백 테이퍼(back taper) : 드릴의 선단보다 자루 쪽으로 갈수록 약간씩 테이퍼가 되므로 구멍과 드릴이 접촉하지 않도록 한 테이퍼이다 (끝에서 자루 쪽으로 0.025 ~0.5 mm/100 mm).

(바) 마진(margin) : 예비적인 날의 역할 또는 날의 강도를 보강하는 역할을 한다.

(사) 랜드(land) : 마진의 뒷부분이다.

(아) 웨브 (web) : 홈과 홈 사이의 두께를 말하며, 자루 쪽으로 갈수록 두꺼워진다.

(자) 탱(tang) : 드릴 소켓이나 드릴 슬리브에 드릴을 고정할 때 사용하며, 테이퍼 생크 드릴 맨 끝의 납작한 부분이다.

(차) 시닝(thinning) : 드릴이 커지면 웨브가 두꺼워져서 절삭성이 나빠지게 되므로, 치즐 포인트를 연삭할 때 절삭성이 좋아지도록 하는 것을 시닝이라 한다.

(카) 드릴의 크기 표시 : 드릴 끝 부분의 지름을 mm 또는 inch로 표시하며 인치식은 작은 드릴의 경우 번호로 표시하기도 한다.

공작물의 재료와 드릴 날끝각 및 여유각

공작물 재료	날끝각	절삭 여유각
일반 재료	118°	12~15°
연 강	90~120°	12°
경 강	120~140°	10°
주 철	90~118°	12~15°
구 리	100°	12°
황 동	118°	12~15°
고무 파이버	60°	12°

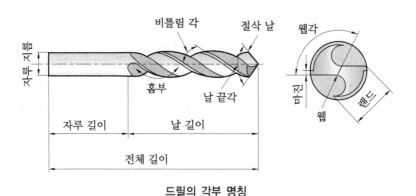

드릴의 각부 명칭

⑥ **드릴 작업** : 한 일감에 여러 개의 구멍을 뚫을 때 지그 (jig)를 사용하면 작업이 간편하고, 구멍 위치의 정확성과 생산성이 향상되며 제품의 호환성이 보장된다.

⑦ **드릴의 부속품**

(가) 드릴 척 : 직선 자루 드릴(φ13 이하)을 고정하는 것으로, 상부는 주축에 연결되고, 드릴 고정은 드릴 핸들을 사용한다.

(나) 드릴 소켓 : 테이퍼 자루 드릴을 고정하는 것으로, 드릴을 제거할 때는 소켓 중간 부의 구멍에 쐐기를 박아 **뺀다**.

⑧ **리머 가공**

(가) 드릴 구멍이 더욱 정확하고 정밀한 치수로 가공될 수 있도록 다듬는 공구로서, 핸드 리머, 척 리머가 있다.

(나) 날은 짝수로하며 여유각은 3~5°, 표준 윗면 경사각은 0°이다.

(다) 가공 시 떨림이 적도록 날의 간격이 같지 않게 되어 있다 (그림에서 $a \neq b$).

(라) 다듬 여유를 적게 하고 낮은 절삭속도로서 이송을 크게 하면 좋은 가공면이 된다.

(마) 다듬질 여유는 구멍 $\phi 100\ mm$에 $0.05\ mm$ 정도로 한다.

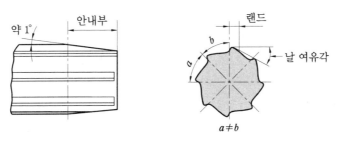

리머의 절삭날

(2) 보링 머신

① **보링 머신에 의한 가공** : 보링(boring)의 원리는 선반과 비슷하나 일반적으로 일감에 이미 뚫어 놓은 구멍을 주어진 치수로 넓혀 정밀하게 다듬는 기계 가공으로, 공작물을 고정하여 이송운동을 하고, 보링 공구를 회전시켜 절삭하는 방식이 주로 쓰인다. 이 기계는 보링을 주로 하지만, 드릴링, 리밍, 단면의 정면 절삭, 원통 외면 절삭, 나사 깎기(태핑), 밀링 등의 작업도 할 수 있다. 보링 머신을 기능 면으로 분리하면 수평 보링 머신, 정밀 보링 머신, 지그 보링 머신이 있다.

② **보링 머신의 종류**

(가) 수평 보링 머신(horizontal boring machine) : 주축대가 기둥 위를 상하로 이동하고, 주축 이동 시에 수평방향으로 움직인다. 공작물은 테이블 위에 고정하고 새들을 전후·좌우로 이동시킬 수 있으며, 회전도 가능하므로 테이블 위에 고정한 공작물의 위치를 조정할 수 있다. 보링 머신의 크기는 테이블의 크기, 스핀들의 지름, 스핀들의 이동거리, 스핀들 헤드의 상하 이동거리 및 테이블의 이동거리로 표시한다.

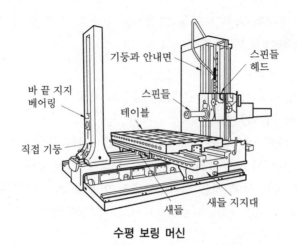

수평 보링 머신

(내) 정밀 보링 머신(fine boring machine) : 다이아몬드 또는 초경합금 공구를 사용하여 고속도와 미소이송, 얕은 절삭깊이에 의하여 구멍 내면을 매우 정밀하고 깨끗한 표면으로 가공하는 데 사용한다. 크기는 가공할 수 있는 구멍의 크기로 표시한다.

(대) 지그 보링 머신(zig boring machine) : 주로 일감의 한 면에 2개 이상의 구멍을 뚫을 때, 직교 좌표 XY 두 축 방향으로 각각 $2 \sim 10 \; \mu$m의 정밀도로 구멍을 뚫는 보링 머신이다. 크기는 테이블의 크기 및 뚫을 수 있는 구멍의 최대 지름으로 표시한다. 이 기계는 정밀도 유지를 위해 20℃ 항온실에 설치해야 한다.

③ 보링 공구

(개) 보링 바이트(boring bite) : 보링 바이트의 재질로 다이아몬드, 초경합금 등을 사용하고, 날 끝은 원형 또는 각형이다.

(내) 보링 바(boring bar) : 보링 바이트를 장치하는 봉으로 한쪽은 모스 테이퍼로 되어 있으며, 반대쪽은 보링 바 지지대로 지지하고 그 사이에 바이트를 고정한다.

(대) 보링 헤드(boring head) : 지름이 큰 공작물을 가공할 때 사용하며, 보링 바에 고정한다.

(a) 외날 공구   (b) 양날 공구   (c) 판상 공구

보링용 절삭 공구

㈜ 센터링 인디케이터 : 보링 축의 중심과 공작물의 구멍 중심이 일치하는가를 조사 하는 공구이다.

㈅ 바이트 세팅 게이지 : 바이트를 바에 장치할 때에 소 요의 보링 경에 정확하게 맞추기 위하여 사용한다.

㈂ 센터 펀치 : 지그 보링 머신에서 표점각인, 중심표시 금긋기 등에 쓰인다.

㈄ 원형 테이블 : 지그 보링 머신에서 분할 작업에 쓰인다.

보링 공구대

(3) 브로치 작업 (broaching)

① **브로치 작업** : 브로치라는 공구를 사용하여 일감의 표면 또는 내면에 필요한 모양으로 절삭 가공하는 기계이다.

㈎ 내면 브로치 작업 : 둥근 구멍에 키 홈, 스플라인 구멍, 다각형 구멍 등을 내는 작업을 말한다.

㈏ 표면 브로치 작업 : 세그먼트(segment) 기어의 치통형이나 홈, 특수한 모양의 면을 가공하는 작업을 말한다.

(a) 내면 브로치 작업　　　　　(b) 표면 브로치 작업

내면 브로치 작업과 표면 브로치 작업의 보기

② **브로치의 구분 및 각부 명칭** : 브로치는 그림과 같이 자루부, 안내부, 절삭날부, 뒷부분 안내부로 되어 있으며, 브로치 구조에 따라 보통 브로치인 일체 브로치와 특수 브로치인 심은날 브로치와 조립식 브로치 등이 있다.

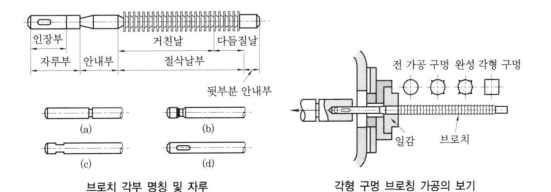

브로치 각부 명칭 및 자루　　　　　각형 구멍 브로칭 가공의 보기

③ **절삭속도 및 크기** : 절삭속도는 5~10 m/min이고, 후진속도는 15~40 m/min이며, 크기는 최대 인장력과 브로치를 설치하는 슬라이드의 행정 길이로 표시한다.

9-2   셰이퍼·플레이너·슬로터·기계톱

(1) 셰이퍼 (shaper)

① 셰이퍼의 구조

(가) **급속 귀환 장치** : 절삭 행정 시보다 절삭을 하지 않는 귀환 행정 시 바이트가 빠르게 되돌아오는 장치로 큰 기어는 일정한 회전수로 회전한다. 크랭크 핀은 큰 기어에 고정되었으므로 큰 기어가 회전하면 크랭크 핀도 회전하여 로커 암이 요동 운동을 한다. 이때 $\theta > \beta$ 의 관계가 성립된다. 즉, 귀환 행정 시의 각도 β 가 절삭 행정 시 θ 보다 작으므로 급속 귀환하게 된다.

(나) **램의 행정 조절** : 큰 기어에 고정된 크랭크 핀의 위치가 큰 기어의 중심과 가까워지면 행정은 작아지고 멀어지면 커진다. 바이트의 행정 길이는 일감의 길이 l 보다 20~30 mm 정도 길게 조절한다. 또, a 를 b 보다 다소 길게 한다.

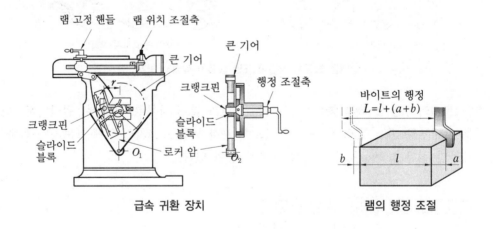

급속 귀환 장치   램의 행정 조절

(다) **클래퍼(claper)** : 귀환 행정 시 바이트 뒷면과 공작물과의 충격을 적게 하기 위하여 바이트를 약간 위로 뜨게 한 장치이다.

(라) **테이블 이송기구** : 수동이송과 자동이송 장치가 있으며, 래칫 바퀴는 커넥팅 로드의 왕복운동에 따라 래칫이 돌려지며, 폴이 일정량씩 옮겨주게 된다. 수동나사 이송시는 폴을 들어올려 주면 된다.

(마) **공구대** : 공구대를 램 양끝에 고정한다. 위아래 방향으로 이동하며 선회하도록

되어 있고, 램의 복귀 행정 때 바이트 끝을 들어올려 날끝과 가공면의 마찰을 방지한다.

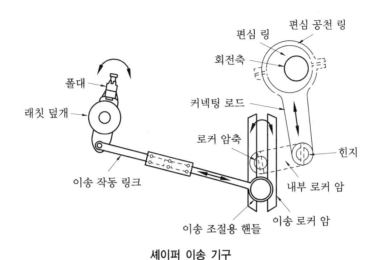

셰이퍼 이송 기구

② **셰이퍼의 크기** : 셰이퍼의 크기는 램이 움직일 수 있는 거리, 즉 램의 최대 행정, 테이블의 크기 등으로 표시한다.

③ **셰이퍼 작업**

 ㈎ **셰이퍼 가공** : 일감을 테이블 위에 고정하고 좌우로 단속적으로 이송시키면 램 끝에 바이트를 장치하여 왕복운동을 하여 가공하는 기계로 수평·수직·각도 깎기, 홈파기 및 절단, 키 홈파기 등에 주로 쓰인다.

 (a) 수평 깎기 (b) 수직 깎기 (c) 옆면 깎기 (d) 각도 깎기

 (e) 넓은홈 깎기 (f) 홈파기 (g) 곡면 깎기 (h) 키홈 깎기

셰이퍼 가공의 종류

(내) 셰이퍼 바이트 : 셰이퍼 바이트는 선반 바이트와 별 차이가 없으나 자루가 길어서 휠 위험성이 많으므로 날끝이 자루 뒤쪽에 있어야 가공면의 치수 정밀도가 높고 바이트의 파손이 적다.

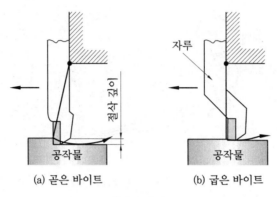

(a) 곧은 바이트   (b) 굽은 바이트

셰이퍼 바이트

(다) 절삭속도와 램의 행정횟수 : 셰이퍼의 절삭속도는 램의 절삭행정에서 그 평균 속도로 표시한다. 절삭속도는 절삭깊이와 이송을 고려하여 적절한 값으로 정하여야 한다.

셰이퍼 가공의 절삭속도 (m/min)

일감의 재질		고속도강 바이트	초경합금 바이트
연 강		16~22	40~75
경 강		6~12	20~40
주 철	무른 것	14~22	30~45
	굳은 것	8~14	25~40
황 동		30~40	기계의 최대 속도
청 동		20~30	
알루미늄		40~60	

절삭속도 V [m/min] 및 바이트의 매분 왕복횟수 n 은 행정을 L [mm]이라고 하면 다음 식으로 계산된다.

- 절삭속도 : $V = \dfrac{Ln}{1000k}$ [m/min]

• 행정횟수 : $n = \dfrac{1000\,Vk}{L}$ [storke/min]

여기서, k : 절삭행정과 귀환행정의 비 $\left(\dfrac{2}{3} \sim \dfrac{3}{5}\right)$

(2) 플레이너 (planer)

플레이너는 비교적 큰 평면을 절삭하는 데 쓰이며 평삭기라고도 한다. 이것은 일감을 테이블 위에 고정시키고 수평 왕복운동을 하며, 바이트는 일감의 운동방향과 직각방향으로 단속적으로 이송한다.

① 플레이너의 종류

㈎ 쌍주식 플레이너 : 기둥이 2개가 있으며 대단히 견고하다. 그러나 공작물의 폭에 제한을 받는다.

㈏ 단주식 플레이너 : 기둥이 1개이며 쌍주식보다 견고하지 못하다. 절삭력은 약하지만 공작물의 제한을 받지 않는다.

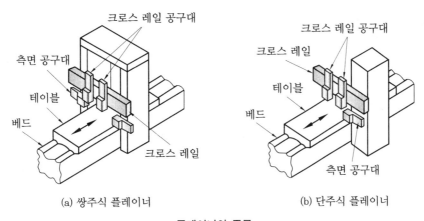

(a) 쌍주식 플레이너   (b) 단주식 플레이너

플레이너의 종류

② 플레이너의 구조

㈎ 플레이너 크기 표시

• 테이블의 크기(길이×너비)

• 공구대의 수평 및 위·아래 이동거리

• 테이블 윗면부터 공구대까지의 최대 높이

㈏ 테이블 구동기구

• 벨트에 의한 래크 피니언 방식

- 워드 레오나드(ward leonard) 방식
- 전자 마찰 클러치(magnetic friction clutch) 방식
- 유압 구동(hydraulic driven) 방식 : 절삭행정은 3~50 m/min, 귀환행정은 5~70 m/min, 무단변속이 되며 운전 중 충격 감소, 진동 흡수의 장점이 있다.

(다) 절삭속도(절삭행정 속도)와 가공시간 : 플레이너에서 절삭행정과 귀환행정의 속도를 각각 일정하다고 가정하면, 테이블 1회 왕복에 소요되는 시간으로 평균속도가 계산된다.

- 평균속도 : $v_m = \dfrac{2L}{t} = \dfrac{2v_s}{1 + \dfrac{1}{n}}, \quad t = \dfrac{L}{v_s} + \dfrac{L}{v_r}, \quad n = \dfrac{v_r}{v_s}$

- 가공시간 : 평균속도를 알면 가공시간은 다음과 같이 구한다.

$$T = \frac{2bL}{\eta s v_m}$$

여기서, T : 가공시간(min) t : 1회 왕복시간(min)
η : 절삭효율 v_s : 절삭속도 (m/min)
v_r : 귀환속도 L : 행정(m)
b : 일감의 너비(mm) s : 이송 (mm/stroke)
v_m : 평균속도 (m/min) n : 속도비 $= v_r / v_s$ (보통 3~4)

(3) 슬로터 (slotter)

① **슬로터 가공** : 슬로터를 사용하여 바이트로 각종 일감의 내면을 가공하는 것이며, 수직 셰이퍼라고도 한다.

(가) 키 홈, 각으로 된 구멍을 가공하며 셰이퍼보다 능률이 좋다.

(나) 운동기구에는 로커 암과 크랭크를 사용한 것이 있다.

슬로터

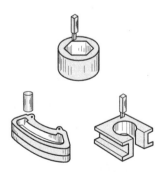

슬로터 가공의 보기

② 슬로터의 구조

㉮ 크기 표시

- 램의 최대 행정
- 테이블의 크기
- 테이블의 이동거리 및 원형 테이블의 지름

㉯ 구조 : 램은 적당한 각도로 기울일 수 있으며, 경사면을 절삭할 수도 있다. 이송은 테이블에서 행하고, 테이블은 베이스 위에서 전후 좌우로 이송이 된다. 또, 원형 테이블은 선회하므로 분할작업이 되며, 내접 기어 등의 분할 절삭이 가능하다.

(4) 기계톱 (sawing machine)

① **기계 활톱**(hack sawing machine) : 플레임(flame)에 톱날을 고정하고 왕복운동과 이송운동으로 재료를 절단한다. 톱날의 길이는 300~600 mm, 절삭속도는 15~50 m/min 이며, 크기는 톱날의 길이, 행정의 크기, 절단 가능한 최대 치수로 나타낸다.

② **기계 띠톱**(band sawing machine) : 띠 모양의 톱, 즉 띠톱의 회전운동과 이송운동 또는 일감의 이송운동에 의하여 판재의 곡선을 절단할 수 있으며, 형상에 따라 수직형과 수평형이 있다. 크기는 풀리의 지름, 테이블의 크기로 나타낸다.

③ **기계 둥근톱**(circular sawing machine) : 둥근 원판의 바깥둘레에 날이 있는 톱을 사용하는 기계톱이다. 둥근톱의 회전과 이송운동에 의하여 절단된다. 크기는 둥근톱의 지름, 절단할 수 있는 최대 치수로 나타낸다.

④ **마찰 절단기**(friction sawing machine) : 일감을 숫돌 바퀴 또는 마찰판을 사용하여 고속으로 절단하는 공작기계로, 절삭속도는 1000~6000 m/min, 크기는 숫돌 바퀴 또는 마찰판의 지름, 일감의 최대 치수로 나타낸다.

기계 활톱

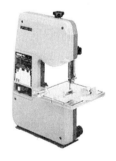
기계 띠톱

기계 둥근톱

10. 정밀 입자 가공 및 특수 가공

10-1 정밀 입자 가공

(1) 호닝 (honing)

보링, 리밍, 연삭 가공 등을 끝낸 원통 내면의 정밀도를 더욱 높이기 위하여 막대 모양의 가는 입자의 숫돌을 방사상으로 배치한 혼(hone)으로 다듬질하는 방법을 호닝이라 한다. 치수 정밀도는 $3\sim10\,\mu\mathrm{m}$ 정도이며, 다듬질 호닝 여유는 $0.005\sim0.025\,\mathrm{mm}$이다.

사용 숫돌은 GC 또는 WA 의 숫돌 재질로 열처리강에는 J~M, 연강에는 K~N, 황동에는 J~N 정도의 결합도가 쓰인다.

호닝 원주속도는 $40\sim70\,\mathrm{m/min}$, 왕복속도는 원주속도의 $\frac{1}{2}\sim\frac{1}{5}$ 정도이며, 호닝 연삭액은 등유에 돼지기름을 섞은 것 또는 황을 첨가한 것을 사용한다.

(2) 슈퍼 피니싱 (super finishing)

숫돌 입자가 작은 숫돌로 일감을 가볍게 누르면서 축방향으로 진동을 주는 것으로 변질층 표면깎기, 원통 외면, 내면, 평면을 다듬질할 수 있다. 연삭 흠집이 없는 다듬질을 할 수 있는 장점이 있고, 숫돌의 너비는 일감 지름의 $60\sim70\,\%$ 정도이며, 길이는 일감의 길이와 같은 정도로 한다.

숫돌의 진폭은 $1.5\sim5\,\mathrm{mm}$이며, 진동수는 진폭 $1.5\,\mathrm{mm}$일 때 매초 500회, 진폭 $5\,\mathrm{mm}$일 때 100회 정도이고, 일감의 원주속도는 거친 다듬질에서는 $5\sim10\,\mathrm{m/min}$, 정밀 다듬질에서는 $15\sim30\,\mathrm{m/min}$ 정도로 한다. 가공 표면 정밀도는 $0.1\mu\mathrm{m}$ 정도이며, $0.1\sim0.3\mu\mathrm{m}$ 정도가 보통이다.

(3) 랩 작업 (lapping)

랩과 일감 사이에 래핑제를 넣어 서로 누르고 비비면서 다듬는 방법으로 정밀도가 향상되며, 탄화규소, 산화알루미늄, 산화철, 다이아몬드 미분 등을 래핑제로 사용한다.

다듬질면은 내식성, 내마멸성이 높은 가공이며, 래핑 여유는 $0.01\sim0.02\,\mathrm{mm}$ 정도, 가공 표면 거칠기는 $0.025\sim0.0125\mu\mathrm{m}$ 정도, 랩은 저속에서 가공이 빠르고, 고속에서 면이 아름답다.

① **습식법** : 거친 래핑에 쓰이며, 경유나 그리스 기계유, 중유 등에 랩제를 혼합하여 쓴다.

② **건식법** : 래핑제를 래핑액과 함께 랩에 칠해서 사용하며, 흠이 없는 랩을 사용해야 한다.

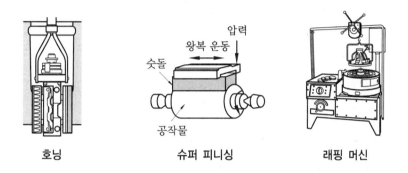

| 호닝 | 슈퍼 피니싱 | 래핑 머신 |

10-2 특수 가공

(1) 전해 연마 (electrolytic polishing)

전해액에 일감을 양극으로 전기를 통하면 표면이 용해 석출되어 공작물의 표면이 매끈하도록 다듬질하는 것을 말한다.

가공 표면의 변질층이 생기지 않고, 복잡한 모양의 연마가 가능하며, 광택이 매우 좋고, 내식·내마멸성이 좋다. 도금이 잘 되고, 설비가 간단하며, 가공시간이 짧고 숙련이 필요 없으나, 불균일한 가공 조직이 발생된다.

두 종류 이상의 재질은 다듬질이 곤란하고, 연마량이 적어 깊은 상처는 제거하기가 쉽지 않다.

주로 드릴 홈, 주사침, 반사경, 시계의 기어 등의 연마에 응용된다.

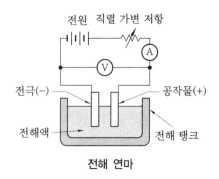

전해 연마

(2) 전해 연삭 (electrolytic grinding)

전해 연마에서 나타난 양극 생성물을 연삭 작업으로 갈아 없애는 가공법을 전해 연삭
이라 한다. 초경합금 등 경질재료 또는 열에 민감한 재료 등의 가공에 적합하고, 평면,
원통, 내면 연삭도 할 수 있으며, 가공 변질이 적고 표면 거칠기가 좋다.

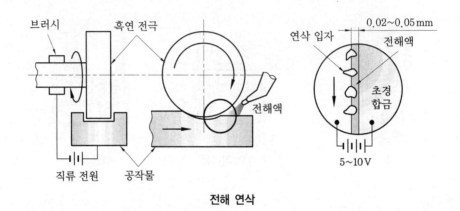

전해 연삭

(3) 화학적 가공 (chemical machining)

① 용삭 가공

(개) 일감을 가공액에 넣어 녹여내는 가공법으로 에칭(etching)의 일종이며 녹이지 않
   을 부분에는 방식 피막을 씌워야 한다.

(내) 가공액 : 염화 제2철, 인산, 황산, 질산, 염산 등이 이용된다.

(대) 방식피막액 : 네오프렌, 경질염화비닐, 에폭시 레진이 들어 있는 래커를 사용한다.

(래) 가공법 : 잘라내기, 살빼기, 눈금 새기기 등의 방법이 있다.

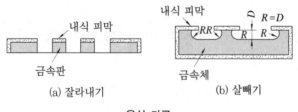

(a) 잘라내기   (b) 살빼기

용삭 가공

② **화학 연마** : 공작물의 전면을 일정하도록 용해하여 두께를 얇게 하거나, 표면의 작
   은 요철부의 오목부를 녹이지 않고 볼록부를 신속히 용융시키는 방법으로, 경험과
   숙련이 필요하다. 화학 연마가 가능한 금속은 구리, 황동, 니켈, 모넬 메탈, 알루미
   늄, 아연 등이다.

(4) 버핑 (buffing)

직물, 피혁, 고무 등으로 만든 원판 버프를 고속 회전시켜 광택을 내는 가공법으로 복잡한 모양도 연마할 수 있으나 치수, 모양의 정밀도는 더 이상 좋게 할 수 없다.

(5) 액체 호닝 (liquid honing)

압축 공기를 사용하여 연마제를 가공액과 함께 노즐을 통해 고속 분사시켜 일감 표면을 다듬는 가공법으로, 단시간에 매끈하고 광택이 없는 다듬질 면을 얻을 수 있으며, 피닝 효과(peening effect)가 있어 피로한계를 높일 수 있다. 또한 복잡한 모양의 일감에 대해서도 간단히 다듬질할 수 있으며, 일감 표면에 잔류하는 산화피막과 거스러미를 간단히 제거할 수 있는 장점이 있다.

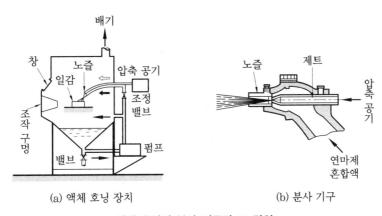

(a) 액체 호닝 장치　　　　　(b) 분사 기구

액체 호닝의 분사 기구와 그 장치

(6) 방전 가공 (electric discharge machining)

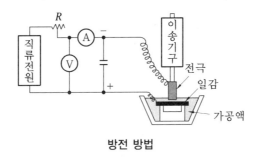

방전 방법

일감과 공구 사이의 방전에 의하여 경유, 변압기유 등의 방전액 중에서 재료를 용해시켜 가공하는 방법으로, 종래의 가공 방법으로는 어려웠던 초경합금이나 담금질강, 내열강, 비철금속의 연마 및 성형을 할 수 있다. 가공 전극으로 구리, 황동, 그래파이트 등을 사용한다.

(7) 초음파 가공(ultrasonic machining)

초음파 진동수로 기계적 진동을 하는 공구와 공작물 사이에 숫돌 입자, 물 또는 기름을 주입하면서 숫돌 입자가 일감을 때려 표면을 다듬는 방법이다. 표면 거칠기를 $0.2\,\mu$m 이하로 쉽게 가공할 수 있고, 공구의 재질로 황동, 연강, 피아노선, 모넬 메탈(monel metal)을 사용하며, 정압력의 크기는 $2 \sim 3\,N/mm^2$ 정도이다.

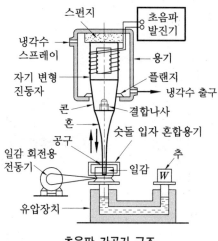

초음파 가공기 구조

(8) 입자 벨트 가공

주철에는 A, 강철에는 WA, 비금속에는 C, 초경합금에는 GC 숫돌 입자를 사용하는 가공으로 숫돌 입도는 거친 가공은 100번 이하, 정밀 다듬질은 200~400번 정도를 사용하고, 벨트 속도는 1000~2000 m/min이다.

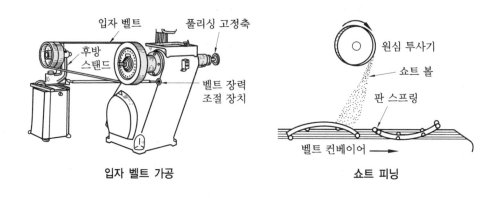

입자 벨트 가공   쇼트 피닝

(9) 쇼트 피닝 (shot peening)

쇼트 볼을 가공면에 고속으로 강하게 두드려 금속 표면층의 강도와 경도를 증가시켜 피로한계를 높여주는 피닝 효과를 이용한 가공법으로 스프링, 기어, 축 등 반복하중을 받는 기계 부품에 효과적이다.

11. 기어 절삭

기어 가공에는 기어 커터를 사용하는 방법, 전조에 의한 방법, 호브 (hob) 를 사용하는 방법 등이 있다.

11-1 기어의 개요

맞물린 마찰차의 접촉원을 기준으로 하여 원 주위에 일정하게 요철을 만들어 서로 물려 운동을 전달할 수 있게 한 것을 기어(gear)라고 하며, 凸 부분을 이(tooth)라고 한다.

(1) 기어의 종류 (제 4 장 기계 요소 설계 참고)
(2) 기어 각부의 명칭과 이의 크기 (제 4 장 기계 요소 설계 참고)

11-2 기어 가공법

(1) 기어 가공법의 종류

① **총형 공구에 의한 방법**(formed cutter process, **기어 커터에 의한 방법**) : 성형법이라고도 하며, 기어 치형에 맞는 공구를 사용하여 기어를 깎는 방법이다. 총형 바이트 사용법은 셰이퍼, 플레이너, 슬로터에 사용하며, 총형 커터에 의한 방법은 밀링에서 사용한다.

② **형판**(template)**에 의한 방법** : 모방 절삭법이라고도 하며, 형판을 따라서 공구가 안내되어 절삭하는 방법으로 대형 기어 절삭에 쓰인다.

③ **창성법**(전조에 의한 방법) : 가장 많이 사용되고 있으며, 인벌류트 곡선을 그리는 성질을 응용하여 기어를 깎는 방법으로 절삭할 기어와 같은 정확한 기어 절삭공구인 호브, 래크 커터 등으로 절삭한다. 공구와 소재가 상대운동을 하며 기어를 절삭한다.

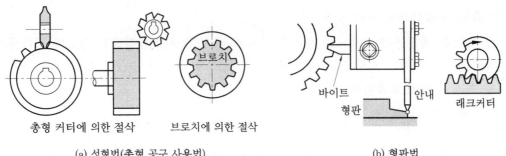

총형 커터에 의한 절삭   브로치에 의한 절삭

(a) 성형법(총형 공구 사용법)   (b) 형판법

기어 가공법의 종류

(2) 기어 절삭기의 종류

① 원통형 기어 절삭기

(가) 호빙 머신(hobbing machine) : 절삭공구인 호브(hob)와 소재를 상대운동시켜 창성법으로 기어 이를 절삭한다. 호브의 운동에는 호브의 회전운동, 소재의 회전운동, 호브의 이송운동이 있다. 호브에서 깎을 수 있는 기어는 스퍼 기어, 헬리컬 기어, 스플라인축 등이며, 베벨 기어는 절삭할 수 없다.

(나) 기어 셰이퍼(gear shaper) : 절삭공구인 커터에 왕복운동을 주어 기어를 창성법으로 절삭하는 기어 절삭 공작기계이다. 이 기계는 커터에 따라 2가지가 있다. 즉, 피니언 커터를 사용하는 펠로스 기어 셰이퍼(fellous gear shaper)와 래크 커터를 사용하는 마그식 기어 셰이퍼(mag gear shaper)가 있다. 또한, 스퍼 기어만 절삭하는 것과 헬리컬 기어만 절삭하는 것이 있다.

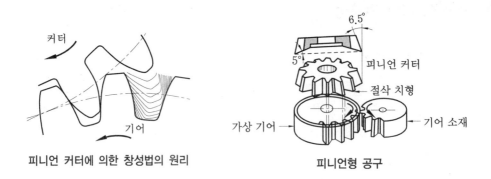

피니언 커터에 의한 창성법의 원리   피니언형 공구

- 펠로스 기어 절삭기
  - 피니언 커터를 사용하는 대표적인 기어 절삭기이다.
  - 소재와 커터 사이에 기어가 깊이를 주는 반지름 방향 이송량이 변환 기어에 의해 주어진다.

– 원주방향 이송량과 소재에 깊이를 주는 반지름 방향 이송량이 변환 기어에 의해 주어진다.

– 커터의 회전운동 및 절삭깊이 이송, 기어 소재의 회전, 소재와 커터의 분리운동으로 각각 운동한다.

• 마그식 기어 셰이퍼

– 래크 커터 사용법에 의해 기어 절삭을 하는 기계이다.

– 커터가 절삭을 위해 왕복운동을 하며, 기어 소재는 회전 미끄럼운동을 한다.

래크 커터에 의한 치형 창성법의 원리

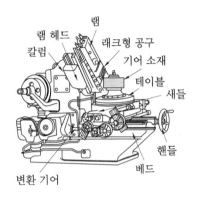

마그 기어 절삭기

② **베벨 기어 절삭기** : 커터가 왕복운동하며 베벨 기어를 창성법으로 절삭하는 것으로 중심에 가까워짐에 따라 치형이 작게 되므로 절삭이 까다롭다.

㈎ 직선 베벨기어 절삭기 : 총형 커터법, 형판법, 창성법이 있으며, 단인(單刃)커터에 의해 치형을 1개씩 절삭하는 라이넥식 직선 베벨 기어 절삭기가 있고, 2개 날 커터를 사용하는 글리슨식 베벨 기어 절삭기가 있다.

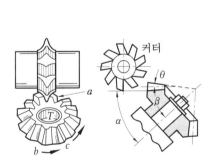

밀링 커터에 의한 절삭

형판법

직선 베벨 기어 창성기의 원리

- 라이넥식 직선 베벨 기어 창성 절삭기
  - 커터는 절삭을 위한 왕복운동만 한다.
  - 소재는 가상 크라운 기어 위를 구름하여 치면을 창성한다.
- 글리슨식 직선 베벨 기어 창성 절삭기
  - 커터와 소재가 다 같이 창성운동을 한다.
  - 크래들 축 둘레를 요동하는 크라운 기어 세그먼트(segment)와 베벨 기어 세그먼트가 물려 일체로 고정시켜 왕복운동을 하는 2개의 커터에 의해서 1개씩 절삭한다.

보충 설명

- **글리슨식** : 직선 베벨 기어 절삭과 비슷하나 크라운 베벨 기어의 잇줄이 원호를 이룬다.

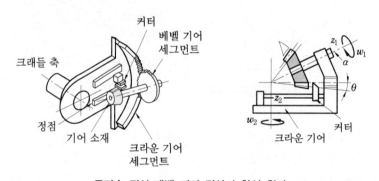

글리슨 직선 베벨 기어 절삭기 창성 원리

(나) 곡선 베벨 기어(spiral bevel gear) 절삭기 : 대부분 창성법을 채용하며 동일 원주 상에 심은 절삭날에 의한 환상 정면 밀링 커터에 의한 글리슨식, 원추 호브에 의한 크린게룬 벨그 호빙법, 원판 호빙법(에리콘, 크린게룬 벨그), 셰이퍼 절삭공구에 의한 방식이 있다.

③ **기어 연삭기**

(가) 마그 기어 연삭기 : 숫돌로 피삭기어를 잇줄 방향으로 창성연삭하는 것으로 숫돌의 마모를 자동적으로 보정하는 장치가 있어 정밀도가 높다.

(나) 나이루스 기어 연삭기

- 잇줄 방향으로 연삭 행정을 반복하면서 창성해가는 방식이다.
- 피치 블록 없이 변환 기어 변환만으로 임의의 크기 기어가 연삭 가능하다.

④ **기어 셰이빙 머신** : 연삭 가공에 비해 대단히 짧은 시간에 정밀도가 높은 기어 가공
  이 된다.

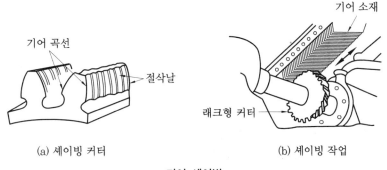

(a) 셰이빙 커터   (b) 셰이빙 작업

기어 셰이빙

㈎ 셰이빙 커터

• 헬리컬 기어 이면에 많은 홈(selection)을 설치하여 래크의 치면에 홈을 깎는 형
  이며 이홈과 치면 교선이 날 구실을 한다.

• 칩이 다른 절삭 가공과 달리 대단히 작으며, 강제적인 창성운동이 없다.

㈏ 셰이빙 종류

• 컨벤셔널 셰이빙(conventional shaving)
  – 기어축과 평행하게 이송을 주는 방법이다.
  – 내접기어 가공을 할 수 있고, 이폭이 큰 기어의 가공도 할 수 있으며, 행정이
    길게 되므로 가공시간이 길게 된다.
  – 커터의 마모가 한정된 부분에 생기므로 공구수명이 짧다.

• 언더 패스 셰이빙(under pass shaving)
  – 테이블의 이송이 축과 직각인 방향에 주어진다.
  – 테이블 행정이 짧고 커터의 마모가 균등하게 분포한다.
  – 이폭이 큰 기어의 가공이 불가능하다.

• 다이애거널 셰이빙(diagonal shaving)
  – 테이블의 이송 방향이 기어축과 어떤 각도를 유지하도록 되어 있다.
  – 컨벤셔널 셰이빙과 언더패스 셰이빙의 중간적인 가공법이다.

12. CNC 공작법

12-1　CNC의 원리

(1) CNC의 개요

① **CNC의 정의** : CNC란 Computer Numerical Control의 약자로 수치제어란 뜻으로, KS B 0125에 규정되어 있으며, 숫자나 기호로써 정보를 매개 수단으로 하여 기계의 운전을 자동으로 제어하는 것을 말한다.

즉, CNC 파트 프로그램을 컴퓨터 또는 수동펀칭기를 사용, CNC 테이프에 천공하여 CNC 테이프의 수치정보(conded-data)를 정보처리 회로에서 읽어 지령 펄스 열로 변환되고, 이 지령 펄스에 따라 서보기구를 작동시켜 CNC 기계가 자동적으로 가공하도록 한 것이다. 따라서, 지금까지 손으로 작동하던 기계의 조작이 자동화될 뿐만 아니라, 사람의 조직으로 매우 곤란하였던 복잡한 형태의 가공이 용이하게 되었다.

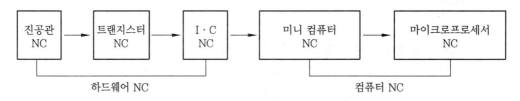

CNC 장치의 발달과정

- CNC의 발달과정을 4단계로 분류하면 다음과 같다.
  - 제1단계 : 공작기계 1대로 단순 제어하는 단계(NC)
  - 제2단계 : 공작기계 1대를 CNC 1대로 제어하며 복합기능 수행 단계(CNC)
  - 제3단계 : 여러 대의 공작기계를 컴퓨터 1대로 제어하는 단계(DNC)
  - 제4단계 : 여러 대의 공작기계를 컴퓨터 1대로 제어하며 생산관리 수행단계(FMS)

② **CNC 시스템의 구성** : CNC 시스템은 크게 하드웨어 부분과 소프트웨어 부분으로 구성되어 있다. 하드웨어 부분은 공작기계 본체와 제어장치, 주변장치 등의 구성부품을 말하며, 일반적으로 본체와 서보기구, 검출기구, 제어용 컴퓨터, 인터페이스 등이 해당된다.

소프트웨어 부분은 CNC 공작기계를 운전하기 위하여 필요로 하는 CNC 테이프의 작성에 관한 모든 사항을 포함하며, 일반적으로 프로그래밍 기술과 자동 프로그래밍의 컴퓨터 시스템을 말한다.

즉, 소프트웨어 부분은 부품의 가공도면을 CNC 장치가 이해할 수 있는 내용으로 변환시키는 부분을 말하며, 보통 CNC 테이프, 자기 테이프 또는 플로피 디스크 (FD) 및 단말장치를 사용한다.

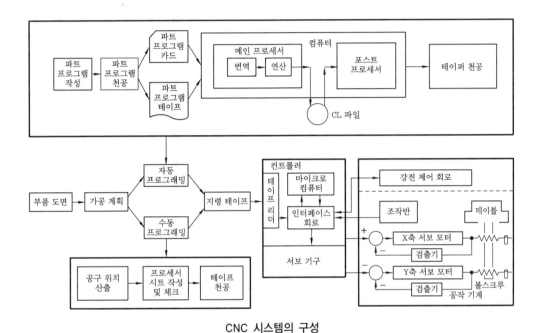

CNC 시스템의 구성

㈎ 부품도면 : 도면이 기계 가공을 하기 위하여 현장으로 넘어온 설계도를 말한다.

㈏ 가공계획 : 부품도면이 가공하는 범위와 파트 프로그래밍 및 CNC 가공을 하기 위하여 가공계획을 세운다.

㈐ 파트 프로그래밍 : CNC 기계를 운전하려면 CNC 기계가 부품도면을 알 수 있도록 정보를 제공하여야 하는데, 이 역할에는 CNC 테이프를 사용하여 정보를 제공한다.

㈑ 지령 테이프 (CNC tape) : 프로그래밍한 것을 CNC 기계에 입력시키기 위한 하나의 수단으로서 일종의 종이 테이프이다. 지령 테이프에는 공구의 경로, 이송속도, 기타 보조기능 등이 코드화 되어 천공된다.

㈒ 컨트롤러(정보처리 회로 : controller) : 컨트롤러는 CNC 테이프에 기록된 언어

(정보)를 받아서 펄스화시킨다. 이 펄스화된 정보는 서보 기구에 전달되어 여러 가지의 제어 역할을 한다.

(바) 서보 기구와 서보 모터(servo-unit and motor) : 마이크로 컴퓨터에서 번역 연산된 정보를 다시 인터페이스 회로를 걸쳐서 펄스화되고 이 펄스화된 정보는 서보 기구에 전달되어서 서보 모터를 작동시킨다. 서보 모터는 펄스에 의한 각각의 지령에 의하여 대응하는 회전운동을 한다.

CNC의 서보 기구

그림에서 보는 바와 같이 CNC 공작기계에서는 범용 공작기계에서 사람의 두뇌가 하던 일을 정보 처리 회로에서 하며, 사람의 손·발이 하던 일을 서보 기구가 수행한다. 즉, 일반 범용 공작기계에 정보처리 회로와 서보 기구를 결합시킨 것이 CNC 공작기계이다.

(사) 볼 스크루(ball screw) : 볼 스크루는 서보 모터에 연결되어 있어 서보 모터의 회전운동을 받아 CNC 기계의 테이블을 직선 운동시키는 일종의 나사이다.

(아) 리졸버(resolver) : CNC 기계의 움직임을 전기적인 신호로 표시하는 일종의 회전 피드백 장치이다.

③ **CNC 가공의 특성** : CNC 가공은 소품종 다량 생산뿐 아니라 다품종 소량 생산에도 그 이용도가 크다. 일반 범용 공작기계에서 치공구를 사용해야 하는 가공품도 경우에 따라서 쉽게 프로그램 할 수 있으며, 유연성이 광범위하므로 공장 자동화에도 한 몫을 하고 있다. 이러한 CNC 가공의 장점을 들어보면 다음과 같다.

(가) 생산성 향상을 가져온다.

(나) 생산 제품의 균일화가 쉽다.

(다) 다량 생산에 용이하다.

(라) 제조원가 및 인건비를 절감할 수 있다.

(마) 공구 관리비를 절감할 수 있다.

(바) 공장의 자동화 라인을 쉽게 구축할 수 있다.

(사) 무인 가공이 가능하다.

12-2 ## CNC 프로그래밍

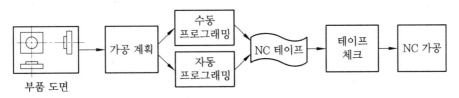

CNC 가공에 있어서 정보의 흐름

(1) 프로그램의 작성

CNC는 프로그램 지령에 의해 공구대가 이동하는데 이 프로그램에 공구 이동 경로와 절삭조건을 부여한다.

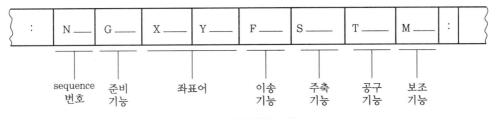

프로그램 작성 순서

(2) 프로그램의 구성

① 블록(block) : 몇 개의 단어(word)로 이루어지며, 하나의 블록은 EOB(end of block)로 구별되고, 한 블록에서 사용되는 최대 문자수는 제한이 없다.

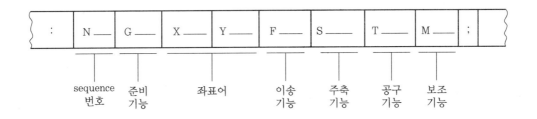

보충 설명

EOB는 EIA 지령 방식에서는 CR, ISO 지령 방식에서는 LF로 표기하는데, 편의상 " ; " 또는 " * "로 표기하기도 한다.

② **단어 (word)** : 블록을 구성하는 가장 작은 단위가 단어이며, 주소와 수치로 구성된다.

기 능	주 소			의 미
프로그램 번호	O			program number
전개 번호	N			sequence number
준비 기능	G			이동 형태 (직선, 원호보간 등)
좌표값	X	Y	Z	각 축의 이동 위치 (절대방식)
	U	V	W	각 축의 이동거리와 방향 (증분방식)
	I	J	K	원호 중심의 각 축 성분, 면취량 등
	R			원호 반지름, 구석 R, 모서리 R 등
이송 기능	F, E			이송속도, 나사 리드
보조 기능	M			기계 작동부위 지령
주축 기능	S			주축속도
공구 기능	T			공구 번호 및 공구 보정 번호
휴지	P, U, X			휴지 시간 (dwell)
프로그램 번호 지정	P			보조 프로그램 호출 번호
전개 번호 지정	P, Q			복합 반복 주기에서의 호출, 종료 번호
반복 빈도	L			보조 프로그램 반복 횟수
매개 변수	A, D, I, K			주기에서의 파라미터

(3) 지령절

① **개요** : CNC 지령의 블록을 구성하는 준비 기능 (G 기능)과 보조 기능 (M 기능) 은 CNC 기계의 기본적인 성질을 나타낸다. KS에서는 이와 같은 기능에 대해서 다음과 같이 정하고 있다.

㈎ 준비 기능 및 보조 기능은 각각 어드레스 G 및 M에 연달아 2자리 숫자 코드 (G00 ~G99, M00~M99)로 나타낸다.

㈏ 기능이 지정된 코드는 특별히 지정이 없는 한 다른 기능으로 사용할 수 없다.

㈐ 규칙에서 "앞으로도 지정하지 않음"이라고 지정된 것은 앞으로도 기능이 지정되지 않음을 의미한다. 그러나 이 코드는 규격으로 지정된 이외의 기능으로는 사용할 수 있다. 다만 이 경우에는 반드시 사용된 코드의 기능을 포맷 사용서에 기재하여 놓아야 한다.

㈑ 규격으로 "미지정"이라고 제정된 코드는 앞으로 이 규격을 개정할 경우 기능을

지정할 수가 있다. 이 코드는 "앞으로도 지정하지 않음"으로 제정된 코드와 같이 다른 기능에 사용할 수 있다.

② **준비 기능 (G) (preparation function)** : CNC 지령 블록의 제어 기능을 준비시키기 위한 기능으로 G 다음에 2자리의 숫자를 붙여 지령한다 (G00~G99). 이 지령에 의하여 제어장치는 그 기능을 발휘하기 위한 동작을 준비하기 때문에 준비 기능이라 한다. G 코드는 다음의 2가지로 구분한다.

(개) 1회 유효 : G코드 (00그룹의 G코드) : 지령된 블록에서만 이 G코드가 의미를 갖는다.

(내) 연속유효 G코드 (00그룹 이외의 G코드) : 동일한 그룹 내에서 다른 G코드가 나올 때까지 지령된 G코드가 유효하다.

- G00 – 위치 결정 : 실제 가공과는 관계없이 단지 위치만 결정하는 기능
- G01 – 직선보간 (절삭이송) : 공작물 좌표계의 점 또는 현재 점으로부터 지정된 점까지 F지정속도로 공구를 이동시키는 것
- G02 – 원호보간 CW(clock wise) : 시계방향

  G03 – 원호보간 CCW(counter clock wise) : 반시계방향
- G04 – dwell (머무름)
- G50 – 좌표계 설정
- G96 – 주축속도 일정 제어

  G97 – 주축속도 일정 제어 취소
- G98 – 매분 이송 (mm/min, inch/min)

  G99 – 매 회전 이송 (mm/rev, inch/rev)

예 G □□ (01~99까지 지정된 2자리수)

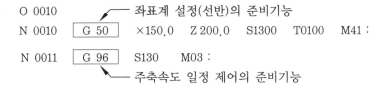

③ **보조 기능 (M)** : 보조 기능 (M : miscellaneous function)은 CNC 공작기계가 여러 가지 동작을 행할 수 있도록 하기 위하여 서보 모터를 비롯한 여러 가지 구동 모터를 ON/OFF 하고 제어 조정하여 주는 것으로 지령 방법은 M 다음에 2자리 숫자를 붙여서 사용한다 (M00~M99).

(개) M00 – 프로그램 정지(program stop)

(내) M01 – 선택적 프로그램 정지(optional stop)

(다) M02 - 프로그램 끝 (end of program)

(라) M03 - 주축 정회전

(마) M04 - 주축 역회전

(바) M05 - 주축 stop

(사) M08 - 절삭유 on

(아) M09 절삭유 stop

예 M□□

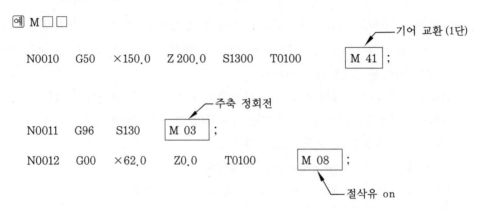

1. 소수점 입력 : 소수점 입력이 가능한 어드레스 (address)

    A, X, Y, W, I, K, R, F

  예 X2.5, R2.0 F0.15

2. 프로그램 번호 : CNC 기계의 제어장치는 여러 가지의 프로그램을 CNC 메모리에 등록할 수 있다. 이때 프로그램과 프로그램을 구별하기 위하여 서로 다른 프로그램 번호를 붙이는데 프로그램 번호는 0 다음에 4자리의 숫자로 1~9999까지 임의로 정할 수 있으나 0은 사용하지 못한다. 프로그램은 이 번호로 시작하여 M02 ; M30 ; M99 ; 로 끝난다.

  예 O□□□□ (0001~9999까지 임의의 4자리수)

    O 0001 → 프로그램 번호

3. 전개 번호 (sequence number) : 블록의 번호를 지정하는 번호로써 프로그램 작성자 또는 사용자가 알기 쉽도록 붙여놓는 숫자이다. 전개 번호는 어드레스 N 다음에 4자리 이내의 숫자로 구성된다.

  예 N□□□□ (0001~9999까지 임의의 4자리수)

4. 옵셔널 블록 스킵 (optional block skip : 지령설 선택 도입) : 앞머리에 빗금 (/) 으로 시작하는 지령절은 조작반 위의 이 기능 스위치가 켜져 있을 경우 수행하지 않고 뛰어 넘는다.

④ **좌표어** : 좌표어는 공구의 위치를 나타내는 어드레스와 이동방향과 양을 지령하는 수치로 되어 있다. 또, 좌표값을 나타내는 어드레스 중에서 X, Y, Z는 절대 좌표값에 사용되고 U, V, W, R, I, J, K는 증분 좌표값에 사용한다.

절대좌표 방식은 운동의 목표를 나타낼 때 공구의 위치와는 관계없이 프로그램의 원점을 기준으로 하여 현재의 위치에 대한 좌표값을 절대량으로 나타내는 방식으로 그림 (a)와 같다. 증분좌표 방식은 공구의 바로 전 위치를 기준으로 목표 위치까지의 이동량을 증분량으로 표현하는 방법으로 그림 (b)와 같다.

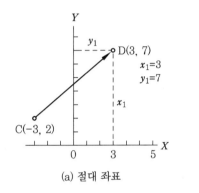
(a) 절대 좌표

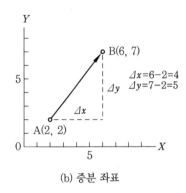
(b) 증분 좌표

절대좌표와 증분좌표 방식

⑤ **이송 기능 (F)** : 이송 기능이란 CNC 공작기계에서 가공물과 공구와의 상대속도를 지정하는 것으로 이송속도 (feed rate) 라고 부른다. 이러한 이송속도를 지령하는 코드로 어드레스 F를 사용하며, 최근에는 이송속도 직접 지령방식을 사용하여 F 다음에 필요한 이송속도의 수치를 직접 기입한다. 직접 수치를 기입하는 경우 단위는 mm/min 단위를 사용한다. 또, mm 대신 inch 단위를 사용하는 기계도 있으므로 지령은 명시된 사양서에 따르도록 한다.

⑥ **주축 기능 (S)** : 주축 기능이란 주축의 회전수를 지령으로 하는 것으로 어드레스 S (spindle speed function) 다음에 2자리나 4자리로 숫자를 지정한다. 종전에는 2자리 코드로 주축 회전수를 지정하는 방식을 사용해 왔으나 최근 DC 모터를 사용함으로써 무단 회전수를 직접 지령하는 방식이 사용된다. 또, 선반에서는 공구의 인선 위치에 따라서 S 기능으로 일정한 절삭속도가 되도록 회전하는 공작물 원주속도 일정제어에 사용되기도 한다. DC 모터에는 파워(power) 일정 영역과 토크(torque) 일정 영역이 있는데, 그 특성을 발휘하기 위해서는 기계적인 변속을 행하기 위하여 M 기능과 함께 지령하는 것이 보통이다.

⑦ **공구 기능(T)** : 공구의 선택과 공구 보정을 하는 기능으로 어드레스 T (tool function) 다음에 4자리 숫자를 지정한다.

예 T□□△△

13. 공작기계의 자동화

절삭 가공에 있어서 균일한 제품을 빠르고 값싸게 다량으로 만들려면 일감의 고정이나 절삭 작업의 조작을 기계화하고 이를 자동화할 필요가 있다.

최근에는 복잡하고 공정수가 많은 제품의 자동 가공이 이루어지는 트랜스퍼 머신 (transfer machine)과 형판이나 모형 대신에 부호와 수치를 테이프에 천공한 것이나, 컴퓨터에 입력하여 지령함으로써 가공할 수 있는 수치 제어 공작기계가 활용되고 있다.

13-1 트랜스퍼 머신

몇 대 또는 몇 십 대의 자동 공작기계에 자동적으로 일감을 이송하는 기구를 설치한 것으로, 1대의 기계에서 한 공정이 끝나면 다음 기계로 일감이 운반되어 다른 절삭공정 을 진행하고, 또 그 다음 공정으로 이송되어 가공을 계속하도록 되어 있다. 일감의 운반 및 가공도 사람의 손을 거치지 않을 뿐만 아니라, 가공 도중에 일감의 모양, 치수 등의 자동 측정을 하게 되고, 흠집도 발견할 수 있는 기능을 가지고 있다. 여기에 어떤 이상 이 생기면 기계는 자동적으로 정지되며 경보가 울리도록 되어 있다.

13-2 수치 제어 공작기계

수치 제어 공작기계(numerical control machine tool)는 수치 정보로 자동 제어하는 공작기계로, 가공 조건과 그 순서를 표시하는 정보를 부호와 수치로 종이 테이프에 천공 하거나, 자기 테이프에 기록하거나 또는 컴퓨터에 입력하여 지령한다.

13-3 공장의 무인화

기계 가공 공장에서 소재의 보관과 반송을 자동화하고 수치 제어 공작기계를 사용하여 기계 가공과 조립 공정까지 인력을 사용하지 않고 완성할 수 있는 시스템이며, 이것을 무인공장(FMS, flexible manufacturing system)이라 한다. 즉, 트랜스퍼 머신과 CNC 공작기계의 조립이라고 볼 수 있다.

공장의 무인화는 공정의 순서대로 CNC 공작기계에서 한 공정을 마치고 다음 공정을 위하여 반송되도록 하며, 모든 공정에서 작업을 자동화한 것이다.

반송 기기의 체계는 컨베이어 방식, 대차 방식, 전자동 천장 크레인 방식 등 무인 반송 차가 사용된다. 각 공작기계는 수치 제어로 이송되어 있어 부품의 담당 부분만을 가공하고, 순차로 다음 공작기계로 이송되어 가공을 완성한다. 가공 순서나 내용은 수치 제어의 지령을 바꿈으로써 용이하게 이루어진다. 가공 도중에 오작이 발생하였을 때에는 부착된 측정기의 정지 신호에 의하여 공작기계는 정지하게 된다.

현재의 FMS는 가공 기능의 다기능성을 가능하게 하기 위한 절삭기계로 구성되어 있으며, 또한 정보의 신뢰성이 보증되어야 하고, 자동 감시기능의 의존도를 경감시키기 위하여 하드웨어 기능의 안전성이 높아지고 절삭공구의 수명이 길어져야 한다. 최근 가장 신뢰성이 개선된 공구 재료의 대표적인 예가 초경합금과 세라믹이다.

제3장   재료 역학

1. 응력과 변형

자동차, 항공기, 선박 등을 비롯한 각종 기계류나 교량, 건축물 등의 구조물은 여러 가지 재료의 조합으로 이루어지며, 이들을 구성하는 부재는 항상 여러 가지 원인에 의하여 힘이 작용하고 있다. 그러므로 각 부재는 적당한 강도와 강성을 가져야만 그 기능을 충분히 발휘할 수 있다.

1-1   하중 (load)

(1) 하중의 개요

지금까지 물체는 어떠한 큰 힘이 작용하여도 변형하지 않는 강체(rigid body)라고 생각하고 힘의 평형을 생각하였으나, 실제로 쓰여지는 물체는 강체가 아니고 힘이 작용하면 반드시 변형하고 힘이 커지면 파괴된다.

모든 기계나 구조물을 구성하고 있는 각 부분은 외부에서 작용하는 힘, 즉 외력을 받고 있다. 따라서, 기계나 구조물의 각 부분은 이들 외력에 견디고 변형도 일으키지 않으면서 충분히 그 기능을 발휘하여야 하는데, 이때 물체에 작용하는 외력을 하중 (load) 이라고 한다.

(2) 하중의 종류

  ① 하중이 물체에 작용하는 상태에 따른 분류

    ㈎ 인장하중 : 재료를 축 방향으로 잡아당기도록 작용하는 하중을 말한다.

    ㈏ 압축하중 : 재료를 축 방향으로 누르도록 작용하는 하중을 말한다.

    ㈐ 전단하중 : 재료를 가로 방향으로 미끄러뜨려서 자르도록 작용하는 하중을 말한

다. 이 밖에 재료가 휘도록 작용하는 휨하중, 또 재료가 비틀려지도록 작용하는
비틀림하중 등이 있다.

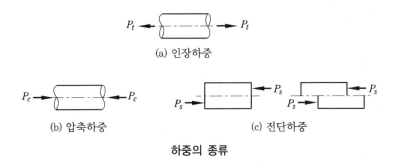

하중의 종류

② 하중이 물체에 작용하는 속도에 따른 분류

(개) 정하중 : 어느 무게의 물체를 올려놓거나 매달았을 때와 같이 정지하고 변화하지
않는 하중, 또는 아주 조금씩 증가하면서 작용하는 하중이다.

(내) 동하중 : 비교적 짧은 시간 내에 변화하면서 작용하는 하중으로서, 그 작용방법
에 따라 다음과 같이 분류된다.

- 반복하중 : 차축을 지지하고 있는 압축 코일 스프링에 작용하는 하중과 같이 그
크기는 변화하나 같은 방향에서 반복하여 작용하는 하중을 말한다.

- 교번하중 : 기관(engine)의 피스톤 로드에 작용하는 하중과 같이 인장하중과 압
축하중이 교대로 반복하여 작용하는 하중을 말하며, 일반적으로 크기 및 방향이
동시에 변화하는 하중이다.

- 충격하중 : 망치로 못을 박을 때 못이 받는 하중과 같이 비교적 짧은 시간 내에
급격히 작용하는 하중을 말한다.

- 이동하중 : 차량이 교량 위를 통과할 때와 같이 이동하여 작용하는 하중을 말
한다.

③ 작용하는 하중의 분포 상태에 따른 분류

(개) 집중하중 : 재료의 한 점에 모여서 작용하는 하중을 말한다.

(내) 분포하중 : 재료의 어느 넓이 또는 어느 길이에 걸쳐서 작용하는 하중을 말한다.
분포하중에는 같은 크기로 분포하는 균일 분포하중과 위치에 따라 크기를 달리하
는 불균일 분포하중이 있다.

④ 작용하는 하중의 방향에 따른 분류 : 인장하중, 압축하중을 축하중 또는 세로하중이라
하고, 전단하중, 휨하중을 가로하중이라 한다.

1-2 응력과 변형률

(1) 응력 (stress)

모든 물체는 외부에서 힘을 작용시키면 그 내부에는 그 외력에 저항하는 힘이 생기는데, 이 저항력을 외력에 대하여 내력(internal force) 또는 응력이라 한다.

내력은 항상 외력과 크기가 같고, 반대 방향으로 작용하며, 외력이 작용함과 동시에 생기고, 외력을 제거함과 동시에 없어진다. 그리고 내력은 외력의 증가에 따라 증가하지만, 어느 한도가 있어 내력이 그 재료 고유의 한도에 도달하면 외력에 저항할 수 없게 되어 그 재료는 마침내 파괴되며, 내력의 한도가 큰 재료일수록 강도가 큰 재료라고 할 수 있다.

또 하중에 따라 생기는 내력이 그 재료의 한도 내력보다 작을수록 안전하며, 내력을 단위 면적에 대한 크기로 나타낼 때 이것을 응력도(stress intensity) 또는 단순히 응력이라 한다. 이에 대하여 단면 전체에 생기는 내력, 즉 응력의 합을 전응력(total stress)이라고도 한다.

① 응력의 종류

(가) 인장응력(tensile stress) : 봉의 양끝을 축선에 따라 잡아당길 때, 즉 인장하중이 작용할 때 그 내부에 생기는 응력을 인장응력이라 한다.

(나) 압축응력(compressive stress) : 봉의 양끝을 축선에 따라 누를 때, 즉 압축하중이 작용할 때 그 내부에 생기는 응력을 압축응력이라 한다.

(다) 전단응력(shearing stress) : 한 쌍의 날로 재료를 자를 때, 또는 리벳 이음에서 리벳이 절단되도록 하중이 작용할 때, 즉 전단하중이 작용할 때 그 내부에 생기는 응력을 전단응력이라 한다.

② 응력의 크기

(가) 인장응력 및 압축응력 : 단면적 A [m^2] 인 재료에 W [N]인 인장하중 또는 압축하중이 작용하여 내력이 단면 전체에 균일하게 분포한다고 하면, 인장응력 또는 압축응력의 크기 σ 는 다음과 같이 표시된다.

$$\sigma = \frac{W}{A} \ [\mathrm{Pa} = \mathrm{N/m}^2]$$

보통 인장응력을 (+), 압축응력을 (−)로 하여 구별하며, 두 응력 모두 봉의 축선에 직각인 단면에 수직으로 생기는 응력이므로, 이들을 통틀어 수직응력(normal stress)이라 한다.

[예제] **1.** 지름 2.5 cm의 둥근 봉을 75 kN의 힘으로 당길 때, 이 재료의 내부에 생기는 응력을 구하여라.

[해설] 지름을 d, 단면적을 A라 하면,

$$A = \frac{\pi}{4}d^2 = \frac{\pi}{4} \times 2.5^2 = 4.91 \, \text{cm}^2 = 491 \, \text{mm}^2$$

$$\therefore \sigma = \frac{W}{A} = \frac{75000}{491} = 152.75 \, \text{N/mm}^2$$

[예제] **2.** 정사각형 단면의 봉에 20 kN의 압축하중이 작용할 때, 생기는 응력을 50 MPa로 되게 하려면 정사각형의 한 변의 길이를 얼마로 해야 하는가?

[해설] 20 kN의 하중에 대하여 50 MPa의 응력을 생기게 하는 데 필요한 단면적 A는 다음과 같다.

$$A = \frac{W}{\sigma} = \frac{20 \times 10^3}{50 \times 10^6} = 4 \times 10^{-4} \text{m}^2 = 4 \, \text{cm}^2$$

$$\therefore a = \sqrt{A} = \sqrt{4} = 2 \, \text{cm}$$

(나) 전단응력 : 응력이 단면에 균일하게 분포하여 생긴다고 하면, 하중을 W, 단면적을 $A \, [\text{m}^2]$라 할 때, 전단응력 τ는 다음과 같이 표시된다.

$$\tau = \frac{W}{A} \, [\text{Pa} = \text{N/m}^2]$$

이 전단응력은 단면에 나란히 생기므로 접선응력(tangential stress)이라고도 한다.

[예제] **3.** 다음 그림과 같이 리벳 이음에서 리벳의 지름을 25 mm, 강판에 작용하는 인장하중을 20 kN이라 하면, 리벳의 단면에 생기는 전단응력은 얼마인가? 또, 이 리벳이 60 MPa의 전단응력에 견딜 수 있다고 하면, 강판의 인장하중은 얼마까지 작용시킬 수 있는가?

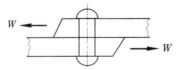

[해설] 리벳의 단면적을 A, 지름을 d라 하면,

$$A = \frac{\pi}{4}d^2 = \frac{\pi}{4} \times 25^2 = 491 \, \text{mm}^2$$

전단응력 $\tau = \frac{W}{A} = \frac{20000}{491} \fallingdotseq 40.73 \, \text{N/mm}^2 = 40.73 \, \text{MPa}$

작용시킬 수 있는 하중은 $W = A\tau = 491 \times 60 = 29460 \, \text{N} = 29.46 \, \text{kN}$

> **예제 4.** 다음 그림과 같은 프레스에서 펀치의 지름을 14 mm, 강판의 두께를 13 mm, 강판의 파괴 전단강도를 320 MPa라 하면, 이 펀치로 강판에 구멍을 뚫는 데 필요한 힘 W는 얼마인가?

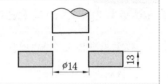

[해설] 강판의 전단되는 단면적을 A [cm²] 라 하면,

$$A = \pi d t = \pi \times 14 \times 13 = 571.48 \text{ mm}^2$$

구멍을 뚫기 위하여 펀치를 작용시킬 힘 W는 $\tau = \dfrac{W}{A}$ 에서

$$W = \tau A = 320 \times 571.48 = 182874 \text{ N} = 182.874 \text{ kN}$$

(2) 변형률 (strain)

① **인장 및 압축에 의한 변형률** : 재료에 하중이 작용하면 그 내부에 응력이 생기는 동시에 재료는 반드시 변형된다. 그림 (a)와 같이 봉에 인장하중이 작용하면 봉은 늘어나고, 그림 (b)와 같이 압축하중이 작용하면 줄어든다.

이 변형량(늘어난 길이 또는 줄어든 길이)과 처음 길이와의 비를 변형률(strain)이라 하고, 인장하중에 의한 변형률을 인장 변형률(tensile strain), 압축하중에 의한 변형률을 압축 변형률(compressive strain)이라 한다.

또 이 두 변형률은 모두 재료의 축선 방향의 변형률이므로, 이들을 세로 변형률(longitudinal strain)이라 하며, l을 하중을 받기 전의 처음 길이, l'를 변형 후의 길이, λ를 길이의 변형량이라 하면, 세로 변형률 ε 은 다음 식으로 표시된다.

$$\varepsilon = \frac{l' - l}{l} = \frac{\lambda}{l}$$

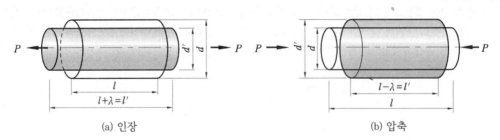

(a) 인장   (b) 압축

세로 변형과 가로 변형

봉이 인장하중을 받으면 세로 방향으로 늘어나는 동시에 이와 직각인 방향, 즉 가로 방향으로 줄어들어 가늘어지고, 압축하중을 받으면 세로 방향으로 줄어드는 동시에 가로 방향으로 늘어나서 굵어진다. 이 굵기의 변형량을 처음 굵기로 나눈 것을 가로 변형률

(lateral strain)이라 하며, 하중을 받기 전의 처음 굵기를 d, 변형 후의 굵기를 d', 굵기의 변형량을 δ라 하면, 가로 변형률 ε'는 다음 식으로 표시된다.

$$\varepsilon' = \frac{d'-d}{d} = \frac{\delta}{d}$$

예제 5. 길이 1 m의 봉에 인장하중을 작용시켰을 때, 봉이 0.2 mm 만큼 늘어났다. 인장 변형률은 얼마인가?

해설 $l = 1000$ mm, $\lambda = 0.2$ mm이므로

$$\varepsilon = \frac{\lambda}{l} = \frac{0.2}{1000} = 0.0002 \ (\text{또는 } 0.02 \%)$$

예제 6. 높이 50 mm의 둥근 봉이 압축하중을 받아 0.0004의 변형률이 생겼다고 하면, 이 봉의 높이는 얼마로 되었는가?

해설 압축하중에 의한 수축량 $\lambda = \varepsilon l = 0.0004 \times 50 = 0.02$ mm

따라서, 구하는 높이는 $l - \lambda = 50 - 0.02 = 49.98$ mm

② **전단에 의한 변형률** : 전단기로 강판을 자르려고 할 때, 전단응력이 생기는 동시에 CD는 AB에 대하여 C′D′와 같이 미끄러지며, AB에 직각인 AC는 미소각 ϕ 만큼 기울어진다.

이와 같은 변형을 미끄럼 변형이라 하며, 단위 길이에 대한 미끄럼 변형량, 즉 미끄러진 길이 CC′ 또는 DD′를 AC 또는 BD로 나눈 값을 전단 변형률(shearing strain)이라 하고, 미끄러지기 때문에 기울어진 미소각 전단변형 ϕ를 전단각이라 한다.

따라서, 전단 변형률 $\gamma = \dfrac{\text{CC}'}{\text{AC}} = \dfrac{\text{DD}'}{\text{BD}} = \tan\phi$ 이다.

$\text{CC}' \fallingdotseq \text{AC} \times \phi \,[\text{rad}]$라 하면 전단 변형률 $\gamma = \dfrac{\text{CC}'}{\text{AC}} \fallingdotseq \dfrac{\text{AC} \times \phi}{\text{AC}} = \phi \ [\text{rad}]$이다.

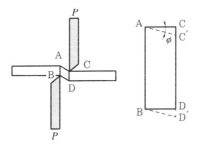

전단 변형

(3) 응력 변형률 선도 (stress strain diagram)

재료 시험기에 시험편을 걸고 하중을 0으로부터 파괴될 때까지 잡아당기는 인장시험을 하여 하중과 변형량과의 관계를 그림으로 나타낸 것을 하중 변형 선도 (load deformation diagram)라 한다. 이 선도는 세로축에 하중을, 가로축에 변형량을 나타낸다.

하중이 작은 동안은 변형도 작지만, 하중의 증가에 따라 변형도 증가하여 A점까지는 하중과 변형량은 비례하여 OA와 같은 직선으로 나타난다. A점을 약간 넘은 B점까지는 하중을 제거하면 변형도 제거되어 완전히 처음의 상태로 되돌아오는데, 재료의 이와 같은 성질을 탄성(elasticity)이라 하고, B점까지의 변형을 탄성변형(elastic deformation)이라 한다.

하중이 B점을 넘어서 증가하면 이에 따라 변형은 직선적으로 증가하지 않고 BC와 같은 곡선으로 증가한다. 그리고 C점에서는 하중이 증가하지 않는데도 불구하고, 변형이 급격히 증가하여 D점에 도달한다. D점부터는 하중의 증가에 따라 변형이 크게 증가하여 E점에서 하중은 최대로 되는데, 이 근처에서 시험편은 그 일부분이 급격히 가늘어져서 그 부분의 단면적이 줄어들기 때문에 E점에서 F점 사이에서는 하중은 오히려 감소되어도 변형은 더욱 증가하여 F점에서 파단된다.

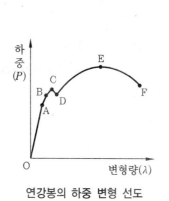

연강봉의 하중 변형 선도

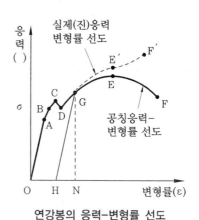

연강봉의 응력-변형률 선도

하중 선도에서 세로축의 하중을 응력으로 가로축의 변형량을 변형률로 잡아 응력과 변형률과의 관계를 나타낸 것을 응력-변형률 선도라고 한다. 하중을 변화하기 전의 처음 단면적으로 나눈 응력을 공칭응력(nominal stress)이라 하는데, 보통 응력이라 하면 이 공칭응력을 뜻한다. 이에 대하여 하중을 인장시험 중에 줄어드는 실제 단면적으로 나눈 값을 실제응력(actual stress)이라 한다.

응력 변형률 선도에서 실선은 응력으로서 공칭응력을 잡았을 때의 선도이고, 점선은 실제응력을 잡았을 때의 선도이다. A점까지는 응력이 변형률에 비례하여 증가하며, 이 응력을 비례 한도(proportional limit)라 한다. A점을 약간 넘은 B점까지는 하중을 제거하면 응력과 변형률이 제거되어 완전히 처음 상태로 되돌아온다. 즉, B점은 탄성변형을 일으키는 한계의 응력을 나타내는 점으로서, B점의 응력을 탄성한도(elastic limit)라 한다. 하중을 탄성한도 이상의 응력이 되는 점, 가령 G점까지 작용시킨 다음 하중을 제거하면 변형률은 응력의 감소와 더불어 직선 OA에 대략 평행한 직선 GH에 따라 감소하여 응력이 0이 되었을 때 NH에 해당하는 변형은 되돌아오나, OH에 해당하는 변형은 남게 되어 처음의 길이로 되돌아오지 않는다. 이와 같이 응력이 0이 되어도 처음의 상태로 되돌아오지 않고 남아 있는 변형을 영구변형(permanent set)이라 하고, 영구변형을 일으키는 재료의 성질을 소성(plasticity)이라 한다.

따라서 탄성한도란 영구변형을 일으키지 않는 응력의 최대 한계라고 할 수 있다. 응력이 D점을 넘으면 응력에 비해서 변형률이 크게 증가하여 DE와 같은 곡선을 그리며, E점에서 응력은 최대로 된다. 이 근처에서 시험편의 일부가 급격히 가늘어져서 단면적이 감소되어 실제응력은 급격히 증가하나, 공칭응력은 약간 감소하여 F점에서 파단된다. 시험편이 파단될 때까지 받는 응력의 최대값인 E점의 응력을 극한강도(ultimate strength)라 하고, 인장시험 때의 극한강도를 인장강도(tensile strength)라 하며, 압축 시험 때의 극한강도를 압축강도라 한다.

(4) 훅의 법칙(Hooke's law)

① **훅의 법칙** : 비례한도 이내에서는 응력과 변형률은 정비례한다. 이것을 훅의 법칙이라 한다. 응력 변형 선도에서 OA는 이 관계를 나타내며, 이를 식으로 표시하면 다음과 같다.

$$\frac{\text{응력}}{\text{변형률}} = 비례상수\,(일정)$$

여기서, 비례상수를 탄성계수라 하며 재료에 따라 일정한 값을 가진다. 또, 탄성계수의 단위는 응력의 단위와 같다.

② **탄성계수**(modulus of elasticity) : 탄성계수는 응력과 변형률의 종류에 따라 다음과 같은 것들이 있다.

⑦ 세로 탄성계수(modulus of longitudinal elasticity) : 축하중을 받은 재료에 생기는 수직응력을 σ [GPa], 그 방향의 세로 변형률을 ε이라 하면, 훅의 법칙에 의하여 다음 식이 성립한다.

$$\frac{\sigma}{\varepsilon} = E \text{ [GPa]}$$

여기서, 비례상수 E를 세로 탄성계수 또는 영률(Young's modulus)이라 한다. 길이 l, 단면적 A인 재료가 하중 W에 의하여 λ만큼 인장 또는 수축되었다고 하면

$$\sigma = \frac{W}{A}, \ \varepsilon = \frac{\lambda}{l} \text{이므로}$$

$$E = \frac{\sigma}{\varepsilon} = \frac{W/A}{\lambda/l} = \frac{Wl}{A\lambda}, \qquad \lambda = \frac{Wl}{AE} = \frac{\sigma l}{E} \text{ [mm]}$$

예제 7. 바깥지름 10 cm, 길이 1 m인 연강제의 속 빈 원통에 압축하중 3000 N을 작용시켰을 때, 이 속 빈 원통에 생기는 응력을 30 MPa라고 하면, 이 원통의 안지름은 얼마인가? 또, 이때의 줄어든 길이는 얼마인가? (단, 세로 탄성계수는 $E = 210$ GPa)

해설 바깥지름을 d_2, 안지름을 d_1이라 하면 단면적 $A = \frac{\pi}{4}(d_2{}^2 - d_1{}^2)$

$$\sigma = \frac{W}{A} = \frac{4W}{\pi(d_2{}^2 - d_1{}^2)}$$

$$\therefore d_2{}^2 - d_1{}^2 = \frac{4W}{\pi\sigma}$$

$$d_1 = \sqrt{d_2{}^2 - \frac{4W}{\pi\sigma}} = \sqrt{0.1^2 - \frac{4 \times 3000}{\pi \times 30 \times 10^6}} = 0.09936 \text{ m} = 9.936 \text{ cm}$$

줄어든 길이 $\lambda = \frac{\sigma l}{E} = \frac{30 \times 10^6 \times 1}{210 \times 10^9} = 0.143 \times 10^{-3} \text{m} \fallingdotseq 0.143 \text{ mm}$

(나) 가로 탄성계수(modulus of transverse elasticity) : 전단하중을 받는 재료에 대해서도 응력이 비례한도 이내에 있을 때에는 인장이나 압축의 경우와 같이 훅의 법칙이 성립되며, 응력과 변형률은 정비례한다.

$$\frac{\text{전단응력}}{\text{전단변형률}} = \text{비례상수(일정)}$$

여기서, 비례상수를 가로 탄성계수 또는 전단 탄성계수(shearing modulus)라 하며, 보통 G로 나타낸다. 전단응력을 τ [GPa], 전단변형률을 γ로 표시하면, 가로 탄성계수 G는 다음과 같이 된다.

$$G = \frac{\tau}{\gamma} \text{[GPa]}, \qquad \gamma = \frac{\tau}{G} = \frac{W}{AG}$$

예제 **8.** 가로 탄성계수가 84 GPa, 단면적이 5 cm²인 재료에 그 단면에 따라 전단하중을 작용시켰을 때 생기는 전단각을 $\dfrac{1}{1200}$ rad 이하로 하려면 전단하중은 몇 kN 이하로 하면 되는가?

해설 전단각은 전단 변형률과 같다. 전단각을 ϕ [rad]이라 하면,

$\gamma \fallingdotseq \phi = \dfrac{W}{AG}$ 에서 ϕ 를 $\dfrac{1}{1200}$ rad 이하로 하기 위한 전단하중 W 는 다음과 같다.

$$W \leq \phi AG = \frac{1}{1200} \times 5 \times 10^{-4} \times 84 \times 10^{9} = 35 \times 10^{3}\text{N} = 35\,\text{kN}$$

즉, 작용시킬 전단하중은 35 kN 이하로 하면 된다.

(5) 푸아송의 비 (Poisson's ratio)

재료가 인장하중 또는 압축하중을 받을 때에는 세로 방향으로 변형하는 동시에 가로 방향으로도 변형을 일으키는데, 이때의 가로 변형률과 세로 변형률과의 비는 탄성한도 이내에서는 재료마다 일정한 값을 가지며, 이 일정한 비의 값을 푸아송의 비(Poisson's ratio)라 한다.

$$푸아송의 비 (\mu) = \frac{가로\ 변형률}{세로\ 변형률} = \frac{1}{m}$$

여기서, 하중을 받기 전의 처음 길이의 변형량을 λ, 하중을 받기 전의 굵기를 d, 굵기의 변형량을 δ 라 하면, 세로 변형률 $\varepsilon = \dfrac{\lambda}{l}$, 가로 변형률은 $\varepsilon' = \dfrac{\delta}{d}$ 이므로, 푸아송 비는 다음과 같이 된다.

$$\mu = \frac{1}{m} = \frac{\varepsilon'}{\varepsilon} = \frac{\delta/d}{\lambda/l} = \frac{\delta l}{\lambda d}$$

이 푸아송 비 $\dfrac{1}{m}$ 은 항상 1보다 작은 값을 가지며, 이 역수 m 을 푸아송 수(Poisson's number)라 하고, m 은 보통 2~4 정도의 값이며, 연강에서는 $\dfrac{10}{3}$ 이다.

푸아송 수의 값

재 료	m의 값	재 료	m의 값
유 리	4.12	구 리	3.0
주 철	3.7	셀룰로이드	2.2
연 강	3.3	고 무	2.0
놋 쇠	3.0		

같은 재료에서는 탄성한도 이내에서 세로 탄성계수 E, 가로 탄성계수 G 및 푸아송 수 m 사이에는 다음과 같은 관계가 있다.

$$G = \frac{mE}{2(m+1)} = \frac{E}{2(\mu+1)} \ [\text{GPa}]$$

예제 9. 푸아송 수가 0.3인 재료로 만든 지름 20 mm, 길이 300 mm인 **연강봉**이 인장하중을 받고 0.12 mm 만큼 늘어났다. 이때, 단면의 지름은 얼마만큼 줄어드는가?

[해설] 가로 변형률 ε'는 $\varepsilon' = \varepsilon \dfrac{1}{m} = \dfrac{\lambda}{l} \cdot \dfrac{1}{m} = \dfrac{0.12}{300} \times 0.3 = 0.00012$

따라서, 줄어든 지름의 길이는 $\delta = \epsilon' d = 0.00012 \times 20 = 0.0024$ mm

---

예제 10. 지름 2 cm인 연강봉을 4 kN의 힘으로 인장할 때 지름은 얼마로 변형되는가? 또, 이 재료의 가로 탄성계수 G의 값은 얼마인가? (단, 세로 탄성계수 $E = 210$ GPa, 푸아송의 수 $m = \dfrac{10}{3}$)

[해설] 가로 변형률 $\varepsilon' = \dfrac{\delta}{d}$, 세로 변형률 $\varepsilon = \dfrac{\sigma}{E}$이므로 푸아송 비의 식은

$$\frac{1}{m} = \frac{\varepsilon'}{\varepsilon} = \frac{\delta E}{d\sigma}, \ \text{줄어든 지름의 길이 } \delta = \frac{1}{m} \times \frac{d\sigma}{E}$$

$$\sigma = \frac{W}{A} = \frac{4000}{\dfrac{\pi}{4} \times 0.02^2} = 12.73 \times 10^6 \ \text{Pa}$$

$$\delta = \frac{0.3 \times 2 \times 10^{-2} \times 12.73 \times 10^6}{210 \times 10^9} = 0.3637 \times 10^{-6} \text{m} = 0.00003637 \ \text{cm}$$

그러므로 변형 후의 지름 $d' = d - \delta = 2 - 0.00003637 = 1.99996363$ cm

또, 가로 탄성계수 $G = \dfrac{mE}{2(m+1)} = \dfrac{E}{2(\mu+1)} = \dfrac{210 \times 10^9}{2 \times (0.3+1)} = 80.77 \times 10^9 \ \text{Pa} ≒ 81 \text{GPa}$

예제 11. 한 변의 길이가 4 cm인 정사각형 단면의 강봉에 200 kN의 인장하중을 작용시켰을 때, 0.0008 cm 만큼 가늘어졌다. 푸아송 비는 얼마인가? (단, $E = 210$ GPa)

[해설] $\mu = \dfrac{1}{m} = \dfrac{\delta \cdot E}{d \cdot \sigma} = \dfrac{\delta AE}{dW} = \dfrac{\delta a^2 E}{aW} = \dfrac{\delta aE}{W}$

$$= \frac{0.0008 \times 10^{-2} \times 4 \times 10^{-2} \times 210 \times 10^9}{200 \times 10^3} = 0.34$$

(6) 열응력 (thermal stress)

모든 물체는 온도가 상승하면 팽창하고 온도가 내려가면 수축하나 만약 팽창이나 수축이 자유롭게 일어나지 못하도록 구속한다면, 구속된 변화량에 상당하는 변형률이 생긴

다. 따라서, 물체 내부에는 이 변형률에 대응하는 인장응력 또는 압축응력이 생긴다. 이
와 같이 온도 변화에 의하여 생기는 응력을 열응력이라 한다.

길이 l [mm]인 봉의 선팽창계수를 α라 하면, 온도 1℃의 변화에 따라 봉은 αl [mm] 만
큼 늘어나거나 줄어든다. 그러므로 t_1[℃]에서 길이 l인 봉을 t_2[℃]까지 온도를 내렸다
면, 줄어드는 길이 $\lambda = \alpha l (t_1 - t_2)$[mm] 가 되고, 이 봉의 길이는 $l - \lambda$로 된다.

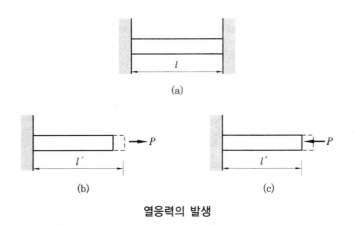

(a)

(b)   (c)

열응력의 발생

처음부터 봉의 양끝을 고정시키고 위와 같은 온도로 냉각시켰다면, 봉은 마치 인장하
중을 받아 길이 $l - \lambda$인 봉이 λ만큼 늘어나서 길이 l로 인장된 것과 같은 상태로 되므로
인장응력이 생긴다. 이때의 변형률 ε은 다음과 같이 표시된다.

$$\varepsilon = \frac{\lambda}{l - \lambda}$$

l에 비하여 λ는 매우 작은 값이므로, $l - \lambda \fallingdotseq l$로 보아도 무방하다.

$$\varepsilon = \frac{\lambda}{l} = \frac{\alpha l \, (t_1 - t_2)}{l} = \alpha \, (t_1 - t_2)$$

그러므로 이때 봉에 생기는 인장응력 σ는 훅의 법칙에 의하여 다음과 같이 표시된다.

$$\sigma = E\varepsilon = E\alpha(t_1 - t_2)$$

반대로 t_1[℃]일 때 봉의 양끝을 고정시키고, 이것을 t_2[℃]까지 올렸다면, λ에 상당하
는 압축 변형률이 생기고, 따라서 봉의 내부에는 압축응력이 생긴다. 이 경우에는
$(t_1 - t_2)$는 $(-)$로 되며, σ의 값도 $(-)$로 된다.

위의 식에서 알 수 있는 바와 같이 열응력은 재료의 길이나 굵기에는 관계가 없다.

$$W = \sigma A = \alpha E A \, (t_1 - t_2)$$

선팽창계수의 값

재 료	α [1/℃]	재 료	α [1/℃]
아 연	0.0000297	구 리	0.0000167
납	0.0000293	경 강	0.0000130
주 석	0.0000270	연 강	0.0000120
알루미늄	0.0000238	주 철	0.0000104
황 동	0.0000188	유 리	0.0000080
청 동	0.0000175	도자기	0.0000030

예제 **12.** 온도 20℃에서 양 벽 끝에 고정된 지름 10 mm인 강봉이 가열되어 30℃로 되었다. 이때 봉의 내부에 생기는 열응력은 얼마인가? (단, 연강봉의 세로 탄성계수 $E = 210$ GPa, 선팽창계수 $\alpha = 0.000012$/℃로 한다.)

해설 $\sigma = E\alpha(t_1 - t_2) = 210 \times 10^9 \times 0.000012 \times (20 - 30) = -25.2 \times 10^6 \text{Pa} = -25.2 \text{ MPa}$

즉, 25.2 MPa의 압축응력이 생긴다.

예제 **13.** 10℃일 때 길이 1 m인 봉을 0.48 mm의 틈새를 두고 벽에 고정하였다. 온도를 70℃로 올렸을 때의 열응력을 구하여라. (단, $E = 210$ GPa, $\alpha = 11.2 \times 10^{-6}$/℃)

해설 이 봉이 0.48 mm 만큼 팽창하는 온도를 구하면

$$\Delta t = \frac{\lambda}{l\,a} = \frac{0.48}{1000 \times 11.2 \times 10^{-6}} = 42.9 \text{ ℃}$$

그러므로 10℃ + 42.9℃ = 52.9℃보다 온도가 상승할 때 열응력이 생기게 된다.

따라서, $\sigma = E\alpha(t_1 - t_2) = 210 \times 10^9 \times 11.2 \times 10^{-6} \times (52.9 - 70)$

$$= -40.219 \times 10^6 \text{Pa} = -40.219 \text{ MPa}$$

예제 **14.** 온도 15℃에서 단면적 5 cm^2, 길이 50 cm인 연강봉을 천장에 매달고, 이 연강봉을 −5℃까지 냉각시킬 때, 연강봉의 수축을 방지하기 위해서는 이 연강봉의 하단에 몇 N의 추를 달면 되겠는가? (단, $E = 210$ GPa, $\alpha = 1.2 \times 10^{-6}$/℃)

해설 연강봉이 냉각되어 생기는 수축량은

$$\lambda = \alpha l(t_1 - t_2) = 1.2 \times 10^{-6} \times 50 \times 10^{-2} \times (15 + 5) = 12 \times 10^{-6} \text{ m}$$

필요한 추의 무게 W [N]에 의하여 늘어나는 길이 $\lambda' = \dfrac{Wl}{AE}$이다. 이 λ'가 λ와 같을 때 연강봉의 수축이 방지되므로,

$$W = \frac{AE\lambda'}{l} = \frac{AE\lambda}{l} = \frac{5 \times 10^{-4} \times 210 \times 10^9 \times 12 \times 10^{-6}}{50 \times 10^{-2}} = 2520 \text{ N}$$

(7) 내압을 받는 원통

① **내압을 받는 얇은 원통** : 보일러, 압축공기의 탱크, 송유관, 가스 파이프 등 그 내부에 압력을 가진 액체나 기체가 들어 있는 원통이나 파이프는 그 안쪽 벽에 직각으로 작용하는 압력 때문에 바깥쪽으로 파열되려는 작용을 받으며, 벽 내부에는 이에 저항하는 인장응력이 생기게 된다.

㈎ 축선을 포함하는 단면에 생기는 응력 : 그림 (a)와 같은 원통에서 안쪽 벽에 작용하는 압력의 합력은 절단면에 직각으로 작용하여, 그 세로 단면에는 이에 저항하는 인장응력 σ_1이 생기며, 그 방향은 원통 둘레의 접선 방향으로 후프 응력(hoop stress)이라 한다. 지름에 비하여 벽의 두께가 아주 얇은 경우에는 그 단면에 균일하게 분포하는 얇은 원통 (thin walled cylinder) 이라 하며, 보통 두께가 안지름의 $\frac{1}{10}$ 이하인 것을 말한다.

원통의 안지름 D, 원통의 두께를 t, 원통에 작용하는 내압 p, 원통의 세로 단면에 있어서 원주 방향의 인장응력을 σ_1 [N/m^2 = Pa]이라 하고, 그림 (b)와 같이 길이 l [m]의 부분을 잘라내어 힘의 평형상태를 생각하면, 그 크기는 pDl [N]이다. 이 전 압력이 단면적 $2tl$ [m^2]에 생기는 전 인장응력 $2\sigma tl$과 같아야 하므로, $pDl = 2\sigma_1 tl$ 이 된다. 따라서,

$$\sigma_1 = \frac{pD}{2t} \text{ [Pa]}, \ t = \frac{pD}{2\sigma_1}\text{[m]}$$

㈏ 축선에 직각인 단면에 생기는 응력 : 그림 (c)와 같이 원통의 단면에 생기는 인장응력은 그 단면적에 균일하게 분포한다. 이 길이 방향의 인장응력을 σ_2 [Pa]라 하면, 원통을 좌우로 잡아당기는 전체의 힘, 즉 원통의 끝면에 작용하는 전체의 힘은 끝면을 절단면에 투상한 넓이 $\frac{\pi}{4}D^2$에 작용하는 전체의 힘과 같으며, 그 크기는 $p\frac{\pi}{4}D^2$[N]이다. 이 전체의 힘이 가로 단면적 $\frac{\pi}{4}\{(D+2t)^2 - D^2\} \fallingdotseq \pi Dt$ [m^2]에 생기는 전 인장응력 $\sigma_2\pi Dt$과 같아야 하므로 $p\frac{\pi}{4}D^2 = \sigma_2\pi Dt$가 된다.

따라서,

$$\sigma_2 = \frac{pD}{4t} \text{ [Pa]}, \ \ t = \frac{pD}{4\sigma_2}\text{[m]}$$

두 식을 비교하면 $\sigma_1 = 2\sigma_2$이므로, 가로 방향보다 세로 방향으로 파열되기 쉬우

며, 원통의 강도를 조사하거나 원통의 두께를 결정할 때에는 $\sigma_1 = \dfrac{pD}{2t}$ 을 적용하여야 한다.

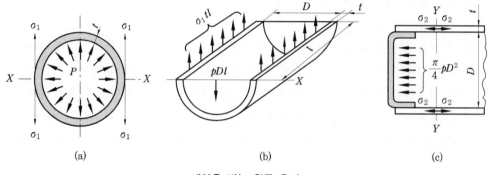

내압을 받는 원통 용기

예제 **15.** 안지름 120 cm, 두께 12 mm의 얇은 원통 용기에 압력이 1.6 MPa인 가스가 들어 있다. 이 원통에 생기고 있는 최대 응력은 얼마인가 ?

해설 $\sigma_1 = \dfrac{pD}{2t} = \dfrac{1.6 \times 120 \times 10^{-2}}{2 \times 12 \times 10^{-3}} = 80$ MPa

---

예제 **16.** 안지름 50 cm의 얇은 원통 용기에 압력 2.5 MPa인 가스를 넣으려고 한다. 원통의 두께를 얼마로 하면 되는가 ? (단, 허용응력은 50 MPa이다.)

해설 $t = \dfrac{pD}{2\sigma_t} = \dfrac{2.5 \times 10^6 \times 50 \times 10^{-2}}{2 \times 50 \times 10^6} = 0.0125$ m $= 12.5$ mm

---

예제 **17.** 두께 12 mm의 연강판을 말아서 2 MPa의 내압을 받는 원통을 만들려고 한다. 허용응력이 50 MPa 이라고 하면 원통의 안지름은 얼마인가 ?

해설 $D = \dfrac{2t\sigma_1}{p} = \dfrac{2 \times 12 \times 10^{-3} \times 50 \times 10^6}{2 \times 10^6} = 0.6$ m $= 600$ mm

---

② **회전하는 얇은 원통** : 플라이휠(flywheel)이나 벨트 풀리(belt pulley)와 같이 지름에 비하여 림(rim)의 두께가 얇은 바퀴가 회전할 때에는 반지름 방향으로 원심력이 작용하기 때문에, 마치 얇은 원통이 내압을 받을 때와 같은 상태로 된다. 평균 반지름 r, 두께 t, 너비 b 인 얇은 원통이 O를 중심으로 하여 v[m/s]의 원주속도로 회전할 때,

중력 가속도를 g , 재료 $1\,\text{cm}^3$ 회전하는 얇은 원통의 무게를 w 이라 하면, 원통의 원주길이 l 의 부분에 작용하는 원심력 P 는 다음과 같다.

$$P = \frac{wbtl}{g} \times \frac{v^2}{r}\ [\text{N}]$$

이 원통의 단위 넓이 $1\,\text{cm}^2$에 작용하는 원심력을 p라 하면,

$$p = \frac{P}{bl} = \frac{wbtl}{g} \times \frac{v^2}{r} \times \frac{1}{bl} = \frac{wtv^2}{gr}\ [\text{N/m}^2]$$

이 p 가 얇은 원통의 경우의 내압과 같은 작용을 하므로, 회전하는 바퀴의 림에 생기는 인장응력 σ_t는 다음과 같다.

$$\sigma_t = \frac{pD}{2t} = \frac{wtv^2}{gr} \times \frac{2r}{2t} = \frac{wv^2}{g}\ [\text{N/m}^2]$$

즉, 원통의 원주방향으로 작용하는 인장응력(즉, 후프 응력)은 그 재료의 단위 부피의 무게와 원주속도의 제곱에 비례하여 변화하며, 단면의 크기에는 관계가 없다. 그러므로 회전하는 바퀴에서 림의 단면적을 크게 하여도 원심력에 대한 강도는 증가하지 않는다. 재료의 허용 인장응력을 $\sigma_a[\text{N/m}^2]$라 하면, 원주속도의 최대 한도는 다음과 같다.

$$v = \sqrt{\frac{\sigma_a g}{w}}\ [\text{m/s}],\ \ v = \frac{2\pi r n}{60}\ [\text{m/s}],\ \ n = \frac{30}{\pi r}\sqrt{\frac{\sigma_a g}{w}}\ [\text{rpm}]$$

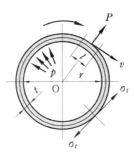

회전하는 얇은 원통

예제 **18.** 평균 지름 950 mm인 주철제 링(ring)이 매분 600 회전하고 있을 때, 링에 생기는 후프 응력은 얼마인가 ? (단, 링 재료의 단위 부피의 무게는 $w = 70\,\text{kN/m}^3$이다.)

[해설] $\sigma_t = \dfrac{w\,v^2}{g}$ [N/m^2], $v = \dfrac{\pi D n}{60}$ [m/s]

$$\sigma_t = \frac{w}{g}\left(\frac{\pi D n}{60}\right)^2 = \frac{70}{9.8}\times\left(\frac{\pi\times0.95\times600}{60}\right)^2 = 6362.4 \text{ kN/m}^2 \fallingdotseq 6.4 \text{ MPa}$$

[예제] **19.** 주철의 허용 인장응력은 15 MPa라 하면, 주철로 만든 얇은 바퀴의 안전한 최대 원주속도는 얼마인가? 또, 이 바퀴의 평균 반지름이 30 cm일 때 최대 회전수 (rpm) 는 얼마인가? (단, 주철의 비중은 7.2이다.)

[해설] 비중이 7.2이므로 단위 부피의 무게는 $w = \delta \cdot \gamma_w = 7.2\times9800$ N/m^3

$$v = \sqrt{\frac{\sigma_t\,g}{w}} = \sqrt{\frac{15\times10^6\times9.8}{7.2\times9800}} \fallingdotseq 45.64 \text{ m/s}$$

$$v = \frac{2\pi r n}{60} = \frac{\pi r n}{30}$$

$$\therefore\ n = \frac{30v}{\pi r} = \frac{30\times45.64}{\pi\times0.3} \fallingdotseq 1453 \text{ rpm}$$

[예제] **20.** 700 rpm의 회전속도로 회전하는 벨트 풀리의 링의 허용응력을 10 MPa라고 하면, 벨트 풀리의 지름은 얼마인가? (단, 링 재료의 비중량은 78 kN/m^{3}이다.)

[해설] $D = \dfrac{60}{\pi n}\sqrt{\dfrac{\sigma_t\,g}{w}} = \dfrac{60}{\pi\times700}\sqrt{\dfrac{10\times10^6\times9.8}{78\times10^3}} = 0.4835 \text{ m} = 48.35 \text{ cm}$

(8) 탄성 에너지 (elastic energy)

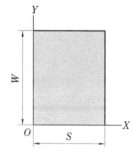

물체가 외력을 받아 그 힘의 방향으로 움직일 때 힘은 일을 하였다고 한다. 일반적으로 W 의 힘이 물체에 작용하여 이 물체가 그 힘의 방향으로 S 만큼 움직였을 때의 일의 양 A 는 힘 W 와 움직인 거리 S 와의 곱으로 표시된다. 그리고 세로축에 힘을, 가로축에 움직인 거리를 잡으면, 일의 양은 넓이로 표시된다.

즉, 탄성한도 이내에서 외력에 의하여 변형된 재료의 내부에는 외력이 한 일의 양에 해당하는 에너지가 위치 에너지 (potential energy)로서 축적되는 것인데, 이 에너지를 탄성 에너지라 한다.

인장시험으로 얻은 하중 변형 선도에 있어서, 탄성한도 이내에서 하중 W 에 의하여 λ 만큼 늘어났다고 하면, 이때의 일의 양은 하중이 0에서부터 증가하여 λ 만큼 변형하였을 때 W 으로 된 것이므로, 삼각형의 넓이로 표시된다. 그리고 이 일의 양은 모두 탄성 에너지로서 재료의 내부에 축적되므로, 이때의 탄성 에너지를 U 이라 하면 다음과 같이 표시된다.

$$U = \frac{1}{2}W\lambda \ [\text{N} \cdot \text{m}]$$

재료의 길이를 l, 단면적을 A, λ만큼 인장하였을 때의 인장응력을 $\sigma \ [\text{N/m}^2]$, 세로 변형률을 ε이라고 하면,

$$W = \sigma A, \ \lambda = \varepsilon l, \ U = \frac{1}{2} \times \sigma A \times \varepsilon l$$

$$\varepsilon = \frac{\sigma}{E} \text{이므로,} \ U = \frac{1}{2}\sigma A \times \frac{\sigma}{E}l = \frac{\sigma^2}{2E}Al \ [\text{N} \cdot \text{m}]$$

Al은 재료의 부피 V를 나타내며, 단위 부피 내에 축적되는 탄성 에너지를 u 라 하면 다음과 같이 표시된다.

$$u = \frac{U}{V} = \frac{\sigma^2}{2E} \ [\text{Nm/m}^3]$$

다음에 탄성한도 B까지 하중이 작용하였을 때의 일의 양은 삼각형 OBD의 넓이로 표시되며, 이때의 인장응력, 즉 탄성한도를 $\sigma_e \ [\text{N/m}^2]$라 하면, 단위 부피에 대한 탄성 에너지는 $\frac{\sigma_e^2}{2E} \ [\text{N} \cdot \text{m/m}^3]$이 된다.

이것은 영구변형을 일으키지 않고 단위 부피 내에 축적할 수 있는 최대의 탄성 에너지이다. 이것을 최대 탄성 에너지 또는 탄성 에너지 계수(modulus of resilience)라 한다. 이 탄성 에너지 계수는 탄성한도가 높을수록, E의 값이 작을수록 크게 되며, 이 값이 클수록 같은 크기의 재료에 있어서 많은 양의 탄성 에너지를 축적할 수 있다.

따라서, 이와 같은 조건을 구비한 재료는 외부로부터 주어지는 에너지, 즉 충격하중 등을 재료 내부에 많이 흡수할 수 있으므로 쉽게 파괴되지 않는다.

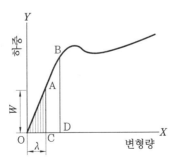

탄성 에너지

예제 21. 지름 1.6 cm, 길이 20 cm의 강봉이 40 kN의 인장하중을 받을 때, 이 재료의 세로 탄성계수 E 의 값을 210 GPa라 하면, 강봉에 축적되는 탄성 에너지는 얼마인가?

[해설] $\sigma = \dfrac{W}{A} = \dfrac{4W}{\pi d^2} = \dfrac{4 \times 40 \times 10^3}{\pi \times 0.016^2} = 19.9 \times 10^6 \text{ Pa} = 19.9 \text{ MPa}$

$U = \dfrac{\sigma^2}{2E} Al = \dfrac{(19.9 \times 10^6)^2}{2 \times 210 \times 10^9} \times \dfrac{\pi}{4} \times 0.016^2 \times 0.2 = 37.9 \times 10^{-3} \text{ N} \cdot \text{m} = 37.9 \text{ N} \cdot \text{mm}$

예제 22. 50 kN의 인장하중을 받는 길이 2 m의 봉에 축적되는 탄성 에너지는 얼마인가?(단, 봉의 단면적 은 10 cm², 세로 탄성계수는 200 GPa이다.)

[해설] $U = \dfrac{1}{2} W\lambda = \dfrac{1}{2} W \times \dfrac{Wl}{AE} = \dfrac{W^2 l}{2AE} = \dfrac{(50 \times 10^3)^2 \times 2}{2 \times 10 \times 10^{-4} \times 200 \times 10^9} = 12.5 \text{ N} \cdot \text{m}$

예제 23. 지름 30 mm의 연강봉이 80 kN의 인장하중을 받고 있다. 이때의 단위 부피에 대한 탄성 에너지 를 구하여라. 또, 이 봉의 길이를 1 m라 하면 전체의 탄성 에너지는 얼마인가?(단, $E = 210$ GPa)

[해설] $\sigma = \dfrac{W}{A} = \dfrac{4W}{\pi d^2} = \dfrac{4 \times 80 \times 10^3}{\pi \times 0.03^2} \fallingdotseq 113.2 \text{ MPa}$

$u = \dfrac{\sigma^2}{2E} = \dfrac{(113.2 \times 10^6)^2}{2 \times 210 \times 10^9} = 30510 \text{ N} \cdot \text{m/m}^3, \quad U = \dfrac{\sigma^2}{2E} Al = 30510 \times \dfrac{\pi}{4} \times 0.03^2 \times 1 = 21.566 \text{ N} \cdot \text{m}$

(9) 응력 집중 (stress concentration)

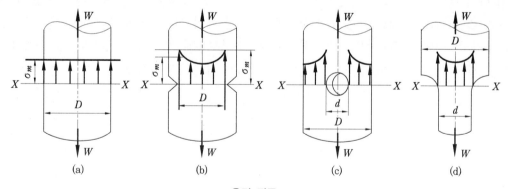

(a)　　　　(b)　　　　(c)　　　　(d)

응력 집중

단면의 균일한 관이나 봉에 인장하중을 작용시키면, 그림 (a)와 같이 단면 $X - X$에는 $\sigma_m = \dfrac{W}{A}$인 인장응력이 균일하게 분포하여 생긴다. 그러므로, 이 응력 σ_m은 단면에 생기는 평균응력이다. 그런데 그림 (b)와 같이 노치(notch) 홈이나 그림 (c), (d)와 같이 구멍이 있거나 단이 진 부분에도 마찬가지로, 특히 큰 응력이 생긴다. 평균응력보다 훨씬 큰 응력이 생기며, 홈이 있는 부분의 최소 단면에 생기는 응력이 균일하게 분포되지 않는다. 그리고, 중심부에는 최소 단면의 평균응력 σ_m 보다 작은 응력이 생기게 된다. 이와 같이 노치 홈, 구멍, 단붙이 등에 의하여 단면이 급변하는 부분에 국부적으로 큰 응력이 생기는 현상을 응력 집중이라 한다.

 따라서, 이러한 경우에는 이 큰 응력이 허용응력 이하가 되도록 설계하여야 한다. 응력 집중 정도는 σ_{max}과 σ_m 과의 비로 나타내며, 이것을 형상계수(form factor) 또는 응력 집중계수(stress concentration factor)라 한다. 이 계수를 α_k 로 표시하면 다음과 같다.

$$\alpha_k = \frac{\sigma_{max}}{\sigma_m}$$

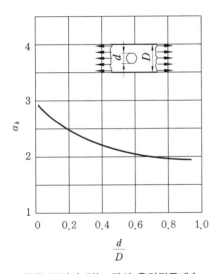

둥근 구멍이 있는 판의 응력집중계수

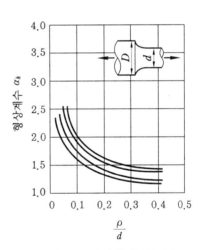

단붙이 둥근 봉의 응력집중계수

예제 24. 너비 $D = 10\ cm$, 두께 $t = 2\ cm$인 판의 중앙에 지름 $d = 2\ cm$인 구멍이 뚫려 있다. 이 판의 축선 방향으로 40 kN의 인장하중이 작용할 때, 응력 집중으로 인한 최대 응력은 얼마인가?

해설 구멍이 있는 최소 단면의 평균응력(σ_m)은 다음과 같다.

$$\sigma_m = \frac{W}{(D-d)t} = \frac{40 \times 10^3}{(10-2) \times 10^{-2} \times 2 \times 10^{-2}} = 25 \times 10^6\ Pa = 25\ MPa$$

$\dfrac{d}{D} = \dfrac{2}{10} = 0.2$ 이므로, 그림에서 $\alpha_k = 2.5$, $\sigma_{max} = \alpha_k \sigma_m = 2.5 \times 25 = 62.5\ MPa$

예제 25. 단붙이 둥근 봉에서 $D = 60$ mm, $d = 40$ mm, $\rho = 6$ mm일 때, 이 봉에 40 kN의 인장하중을 작용시키면, 응력 집중으로 인한 최대 응력은 얼마인가?

해설 단붙이 최소 단면에서의 평균응력(σ_m)은 다음과 같다.

$$\sigma_m = \frac{W}{\frac{\pi}{4}d^2} = \frac{4W}{\pi d^2} = \frac{4 \times 40 \times 10^3}{\pi \times 0.04^2} = 3.183 \times 10^6 \text{Pa} = 3.183 \text{ MPa}$$

$$\frac{D}{d} = \frac{60}{40} = 1.5, \quad \frac{\rho}{d} = \frac{6}{40} = 0.15 \text{이므로}, \quad \alpha_k \fallingdotseq 1.7$$

$$\sigma_{\max} = \alpha_k \sigma_m = 1.7 \times 3.183 = 5.4111 \text{ MPa}$$

(10) 허용응력과 안전율

기계나 구조물의 부품으로서 사용할 때, 기계나 구조물이 안전한 생태를 유지하여 그 기능을 발휘하기 위해서는 하중에 의해서 각 부분에 생기는 응력이 그 재료의 탄성한도를 넘지 않도록 하여야 한다. 그러나 재료에 생기는 응력이 탄성한도 이내에 있다고 하더라도 사용하는 곳에 따라 마멸되거나 부식되는 것, 또 예측할 수 없는 큰 하중을 받거나 온도의 영향을 받는 곳에 사용되는 재료, 충격하중을 받는 재료에서는 정하중을 받을 때보다 큰 응력이 생기며, 교번하중을 받는 재료에서는 정하중일 때 안전하다고 생각되는 응력보다 훨씬 작은 응력에서 파괴되므로, 재료를 더욱 여유 있게 사용하여야 안전할 것이다.

기계나 구조물의 각 부분이 실제로 하중을 받고 사용될 때 생기는 응력을 사용응력 (working stress)이라 한다. 이에 대하여 각 부분의 모양이나 치수를 결정할 때에는 이에 작용하는 하중의 종류나 사용조건 등을 고려하여 안전한 범위 내의 적당한 응력을 잡아 이것이 사용응력의 최대값이라고 가정하고 계산하는 방법을 쓰는데, 이와 같이 잡은 안전한 범위 내의 응력을 허용응력(allowable stress)이라 한다. 따라서, 사용응력을 σ_w, 허용응력을 σ_a라 하면, 다음과 같다.

$$\sigma_w \leqq \sigma_a$$

철강재의 허용응력 (MPa)

응 력	하 중	연 강	중경강	주 강	주 철
인 장	a	90~150	120~180	60~120	30
	b	60~100	80~120	40~80	20
	c	30~50	40~60	20~40	10
압 축	a	90~150	120~180	90~150	90
	b	60~100	80~120	60~100	60

전 단	a	72~120	96~144	48~96	30
	b	48~80	64~96	32~64	20
	c	24~40	32~48	16~32	10
휨	a	90~150	120~180	75~120	
	b	60~100	80~120	50~80	
	c	30~50	40~60	25~40	
비틀림	a	60~120	90~144	48~96	
	b	40~80	60~96	32~64	
	c	20~40	30~48	16~32	

허용응력의 크기는 보통 쉽게 구할 수 있는 극한강도를 기준으로 하여 결정한다. 이 극한강도를 허용응력으로 나눈 값을 안전율(safety factor)이라 하고, 안전율은 허용응력을 극한강도의 몇 분의 1로 하느냐를 나타내는 것으로서, 가령 $\frac{1}{4}$로 하였다면 안전율은 4이다. 따라서, 허용응력을 결정하는 여러 가지 조건은 곧 안전율을 결정하는 조건이 된다.

$$안전율 = \frac{극한강도}{허용응력}$$

안전율

재료의 종류	정하중	동하중		
		반복하중	교변하중	충격하중
강	3	5	8	12
주철	4	6	10	15
구리 등 연한 금속	5	6	9	15
목재	7	10	15	20
벽돌, 석재	20	30	—	—

예제 26. 인장강도가 420 MPa인 연강제 둥근 봉에 50 kN의 반복하중이 작용할 때, 그 지름을 얼마로 하면 되는가? (단, 안전율은 5이다.)

[해설] $\sigma_a = \dfrac{\sigma_b}{S} = \dfrac{420}{5} = 84$ MPa

$\sigma_a = \dfrac{W}{A} = \dfrac{4W}{\pi d^2}$, $\therefore\ d = \sqrt{\dfrac{4W}{\pi \sigma_a}} = \sqrt{\dfrac{4 \times 50 \times 10^3}{\pi \times 84 \times 10^6}} = 0.0275$ m $= 2.75$ cm

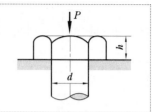

> **예제 27.** 볼트로 32 kN의 하중을 지지하기 위해서는 볼트의 지름 d와 볼트 머리의 높이 H를 얼마로 하면 되는가? (단, 볼트 재료의 인장강도를 240 MPa, 전단강도를 192 MPa, 안전율은 3이다.)

해설 볼트 몸체에는 인장하중으로 작용하고, 볼트 머리에는 전단하중으로 작용하므로, 각각의 경우 허용응력을 σ_a, τ_a라 한다.

$$\sigma_a = \frac{\sigma_b}{S} = \frac{240}{3} = 80 \text{ MPa}, \quad \tau_a = \frac{\tau_b}{S} = \frac{192}{3} = 64 \text{ MPa}$$

$$A = \frac{W}{\sigma_a} = \frac{32 \times 10^3}{80 \times 10^6} = 4 \times 10^{-4} \text{m}^2 = 4 \text{ cm}^2$$

$$\therefore d = \sqrt{\frac{4A}{\pi}} = \sqrt{\frac{4 \times 4 \times 10^{-4}}{\pi}} = 22.6 \times 10^{-3} \text{m} = 22.6 \text{ mm}$$

$$A = \frac{W}{\sigma_a} = \frac{32 \times 10^3}{64 \times 10^6} = 5 \times 10^{-4} \text{ m}^2 = 5 \text{ cm}^2$$

다음에 볼트 머리부에 있어서의 전단저항 면적 $A = \pi d H$ 이므로

$$\therefore H = \frac{A}{\pi d} = \frac{5 \times 10^{-4}}{\pi \times 22.6 \times 10^{-3}} = 7 \times 10^{-3} \text{ m} = 7 \text{ mm}$$

1-3 보 (beam)

(1) 보의 종류

체육시간에 사용하는 철봉이나 평행봉과 같이 그 길이 방향에 대하여 직각으로 하중이 작용하는 봉을 보 (beam) 라고 한다. 보를 지지하고 있는 점을 지점(support)이라 하며, 지점과 지점 사이의 거리를 스팬(span)이라 한다. 보에 작용하는 하중에는 앞에서 말한 집중하중, 분포하중 이외에 차량이 철교 위를 통과할 때처럼 하중이 보 위를 이동하면서 작용하는 이동하중 (moving load) 이 있으며, 이 하중들은 보에 대하여 단독으로 작용할 때도 있지만, 같은 종류 또는 다른 종류의 하중이 동시에 작용할 때도 있다. 보는 그 지지 방법에 따라 다음과 같이 분류된다.

① **외팔보 (cantilever)** : 그림 (a)와 같이 한끝은 고정되고 다른 끝이 자유롭게 되어 있는 보를 외팔보라 하고, 고정된 보의 끝을 고정단, 자유로운 다른 끝을 자유단이라 한다.

② **단순보 (simple beam)** : 그림 (b)와 같이 양끝을 자유롭게 지지한 보를 단순보라 한다. 또 이 보를 양단 지지보라고 한다.

③ **내다지보**(overhanging beam) : 그림 (c)와 같이 보의 일부가 지점의 바깥쪽으로 나와 있는 보를 내다지보라 한다.

④ **고정보**(fixed beam) : 그림 (d)와 같이 양끝이 고정된 보를 고정보라 하며, 보 중에서 강한 것으로서 건축물에서 많이 볼 수 있다.

⑤ **고정 지지보**(one end fixed other end surpported beam) : 그림 (e)와 같이 한끝은 고정되고 다른 끝은 자유롭게 지지되어 있는 보를 고정 지지보라 한다.

⑥ **연속보**(continuous beam) : 그림 (f)와 같이 세 곳 이상의 점에서 지지되어 있는 보를 연속보라 한다.

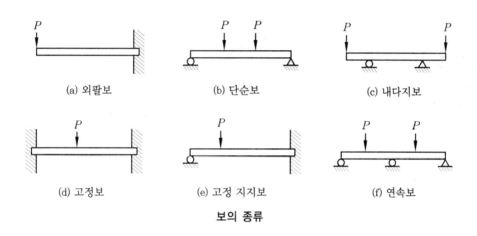

(a) 외팔보   (b) 단순보   (c) 내다지보

(d) 고정보   (e) 고정 지지보   (f) 연속보

보의 종류

(2) 보의 평형

단순보에 집중하중 P가 작용할 때, 하중 P와 더불어 보에 휨작용을 줌으로써 보 내부에 응력이 생기게 되고, 또 보는 휘어져서 보에 변형을 일으키게 한다. 작용하는 하중은 그 축선에 수직이고, 지점에 작용하는 반력은 하중과 동일한 평면 내에 있다고 가정한다. 보에 작용하는 반력은 하중과 평형을 이루므로, 정역학적 평형 조건을 적용하여 구할 수 있다. 보에 작용하는 모든 힘의 합력은 0이고, 보의 임의의 점에 대한 힘의 모멘트의 합은 0이다.

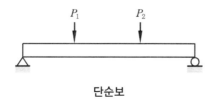

단순보

예제 **28.** 그림과 같이 스팬 100 cm의 단순보에 40 N 및 90 N의 집중하중이 왼쪽 점에서 20 cm 및 40 cm의 곳에 작용할 때, 반력 R_A 및 R_B를 구하여라.

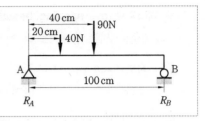

해설 보에 작용하는 모든 수직력의 합이 0이 되어야 하므로,

$$40 + 90 - R_A - R_B = 0$$

A점에 대한 모든 힘의 모멘트 합을 0으로 놓으면

$$R_B \times 100 - 40 \times 20 - 90 \times 40 = 0$$

$$\therefore R_B = \frac{800 + 3600}{100} = 44\text{N}$$

$$R_A = 40 + 90 - R_B = 40 + 90 - 44 = 86 \text{ N}$$

예제 **29.** 그림과 같이 스팬 100 cm의 단순보에 $w = 5$ N/cm의 균일 분포하중이 A점에서 60 cm 사이에 작용할 때, 반력 R_A 및 R_B를 구하여라.

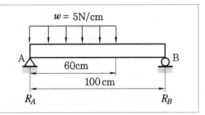

해설 합력이 0이라는 평형 조건으로부터, $5 \times 60 - R_A - R_B = 0$

A점에 대한 모멘트의 합을 생각하면, 균일 분포하중의 합력은 그 중앙에 작용한다고 생각할 수 있으므로, $R_B \times 100 - 5 \times 60 \times \dfrac{60}{2} = 0$

$$R_B = \frac{5 \times 60 \times 30}{100} = 90\text{N}$$

$$R_A = 5 \times 60 - R_B = 5 \times 60 - 90 = 210\text{N}$$

(3) 보의 전단력과 굽힘 모멘트

① **전단력**(shearing force) : 보에 작용하는 하중은 지점의 반력과 더불어 평형상태에 있으나, 왼쪽 부분에서는 반력 R_A가 위쪽으로 작용하므로, 이 힘과 비기기 위해서는 $X - X$ 단면에 이와 크기가 같고 방향이 반대인 힘 F_a가 아래쪽으로 작용하여야 한다.

$$R_A = F_a$$

또, 오른쪽 부분에서는 $W - R_B$의 힘이 아래쪽으로 작용하므로, 이 힘과 비기기 위해서는 $X - X$ 단면에 이와 크기가 같고 방향이 반대인 힘 F_b가 위쪽으로 작용하여야 한다. 따라서, $W - R_B = F_b$

그런데 보 전체의 평형 조건으로부터 다음과 같이 된다.

$$W = R_A + R_B, \qquad \therefore R_A = W - R_B, \ F_a = F_b$$

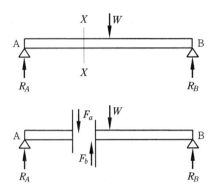

힘의 합을 구하기 위해서는 힘의 방향에 따라 (+), (−)를 결정하여야 하는데, 여기서는 임의의 단면의 왼쪽에서는 상향의 힘을 (+), 하향의 힘을 (−)로 하고, 오른쪽에서는 이와 반대로 상향의 힘을 (−), 하향의 힘을 (+)로 하기로 한다.

전단력의 부호

부 호	전 단 력
+	
−	

예제 **30.** 그림과 같은 단순보에서 $X_1 - X_1$ 및 $X_2 - X_2$ 단면에 작용하는 전단력을 구하여라.

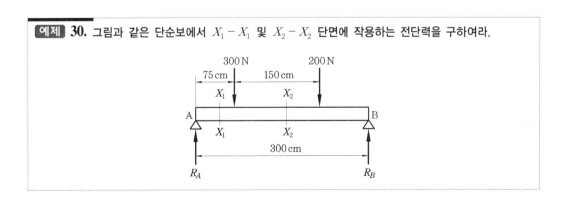

[해설] 모든 외력의 합은 0이어야 하므로, $300 + 200 - R_A - R_B = 0$

또, A점에 대한 힘의 모멘트를 생각하면,

$R_B \times 300 - 300 \times 75 - 200 \times 225 = 0$, $R_A = 275 \text{ N}$, $R_B = 225 \text{ N}$

∴ $X_1 - X_1$ 단면의 전단력 F_1은 이 단면의 왼쪽에 작용하는 외력의 합과 같으므로

$F_1 = R_A = 275 \text{ N}$

또, $X_2 - X_2$ 단면의 전단력 F_2도 같은 방법으로 구하면

$F_2 = R_A - 300 = 275 - 300 = -25 \text{ N}$

즉, $X_1 - X_1$ 단면에서의 전단력은 275 N, $X_2 - X_2$ 단면에서의 전단력은 25 N이다.

② **굽힘 모멘트**(bending moment) : 일반적으로 보는 하중을 받으면 휘어서 구부러지는 데, 이것은 하중이나 반력으로 인한 모멘트의 작용 때문이다. 임의의 단면 $X - X$ 왼쪽에서는 반력 R_A 로 인한 모멘트 $R_A x_1$이 단면에 작용하여, 보의 왼쪽 부분은 화살표 방향으로 휘려고 한다.

또, 오른쪽에서는 반력 R_B 에 의한 모멘트 $R_B x_2$ 및 이와 반대 방향으로 작용하는 하중 W에 의한 모멘트 $-W x_3$ 의 합 $R_B x_2 - W x_3$ 의 모멘트가 단면에 작용하여 보의 오른쪽 부분은 화살표 방향으로 휘려고 한다. 즉, 보가 휘는 것은 이와 같은 모멘트에 의한 휨 작용 때문인데, 이 모멘트를 굽힘 모멘트라 한다.

보에 작용하는 하중 및 반력은 평형상태에 있으므로 단면 $X - X$ 에 대한 모든 외력의 모멘트의 합은 0이어야 한다. 그러므로 $-R_A x_1 - W x_3 + R_B x_2 = 0$

$$\therefore R_A x_1 = -R_B x_2 - W x_3$$

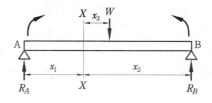

위의 식에 의하면, 보의 임의의 단면의 굽힘 모멘트는 그 단면의 왼쪽 또는 오른쪽의 어느 쪽에서 구해도 같은 크기임을 알 수 있다. 굽힘 모멘트의 부호는 아래쪽으로 볼록하게 구부러지는 것을 (+), 위쪽으로 볼록하게 구부러지는 것을 (−)로 하기로 한다.

그러므로 외력의 모멘트의 합을 구할 때에는 그 단면의 왼쪽에서는 시계 방향의 모멘트를 (+), 반시계 방향의 모멘트를 (−)로 하고, 오른쪽에서는 반시계 방향의 모멘트를 (+), 시계 방향의 모멘트를 (−)로 하여 계산하면 된다.

굽힘 모멘트의 부호

부　호	굽힘 모멘트
＋	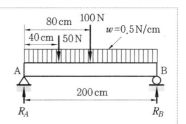 $M \qquad M$
－	$M \qquad M$

예제 **31.** 예제 30번 그림에서 단순보의 A점에서 단면 $X_1 - X_1$ 까지의 거리를 40 cm, 단면 $X_2 - X_2$ 까지의 거리를 175 cm라 할 때, 단면 $X_1 - X_1$ 및 $X_2 - X_2$ 단면에 작용하는 굽힘 모멘트를 구하여라.

해설 예제 30번에서 단순보에 작용하는 반력은 $R_A = 275$ N, $R_B = 225$ N이었다. 따라서, $X_1 - X_1$ 단면의 굽힘 모멘트 M_1은 이 단면의 왼쪽에 작용하는 모든 외력의 모멘트의 합과 같으므로, 위의 부호 규정에 따라 계산하면,

$$M_1 = R_A \times 40 = 275 \times 40 = 11000 \text{ N·cm}$$

또, $X_2 - X_2$ 단면에 작용하는 굽힘 모멘트 M_2는

$$M_2 = R_A \times 175 - 300 \times (175 - 75) = 275 \times 175 - 300 \times 100 = 18125 \text{ N·cm}$$

예제 **32.** 그림과 같이 스팬 200 cm의 단순보에 분포하중과 집중하중이 동시에 작용할 때, 왼쪽 지점 A에서 60 cm되는 점에 작용하는 전단력 및 굽힘 모멘트를 구하여라.

해설 먼저 지점의 반력을 구하면 평형조건에 의하여 합력은 0이어야 하므로,

$$-R_A - R_B + 0.5 \times 200 + 50 + 100 = 0$$

A점에 대한 모멘트를 생각하면,

$$R_B \times 200 - 0.5 \times 200 \times \frac{200}{2} - 50 \times 40 - 100 \times 80 = 0 \quad \therefore R_B = 100 \text{N}$$

$R_B = 100$을 위 식에 대입하면 $-R_A - 100 + 0.5 \times 200 + 50 + 100 = 0 \quad \therefore R_A = 150 \text{N}$

A점에서 60 cm되는 점에 작용하는 전단력은 이 단면의 왼쪽 부분에 작용하는 외력의 합과 같으므로, 전단력 F_{60} 은

$$F_{60} = R_A - 0.5 \times 60 - 50 = 150 - 30 - 50 = 70 \text{ N}$$

또, A점에서 60 cm 되는 점에 작용하는 굽힘 모멘트는 이 단면의 왼쪽 부분에 작용하는 외력의 이 점에 대한 모멘트의 합과 같으므로, 굽힘 모멘트는 다음과 같다.

$$M_{60} = R_A \times 60 - 0.5 \times 60 \times \frac{60}{2} - 50 \times (60 - 40) = 7100 \text{ N·cm}$$

③ **전단력 선도 및 굽힘 모멘트의 선도** : 보에 작용하는 전단력 및 굽힘 모멘트의 분포 상태와 크기를 알기 쉽게 나타낸 그림을 각각 전단력 선도(shearing force diagram) 및 굽힘 모멘트 선도(bending moment diagram)라 한다. 이 선도는 보의 전 길이를 가로축에 잡고, 전단력 및 굽힘 모멘트의 크기를 세로축에 나타낸 것이다. 그리고 이들의 부호 규정에 따라 (+)의 값을 가로축 위쪽에, (−)의 값을 아래쪽에 그린다.

이 선도를 보면 전단력 및 굽힘 모멘트가 보의 전 길이에 대하여 어떻게 변화하는가를 곧 알 수 있고 계산하지 않아도 그 크기를 선도에서 구할 수가 있어서 편리하다. 이 선도로부터 최대 전단력은 R_A, R_B의 대소에 따라 점 A 또는 점 B에 작용하고, 최대 굽힘 모멘트는 점 D에 작용한다는 것을 곧 알 수 있다. 전단력이나 굽힘 모멘트의 부호는 힘이나 모멘트의 방향을 구별하기 위하여 편의상 붙인 것이므로, 그 크기를 비교할 때에는 부호를 생각하지 않고, 다만 그 절대값만 생각하여야 한다.

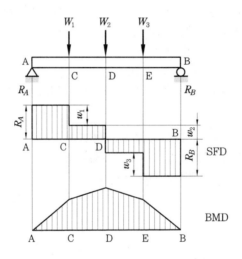

㈎ 외팔보의 자유단에 집중하중이 작용할 때 : 자유단에 작용하는 하중을 W 라 하고, 자유단 B에서 임의의 거리 x에 있는 단면 $X - X$에 대하여 생각하면, 그 단면에서 오른쪽에 작용하는 하중은 W뿐이고, 또 방향은 하향이므로 이 단면에 작용하는 전단력 F_x는 (+)로 되며, 다음과 같다.

$$F_x = W$$

즉, 전단력은 거리 x에 관계없이 어느 단면에서나 일정하고, 그 값은 W이며 부호는 (+)이므로, 전단력 선도는 가로축 위쪽에 W의 크기는 평행하게 표시된다. 또, 단면 $X - X$에 작용하는 굽힘 모멘트 M_x는 하중이 하향 전단력 및 굽힘 모멘트 선도 방향으로 작용하므로 (−)로 된다. 즉, 굽힘 모멘트 선도는 x에 정비례하여 변화하며, $x=0$인 B점에서 $M_B=0$이고, $x=l$인 고정단 A에서 $M_A=-Wl$이 되어, 고정단에 최대 굽힘 모멘트가 작용한다는 것을 알 수 있다.

따라서, 굽힘 모멘트 선도는 자유단의 0인 점과 고정단에서 가로축 아래쪽의 Wl의 값에 해당되는 점을 연결하는 직선으로 표시된다. 또, 고정단에는 W인 반력 뿐만 아니라 $-Wl$인 반작용 모멘트가 동시에 작용한다는 것을 알 수 있다.

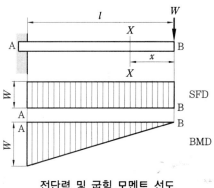

전단력 및 굽힘 모멘트 선도

(나) 외팔보의 전 길이에 걸쳐 균일하중이 작용할 때 : 단위 길이에 작용하는 분포하중을 w라 하고, 자유단 B점에서 임의의 거리 x에 있는 단면 $X-X$의 오른쪽에 작용하는 하중은 길이 x 부분에 작용하는 하중뿐이고, 방향은 하향이므로 이 단면의 전단력 F_x는 (+)로 되며, 다음과 같다.

$$F_x = -w \cdot x$$

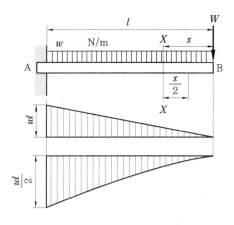

전단력은 X에 정비례하여 변화하고, $x=0$인 자유단 B에서 $F_B=0$, $x=l$인 고정단 A에서 $F_A=wl$이 되어 고정단에 전단력 및 굽힘 모멘트 선도 최대 전단력이

작용한다. 따라서, 전단력 선도는 자유단 B의 0인 점과 고정단 A에서 가로축 위쪽에 wl의 값에 해당되는 점을 연결하는 직선으로 표시된다.

다음에, 단면 $X-X$의 오른쪽에 작용하는 휨 모멘트를 그 길이 x 부분에 작용하는 균일 분포하중은 그 합력 wx가 길이의 중앙에 집중하여 작용하는 것과 같은 결과가 되고, 하중의 방향은 하향이므로 이 단면에 작용하는 굽힘 모멘트 M_x는 (−)로 되며, 다음과 같다.

$$M_x = -wx \times \frac{x}{2} = -\frac{wx^2}{2}$$

굽힘 모멘트는 x의 제곱에 비례하여 변화하며, $x=0$인 B점에서 $M_B=0$이고, $x=l$인 고정단 A에서 최대가 된다.

즉, $M_A = -\frac{w}{2}l^2$

따라서, 굽힘 모멘트 선도는 꼭지점을 B점에 두고 A점에서 그 크기가 가로축 아래쪽으로 $\frac{wl^2}{2}$인 포물선으로 표시된다. 그리고 wl은 전 하중이므로 이것을 W라 하면, $-\frac{wl^2}{2} = -wl \times \frac{l}{2} = -\frac{Wl}{2}$이 되어, 자유단에 집중하중 W를 받는 외팔보의 최대 굽힘 모멘트의 $\frac{1}{2}$이 된다.

같은 강도의 보라면, 집중하중의 2배인 하중에 견딜 수 있다. 또, 이 경우에도 고정단 A점에는 wl인 반력뿐만 아니라, $-\frac{wl^2}{2}$인 반작용 모멘트가 동시에 작용한다.

예제 **34.** 그림과 같이 길이 70 cm인 외팔보의 자유단에 20 N, 고정단에서 50 cm 및 30 cm 되는 곳에 각각 35 N 및 50 N의 집중하중이 작용할 때, 전단력 선도 및 굽힘 모멘트 선도를 그려라. 또, 고정단 40 cm 되는 거리의 단면에 작용하는 전단력 및 굽힘 모멘트를 구하여라.

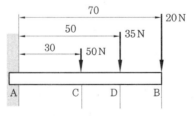

[해설] 2개 이상의 하중이 작용할 때에는 각 하중이 단독으로 작용하는 외팔보로 생각하여 전단
력 및 굽힘 모멘트를 구한 다음 이들을 합하면 된다.

전단력을 구하면,

　　D－B 사이의 단면에서 $F_{D-B}=20\,N$

　　C－D 사이의 단면에서 $F_{C-D}=20+35=55\,N$

　　A－C 사이의 단면에서 $F_{A-C}=20+35+50=105\,N$

각 하중의 A점에 대한 굽힘 모멘트를 구하여 합하면,

$$M_A=-20\times70-35\times50-50\times30$$
$$=-1400-1750-1500=-4650\,N\cdot cm$$

굽힘 모멘트(M_w)를 구하면,

$$M_w=-20\times(70-40)-35\times(50-40)$$
$$=-600-350=-950\,N\cdot cm$$

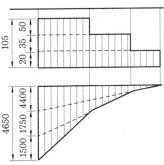

(다) 단순보의 중간에 집중하중이 작용할 때 : 단순보의 중간에 집중하중 W가 작용할
때, 지점의 반력 R_A 및 R_B는 다음과 같다.

$$R_A=\frac{Wl_2}{l}\,,\;\;R_B=\frac{Wl_1}{l}$$

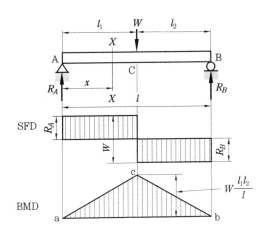

　A점에서 임의의 거리 x에 있는 단면 $X-X$에 작용하는 전단력을 그 단면의 왼
쪽에 대하여 구하면, AC 사이에서는 R_A의 힘이 상향으로 작용하므로,

$$F_{A-C}=R_A=\frac{Wl_2}{l}$$

　x가 l_1보다 큰 CB 사이에 단면 $X-X$을 생각할 때, 이 단면의 왼쪽에는 상향
의 힘 R_A와 하향의 힘 W가 작용하므로

$$F_{C-B} = R_A - W = \frac{Wl_2}{l} - W = \frac{-Wl_1}{l} = -R_B$$

그러므로 AC 사이 및 CB 사이의 전단력 선도는 가로축의 왼쪽 및 아래쪽에 각각 R_A 및 R_B의 크기로 가로축에 평행하게 그린 직선으로 표시된다.

$X-X$의 왼쪽에 작용하는 굽힘 모멘트를 구하면, AC 사이에서는

$$M_x = R_A x = \frac{Wl_2}{l} x$$

이 식은 x의 1차식이므로 직선적으로 변화하며, $x=0$인 A점에서 $M_A=0$, $x=l_1$인 C점에서 $M_c = \frac{Wl_1 l_2}{l}$이다. 그리고 부호는 (+)이므로, 그림의 ac와 같이 표시된다. CB 사이에서는

$$M_x = R_A x - W(x-l_1) = \frac{Wl_2}{l} x - W(x-l_1) = \frac{Wl_1}{l}(l-x)$$

이 식 역시 x의 1차식이므로 직선적으로 변화하며, $x=l_1$인 C점에서

$$M_c = \frac{Wl_2}{l}$$

$x=l$인 B점에서 $M_B=0$이다. 그리고 부호는 (+)이므로 그림의 cb와 같이 표시된다. 결국 굽힘 모멘트는 C점의 양쪽에서 모두 (+)이고, 그림과 같이 산 모양을 이루며, $x=l_1$인 C점에 최대 굽힘 모멘트 $M_{\max}$이 작용한다는 것을 알 수 있다. 즉, $M_{\max} = \frac{Wl_1 l_2}{l}$ [N·m = J]

이와 같이 단순보에서는 집중하중이 작용하는 단면에 최대 굽힘 모멘트가 작용한다. 만일 집중하중이 보의 중앙에 작용한다면 $l_1 = l_2 = \frac{l}{2}$이 되므로,

$$M_{\max} = \frac{W}{4} l$$

㈣ 단순보의 전 길이에 걸쳐 균일 분포하중이 작용할 때 : 균일 분포하중이 보의 길이에 걸쳐 작용하는 단순보에서 단위 길이마다의 균일 분포하중을 w라 하면, 양지점의 반력 R_A, R_B는 다음과 같다.

$$R_A = R_B = \frac{wl}{2}$$

A점에서 임의의 거리 x에 있는 단면 $X-X$에 대한 전단력을 그 단면의 왼쪽에 대하여 생각하면,

$$F_x = R_A - wx = \frac{wl}{2} - wx = w\left(\frac{l}{2} - x\right)$$

이 식은 거리 x에 대하여 1차식이므로 전단력은 직선으로 변화되며,

$x = 0$인 A점에서 $F_A = \frac{1}{2}wl$

$x = l$인 B점에서 $F_B = w\left(\frac{l}{2} - l\right) = -\frac{1}{2}wl$

$x = \frac{l}{2}$인 중앙점 C점에서 $F_C = w\left(\frac{l}{2} - \frac{l}{2}\right) = 0$

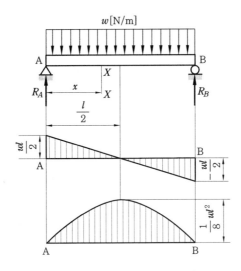

그러므로 전단력 선도는 직선으로 나타나며, 양 지점에서 최대이고, 중앙점에서 0이 된다는 것을 알 수 있다. 다음에 단면 $X-X$에 작용하는 굽힘 모멘트를 그 단면의 왼쪽에 대하여 생각하면,

$$M_x = R_A x - wx \times \frac{x}{2} = \frac{wl}{2}x - \frac{w}{2}x^2 = \frac{w}{2}(lx - x^2)$$

이 식은 x의 2차식이므로, 굽힘 모멘트 선도는 포물선으로 나타나며,

$x = 0$인 A점에서 $M_A = 0$

$x = l$인 B점에서 $M_B = 0$

이다. 그리고 $lx - x^2 = x(l - x) > 0$이므로, 굽힘 모멘트의 부호는 전 길이에 걸

쳐 (+)이다. 그러므로 굽힘 모멘트 선도는 그림과 같이 가로축 위쪽에 대칭형의 포물선으로 표시된다. 따라서, 최대 굽힘 모멘트 M_{max}은 $x = \dfrac{l}{2}$인 C점, 즉 중앙 단면에 생기며,

$$M_{max} = \frac{w}{2}\left(l \times \frac{l}{2} - \frac{l^2}{4}\right) = \frac{1}{8}wl^2$$

예제 35. 다음 그림과 같이 스팬 200 cm의 단순보에 A점에서 80 cm 및 140 cm 되는 점 C, D에 각각 400 N 및 300 N의 집중하중이 집중할 때의 전단력 선도 및 굽힘 모멘트 선도를 그려라.

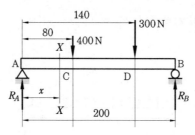

해설 먼저, 지점 A 및 B의 반력 R_A 및 R_B를 구하면,

$$R_A = \frac{400 \times 120 + 300 \times 60}{200} = 330 \text{ N}$$

$$R_B = 400 + 300 - 330 = 370 \text{ N}$$

A점에서 임의의 거리 x에 있는 단면 $X-X$에 작용하는 전단력을 그 단면의 왼쪽에 대하여 구하면,

A−C 사이에서는 $F_{A-C} = R_A = 330$ N

C−D 사이에서는 $F_{C-D} = R_A - 400 = 330 - 400 = -70$ N

D−B 사이에서는 오른쪽에 대하여 구하면, $F_{D-B} = R_B = -370$ N

따라서, 전단력 선도는 그림과 같이 표시된다. 다음에 임의의 단면 $X-X$에 작용하는 굽힘 모멘트를 그 단면의 왼쪽에 대하여 생각하면,

A−C 사이에서 $M_x = R_A x = 330x$

$x = 0$인 A점에서$= 0$

$x = 80$인 C점에서$= 330 \times 80 = 26400$ N·cm

따라서, A−C 사이의 굽힘 모멘트 선도는 그림의 ab와 같이 직선으로 된다.

C−D 사이에서 $M_x = R_A x - 400 \times (x - 80) = 330x - 400x + 32000 = -70x + 32000$

$x = 80$인 C점에서 $M_C = -70 \times 80 + 32000 = 26400$ N·cm

$x = 140$인 D점에서 $M_D = -70 \times 140 + 32000 = 22200$ N·cm

따라서, C−D사이의 굽힘 모멘트 선도는 그림의 bc와 같은 직선으로 된다.

D−B 사이에서는 그 단면의 오른쪽에 대하여 구하면,

$$M_x = R_B \times (200 - x) = 370 \times (200 - x) = 74000 - 370x$$

$x = 140$인 D점에서 $M_D = 74000 - 370 \times 140 = 22200$ N·cm

$x = 200$인 B점에서 $M_B = 0$

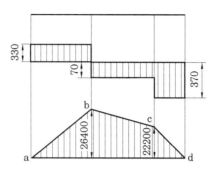

따라서, D–B 사이에서는 그림의 cd와 같은 직선으로 표시된다. 이와 같이 하여 이 단순 보의 굽힘 모멘트 선도가 그려진다. 최대 굽힘 모멘트는 400 N의 하중점인 C점의 단면에 작용하며, 그 값은 26400 N·cm이다. 이 선도에서 알 수 있는 바와 같이 이 선도는 하중 점에서 꺾여져서 극대값을 나타내므로, 집중하중만이 작용하는 단순보의 최대 굽힘 모멘트를 구하려면 각 하중점의 굽힘 모멘트를 구하여 비교하고, 그 중 절대값이 최대인 것을 잡으면 된다.

(4) 보의 응력과 변형

① 보의 응력

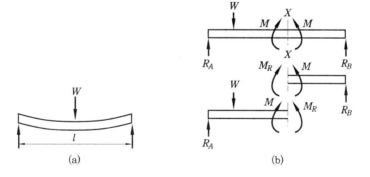

(a)

(b)

㈎ 저항 모멘트와 휨 응력 : 그림 (a)와 같이 보가 하중을 받을 때에는 모든 단면에 굽힘 모멘트가 작용하며, 이로 인하여 보는 휜다. 보가 굽힘 모멘트를 받고도 파 괴되지 않고 평형상태에 있는 것은 재료 내부에 굽힘 모멘트와 평형을 이루는 저 항이 생기기 때문이다.

임의의 단면 $X-X$에 작용하는 굽힘 모멘트를 M이라 하고, 이 보를 단면 $X-X$에서 오른쪽 보에 반시계 방향의 모멘트 M을 받고 평형 상태에 있으려면,

단면 $X-X$에 M과 크기가 같고 방향이 반대인 M_R가 생겨야 한다. 왼쪽 보에 대해서도 마찬가지로 M_R가 생길 것이다. 이 M_R는 M에 저항하여 재료 내부에 생긴 모멘트이므로, 이것을 저항 모멘트 (resisting moment)라 한다.

이와 같은 저항 모멘트는 휨 작용에 의하여 재료 내부에 생기는 응력으로 인하여 일어나는 것이다.

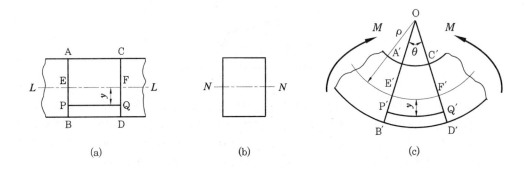

(a)　　　　　　(b)　　　　　　(c)

그림 (a)와 같이 보의 임의의 곳에 보의 축선에 직각이고 매우 짧은 거리의 평행한 두 단면 AB, CD를 생각하여 이것이 하중을 받아 그림 (c)와 같이 휘었다고 하면, AC층은 수축되어 처음 길이보다 짧아지고, BD층은 늘어나서 길어진다. 따라서, 보의 위층에는 가로 단면에 직각으로 압축응력이 생기고, 아래층에는 인장응력이 생긴다.

이와 같은 압축응력과 인장응력을 통틀어 휨응력(bending stress)이라 한다. 보의 위층의 줄어듦과 아래층의 늘어남이 연속적으로 변화하고 있으나, 그 중간층에는 줄어들지도 않고 늘어나지도 않는 면이 있는데, 이 면을 중립면(neutral surface)이라 한다.

중립면 EF는 휨 작용에 의하여 $E'F'$의 곡선으로 휘었지만, 길이의 변화가 없으므로 $\overline{EF} = E'F'$이다. 또, 중립면과 보의 가로 단면과의 교선 NN을 중립축(neutral axis)이라 한다.

보의 단면에 생기는 응력의 분포상태는 처음에 평행이었던 AB, CD의 양 단면은 휘어져서 A′B′, C′D′와 같이 기울어지고, 그 연장선은 반드시 점 O점에서 각 θ를 이루고 만난다. A′B′, C′D′는 매우 짧은 거리에 있는 단면이므로, 이 부채꼴은 원의 일부분과 같다고 볼 수 있으며, 이때 점 O에서 중립면 $E'F'$까지의 거리, 즉 $E'F'$의 반지름을 곡률 반지름(radius of curvature)이라 한다.

인장응력이 작용하고 있는 보의 아래층에 있어서, 중립면 EF로부터 임의의 거리

y 에서 PQ 층이 휨 작용에 의하여 P′Q′로 되었다고 하면, 휘기 전에는 중립면의 길이 EF와 같았지만, 휜 뒤에는 $P'Q' - \overline{EF} = P'Q' - E'F'$ 만큼 늘어난다. 그러므로, 이 층의 변형률 ε은 다음과 같다.

$$\varepsilon = \frac{P'Q' - E'F'}{E'F'}$$

중립면의 곡률 반지름을 ρ라 하고, A′B′ 및 C′D′가 이루는 각을 θ [rad]라 하면, $E'F' = \rho\theta$, $P'Q' = (\rho + y)\theta$이므로,

$$\varepsilon = \frac{(\rho + y)\theta - \rho\theta}{\theta\rho} = \frac{y}{\rho}$$

그런데 변형률은 $\varepsilon = \dfrac{\sigma}{E}$이므로, 이를 위 식에 대입하여 인장응력을 구하면,

$$\sigma = E\varepsilon = \frac{E}{\rho}y$$

세로 탄성계수 E와 곡률 반지름 ρ는 일정하므로, 단면에 생기는 인장응력은 중립면에서의 거리 y에 정비례하는 것을 알 수 있으며, $y = 0$인 중립면에서 $\sigma = 0$이고, 바깥표면 BD층에서 최대가 된다.

압축응력도 중립면에서 위층으로 갈수록 그 거리에 정비례하여 커지며, 바깥 표면 AC 층에서 최대가 된다. 따라서, 상하 양 표면 사이의 거리를 AB, 중립축의 위치를 O라 하고, 최대 인장응력 σ_1와 압축응력 σ_c를 각각 BB′ 및 AA′의 길이로 표시하면, 휨 응력의 분포상태는 직선 OA′ 및 OB′로 되며, 그 값은 다음과 같다.

$$\sigma_t = \frac{E}{\rho}y_t, \ \ \sigma_c = \frac{E}{\rho}y_c \qquad\qquad \frac{E}{\rho} = \frac{\sigma}{y} = \frac{\sigma_t}{y_t} = \frac{\sigma_c}{y_c}$$

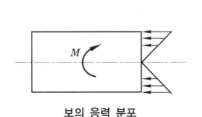

보의 응력 분포   응력 분포 선도

(내) 중립축의 위치 : 휨 응력을 구하기 위해서는 중립축에서 단면의 어느 층까지의 거리가 필요하므로 중립축의 위치를 알아야 한다. 보에는 중립축을 경계로 하여 상하 단면부분에 압축응력의 합력인 압축내력과 인장응력의 합력인 인장내력이 반대 방향으로 생기며, 또 보에 작용하는 세로방향의 힘은 이 내력들뿐이므로 평형조건에 의하여 세로 방향의 힘의 합은 0이 되어야 한다.

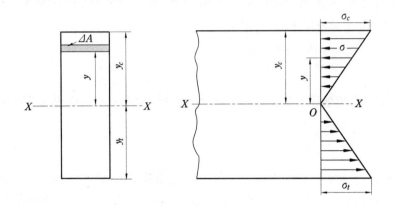

임의의 얇은 층의 미소 단면 $\sigma \cdot \Delta A$는 $\sigma = \dfrac{E}{\rho} y$ 이므로 $\sigma \cdot \Delta A = \dfrac{E}{\rho} y$ 이다. 이 단면의 얇은 층이 n개 있다고 가정하고, 각 미소 단면적을 ΔA_1, ΔA_2, ΔA_3, ⋯, ΔA_n, 중립축으로부터 각 층까지의 거리를 y_1, y_2, y_3, ⋯, y_n이라 하면, 이 단면의 전 응력, 즉 내력의 합은 0이어야 하므로,

$$\frac{E}{\rho} y_1 \cdot \Delta A_1 + \frac{E}{\rho} y_2 \cdot \Delta A_2 + \frac{E}{\rho} y_3 \cdot \Delta A_3 + ... + \frac{E}{\rho} y_n \cdot \Delta A_n$$

$$= \frac{E}{\rho}(y_1 \cdot \Delta A_1 + y_2 \cdot \Delta A_2 + y_3 \cdot \Delta A_3 + ... + y_n \cdot \Delta A_n) = 0$$

그러므로

$$y_1 \cdot \Delta A_1 + y_2 \cdot \Delta A_2 + y_3 \cdot \Delta A_3 + ... + y_n \cdot \Delta A_n = 0$$

이 식은 단면을 구성하고 있는 모든 미소 단면적의 중립축에 대한 1차 모멘트의 총합이 0이 된다는 것을 나타내므로, 중립축은 그 단면의 도심(centroid)을 지나야 할 것이다. 즉, 중립축의 위치는 그 단면의 도심을 포함하는 위치에 있는 것이다.

(대) 단면 2차 모멘트 및 단면계수

• 단면 2차 모멘트 및 단면계수 : 앞에서 설명한 바와 같이 보가 하중을 받아 휠 때, 임의의 단면에 생기는 저항 모멘트는 그 단면에 작용하는 굽힘 모멘트와 같

고, 또 저항 모멘트는 단면에 생긴 응력의 중립축에 대한 모멘트의 합과 같다. 앞의 그림에서 중립축 $X - X$로부터 y의 거리에 있는 미소 단면 ΔA에 생기는 전 응력 $\dfrac{E}{\rho}y \cdot \Delta A$의 중립축에 대한 모멘트는

$$\frac{E}{\rho}y \cdot \Delta A \times y = \frac{E}{\rho} \cdot \Delta A y^2$$

이 단면 전체가 미소 단면적 ΔA_1, ΔA_2, ΔA_3, $\cdots$, ΔA_n인 n개의 얇은 층으로 되어 있다고 생각하면 모든 층의 전 응력의 중립축에 대한 모멘트의 합은 이 단면에 작용하는 굽힘 모멘트 M과 평형을 이루어야 하므로,

$$M = \frac{E}{\rho}(\Delta A_1 y_1{}^2 + \Delta A_2 y_2{}^2 + \Delta A_3 y_3{}^2 + \ldots\ldots + \Delta A_n y_n{}^2) = \frac{E}{\rho}\sum \Delta A \cdot y^2$$

이 식 중의 $\sum \Delta A \cdot y^2$은 얇은 층의 단면적에 중립축으로부터 그 얇은 층까지의 거리의 제곱을 곱하여 모두 합한 것이며, 이것을 단면 2차 모멘트(second moment of area)라 하고, 보통 I로 표시한다. 따라서, 위 식은 다음과 같이 된다.

$$M = \frac{E}{\rho}I \text{ 또는 } \frac{1}{\rho} = \frac{M}{EI}$$

$$\frac{E}{\rho} = \frac{\sigma_t}{y_t} = \frac{\sigma_c}{y_c} \text{ 이므로 } M = \sigma_t \cdot \frac{I}{y_t} = \sigma_c \frac{I}{y_c}$$

위 식에서 $\dfrac{I}{y_t}$, $\dfrac{I}{y_c}$를 단면계수(section modulus)라 한다.

그리고 $\dfrac{I}{y_t}$는 인장쪽, $\dfrac{I}{y_c}$는 압축쪽의 단면계수이다. 이들을 Z_t, Z_c로 표시하면 다음과 같이 된다.

$$Z_t = \frac{I}{y_t}, \ Z_c = \frac{I}{y_c} \qquad\qquad \therefore M = \sigma_t Z_t = \sigma_c Z_c$$

단면의 모양이 중립축에 대하여 대칭이 아닐 때에는 그 단면에는 Z_t 및 Z_c의 2개의 단면계수가 존재하지만, 단면의 모양이 중립축에 대하여 대칭이면 $y_t = y_c$이므로 $Z_t = Z_c$로 되며, 따라서 $\sigma_t = \sigma_c$로 된다. Z_t 및 Z_c를 Z로 표시하고, $y_t = y_c = y$, $\sigma_t = \sigma_c = \sigma_b$로 표시하면,

$$Z = \frac{I}{y}, \ M = \sigma_b Z$$

σ_b는 M이 작용하는 단면에 생기는 최대 굽힘응력이며, 보통 굽힘응력이라 하면 이것을 뜻한다. 그리고 σ는 M이 최대인 단면에서 가장 크므로 최대 굽힘 모멘트

가 작용하는 단면을 위험단면(dangerous section)이라 한다. 단면 2차 모멘트 I 는 단면의 모양 및 치수에 따라 정해지는 일정한 값이며 y_t, y_c 도 단면의 모양에서 결정되므로, 단면계수 Z 도 단면의 모양 및 치수에 따라 일정한 값으로 된다.

- 중립축에 평행한 임의의 축에 대한 단면 2차 모멘트 : 앞에서 설명한 단면 2차 모멘트 I 는 중립축에 대한 단면 2차 모멘트이다. $X'-X'$ 축을 중립축 $X-X$ 에 평행한 임의의 축이라 하고, 두 축 사이의 거리를 l 이라 한다.

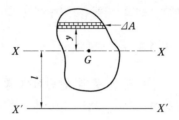

지금 $X-X$ 축으로부터 임의의 거리 y 에 있는 미소 면적을 ΔA 라 하면, 이 축에 대한 단면 2차 모멘트 I 는 단면 중의 모든 미소 면적에 대한 $\Delta A \cdot y^2$ 을 모두 합한 것이므로, $I = \sum \Delta A \cdot y^2$ 이다. 다음에 $X'-X'$ 축에 대한 단면 2차 모멘트를 I' 라 하면, 이 축에서 미소 면적까지의 거리는 $l+y$ 이므로,

$$I' = \sum \Delta A \cdot (l+y)^2 = \sum \Delta A \cdot (l^2 + 2ly + y^2)$$

$$= \sum \Delta A \cdot l^2 + 2l \sum \Delta A \cdot y + \sum \Delta A \cdot y^2$$

이다. 여기서, $\sum \Delta A$ 는 전체의 단면적 A 와 같고, $\sum \Delta A \cdot y^2$ 는 단면의 도심을 지나는 축, 즉 중립축에 대한 면적 모멘트이므로 0이다. 그리고 $\sum \Delta A \cdot y^2$ 은 중립축 $X-X$ 에 대한 단면 2차 모멘트 I 와 같으므로,

$$I' = I + Al^2$$

이 되며, 이것을 평행축의 정리(theorem of parallel axis)라 한다. 보에서 단면 2차 모멘트라 하면 중립축에 대한 단면 2차 모멘트를 말하는 것이며, 임의의 한 축에 대한 단면 2차 모멘트에 대해서는 그 축의 위치를 명시하여야 한다.

- 극단면 2차 모멘트 : 단면의 중심에서 그 단면에 수직으로 세운 축에 대한 단면 2차 모멘트를 그 단면의 극단면 2차 모멘트(polar moment of inertia of area)라 한다. 단면에서 도심을 G 라 하고, G 점에서 직각으로 만나는 임의의 좌표축을 $X-X$, $Y-Y$ 라고 하자.

여기서, G점에서 단면에 수직으로 세운 축으로부터 단면 중의 임의의 미소 면적 ΔA까지의 거리를 r라 하면, 극단면 2차 모멘트 I_p는 $I_p = \sum \Delta A \cdot r^2$이 되고, 미소 면적 ΔA의 좌표를 x, y라 하면, $r^2 = x^2 + y^2$이므로, 위의 식은 $I_p = \sum \Delta A \cdot r^2 = \sum \Delta A \cdot (x^2 + y^2) = \sum \Delta A \cdot x^2 + \sum \Delta A \cdot y^2$이 된다.

앞의 식에 $\sum \Delta A \cdot x^2$은 $Y - Y$축에 대한 단면 2차 모멘트이다. 따라서, 이들을 각각 I_x 및 I_Y로 표시하면,

$$I_p = I_x + I_Y$$

즉, 극단면 2차 모멘트는 도심을 지나 그 평면 위에서 직교하는 두 축에 대한 단면 2차 모멘트의 합과 같다.

• 여러 가지 단면의 I 및 Z

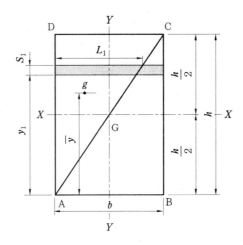

– 직사각형 : 직사각형 단면에서 가로, 세로의 길이를 b, h라 하고, 이 단면이 미소 면적 ΔA_1, ΔA_2, …, ΔA_n으로 구성되어 있다고 생각한다. 여기서, 밑변 AB에서 각 미소 면적까지의 거리를 각각 y_1, y_2, ……, y_n이라 하면, 밑변 AB에 대한 단면 2차 모멘트 I_a는 $I_a = \Delta A_1 \cdot y_1^2 + \Delta A_1 \cdot y_1^2 + …… + \Delta A_n \cdot y_n^2$이다.

미소 단면의 높이를 각각 S_1, S_2, …, S_n이라 하면, 윗식에 각 미소 단면의 넓이는 $\Delta A_1 = bS_1$, $\Delta A_2 = bS_2$, ……, $\Delta A_n = bS_n$이고, 또 직각 삼각형 ACD에서

$$\frac{L_1}{y_1} = \frac{L_2}{y_2} = \cdots = \frac{L_n}{y_n} = \frac{b}{h}$$

$$\therefore \ b = \frac{L_1}{y_1}h = \frac{L_2}{y_2}h = \cdots = \frac{L_n}{y_n}h$$

따라서, 각 미소 단면의 넓이는

$$\Delta A_1 = \frac{L_1}{y_1}hS_1, \ \Delta A_2 = \frac{L_2}{y_2}hS_2, \ \cdots\cdots, \ \Delta A_n = \frac{L_n}{y_n}hS_n$$ 이 되며, 이들을 I_a의

식에 대입하면, $I_a = h(L_1 S_1 y_1 + L_2 S_2 y_2 + \cdots\cdots + L_n S_n y_n)$ 이 된다.

위의 식에서 괄호 안의 값은 직각 삼각형 ACD의 축 AB에 대한 면적 모멘트이므로, 이 삼각형의 넓이를 A, 축 AB에서 그 도심 g까지의 거리를 $\overline{y}$ 라 하면, 면적 모멘트는 $A\overline{y}$로 표시되며, 따라서 $I_a = hA\overline{y}$가 된다. 그리고 $A = \frac{bh}{2}$, $\overline{y} = \frac{2}{3}h$

이므로, 이를 대입하면, $I_a = \frac{bh^3}{3}$ 으로 밑변 AB 축에 대한 직사각형 단면의 단면 2차 모멘트이다.

도심을 지나는 축 $X - X$에 대한 단면 2차 모멘트 I를 구하면,

$$I = I_a - A\left(\frac{h}{2}\right)^2 = \frac{bh^3}{3} - bh \times \frac{h^2}{4} = \frac{bh^3}{12}$$

또, 단면계수는 $Z = \frac{I}{y}$ 이므로, 중립축 $X - X$로부터 바깥 표면까지의 거리 $y = \frac{h}{2}$

를 대입하면, $Z = \frac{\frac{bh^3}{12}}{\frac{h}{2}} = \frac{bh^2}{6}$

- 삼각형 : 삼각형 ABC의 단면 2차 모멘트를 구하기 위하여, 삼각형 ABC에서 이를 둘러싸는 직사각형 ABB′A′를 생각하여 이의 도심을 g 라 하고, g를 지나고 AB에 평행한 축을 $R - R$라 하면, 삼각형 ABC의 $R - R$ 축에 대한 단면 2차 모멘트는 직사각형 ABB′A′의 이 축에 대한 단면 2차 모멘트의 $\frac{1}{2}$ 임을 알 수 있다.

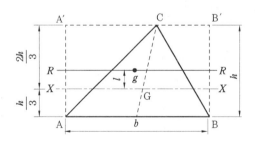

따라서, $R-R$축에 대한 삼각형 ABC의 단면 2차 모멘트를 I_T라 하면, 직사각형 ABB′A′의 도심축에 대한 단면 2차 모멘트 $I = \dfrac{bh^3}{12}$ 이므로,

$$I_T = \frac{1}{2} \times \frac{bh^3}{12} = \frac{bh^3}{24}$$

다음에 삼각형 ABC의 도심 G를 지나고 밑변 AB에 평행한 축을 $X-X$라 하면, 이 축과 $R-R$축과의 거리 $l = \dfrac{h}{2} - \dfrac{h}{3} = \dfrac{h}{6}$ 이므로, 도심축 $X-X$에 대한 삼각형 ABC의 단면 2차 모멘트 I_G는 다음과 같다.

$$I_G = I_T - Al^2 = \frac{bh^3}{24} - \frac{bh}{2} \times \left(\frac{h}{6}\right)^2 = \frac{bh^3}{36}$$

또 단면계수는 도심을 지나는 축 $X-X$에서 단면 끝까지의 거리가 각각 $\dfrac{h}{3}$, $\dfrac{2h}{3}$ 이므로, 이 경우의 단면계수는 2개가 존재하며, 이들을 각각 Z_1, Z_2라 하면,

$$Z_1 = \frac{I_G}{y_1} = \frac{\dfrac{bh^3}{36}}{\dfrac{h}{3}} = \frac{bh^2}{12}, \quad Z_2 = \frac{I_G}{y_2} = \frac{\dfrac{bh^3}{36}}{\dfrac{2h}{3}} = \frac{bh^2}{24}$$

다음에 삼각형 ABC의 밑변 AB축에 대한 단면 2차 모멘트 I_a는 양 축 사이의 거리 $l = \dfrac{1}{3}h$ 이므로

$$I_a = I_G + Al^2 = \frac{bh^3}{36} + \frac{bh}{2} \times \left(\frac{h}{3}\right)^2 = \frac{bh^3}{12}$$

이고, 또 꼭지점 C를 지나고 밑변 AB에 평행한 축 A′B′에 대한 삼각형 ABC의 단면 2차 모멘트를 I_c라 하면, 도심축과의 거리 $\dfrac{2}{3}h$ 이므로

$$I_c = I_G + Al^2 = \frac{bh^3}{36} + \frac{bh}{2} \times \left(\frac{2h}{3}\right)^2 = \frac{1}{4}bh^3$$

- 원 : 반지름이 r인 원형을 그 중심 G를 꼭지점으로 하는 미소 삼각형 AGB, BGC, CGD, …… 등으로 나누고, 각 미소 삼각형의 밑변 AB, BC, CD, …의 길이를 b_1, b_2, b_3, … 등이라 하면, G점을 지나고 각 밑변에 평행한 축에 대한 이들 미소 삼각형의 단면 2차 모멘트는 $\dfrac{b_1 r^3}{4}$, $\dfrac{b_2 r^3}{4}$, $\dfrac{b_3 r^3}{4}$, …… 이다.

각 미소 삼각형의 밑변 AB, BC, CD, … 등이 매우 작다고 가정하면, G를 지나 이들 밑변에 평행한 축에 대한 미소 삼각형의 단면 2차 모멘트는 곧 G점에서 이 원형 단면에 수직인 축에 대한 극단면 2차 모멘트와 같으므로, 이들을 합하면 이 원의 극단면 2차 모멘트 I_p와 같게 될 것이다. 즉,

$$I_p = \frac{b_1 r^3}{4} + \frac{b_2 r^3}{4} + \frac{b_3 r^3}{4} + \cdots\cdots$$

$$= \frac{r^3}{4}(b_1 + b_2 + b_3 + \cdots)$$

$$= \frac{r^3}{4} \times 2\pi r = \frac{\pi r^4}{2}$$

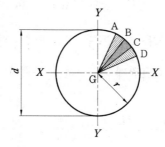

원의 지름을 d라 하면, $d = 2r$이므로 위 식은

$$I_p = \frac{\pi r^4}{2} = \frac{\pi d^4}{32}$$

또, 중심 G를 지나 직각으로 만나는 두 축을 $X-X$, $Y-Y$라 하고, 이들 축에 대한 원의 단면 2차 모멘트를 I_X, I_Y라 하면 $I_X = I_Y$이며, $I_p = I_X + I_Y$이므로

$$I_X = I_Y = \frac{1}{2} I_p = \frac{\pi d^4}{64}$$

단면계수는 $Z = \frac{I}{y}$에서 $y = r = \frac{d}{2}$이므로,

$$Z = \frac{\dfrac{\pi d^4}{64}}{\dfrac{d}{2}} = \frac{\pi d^3}{32}$$

예제 **36.** 한 변의 길이가 3 cm인 정사각형 단면의 도심을 지나고 한 변에 평행한 축에 대한 단면 2차 모멘트 및 단면계수를 구하여라.

[해설] 한 변의 길이가 h인 정사각형 단면의 단면 2차 모멘트 I는 직사각형 단면의 단면 2차

모멘트 $I = \dfrac{bd^4}{12}$ 에서 $b = h$인 경우이므로, $I = \dfrac{h^4}{12}$ 이 된다.

따라서, $I = \dfrac{3^4}{12} = 6.75 \text{ cm}^4$

단면계수는 $y = \dfrac{h}{2}$ 이므로,

$$Z = \frac{I}{y} = \frac{\dfrac{h^4}{12}}{\dfrac{h}{2}} = \frac{h^3}{6} = \frac{3^3}{6} = 4.5 \text{ cm}^3$$

[예제] **37.** 바깥지름 $d_2 = 10$ cm, 안지름 $d_1 = 6$ cm인 속이 빈 원형 단면의 단면 2차 모멘트 및 단면계수는 얼마인가?

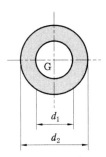

[해설] d_2의 원과 d_1의 원은 동심원이므로, d_2의 원형 단면, d_1의 원형 단면 및 속이 빈 원형 단면의 도심은 모두 일치한다. 그러므로 속이 빈 원형 단면의 단면 2차 모멘트 I는 d_2인 원형 단면의 단면 2차 모멘트 I_2에서 d_1인 원형 단면의 단면 2차 모멘트 I_1을 뺌으로써 구할 수 있다.

즉, $I = I_2 - I_1$

$$I_2 = \frac{\pi d_2^4}{64} = \frac{\pi \times 10^4}{64} = 491 \text{ cm}^4$$

$$I_1 = \frac{\pi d_1^4}{64} = \frac{\pi \times 6^4}{64} = 63.6 \text{ cm}^4$$

$$\therefore \ I = I_2 - I_1 = 491 - 63.6 = 427.4 \text{ cm}^4$$

또, 이것을 표 여러 가지 단면의 I 및 Z에 의하여 직접 구하면,

$$I = \frac{\pi}{64}(d_2^4 - d_1^4) = \frac{\pi}{64}(10^4 - 6^4) = 427.4 \text{ cm}^4$$

단면계수 Z는 I를 중립 속으로부터 단면 끝까지의 거리, 즉 바깥쪽 원의 반지름으로 나누면 되므로,

$$Z = \frac{I}{y} = \frac{427.4}{5} = 85.48 \text{ cm}^3$$

예제 38. 너비 2 cm, 높이 3 cm의 직사각형 단면을 가진 길이 30 cm의 외팔보가 있다. 그 자유단이 50 N의 집중하중을 받을 때, 이 보에 생기는 최대 굽힘응력은 얼마인가?

해설 $M = \sigma_b Z$의 관계는 단면계수가 Z인 균일 단면의 보에서 굽힘 모멘트 M이 커지면 그 단면에 생기는 최대 휨 응력 σ_b도 비례하여 커진다. 그러므로 보에 생기는 최대 굽힘응력은 최대 굽힘 모멘트가 작용하는 단면, 즉 위험단면에 생기는 굽힘응력이 최대의 것이 될 것이다.
이 단면의 단면계수 $Z = \dfrac{1}{6}bh^2 = \dfrac{1}{6} \times 2 \times 3^2 = 3\ \text{cm}^3$이고, 최대 굽힘 모멘트는 고정단에 생기며, 그 값은 $M = 50 \times 30 = 1500\ \text{N·cm}$이다. 따라서, 이 보에 생기는 최대 굽힘응력 $\sigma_b = \dfrac{M}{Z} = \dfrac{1500}{3} = 500\ \text{N/cm}^2$이다.

예제 39. 길이 2 m의 직사각형 단면의 단순보 중앙에 2340 N의 집중하중을 안전하게 받게 하려면 이 단면의 크기를 얼마로 하면 되는가? (단, 직사각형 단면의 너비와 높이의 비는 $b : h = 1 : 2$, 허용응력은 78 MPa이다.)

해설 보에 생기는 최대 굽힘응력이 보의 재료의 허용응력 이내에 있으면 보 전체는 파괴되지 않고 안전하다고 할 수 있다. 따라서, 안전한 보의 단면 치수는 보에 작용하는 최대 굽힘 모멘트 M과 보의 재료의 허용 굽힘응력 σ_b로써 $Z = \dfrac{M}{\sigma_b}$의 관계에 의하여 구해지는 단면계수 Z의 값을 기준으로 하여 결정된다. 이 보에 작용하는 최대 굽힘 모멘트는 보의 중앙인 하중에 일어나며, 그 값은 $M = \dfrac{Wl}{4} = \dfrac{2340 \times 2}{4} = 1170\ \text{N·m}$이다.

허용 굽힘응력은 $\sigma_b = 78\ \text{MPa}$이므로 필요한 단면계수는

$Z = \dfrac{M}{\sigma_b} = \dfrac{1170}{78 \times 10^6} = 15 \times 10^{-6}\ \text{m}^3 = 15\ \text{cm}^3$이다.

직사각형 단면의 단면계수는 $b : h = 1 : 2$이므로

$$Z = \frac{1}{6}bh^2 = \frac{1}{6}b \times (2b)^2 = \frac{2}{3}b^3 = 15$$

$$\therefore\ b = \sqrt[3]{15 \times \frac{3}{2}} = \sqrt[3]{22.5} \fallingdotseq 2.83\ \text{cm}, \quad \therefore\ h = 2b = 2 \times 2.83 = 5.66\ \text{cm}$$

② **보의 강도와 단면계수** : 보에 하중이 작용할 때, 그 보의 내부에 생기는 응력은 단면의 상하 표면 층에서 최대이므로, 보가 하중에 대하여 안전한가 아닌가는 단면의 표면층에 생기는 응력의 크기로서 판단할 수 있다. 즉, 보의 어느 단면에 어떤 굽힘 모멘트가 작용할 때, 이 단면의 강도는 그 표면층에 생기는 굽힘응력이 클수록 약하고 작을수록 강하다.

또, $M = \sigma_b Z$의 관계가 있으므로, 어떤 굽힘 모멘트 M에 대하여 휨 응력 σ_b를 작게 하려면 단면계수 Z를 크게 하고, 보의 강도는 증가하게 된다.

또, 보의 생기는 휨 응력을 일정한 값, 가령 허용응력으로 할 때에는 단면계수 Z의 값을 크게 할수록 굽힘 모멘트도 커지며, 따라서 보의 강도는 커진다. 그리고 $Z = \dfrac{I}{y}$이므로, Z를 크게 하려면 단면 2차 모멘트 I를 크게 하여야 한다.

I는 $I = \sum \Delta A \cdot y^2$이고, 단면 중의 얇은 층의 단면적 ΔA와 중립축으로부터 이 얇은 층까지의 거리 y의 제곱과의 곱을 단면 전체에 대하여 합한 것이므로, 단면적이 얇은 보에서는 넓이의 대부분이 중립축으로부터 멀리 있는 단면 모양일수록 I는 커지고, 따라서 Z도 커진다.

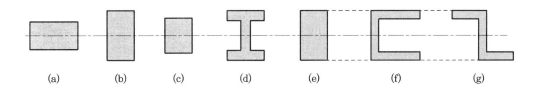

보기를 들면, 그림과 같은 단면계수는 그림 (a)보다 그림 (b)가 크고, 그림 (c)보다는 그림 (d)가 크며, 따라서 강도도 크다. 또, 그림 (f), (g)와 같은 단면으로 하는 것이 그 넓이가 중립축에서 먼 곳에 집중되어 있으므로 단면계수는 커지며, 따라서 강도도 커진다. 이와 같이 보의 강도는 어느 일정한 굽힘응력에 대하여 단면계수에 비례하며, 단면계수는 단면의 모양에 따라 변화한다. 그러므로 보를 설계할 때에는 되도록 단면계수를 크게 할 수 있는 단면 모양을 선정하여야 한다.

평면의 면적과 중심의 위치

명 칭	치 수	면 적	중심의 위치
삼각형		$A = \dfrac{ah}{2} = \dfrac{ab\sin\alpha}{2}$ $\quad = \sqrt{S(S-a)(S-b)(S-c)}$ $S = \dfrac{a+b+c}{2}$	$\bar{x} = \dfrac{h}{3}$
직삼각형		$A = \dfrac{bh}{2}$	$\bar{x} = \dfrac{b}{3}$

직사각형		$A = ab$	$\overline{x} = \dfrac{b}{2}$
평행사변형		$A = ah$ $h = \sqrt{b^2 - c^2}$	$\overline{x} = \dfrac{h}{2}$
사다리꼴		$A = \dfrac{(a+b)}{2} h$	$\overline{x} = \dfrac{h}{3} \times \left(\dfrac{a+b}{a+b}\right)$
원		$A_1 = \dfrac{\pi d^2}{4}$ $A_2 = \dfrac{\pi}{4}(D^2 - d^2)$	$\overline{x_1} = \dfrac{4r}{3\pi}$ $\overline{x_2} = \dfrac{D}{2}$
반원·반원호		$A = \dfrac{\pi}{2^3} d^2$ $S = \dfrac{\pi}{2} d\,(호의\ 길이)$	$\overline{x_1} = \dfrac{4r}{3\pi}$ $\overline{x_2} = \dfrac{2r}{\pi}$
원분		$A = \dfrac{br}{2} = \dfrac{\phi^\circ}{360} \pi r^2$	$\overline{x} = \dfrac{2}{3} \cdot \dfrac{c}{b} \cdot r$ $= \dfrac{r^2 c}{3A}$ $b = r \cdot \dfrac{\pi}{180} \cdot \phi^\circ$
부채꼴		$A = \dfrac{\phi^\circ \pi}{360}(R^2 - r^2)$	$\overline{x} = \dfrac{2}{3} \times \dfrac{R^3 - r^3}{R^2 - r^2}$ $\sin\alpha \dfrac{180}{\alpha^\circ \phi}$

예제 **40.** 직사각형 단면의 너비 12 cm, 높이 5 cm이고, 길이 100 cm인 외팔보가 있다. 이 보의 허용 휨응력을 50 MPa 라 하면, 자유단에 얼마의 하중을 걸 수 있는가? 또, 높이와 너비를 바꾸면 얼마의 하중을 걸 수 있는가?

해설 너비 2 cm, 높이 5 cm인 단면의 단면계수는, $Z = \dfrac{1}{6}bh^2 = \dfrac{1}{6} \times 12 \times 5^2 = 50$ cm^3

보의 길이 100 cm인 외팔보의 자유단에 걸 수 있는 하중을 W[N]이라 하면, 고정단에 작용하는 최대 굽힘 모멘트 $M = 100\,W$[N·cm]

$M = \sigma_b Z$에 의하여 $100\,W = 5000 \times 50$

$$\therefore\ W = \frac{5000 \times 50}{100} = 2500 \text{ N}$$

또, 너비와 높이를 바꾸어 너비를 5 cm, 높이를 12 cm로 할 때, 단면계수는 앞에서 설명한 바와 같이 커질 것이며, 그 값은

$$Z = \frac{1}{6}bh^2 = \frac{1}{6} \times 5 \times 12^2 = 120 \text{ cm}^2,\ \ M = \sigma_b Z \text{ 에 의하여 } 100\,W = 5000 \times 120$$

$$\therefore\ W = \frac{5000 \times 120}{100} = 6000 \text{ N이다.}$$

이와 같이 같은 단면적이면서도 높이와 너비를 바꾸어 놓으면 단면계수는 $\dfrac{Z_2}{Z_1} = \dfrac{120}{50} = 2.4$

배로 커지고, 휨 강도는 단면계수에 비례하므로 그만큼 큰 하중을 받을 수 있다는 것을 알 수 있다.

예제 **41.** 전 길이에 걸쳐 균일 분포하중을 받는 길이 1m 의 단순보의 허용 휨 응력이 5 N/mm^2 일 때, 이 보가 받을 수 있는 단위 길이마다의 하중 q [N/cm]는 얼마인가? (단, 보의 단면은 한 변이 6 cm인 정사각형이다.)

해설 최대 굽힘 모멘트에 대한 휨 응력이 허용 응력이 되도록 q 를 정하면 될 것이다.

이 경우 최대 굽힘 모멘트 M은 중앙에 생기며, 그 값은

$$M = \frac{ql^2}{8} = q \times \frac{100^2}{8} \text{ N·cm, 단면계수는 } Z = \frac{a^3}{6} = \frac{6^3}{6} = 36 \text{ cm}^3\text{이다.}$$

따라서, 받을 수 있는 굽힘 모멘트는 $\sigma_b Z = 5000 \times 36 = 180000$ N·cm이므로

$$\frac{q \times 100^2}{8} = 180000 \ \therefore\ q = \frac{180000 \times 8}{100^2} = 144 \text{ N가 된다.}$$

다음에 이 보가 받는 전 하중 $W = ql = 144 \times 100 = 14400$ N이며, 이 W를 균일 분포시키지 않고 보의 중앙에 집중하중으로 작용시키면, 최대 굽힘 모멘트는

$$M = \frac{Wl}{4} = \frac{14400 \times 100}{4} = 360000 \text{ N·cm이 된다.}$$

그러므로 보에 생기는 최대 응력 $\sigma_b = \dfrac{M}{Z} = \dfrac{360000}{36} = 10000$ N/cm^{2}이 되어 허용 응력을 훨씬 넘게 된다. 따라서, 같은 하중을 분포시켜서 작용시키는 경우가 집중하중으로 작용시키는 경우보다 보의 강도가 커진다는 것을 알 수 있다.

③ 보의 처짐

(개) **탄성곡선(elastic curve)** : 보가 하중을 받아 휠 때 중립면과 하중을 포함한 평면이 만나서 이루는 곡선을 탄성곡선이라 한다. 탄성곡선은 보의 전 길이에 걸쳐 1개의 원호로 될 때도 있지만, 일반적으로 1개의 원호로 되지 않는다. 그러나 매우 짧은 부분을 잘라서 생각하면 그 부분은 원호로 볼 수 있고, 이때 그 원호의 반지름이 곧 그 부분의 곡률 반지름이다. 곡률 반지름을 ρ라 하면, $\dfrac{1}{\rho} = \dfrac{M}{EI}$의 관계가 있다. 위 식에서 $\dfrac{1}{\rho}$을 곡률(curvature)이라 하는데, 이 값의 크기에 따라 보의 휨 정도를 판단할 수 있다. 단면의 크기가 일정한 보에서는 E 및 I가 일정하므로, 굽힘 모멘트 M이 클수록 곡률도 커지며, 따라서 곡률 반지름 ρ는 작아진다. 일반적으로 보의 굽힘 모멘트는 보의 전 길이에 걸쳐 변화한다.

따라서, 탄성곡선은 일반적으로 1개의 원호가 아니며, 가령 중앙에 집중하중을 받는 단순보에 대하여 그 탄성곡선은 양끝 지점에서는 굽힘 모멘트가 0이므로 곡률 반지름은 무한대이고, 탄성곡선은 직선으로 된다. 따라서, 양지점에서 보는 휘지 않는다. 그러나 지점으로부터 중앙으로 갈수록 굽힘 모멘트는 증가하므로 곡률 반지름은 점차로 작아지며, 하중이 걸리는 중앙에서 굽힘 모멘트는 최대이고, 곡률 반지름은 최소로 된다.

따라서, 보의 휘는 정도가 점차로 커지고, 중앙에서 가장 많이 휘게 된다. 또, 굽힘 모멘트가 보의 전 길이에 걸쳐 일정할 때에는 곡률 반지름 ρ는 일정하게 되므로 탄성곡선은 1개의 원호로 된다는 것을 알 수 있다. 이상은 EI의 값이 일정할 때에 M의 크기에 따라 보의 휘는 정도가 다르다는 것을 말해 주고 있다.

다음에, EI의 값이 다른 여러 보에 같은 크기의 굽힘 모멘트가 작용할 때, EI의 값이 클수록 곡률은 작아진다. EI는 휘는 정도를 나타내는 것으로서, 이것을 휨 강성(flexural rigidity)이라 한다. 보가 같은 재질이라면 세로 탄성계수 E는 일정하므로 휨 강성은 I에 따라 변화하며, I가 클수록 휘는 정도는 작아지므로 휨에 대한 저항이 커진다는 것을 알 수 있다.

예제 **42.** 단면의 너비 6 cm, 높이 18 cm, 길이 6 m인 황동재 단순보의 중앙에 12 kN의 집중하중이 작용할 때, 중앙에서의 곡률 반지름은 얼마인가? (단, 황동의 세로 탄성계수 $E = 110$ GPa이다.)

해설 단면의 단면 2차 모멘트 I는

$$I = \frac{bh^3}{12} = \frac{1}{12} \times 6 \times 18^3 = 2916 \text{ cm}^4 \text{이고, 스팬의 중앙에서의 굽힘 모멘트는}$$

$$M = \frac{1}{4}Wl = \frac{1}{4} \times 12000 \times 6 = 18000 \text{ N} \cdot \text{m}$$이다.

따라서, 중앙 단면의 곡률 반지름은

$$\rho = \frac{EI}{M} = \frac{110 \times 10^9 \times 2916 \times 10^{-8}}{18000} = 178.2 \text{ m가 된다.}$$

예제 43. 지름 6 mm의 곧은 강선을 지름 1.2 m의 원통에 감았을 때, 강선에 생기는 최대 굽힘응력은 얼마인가? (단, 세로 탄성계수 $E = 200$ GPa이다.)

해설 원통에 강선을 감았을 때의 상태는 그림과 같으며, 강선은 곡률 반지름 600 mm로 휘어진다. 엄밀히 말하면, 곡률 반지름은 603 mm이지만, 강선의 지름이 원통의 지름에 비하여 매우 작으므로 이를 무시하고 600 mm로 본 것이다.

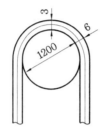

중립면은 강선의 지름의 중앙부에 생기며, 최대 굽힘응력은 굽힘응력 $\sigma_b = \dfrac{y}{\rho}E$에서 y가 최대인 강선의 표면에서 일어나고, 이 경우 $y = 3$ mm이므로

$$\sigma_b = \frac{y}{\rho}E = \frac{3}{600} \times 200 \times 10^3 = 1000 \text{ N/mm}^2 = 1000 \text{ MPa} = 1 \text{ GPa}$$

($\because 200 \text{ GPa} = 200 \times 10^3 \text{ N/mm}^2$)

(나) 보의 처짐 : 보가 하중을 받아 휠 때 나타내는 탄성곡선과 하중을 받지 않을 때의 중립된 사이의 거리를 처짐(deflection)이라 한다. 외팔보가 하중을 받고 그 중립면 AB가 AB′와 같이 휘었을 때, 곡선 AB′가 곧 탄성곡선이다. 자유단 B에서 임의의 거리 x의 점 C가 C′로 처진 거리 δ가 점 C의 처짐을 나타내는 것이다.

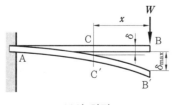

보의 처짐

하중의 종류와 보의 지지방식에 따라 탄성곡선의 휨 상태를 알 수 있으므로, 처짐이 최대, 최소인 점의 위치는 대략 추측할 수 있다. 가령, 외팔보가 자유단에 집중하중을 받을 때에는 처짐은 고정단에서 0이고, 끝으로 갈수록 점차 커지며, 하중이 작용하는 자유단에서 최대임을 알 수 있다.

또, 단순보의 중앙에 집중하중이 작용할 때에는 처짐은 양 지점에서 0이고, 중앙으로 갈수록 커지며, 하중이 작용하는 중앙점에서 최대로 된다. 이 최대 처짐은 하중 및 보의 종류에 따라 다르나, 일반적으로 다음과 같은 식으로 나타낼 수 있다.

$$\delta_{max} = C \frac{W l^3}{EI}$$

위 식에서 W는 1개의 집중하중 또는 균일 분포하중의 전체량($W = wl$)을 표시하고, l은 보의 스팬이며, C는 하중의 종류 및 보의 지지 방법에 따라 달라지는 계수이다.

이 식에서도 알 수 있는 바와 같이, 최대 처짐은 보의 휨 강성 EI가 클수록 작다.

(다) 자유단에 집중하중을 받는 외팔보 : 외팔보에서 탄성곡선 AB′ 위에 고정단 A로부터 매우 가까운 거리에 있는 점을 a라 하면, Aa는 원호의 일부라고 생각할 수 있고 이 원의 중심을 O_1이라 하며, O_1A는 단면 A에서의 곡률 반지름과 같다.

그러므로 이 단면의 굽힘 모멘트를 M_1, 중립축에 대한 단면 2차 모멘트를 I라 하면, $\dfrac{1}{O_1 A} = \dfrac{M_1}{EI}$ 을 얻는다.

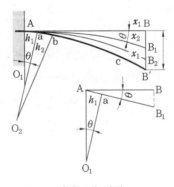

외팔보의 처짐

또, 원호 Aa와 길이를 h_1를 표시하고 그 중심각을 θ라 하면, $O_1 A = \dfrac{h_1}{\theta}$ 이 된다. 탄성곡선 위의 a점에서 그은 접선이 BB′와 만나는 점을 B_1이라 하면,

$\angle\,\mathrm{BAB}_1 = \theta$ 이고, BB_1은 A를 중심으로 하고 AB를 반지름으로 하는 원호로 볼 수 있으므로, AB의 길이를 x_1이라 하면,

$$\theta = \frac{\mathrm{BB}_1}{x_1},\quad \mathrm{O}_1\mathrm{A} = \frac{h_1 x_1}{\mathrm{BB}_1},\quad \frac{\mathrm{BB}_1}{h_1 x_1} = \frac{M_1}{EI}$$

$$\therefore\ \mathrm{BB}_1 = \frac{M_1}{EI} h_1 x_1 \text{이 된다.}$$

탄성곡선 위의 점 a로부터 매우 가까운 거리의 점을 b라 하고, b에서의 접선이 BB'와 만나는 점을 B_2, 원호 ab의 길이를 h_2, 접선 aB_1의 길이를 x_2, 단면 a에 작용하는 굽힘 모멘트를 M_2라 하고, 그 곡률 반지름 $\mathrm{O}_2\mathrm{a}$에 대하여 앞에서와 마찬가지 방법으로 계산하면, $\mathrm{B}_1\mathrm{B}_2 = \dfrac{M_1}{EI} h_2 x_2$가 된다. 탄성곡선 AB'를 A에서 B'까지 a, b, c, …의 여러 부분으로 나누고, 앞에서 계산한 방법으로 BB_1, $\mathrm{B}_1\mathrm{B}_2$, $\mathrm{B}_2\mathrm{B}_3$, …을 구하여 합하면, 이 보의 최대 처짐 $\delta_{\max}$과 같게 될 것이다. 즉,

$$\delta_{\max} = \mathrm{BB}_1 + \mathrm{B}_1\mathrm{B}_2 + \mathrm{B}_2\mathrm{B}_3 + \cdots = \frac{M_1}{EI} h_1 x_1 + \frac{M_2}{EI} h_2 x_2 + \frac{M_3}{EI} h_3 x_3 + \cdots$$

탄성곡선 AB'를 같은 길이로 등분하면 $h_1 = h_2 = h_3 = \cdots = h$이고,

$$\delta_{\max} = \frac{h}{EI}(M_1 x_1 + M_2 x_2 + M_3 x_3 + \cdots)$$

위의 공식을 이용하여 자유단에 1개의 집중하중이 작용하는 외팔보의 최대 처짐을 구해보기로 한다.

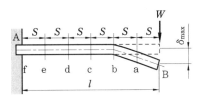

외팔보의 최대 처짐

자유단에 집중하중 W를 받는 외팔보에서 그 길이 l을 S의 길이로 6등분하고, 각 등분점 a, b, c, …, f에 작용하는 굽힘 모멘트를 M_1, M_2, M_3, … M_6이라고 하면, $M_1 = WS$, $M_2 = W \times 2S$, $M_3 = W \times 3S$, …, $M_6 = W \times 6S$이고, 자유단에서 각 등분점까지의 거리는 S, $2S$, $3S$, …, $6S$이므로, 자유단의 최대 처짐 $\delta_{\max}$을 구하면,

$$\delta_{\max} = \frac{h}{EI}\{WS^2 + W(2S)^2 + W(3S)^2 + W(4S)^2 + W(5S)^2 + W(6S)^2\}$$

$$= \frac{W}{EI}hS^2(1^2 + 2^2 + 3^2 + 4^2 + 5^2 + 6^2)\text{이 된다.}$$

윗 식에서 괄호 안의 값은 91이고 $h = S = \frac{1}{6}l$이므로, 이들을 대입하면 다음과 같다.

$$\delta_{\max} = \frac{Wl^3}{216EI} \times 91 = \frac{Wl^3}{2.37EI}$$

윗 식은 l을 6등분하였을 때의 결과이지만, 등분하는 수를 증가시킬수록 더욱 정확한 값으로 근사시킬 수 있다. 보의 스팬 l을 n등분한다면 $h = S = \frac{l}{n}$이므로,

윗 식은 $\delta_{\max} = \frac{Wl^3}{n^3 EI}\{1^2 + 2^2 + 3^2 + \cdots + (n-1)^2 + n^2\} = \frac{(n+1)(2n+1)Wl^3}{6n^2 EI}$

이 된다. 이 식에서 n을 무한대로 하면, 스팬 l을 무한히 작은 부분으로 나누어서 계산한 결과가 될 것이며, 이 결과는 보의 최대 처짐을 나타내는 정확한 공식이 될 것이다. 즉, n이 무한대일 때 윗 식은 다음과 같이 된다.

$$\delta_{\max} = \frac{Wl^3}{3EI}$$

㈃ 전 길이에 걸쳐 균일 분포하중을 받는 외팔보 : 외팔보의 전 길이 l에 걸쳐 균일 분포하중 w가 작용할 때, 앞에서 계산한 방법으로 이를 6등분하여 각 등분점 a, b, c, …, f에 작용하는 굽힘 모멘트를 구하면,

$$M_1 = wS \times \frac{S}{2} = \frac{wS^2}{2}, \ M_2 = \frac{w(2S)^2}{2}, \ M_3 = \frac{w(3S)^2}{2}$$

$$M_4 = \frac{w(4S)^2}{2}, \ M_5 = \frac{w(5S)^2}{2}, \ M_6 = \frac{w(6S)^2}{2}$$

이고, 또 자유단에서 각 등분점까지의 거리는 $S, 2S, 3S, \cdots, 6S$이므로,

$$\delta_{\max} = \frac{h}{EI}\left\{\frac{wS^2}{2} \times S + \frac{w(2S)^2}{2} \times 2S + \frac{w(3S)^2}{2} \times 3S + \ldots + \frac{w(6S)^2}{2} \times 6S\right\}$$

$$= \frac{hwS^3}{2EI}(1^3 + 2^3 + 3^3 + \cdots + 6^3)$$

$$= \frac{hwS^3}{2EI} \times 441$$

윗 식에 $h = S = \dfrac{l}{6}$ 을 대입하면,

$$\delta_{\max} = \frac{wl^4}{2592EI} \times 441 = \frac{wl^4}{5.88EI} \text{ 을 얻는다.}$$

보의 길이 l 을 n등분하면 $h = S = \dfrac{l}{n}$ 이므로, 앞의 식은 다음과 같이 된다.

$$\delta_{\max} = \frac{hwS^3}{2EI}\left\{1^3 + 2^3 + 3^3 + \cdots + (n-1)^3 + n^3\right\}$$

$$= \frac{w}{2EI}\left(\frac{l}{n}\right)\left(\frac{l}{n}\right)^3\left\{\frac{n(n+1)}{2}\right\}^2 = \frac{n^2(n+1)^2}{8n^4} \cdot \frac{wl^4}{EI}$$

윗 식에서 n을 무한대로 하면, 이 보의 정확한 최대 처짐의 공식을 구할 수 있으며, 그 식은 다음과 같이 된다.

$$\delta_{\max} = \frac{wl^4}{8EI}$$

또, 균일 분포하중 전체를 W 라 하면 $W = wl$ 이므로 윗 식은 $\delta_{\max} = \dfrac{Wl^3}{8EI}$ 이 된다.

예제 44. 단면 2차 모멘트 125 cm⁴, 길이 50 cm의 연강재 외팔보가 있다. 이 보의 자유단에 6 kN의 집중 하중을 작용시키면, 최대 처짐은 얼마인가? (단, 세로 탄성계수 $E = 210$ GPa)

해설 이 보의 최대 처짐은 자유단에서 일어나며, 그 값은

$$\delta_{\max} = \frac{Wl^3}{3EI} = \frac{6000 \times 0.5^3}{3 \times 210 \times 10^9 \times 125 \times 10^{-8}} = 0.952 \times 10^{-3} \text{ m} = 0.952 \text{ mm}$$

예제 45. 자유단에 1500 N의 하중을 받는 지름 50 mm인 원형 단면의 외팔보가 있다. 이 보에 생기는 최대 처짐을 0.2 mm 이하로 제한한다면 보의 길이는 최대 얼마까지 할 수 있는가? (단, 세로 탄성계수 $E = 200$GPa)

해설 원형 단면의 단면 2차 모멘트 $I = \dfrac{\pi d^4}{64} = \dfrac{\pi \times 50^4}{64} = 306780\,\text{mm}^4$이고, 자유단에 집중하중을

받는 외팔보의 최대 처짐은 $\delta_{\max} = \dfrac{Wl^3}{3EI}$ 이므로, $\delta_{\max} \leqq 0.2$mm로 제한할 때의 보의 최대 길

이 l은 위의 식에서

$$l \leqq \sqrt[3]{\frac{3EI\delta_{\max}}{W}} = \sqrt[3]{\frac{3 \times 200 \times 10^9 \times 306780 \times 10^{-12} \times 0.2 \times 10^{-3}}{1500}} = 0.2906\,\text{m} = 290.6\text{mm이다.}$$

예제 46. 너비 8 cm, 높이 15 cm인 직사각형 단면을 가진 길이 4 m의 단순보가 있다. 이 보의 자중이 $w = 250$ N/m이고, 그 중앙에 2000 N의 집중하중을 받는다면 최대 처짐은 얼마인가? (단, 세로 탄성 계수 $E = 210$ GPa)

[해설] 자중에 의한 최대 처짐 δ_1과 집중하중에 의한 최대 처짐 δ_2는 다같이 보의 중앙에서 같은 방향으로 일어나므로, 이 보의 최대 처짐 $\delta_{\max} = \delta_1 + \delta_2$이다.

이 보의 단면 2차 모멘트 $I = \dfrac{bh^3}{12} = \dfrac{8 \times 15^3}{12} = 2250$ cm⁴이고, $w = 250$ N/m = 2.5 N/cm, $E = 210$ GPa $= 21 \times 10^6$ N/cm²이므로,

$$\delta_{\max} = \delta_1 + \delta_2 = \frac{5wl^4}{384EI} + \frac{Wl^3}{48EI} = \frac{l^3}{48EI}\left(\frac{5wl}{8} + W\right)$$

$$= \frac{400^3}{48 \times 21 \times 10^6 \times 2250}\left(\frac{5 \times 2.5 \times 400}{8} + 2000\right) = 0.074\,\text{cm} = 0.74\ \text{mm}$$

1-4 비틀림

(1) 축의 비틀림 작용

① 비틀림 모멘트(twisting moment): 축의 한 끝을 고정하고 축심에 직각인 평면 내에서 다른 끝에 짝힘을 작용시키면, 축은 비틀리고 그 내부에 이에 저항하는 내력을 일으켜 외력과 평형을 이룬다. 이와 같이 축선 둘레에 짝힘이 작용하여 축이 비틀리는 현상을 비틀림(torsion, twist)이라 하고, 이때 작용하는 짝힘의 모멘트를 비틀림 모멘트 또는 토크(torque)라 한다.

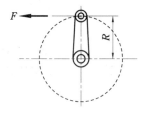

비틀림 모멘트는 짝힘이 작용할 때뿐만 아니라, 기어나 크랭크축을 회전시켜서 동력을 전달할 때에도 작용한다. 크랭크 핀에 힘 F [N]을 작용시켜 크랭크축을 돌릴 때, 힘이 크랭크축의 중심으로부터 반지름 R [m]인 곳에 작용한다면, 크랭크축에 작용하는 비틀림 모멘트 T는 다음과 같다.

$$T = FR\ [\text{N} \cdot \text{m}]$$

또, 짝힘 F [N]이 작용할 때 짝힘의 팔(arm)의 길이를 l [m]라 하면, 이때의 비틀림 모멘트 T는 $T = Fl$ [N·m]이다.

② 비틀림 응력(twisting stress) : 길이 L의 둥근 축의 한 끝을 고정하고 다른 끝에 비틀림 모멘트를 작용시키면, 축은 비틀리기 때문에 축선 OO′에 평행한 표면 위의 직선 AB는 각 ϕ만큼 회전하여 BC와 같은 위치로 이동한다. 또, 오른쪽 끝의 단면에서는 반지름 OA가 OC의 위치로 이동되어 각 θ만큼 회전하는데, 이 θ를 비틀림각(angle of twist)이라 한다.

이때 축의 임의의 위치에서 축선에 직각이고 거리가 매우 짧은 두 단면 사이에 낀 부분을 잘라내고, 그 표면 위의 abcd 부분에 대한 변형 상태를 생각하면, ad 및 bc 를 포함하는 두 단면은 비틀림 모멘트가 작용하기 전의 위치로부터 축선을 중심으로 어느 각도만큼 회전하여, 양 단면의 상호관계 위치는 abcd 부분이 ab′c′d와 같이 변형하게 된다.

즉, ad면에 대하여 bc면은 bb′ 또는 cc′만큼의 미끄럼 변형을 일으키는 것이다. ab와 ab′가 이루는 각은 ϕ와 같고, 이것이 곧 전단각이며 전단 변형률과 같다. 따라서, bc면에는 전단 변형률 ϕ [rad]에 대응하는 전단응력 τ가 생긴다. 그리고 abcd 부분을 축의 표면의 어느 곳에서 잡아보아도 전단 변형률 ϕ는 모두 같으므로, 표면에 생기는 전단응력은 축의 표면의 어느 곳에서나 같다. 또, 표면뿐만 아니라 축선까지 이르는 모든 측에서도 크기는 다르지만 미끄럼 변형이 일어나며, 이에 대응하는 전단응력이 생긴다.

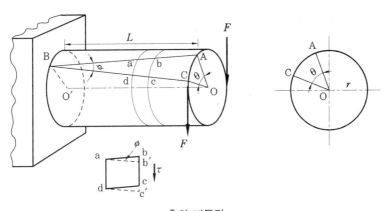

축의 비틀림

이와 같이 비틀림 모멘트에 의하여 축에 생기는 응력은 축선에 직각인 단면에 생기는 전단응력인데, 이 전단응력을 비틀림 응력이라 한다.

비틀림 응력의 분포 상태를 보면, 축의 표면에 생기는 전단응력을 τ [N/m²], 축의 표면에서의 전단 변형률을 ϕ, 반지름 r인 얇은 원통 표면에 생기는 전단응력을 τ_0 [N/m²], 이 면에서의 전단 변형률을 ϕ_0, 비틀림각을 θ [rad], 가로 탄성계수를 G [N/m²]라 하면 전단 변형률의 식으로부터

$$\phi = \frac{bb'}{ab} = \frac{\tau}{G}, \ \phi = \frac{ee'}{ab} = \frac{\tau_0}{G} \ \text{이 된다.}$$

그리고 $\theta = \dfrac{bb'}{R} = \dfrac{ee'}{r}$ 이므로, $\dfrac{ee'}{bb'} = \dfrac{r}{R}$ 가 되며, 윗식과 비교하여

$$\frac{\tau_0}{\tau} = \frac{r}{R} \ \text{또는} \ \tau_0 = \tau\frac{r}{R} \text{를 얻는다.}$$

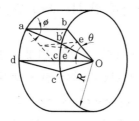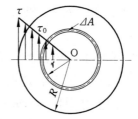

축의 비틀림 응력 분포

즉, 임의의 얇은 층에서의 전단응력은 반지름 r에 정비례한다. 그러므로 비틀림 응력의 분포 상태는 윗 그림과 같이 나타나며, 축의 중심 O에서 표면으로 갈수록 정비례적으로 커지고 표면에서 최대가 된다. 보통, 비틀림 응력이라 하면, 표면에 생기는 최대 전단응력을 말한다.

다음에는 이 전단응력으로 인하여 생기는 모멘트를 단면 전체에 대하여 구한다. 지금, 반지름 r [m]인 곳의 매우 얇은 고리 모양의 미소 단면적을 ΔA [m²]라 하면, 이 미소 단면적에 작용하는 전단력의 크기는 $\tau_0 \cdot \Delta A$ [kg]이다.

이것이 중심 O 둘레에 회전시키려고 하는 모멘트로서 작용한다. 이 전단력은 중심으로부터 r [m]인 곳에 작용하고, 중심에 대한 모멘트는 $\tau_0 \cdot \Delta A \cdot r$ 이므로,

$$\tau_0 \cdot \Delta A \cdot r = \tau_0 \frac{r}{R} \Delta A \cdot r = \frac{\tau_0}{R} \Delta A \cdot r^2$$

이와 같은 둥근 고리 모양의 얇은 표면에 이르기까지 n개 있다고 가정하고, 그 각 단면적을 ΔA_1, ΔA_2, $\cdots$, ΔA_n 또 이들의 중심으로부터의 거리를 각각 r_1, r_2, $\cdots$, r_m이라 하면, 축의 단면 전체에 생기는 모멘트 T'는 이들의 각 미소 단면에 생기는 모멘트의 합과 같으므로

$$T' = \frac{\tau}{R}\left(\Delta A_1 \cdot r_1{}^2 + \Delta A_2 \cdot r_2{}^2 + \cdots\cdots + \Delta A_n \cdot r_n{}^2\right)$$

이 T'가 축에 작용하는 비틀림 모멘트 T에 저항하여 서로 평형을 이루는 것이다. 이 T'를 비틀림 저항 모멘트라 한다. T와 T'는 방향이 반대일 뿐이고 그 크기는 같다. 윗 식의 괄호 안은 단면의 극단면 2차 모멘트를 나타내므로, 이것을 I_p로 표시하면 다음과 같이 된다.

$$T = \frac{\tau}{R} I_p \, [\text{N·m}]$$

I_p는 단면의 모양과 크기에 따라 일정한 값을 가지므로 $\frac{I_p}{R}$도 단면의 모양과 크기에 따라 일정한 값을 가지며, 이것을 극단면계수(polar modulus of section)라 한다. 이것을 Z_p로 표시하면 윗 식은 다음과 같다.

$$T = \tau \cdot Z_p$$

(2) 축의 강도

① **둥근 축의 강도** : 비틀림 작용을 받는 지름 $D\,[\text{m}]$인 둥근 축에서 비틀림 모멘트 T $[\text{N·m}]$와 축에 생기는 최대 전단응력 $\tau\,[\text{N/m}^2]$와의 관계는, R에 $\frac{D}{2}$를 대입하면

$$T = \frac{2\tau}{D} I_p \, [\text{N·m}]$$

지름 D인 원형 단면의 I_p는 $I_p = \frac{\pi D^4}{32}\,[\text{m}^4]$이므로,

$$T = \frac{2\tau}{D} \times \frac{\pi D^4}{32} = \frac{\pi}{16} D^3 \tau$$

윗 식에서 지름 D인 둥근 축에 비틀림 모멘트 T가 작용할 때, 축에 생기는 최대 전단응력 τ를 구할 수 있다.

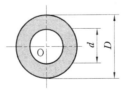

또, τ를 허용응력으로 잡으면, 지름 D인 둥근 축이 안전하게 받을 수 있는 최대 비틀림 모멘트를 구할 수 있고, 따라서 지름 D인 축의 비틀림 강도를 나타낸다. 또,

둥근 축에 T의 비틀림 모멘트가 작용할 때 이에 견딜 수 있는 축 지름을 계산할 수도 있다.

$$\tau = \frac{16}{\pi D^3}T\,[\mathrm{N/m^2}], \quad D = \sqrt[3]{\frac{16\,T}{\pi\tau}}\,[\mathrm{m}]$$

바깥지름 D, 안지름 d인 속 빈 둥근 축에 대해서는, $I_p = \frac{\pi}{32}(D^4 - d^4)$이므로,

$$T = \frac{\pi}{16}\left(\frac{D^4 - d^4}{D}\right)\tau\,[\mathrm{N\cdot m}]$$

안지름과 바깥지름과의 비 $\frac{d}{D}$를 안밖 지름비라 하며, 이것을 ε으로 표시하면

$$T = \frac{\pi}{16}D^3(1 - \varepsilon^4)\,\tau$$

$$\tau = \frac{16\,T}{\pi}\left(\frac{D}{D^4 - d^4}\right) = \frac{16\,T}{\pi D^3}\left(\frac{1}{1 - \varepsilon^4}\right)$$

$$D = \sqrt[3]{\frac{16\,T}{\pi\tau} \cdot \frac{1}{1 - \varepsilon^4}}$$

예제 47. 지름 5 cm인 둥근 축이 1250 N·m 의 비틀림 모멘트를 받을 때, 이 축에 생기는 최대 전단응력은 얼마인가 ?

해설 $\tau = \dfrac{16\,T}{\pi D^3} = \dfrac{16 \times 1250}{\pi \times 0.05^3} = 50.93 \times 10^6\,\mathrm{N/m^2} = 50.93\,\mathrm{MPa}$

예제 48. 1200 N·m 의 비틀림 모멘트를 받는 속 빈 둥근 축의 허용 비틀림 응력을 35 MPa라 할 때, 이 축의 안지름은 얼마인가 ? (단, 바깥지름은 6 cm이다.)

해설 $T = \dfrac{\pi}{16}\left(\dfrac{D^4 - d^4}{D}\right)\tau$ 로부터 d를 구하면($\tau = 35\,\mathrm{MPa} = 35\,\mathrm{N/mm^2}$를 대입)

$$d = \sqrt[4]{D^4 - \frac{16\,TD}{\pi\tau}} = \sqrt[4]{60^4 - \frac{16 \times 1200 \times 10^3 \times 60}{\pi \times 35}} = 39.7\,\mathrm{mm}$$

② **둥근 축의 강성** : 축이 비틀림 모멘트를 받아 비틀릴 때 축의 끝단면에서의 회전각 θ는 길이 L인 단면에서의 비틀림각이다. 축의 표면에 나타나는 미끄럼 변형량은 고정단으로부터의 거리에 비례하므로, 임의의 위치에서의 비틀림각 θ도 고정단으로부터의 거리에 비례하며, 고정단에서 0이고 끝단면에서 최대가 된다. 표면에서 회전한 각 ϕ를 라디안으로 나타낸 것은 전단 변형률과 같으므로,

$$\phi = \frac{AC}{L} = \frac{\tau}{G}$$

또, 비틀림각을 라디안으로 표시하면 $AC = R\theta$이므로,

$$\frac{R\theta}{L} = \frac{\tau}{G} \quad \therefore \ \theta = \frac{\tau L}{GR}, \ \frac{\tau}{R} = \frac{T}{I_p}$$이므로,

$$\theta = \frac{TL}{GI_p}[\text{rad}]$$

이 $\theta[\text{rad}]$를 도로 환산한 것을 $\alpha[°]$라 하면 다음과 같다.

$$\alpha = \theta \times \frac{180}{\pi} = \frac{TL}{GI_p} \times \frac{180}{\pi} = 57.3\frac{TL}{GI_p}[°]$$

θ는 길이 L에 비례한다는 것을 알 수 있고, 또 GI_p의 값이 클수록 θ는 작아지므로 비틀림 변형에 대한 저항이 크다는 것을 알 수 있다. 이와 같이 GI_p의 값은 비틀림 변형에 대한 저항의 정도를 나타내는 것이며, 이것을 축의 비틀림 강성(torsional rigidity)이라 한다.

둥근 축에 대해서는 $I_p = \dfrac{\pi d^4}{32}$이므로 비틀림각 θ는

$$\theta = \frac{32\,TL}{G\pi D^4}[\text{rad}]$$

속 빈 둥근 축에 대해서는

$$\theta = \frac{32\,TL}{G\pi(D^4 - d^4)}[\text{rad}]$$

축을 설계할 때에는 그 강도를 생각하여 허용응력에 의하여 지름을 결정할 수 있지만, 동시에 윗식으로부터 비틀림각이 어느 한도 이내에 있는가를 확인하여야 한다. 또, 비틀림각을 어느 한도 이내로 제한하였을 때에는 직접 지름을 구할 수도 있다. 이 비틀림각 α는 길이 $20D$에 대하여 $1°$ 이내, 또는 길이 $1\,\text{m}$에 대하여 $0.25°$ 이하로 하고 있다.

예제 **49.** 길이 3 m, 지름 80 mm인 둥근 축이 비틀림 모멘트 520 N·m을 받을 때 비틀림각은 얼마인가?
(단, 전단 탄성계수 $G = 81\,\text{GPa}$)

해설 $\theta = \dfrac{32\,TL}{G\pi D^4} = \dfrac{32 \times 520 \times 3}{81 \times 10^9 \times \pi \times 0.08^4} = 0.048\ \text{rad} = 2.75° = 2°45'$

예제 50. 지름 30 cm, 길이 11 m인 둥근 축의 한 끝을 고정하고, 다른 끝에 10^5 N·m 의 비틀림 모멘트를 작용시킬 때, 그 비틀림각이 1°이었다고 한다. 이 재료의 가로 탄성계수는 얼마인가?

[해설] $\theta = \dfrac{32\,TL}{G\pi D^4} \times \dfrac{180}{\pi} = 584\,\dfrac{TL}{GD^4}\,[\,^\circ\,]$가 되므로, 이 식에서 G를 구하면

$$G = \frac{584\,TL}{\theta\,D^4} = \frac{584 \times 10^5 \times 11}{1 \times 0.3^4} = 79.31 \times 10^9 \text{ N/m}^2 = 79.31 \text{ GPa}$$

예제 51. 지름 D [m], 길이 L [m]인 둥근 축에서 비틀림각의 허용 한도를 $20D$ 에 대하여 1° 라 하면, 이때 축에 생기는 최대 전단응력은 얼마인가? (단, $G = 81$ GPa)

[해설] 비틀림각이 길이 $20D$ [m]에 대하여 1°이므로 길이 L [m]에 대하서는 $\alpha = \dfrac{L}{20D}\,[\,^\circ\,]$이다.

이 비틀림각을 일으키는 비틀림 모멘트를 T [N·m]라 하면,

$$\frac{L}{20D} = \frac{32\,TL}{G\pi D^4} \times \frac{180}{\pi} \qquad\qquad \therefore\ T = \frac{G\pi^2 D^3}{20 \times 32 \times 180} \text{ [N·m]}$$

이 한도의 비틀림 모멘트에 대하여 생기는 최대 전단응력을 τ [N/m²]라 하면,

$$T = \frac{\pi}{16} D^3 \tau \text{ [N·m]이므로,} \quad \frac{\pi}{16} D^3 \tau = \frac{G\pi^2 D^3}{20 \times 32 \times 180}$$

$$\therefore\ \tau = \frac{16\,G\pi}{20 \times 32 \times 180} = \frac{16 \times \pi \times 81 \times 10^9}{20 \times 32 \times 180} = 35.3 \times 10^6 \text{ N/m}^2 = 35.3 \text{ MPa}$$

③ **전동축** : 기계에 쓰이는 회전축은 전달하는 동력에 의하여 비틀림 작용을 받으므로, 이 전동축의 지름은 이에 작용하는 비틀림 모멘트에 의하여 생기는 비틀림 응력이 허용 응력 이내가 되도록 정해야 한다. 전동축에 축심 O로부터 반지름 R 인 A점에 F 의 힘이 작용하여 축을 한 바퀴 돌리면, A점의 이동한 거리는 $2\pi R$ 이다.

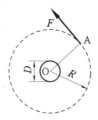

그러므로 힘 F 가 한 일의 양은 $2\pi RF$ 이다. 이 축이 매분 n 회전한다면 1분간에 하는 일의 양은 $2\pi RFn$ 이 된다. 동력의 단위인 1마력(PS)은 1초간에 735 N·m 의 일을 하는 능력이므로, 이 전동축이 전달하는 동력 H는

$$H = \frac{2\pi RFn}{735 \times 60} = \frac{RFn}{7023} \text{ [PS]이다.}$$

또, 이 전동축에 작용하는 비틀림 모멘트 $T = FR$ 이므로,

$$\therefore \ T = 7023 \frac{H}{n} \text{ [N·m]} = 702300 \cdot \frac{H}{n} \text{ [N·cm]}$$

윗식으로부터 n [rpm]으로 (H_{PS})의 동력을 전달하는 축에 작용하는 비틀림 모멘트를 구할 수 있다. 이 비틀림 모멘트에 견딜 수 있는 축의 지름은

$$D = \sqrt[3]{\frac{16T}{\pi\tau}} = \sqrt[3]{\frac{16}{\pi\tau} \times 702300 \frac{H}{n}} = 152.93 \sqrt[3]{\frac{H}{\pi\tau}}$$

$$D = \sqrt[3]{\frac{16T}{\pi\tau} \cdot \frac{1}{1-\varepsilon^4}} = \sqrt[3]{\frac{16}{\pi\tau(1-\epsilon^4)} \times 702300 \frac{H}{n}}$$

$$= 152.93 \sqrt[3]{\frac{H}{\tau n(1-\varepsilon^4)}} \text{ [cm]}$$

다음에, 동력의 단위로 kW를 사용하면, 이 전동축이 전달하는 동력 H_{kW} 는

$$H = \frac{2\pi RFn}{1000 \times 60} = \frac{RFn}{9550} = \frac{Tn}{9550} \text{ [kW]}$$

따라서, n [rpm]으로 H_{kW}의 동력을 전달하는 축에 작용하는 비틀림 모멘트는

$$T = 9550 \frac{H_{kW}}{n} \text{ [N·m]} = 955000 \frac{H_{kW}}{n} \text{ [N·cm]}$$

이 비틀림 모멘트에 견딜 수 있는 축의 지름은 다음과 같이 구해진다.

$$D = \sqrt[3]{\frac{16T}{\pi\tau}} = \sqrt[3]{\frac{16}{\pi\tau} \times 955000 \frac{H}{n}} = 169.4 \sqrt[3]{\frac{H}{\tau n}}$$

즉, 축의 지름은 전달동력이 클수록 굵어지고, 같은 동력을 전달하는 경우에는 회전수가 가늘어진다.

예제 **52.** 매분 80회전하여 50 PS의 동력을 전달하는 전동축이 있다. 축의 지름을 8 cm 라 하면, 이 축에 생기는 최대 전단응력은 얼마인가?

해설 이 축에 작용하는 비틀림 모멘트는 $T = 702300 \frac{H_{ps}}{n} = 702300 \times \frac{50}{80} = 438937.5$ N·cm

따라서, 축에 생기는 최대 전단응력은

$$\tau = \frac{16}{\pi D^3} T = \frac{16 \times 438937.5}{\pi \times 8^3} = 4366.2 \ \text{N/cm}^2 = 43.662 \ \text{MPa}$$

예제 **53.** 400 rpm으로 24 kW를 전달하는 전동축이 있다. 허용 전단응력을 30 N/mm²라 하면, 축의 지름을 얼마로 하면 되겠는가?

해설 $D = 169.4\sqrt[3]{\dfrac{H}{\tau n}} = 169.4\sqrt[3]{\dfrac{24}{3000 \times 400}} = 4.6 \, \text{cm}$

예제 **54.** 매분 400회전하여 20 PS의 동력을 전달하고 있는 축의 2 m에 있어서의 비틀림각을 구하라. (단, 축지름은 6 cm, G = 80 GPa)

해설 $T = 7023\dfrac{H_{ps}}{n} = 7023 \times \dfrac{20}{400} = 351.15 \, \text{N} \cdot \text{m}$

$\theta = \dfrac{T \cdot l}{G \cdot I_p} = \dfrac{32 \cdot T \cdot l}{G \cdot \pi \cdot d^4} = \dfrac{32 \times 351.15 \times 2}{80 \times 10^9 \times \pi \times 0.06^4} = 0.069 \, \text{rad} \fallingdotseq 0.4°$

예제 **55.** 200 rpm으로 회전하고 있는 지름 6 cm인 전동축에서 그 비틀림각을 측정하였더니, 길이 1 m에 대하여 1/4°이었다. 전달하고 있는 동력은 몇 kW인가? (단, 전단 탄성계수 G = 82 GPa)

해설 $\theta = 584\dfrac{Tl}{Gd^4}$[°]에서

$T = \dfrac{\theta G d^4}{584 l} = \dfrac{\dfrac{1}{4} \times 82 \times 10^9 \times 0.06^4}{584 \times 1} = 454.9 \, \text{N} \cdot \text{m}$

$H = \dfrac{2\pi NT}{1000 \times 60} = \dfrac{2 \times \pi \times 200 \times 454.9}{1000 \times 60} = 9.53 \, \text{kW}$

(3) 코일 스프링

단면이 균일한 가늘고 긴 강선을 원통형으로 감아서 만든 스프링을 코일 스프링(coiled spring, helical spring)이라 한다. 이 코일 스프링은 인장, 압축의 어느 하중을 받거나, 강선의 단면에는 주로 비틀림 모멘트가 작용한다.

코일 스프링의 지름을 D [m]라 하고, 이에 W [N]의 인장하중이 작용한다고 하면, 강선의 어느 단면에서나 $T = W \cdot \dfrac{D}{2} = \dfrac{1}{2} WD$[N·m]의 비틀림 모멘트를 받는다. 다음 그림과 같이 코일 스프링의 한 둘레를 잘라내어 그 변형량을 생각해 보기로 한다.

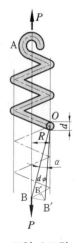

코일 스프링

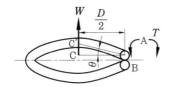 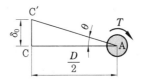

코일 스프링의 처짐

한 끝 B를 고정하고 다른 끝 A에 T의 비틀림 모멘트가 작용할 때, 단면 A가 비틀려서 각 θ[rad]만큼 회전하여 C는 C$'$로 이동하고, 스프링은 한 감김에 대하여 CC$'$만큼 늘어난다. 따라서, 각 θ는 비틀림각을 나타내며, 이때 늘어난 길이를 δ_0 [m]이라 하면, θ는 미소한 각이므로, $\delta_0 = CC' = \dfrac{D}{2}\theta$가 된다.

그리고 이 코일 스프링의 한 둘레만큼 감긴 길이를 L [m], 강선의 지름을 d [m]라 하면, $\theta = \dfrac{TL}{GI_p}$ 이므로, $\delta_0 = \dfrac{D}{2} \cdot \dfrac{TL}{GI_p}$ 이다.

강선이 받는 비틀림 모멘트 $T = \dfrac{1}{2}WD$이므로

$$\delta_0 = \frac{D}{2} \times \frac{1}{2}WD \times \frac{L}{GI_p} = \frac{WD^2 L}{4GI_p} \text{이다.}$$

여기서, $I_p = \dfrac{\pi d^4}{32}$, $L = \pi D$ 를 대입하면

$$\delta_0 = \frac{32\,WD^2 L}{4\,G\pi d^4} = \frac{8\,WD^3}{Gd^4} \text{[m]이 된다.}$$

여기서, δ_0은 코일 스프링의 한 감김에 대한 변형량이므로, 이 코일 스프링의 유효 감김수를 n이라 하면, 스프링 전체의 늘어난 길이 δ는 그 n배와 같다.

즉, $\delta = \dfrac{8n\,WD^3}{Gd^4} = \dfrac{64n\,WR^3}{Gd^4}$ [m]

압축 코일 스프링의 변형량도 같은 이론에 의하여 윗식으로 구할 수 있다. 다만, δ가 이 경우에는 줄어든 길이, 즉 처짐이 되는 것이다.

다음에 코일 스프링의 강선 단면에 생기는 최대 전단응력을 구해보면, $\tau = \dfrac{16}{\pi d^3}T$ 이고, $T = \dfrac{WD}{2}$ 이므로

$$\tau = \frac{16}{\pi d^3} \cdot \frac{WD}{2} = \frac{8\,WD}{\pi d^3} = \frac{16\,WR}{\pi d^3} \ \ [\text{N} \cdot \text{m}^2]$$

그리고 압축 코일 스프링의 양 끝 모양은 하중을 수직으로 정확하게 작용시키기 위하여 평평하게 깎으므로 불완전한 감김 부분이 생긴다. 이 불완전한 부분을 제외한 감김수를 유효 감김수라 하며, 스프링의 계산에는 이 유효 감김수를 사용한다.

예제 56. 강선의 지름 $d = 12\,\text{mm}$, 코일의 지름 $D = 60\,\text{mm}$, 유효 감김수 $n = 10$인 압축 코일 스프링에 2000 N의 하중을 걸었을 때, 이 스프링의 처짐 및 최대 전단응력은 얼마인가? (단, 전단 탄성계수 $G = 83\,\text{GPa}$)

해설 이 스프링에 생기는 처짐을 구하면,

$$\delta = \frac{8nWD^3}{Gd^4} = \frac{8 \times 10 \times 2000 \times (60 \times 10^{-3})^3}{83 \times 10^9 \times (12 \times 10^{-3})^4} = 0.02\,\text{m} = 2\,\text{cm}$$

스프링에 생기는 최대 전단응력을 구하면,

$$\tau = \frac{8WD}{\pi d^3} = \frac{8 \times 2000 \times 60 \times 10^{-3}}{\pi \times (12 \times 10^{-3})^3} = 176.8 \times 10^6\,\text{N/m}^2 = 176.8\,\text{MPa}$$

예제 57. 지름 3.2 mm의 강선을 사용하여, 최대 하중 400 N에 대하여 5 cm 만큼 처지는 압축 코일 스프링을 설계하여라. (단, 강선의 허용 전단응력은 700 MPa, 전단 탄성계수는 84 GPa 이다.)

해설 먼저 코일의 지름을 구하면,

$$D = \frac{\pi d^3 \tau}{8W} = \frac{\pi \times (3.2 \times 10^{-3})^3 \times 700 \times 10^6}{8 \times 400} = 0.02252\,\text{m} = 22.52\,\text{mm}$$

이것을 $D = 22\,\text{mm}$로 한다. D의 계산값을 반올림하여 23 mm로 하면, 최대 전단응력이 허용응력을 초과하게 되므로 반올림해서는 안 된다.
다음에 유효 감김수를 구하면,

$$n = \frac{Gd^4 \delta}{8WD^3} = \frac{84 \times 10^9 \times (3.2 \times 10^{-3})^4 \times 5 \times 10^{-2}}{8 \times 400 \times (22 \times 10^{-3})^3} = 12.93 = 13$$

따라서, 강선의 지름 3.2 mm, 코일의 지름 22 mm, 유효 감김수 13으로 하면 된다.

제**4**장 **기계 요소 설계**

1. 기계와 기구

기계는 많은 부품의 조합으로 되어 있고, 이들은 수개의 제한된 운동을 하는 기구 (meachanism)로 되어 있다. 이와 같이 기계에 공통적으로 사용되는 기계 부품을 기계 요소(machine element)라 하며, 목적에 따라 이들 기계 요소를 조합하여 기구화하면 각종 기계가 만들어진다.

1-1 기계의 정의

기계란 저항력 있는 물체가 결합된 것으로서 각 부분의 상호운동은 한정되어 있고, 이에 에너지를 공급하여 일을 시키는 것을 말한다.

1-2 기소와 짝

(1) 기소 (element)

기계를 구성하는 두 부분이 서로 접촉하면서 일정한 상호운동을 하는 경우 이들 두 부분을 기소라 하고, 이 두 부분은 서로 짝(대우 pair)을 이룬다고 한다.

(2) 짝의 종류

　① **면짝** : 2개의 공통된 기소가 공통된 1면에서 접촉하는 짝

　　㈎ 회전짝(turning pair) : 회전하는 표면을 접촉면으로 하는 짝

　　㈏ 나사짝(screw pair) : 나사면을 접촉면으로 하는 짝

　　㈐ 미끄럼짝(sliding pair) : 각 기구가 서로 직선운동만을 하는 짝

② **선짝, 점짝**: 한 쌍의 기소 접촉이 선 또는 점에서 이루어지는 것을 말하며, 하나의 보기를 들면 한 쌍의 기어의 이는 선짝을 이루고, 볼 베어링의 볼과 레이스는 점짝을 이룬다.

2. 기계 요소 설계의 분류

(1) **체결용 기계요소**: 나사, 리벳, 키, 핀, 코터 등

(2) **축계 기계요소**: 축, 베어링, 축이음 등

(3) **전동용 기계요소**: 마찰차, 기어, 벨트, 체인 등

(4) **제어용 기계요소**: 브레이크, 스프링 등

3. 체결용 기계 요소

기계 부품 중에서 어느 기계나 공통으로 쓰이는 나사, 볼트, 너트, 키, 핀, 코터 등과 같이 2개 이상의 부분을 결합하기 위하여 사용하는 기계 부품을 체결용 또는 결합용 기계요소라 한다.

3-1 나 사

나사는 주로 여러 부품을 결합할 때 주로 쓰이는데, 이동용 기계 기구로도 쓰인다.

(1) 나사의 개요

① **나선곡선**: 원기둥에 직각 삼각형을 감아올릴 때 빗변이 그리는 곡선을 말하며, 원기둥 바깥 표면에 나사산이 있는 것을 수나사(external screw thread)라 하고, 안쪽 표면에 나사산이 있는 것을 암나사(internal screw thread)라 하며, 수나사를 볼트(bolt), 암나사를 너트(nut)라 한다.

$$\tan \alpha = \frac{l}{\pi d} \quad \therefore \; \alpha = \tan^{-1}\left(\frac{l}{\pi d}\right)$$

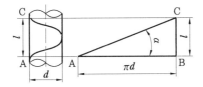

여기서, α : 나선각
　　　 d : 원통 지름
　　　 l : 리드(lead)

나사의 원리

(2) 나사 각부의 명칭

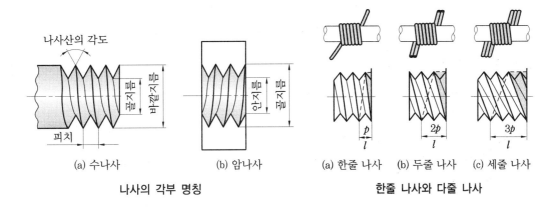

나사의 각부 명칭　　　　　　　한줄 나사와 다줄 나사

① **리드**(lead ; l) : 나사를 축 방향으로 1회전시켰을 때 나사가 이동한 거리

② **피치**(pitch ; p) : 서로 인접한 나사산과 나사산과의 축 방향 거리

③ **줄 수**(n) : 한줄 나사와 다줄 나사가 있으며, 리드를 크게 하고 회전수를 적게 하고
자 할 때 다줄 나사를 사용하나, 다줄 나사는 풀어지기 쉬우므로 죔나사로는 적당하
지 않다.

$$l = np \; (리드 = 나사 \; 줄 \; 수 \times 피치)$$

④ **유효지름**(effective diameter) : 수나사와 암나사가 접촉하고 있는 부분의 평균지름,
즉 나사산의 두께와 골의 틈새가 같은 가상 원통의 지름을 말하며, 바깥지름이 같은
나사에서는 피치가 작은 쪽의 유효지름이 크다.

⑤ **호칭지름**(nominal diameter) : 수나사는 바깥지름으로 나타내고, 암나사는 상대 수나
사의 바깥지름으로 나타낸다.

⑥ **비틀림각**(angle of torsion) : 직각에서 리드각을 뺀 나머지 값을 말한다.

예제 **1.** 나사의 바깥지름을 d_2, 골지름을 d_1 이라고 할 때, 유효지름 d_e 를 구하시오.

해설 $d_e \fallingdotseq \dfrac{d_1 + d_2}{2}$ [mm]

(3) 감김방향

오른나사(right hand screw)와 왼나사(left hand screw)로 나뉘며, 주로 오른나사를 사용한다.

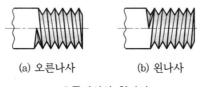

(a) 오른나사   (b) 왼나사

오른나사와 왼나사

(4) 나사의 종류

① **삼각 나사**: 나사산의 모양이 삼각형인 것으로서 주로 체결용으로 사용되며, 한줄 나사가 많이 사용된다.

 ㈎ 미터 나사(metric thread) : 나사산의 각도가 60°이고, 나사산의 크기를 피치로 표시하며, 나사의 호칭은 수나사의 바깥지름으로 하고, 단위는 mm 이다. 이 나사는 미터 보통 나사와 미터 가는 나사로 나누어 사용하고, 기호는 M 으로 표시한다.

 ㈏ 유니파이드 나사(unified thread) : 나사산의 각도가 60°이고, 나사산의 크기는 1인치 안에 있는 나사산의 수로 표시하며, 나사의 호칭은 수나사의 바깥지름으로 하고, 단위는 인치(inch)이다. 이 나사는 유니파이드 보통나사(UNC)와 유니파이드 가는 나사(UNF)로 나누어 사용한다. 이 나사는 미국, 영국, 캐나다의 3국이 협정하였기 때문에 협정 나사, 또는 ABC 나사라고도 한다.

 ㈐ 관용 나사(pipe thread) : 파이프를 연결할 때 사용하는 것으로, 관용 나사의 기호는 평행 암나사는 R_p, 테이퍼 수나사는 R, 테이퍼 암나사는 R_c로 표시하고, 호칭지름은 수나사의 바깥지름을 인치로, 1인치마다 나사산의 수로 나타낸다.

나사의 등급 표시

나사의 종류	미터 나사			유니파이드 나사						관용 평행 나사	
				수나사			암나사				
등급 표시법	1	2	3	3A	2A	1A	3B	2B	1B	A	B
비 고	급수의 숫자가 작을수록 등급의 정도가 높다.			수나사는 A, 암나사는 B로 표시되며, 급수의 숫자가 클수록 등급의 정도가 높다.						A급과 B급으로 구분된다.	

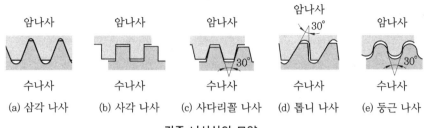

각종 나사산의 모양

② **운동 전달용 나사**

㈎ 사각 나사(square thread) : 삼각 나사에 비해 마찰이 적어 바이스, 잭, 프레스 등과 같이 힘을 전달하거나 부품을 이동하는 기구에 사용한다.

㈏ 사다리꼴 나사(trapezoidal thread) : 사각 나사에 비해 가공이 쉬워 공작기계의 이송 나사(feed thread)로 많이 사용된다. 나사산의 각도는 미터계에서는 30°, 인치계에서는 29°이다. 특히, 29° 나사를 애크미 나사(acme thread)라 한다.

㈐ 톱니 나사(buttress thread) : 이 나사는 압착기 등과 같이 압력의 방향이 항상 일정할 때 사용하는 나사로서, 압력 쪽은 사각 나사, 반대쪽은 삼각 나사로 되어 있어 이들의 장점을 모두 구비한 나사이다.

㈑ 둥근 나사(knuckle thread) : 나사산의 봉우리와 골의 모양이 둥근 나사로서, 전구와 그 소켓의 나사에 사용되며, 충격이나 진동을 받거나 먼지, 모래 등이 들어가기 쉬운 곳에 사용된다.

㈒ 볼 나사(ball thread) : 축과 구멍의 끼워 맞춤 사이에 나사산 모양으로 둥근 홈을 파고, 여기에 강구인 볼을 넣어 나사작용을 하도록 한 것이다. 볼 나사는 마찰이 작고 정밀하여 CNC 공작기계의 리드 스크루 등에 사용된다.

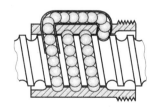

볼 나사

(5) 볼트 및 너트와 와셔

볼트와 너트는 나사를 이용한 체결용 기계 요소로, 조립과 분해가 쉬우므로 기계 부품의 결합용으로 가장 널리 사용된다.

볼트와 너트는 그 다듬질 정도에 따라 상·중·보통의 세 가지로 나눈다.

① **볼트의 종류**

㈎ 관통 볼트(through bolt) : 체결하고자 하는 2개의 부품에 구멍을 뚫고, 여기에 머리붙이 볼트를 관통시킨 다음 너트로 죈다. 이것을 보통 볼트라 한다.

㈏ 탭 볼트(tap bolt) : 부품의 한쪽에 암나사를 내고, 여기에 볼트를 끼워서 체결할 때 사용하는 것을 말한다.

㈐ 스터드 볼트(stud bolt) : 둥근 막대의 양끝에 나사를 낸 머리 없는 볼트로서 한쪽은 몸체에 죄어 놓고, 다른 끝에는 결합할 부품을 대고 너트를 끼워 죈다.

㈑ 기초 볼트(foundation bolt) : 기계나 장치를 콘크리트 기초 위에 고정되도록 설치하는 데 사용된다. 기초 볼트의 모양은 여러 가지가 있으나, 모두 한끝은 콘크리트 속에 튼튼하게 묻힌다.

㈒ 아이 볼트(eye bolt) : 부품을 들어 올리는 데 사용되는 링 모양이나 구멍이 뚫려 있는 것을 말한다.

㈓ 사각풀리 둥근머리 볼트 : 목재용으로 머리 모양을 사각으로 조이거나 풀고자 할 때 헛돌지 않도록 한 볼트이다.

㈔ 충격 볼트(shock bolt) : 볼트에 걸리는 충격하중에 견디게 만들어진 것이다.

㈕ 스테이 볼트(stay bolt) : 부품의 간격을 일정하게 유지하기 위하여 턱을 붙이거나 격리 파이프를 넣는다.

㈖ 전단 볼트(shear bolt) : 볼트에 걸리는 전단하중만 받을 수 있도록 되어 있다.

㈗ 리머 볼트(reamer bolt) : 리머 구멍에 끼워 사용하는 볼트로서, 구멍과 볼트의 축부가 리밍에 의해서 정밀한 치수로 가공되어 있는 완성 볼트를 말한다.

㈘ T 볼트(T bolt) : 공작기계 테이블의 T홈 등에 끼워서 공작물이나 바이스 등을 고정시키는 데 사용한다.

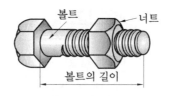

육각 볼트와 너트

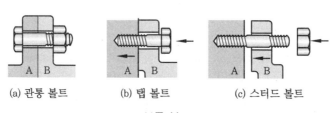

(a) 관통 볼트 (b) 탭 볼트 (c) 스터드 볼트

보통 볼트

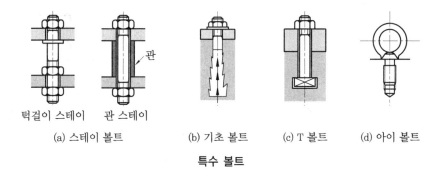

(a) 스테이 볼트   (b) 기초 볼트   (c) T 볼트   (d) 아이 볼트

특수 볼트

② **세트 스크루**(set screw) : 일명 멈춤 나사라고 하며, 강철로 만들고, 끝은 담금질되어 있다. 키 대용으로 보스와 축을 고정시키고 축에 끼워 맞춰진 기어와 풀리의 설치 위치의 조정용 등에 사용된다. 종류로는 머리부의 모양에 따라 일자 홈, 육각 구멍, 사각 머리 등이 있다.

 보충 설명

세트 스크루(set screw)의 지름을 d, 축 지름을 D 라 하면 $d = \dfrac{D}{8} + 0.8\,\text{cm}$

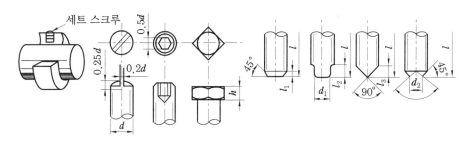

세트 스크루

③ **작은 나사**(machine screw) : 기계 나사, 태핑 나사라고도 하며, 지름 8 mm 이하의 나사로서 힘을 받지 않는 작은 부품이나 얇은 판 등을 조립하는 데 사용되며, 재료 는 연강, 황동 등이 주로 사용된다. 머리부에는 드라이버로 돌릴 수 있도록 일자(−) 홈 또는 십자(+) 홈이 파여져 있다.

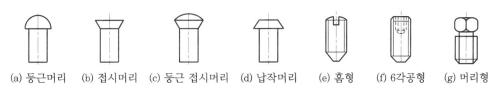

(a) 둥근머리   (b) 접시머리   (c) 둥근 접시머리   (d) 납작머리   (e) 홈형   (f) 6각공형   (g) 머리형

작은 나사

④ **너트**: 육각 너트가 일반적으로 가장 널리 사용되며 재료로는 연강, 경강, 황동, 인청동 등이 쓰인다.

(a) 사각 너트 (b) 둥근 너트 (c) 플랜지 너트 (d) 홈붙이 너트

(e) 캡 너트 (f) 아이 너트 (g) 나비 너트 (h) T 너트

너트

㈎ 사각 너트(square nut) : 머리의 겉모양이 사각이며, 목재에 주로 사용된다.

㈏ 둥근 너트(circular nut) : 자리가 좁아 보통의 육각 너트를 쓸 수 없을 경우, 또는 너트의 높이를 작게 했을 경우에 쓰인다. 둥근 너트는 보통 훅 스패너(hook spanner)를 이용하여 체결한다.

㈐ 플랜지 너트(flange nut) : 볼트 구멍이 크고 접촉면이 거칠 때 또는 큰 면압을 피하려고 할 때 사용되는 너트를 말한다.

㈑ 캡 너트(cap nut) : 유체가 나사의 접촉면 사이의 틈새나 볼트와 너트의 구멍 틈으로 흘러나오는 것을 방지할 때 사용한다.

㈒ 아이 너트(eye nut) : 아이 볼트와 같은 용도로 사용된다.

㈓ 나비 너트(fly nut) : 손으로 돌려서 죌 수 있는 모양으로 되어 있는 너트로서 자주 풀거나 조일 때 사용된다.

㈔ T 너트(T-nut) : T bolt와 같은 용도에 사용된다.

㈕ 턴 버클(turn buckle) : 오른나사와 왼나사가 양끝에 달려 있어 막대나 로프를 당겨 조이는 데 사용한다.

㈖ 슬리브 너트(sleeve nut) : 머리 밑에 슬리브가 달린 너트로서 수나사의 편심을 방지하는 데 사용한다.

㈗ 홈붙이 너트(castle nut) : 너트의 풀림을 막기 위해 분할 핀을 꽂을 수 있게 홈이 6개 또는 10개 정도 있는 너트이다.

㈘ 모따기 너트(chamfering nut) : 중심 위치를 정하기 쉽게 축선이 조절되어 있으며, 밑면인 경우는 볼트에 휨 작용을 주지 않는다.

㉤ 플레이트 너트(plate nut) : 암나사를 깎을 수 없는 얇은 판에 리벳으로 설치하여 사용한다.

⑤ **와셔**(washer) : 목재나 고무와 같이 너트가 파고들 염려가 있는 약한 재료를 죌 때 사용한다. 일반용으로는 둥근 와셔가 가장 널리 사용되고, 너트 풀림 방지용으로 스프링 와셔, 이붙이 와셔 등이 사용되고 있다.

(a) 둥근머리 와셔   (b) 스프링 와셔   (c) 이붙이 와셔

각종 와셔

 보충 설명

- **와셔의 사용 목적**
  ① 볼트 머리의 지름보다 구멍이 클 때
  ② 접촉면이 고르지 못하고 경사졌을 때
  ③ 볼트나 너트의 자리가 다듬어지지 않았을 때
  ④ 너트 풀림 방지법에 사용할 때

⑥ **나사 풀림 방지법**

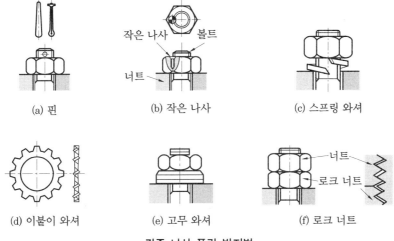

(a) 핀   (b) 작은 나사   (c) 스프링 와셔

(d) 이붙이 와셔   (e) 고무 와셔   (f) 로크 너트

각종 나사 풀림 방지법

⑦ 탄성 와셔(스프링 와셔)에 의한 법

④ 로크 너트에 의한 사용법

⑤ 작은 나사나 세트 스크루에 의한 법

④ 철사에 의한 법

⑩ 나사의 회전 방향에 의한 법

⑭ 자동 죔 너트에 의한 법

(6) 나사의 설계

① 나사의 효율

⑦ 하중을 밀어 올릴 때

$$\text{나사의 효율}\,(\eta) = \frac{\text{마찰이 없는 경우의 회전력}}{\text{마찰이 있는 경우의 회전력}} = \frac{\tan\lambda}{\tan(\lambda + \rho)}$$

여기서, λ : 리드각, ρ : 나사면의 마찰각

④ 하중을 밀어 내릴 때

$$\text{나사의 효율}\,(\eta) = \frac{\tan\lambda}{\tan(\rho - \lambda)}$$

예제 **2.** 나사의 리드각이 λ, 마찰각이 ρ일 때, 나사의 자립조건은 어떻게 되는가?

해설 나사의 자립상태란 나사가 스스로 풀리지 않는 상태로 리드각이 마찰각보다 작거나 같아야 한다 ($\lambda \leqq \rho$).

예제 **3.** 삼각 나사가 스스로 풀어지지 않는 나사의 효율은 몇 % 정도인가?

해설 50 % 미만

---

② 볼트의 지름

⑦ 축 방향 정하중만을 받을 때

$$W = \frac{\pi}{4} d_1{}^2 \cdot \sigma_t \ \text{ 에서 } \ d_1 = \sqrt{\frac{1.27\,W}{\sigma_t}}$$

$$W = \sigma_t \cdot \frac{\pi}{4}(0.8d)^2 \fallingdotseq \frac{1}{2} \cdot \sigma_t \cdot d^2$$

여기서, σ_t는 인장응력(N/mm²)이고, 3 mm 이상의 나사에서는 $d_1 > 0.8d$ 이므로 $d_1 \fallingdotseq 0.8d$ 로 하면 안전하며, σ_t 대신 σ_a를 대입하여 볼트의 지름을 구하면,

$$W = \frac{1}{2}\sigma_a \cdot d^2, \quad \therefore d = \sqrt{\frac{2\,W}{\sigma_a}} \ \text{이 된다.}$$

예제 **4.** 볼트가 1800 N의 하중을 받을 때, 볼트의 지름은 몇 mm인가? (단, 볼트의 허용 인장응력은 50 MPa이다.)

해설 $d = \sqrt{\dfrac{2W}{\sigma_a}} = \sqrt{\dfrac{2 \times 1800}{50}} = 8.48\,\mathrm{mm} \doteqdot 10\,\mathrm{mm}$

(나) 축 방향의 하중과 비틀림을 동시에 받을 때 : 마찰 프레스나 죔용 볼트의 경우 축 방향의 하중을 받으면서 비틀어진다. 이때 인장 또는 압축의 $\left(1 + \dfrac{1}{3}\right)$배의 축 방향에 작용하는 하중으로 생각하면 된다.

$$d = \sqrt{\dfrac{2\left(1 + \dfrac{1}{3}\right)W}{\sigma_a}} = \sqrt{\dfrac{8W}{3\sigma_a}}\ [\mathrm{mm}]$$

예제 **5.** 축 방향에 2 kN의 하중과 비틀림을 동시에 받는 스크루 잭에서 허용 인장응력이 6.4 N/mm²일 때 볼트의 지름은 몇 mm 인가?

해설 $d = \sqrt{\dfrac{8W}{3\sigma_a}} = \sqrt{\dfrac{8 \times 2000}{3 \times 6.4}} = 28.87 \doteqdot 30\,\mathrm{mm}$

(다) 전단하중을 받을 때

$$\tau = \dfrac{4W}{\pi d^2} \qquad \therefore d = \sqrt{\dfrac{4W}{\pi \tau}}\ [\mathrm{mm}]$$

여기서, τ : 전단응력(N/mm²)

예제 **6.** 3000 N의 전단하중이 작용하는 볼트에서 허용 전단응력이 15 MPa일 때 볼트의 지름은 몇 mm인가?

해설 $d = \sqrt{\dfrac{4W}{\pi \tau}} = \sqrt{\dfrac{4 \times 3000}{\pi \times 15}} \doteqdot 16\,\mathrm{mm}$

③ 너트의 높이

$$H = np = \dfrac{Wp}{\pi d_0 hq}\ [\mathrm{mm}] \qquad n = \dfrac{W}{\pi d_0 hq} = \dfrac{4W}{\pi (d^2 - d_1^2)q}$$

여기서, n : 나사산의 수, p : 피치(mm), d_0 : 유효지름(mm)

q : 허용 접촉면 압력(N/mm²), d : 바깥지름 (mm)

d_1 : 골지름 (mm), H : 너트의 높이 $= (0.8 \sim 1.0)d$ [mm]

예제 7. 나사의 바깥지름이 40 mm, 골지름이 34 mm, 피치가 6 mm인 2줄 나사의 볼트 유효지름과 너트의 높이, 리드를 각각 구하여라.

해설 ① 유효지름$(d_e) = \dfrac{d_1 + d_2}{2} = \dfrac{34 + 40}{2} = 37$ mm

② 너트의 높이$(H) = (0.8 \sim 1.0)d$ 이므로 $32 \sim 40$ mm가 적당

③ 리드$(l) = np = 2 \times 6 = 12$ mm

3-2 키 (key)

축에 기어나 풀리 등을 고정하여 회전력을 전달하기 위해 사용되는 체결용 요소이다.

(1) 키의 종류와 특징

키의 종류와 특징

키의 명칭		형 상	특 징
묻힘 키 (sunk key)	때려박음키		• 축과 보스에 다 같이 홈을 파는 것이 가장 많이 쓰인다. • 머리붙이와 머리없는 것이 있으며, 해머로 때려 박는다. • 테이퍼(1/100)가 있다. • 일명 드라이빙 키 또는 비녀 키라고도 한다.
	평행키		• 축과 보스에 다 같이 홈을 파는 것이 가장 많이 쓰인다. • 키는 축심에 평행으로 끼우고 보스를 밀어 넣는다. • 키의 양쪽 면에 조임 여유를 붙여 상하면은 약간 간격이 있다. • 일명 세트 키라고도 한다.
평 키 (flat key)			• 축은 자리만 편편하게 다듬고 보스에 홈을 판다. • 경하중에 쓰이며, 키에 테이퍼(1/100)가 있다. • 안장 키보다는 강하다.
안장 키 (saddle key)			• 축은 절삭하지 않고 보스에만 홈을 판다. • 마찰력으로 고정시키며 축의 임의의 부분에 설치가 가능하다. • 극 경하중용으로 키에 테이퍼(1/100)가 있다.
반달 키 (woodruff key)			• 축에 원호상의 홈을 판다. • 홈에 키를 끼워 넣은 다음 보스를 밀어 넣는다. • 축이 약해지는 결점이 있으나 공작기계 핸들축과 같은 테이퍼 축에 사용된다.

페더 키 (feather key)		• 묻힘 키의 일종으로 키는 테이퍼가 없이 길다. • 축 방향으로 보스의 이동이 가능하며 보스와의 간격이 있어 회전 중 이탈을 막기 위해 고정하는 수가 많다. • 미끄럼 키라고도 한다.
접선 키 (tangential key)		• 축과 보스에 축의 접선 방향으로 홈을 파서 반대의 테이퍼 (1/60~1/100)를 가진 2개의 키를 조합하여 끼워 넣는다. • 중하중용이며 역전하는 경우는 120° 각도로 두 군데 홈을 판다. • 정사각형 단면의 키를 90°로 배치한 것을 케네디 키 (kennedy key)라고 한다.
원뿔 키 (cone key)		• 축과 보스에 홈을 파지 않는다. • 한 군데가 갈라진 원뿔통을 끼워 넣어 마찰력으로 고정시킨다. • 축의 어느 것에도 설치 가능하며 바퀴가 편심되지 않는다.
둥근 키 (round key, pin key)		• 축과 보스에 드릴로 구멍을 내어 홈을 만든다. • 구멍에 테이퍼 핀을 끼워 넣어 축 끝에 고정시킨다. • 경하중에 사용되며 핸들에 널리 쓰인다.
스플라인 (spline)		• 축의 둘레에 4~20개의 턱을 만들어 큰 회전력을 전달할 경우에 쓰인다.
세레이션 (serration)		• 축에 삼각형의 작은 이를 만들어 축과 보스를 고정시킨 것으로 같은 지름의 스플라인에 비해 많은 이가 있으므로 전동력이 크다. • 주로 자동차의 핸들 고정용, 전동기나 발전기의 전기자 축 등에 이용된다.

보충 설명

전달 토크 크기 순서: 안장 키 < 평 키 < 둥근 키 < 반달 키 < 성크 키 < 스플라인 < 세레이션

(2) 키의 호칭법

종류, 호칭 치수 (폭×높이×길이), 끝 모양 지정, 재료

예 묻힘 키 10×6×50 한쪽 둥근 SM 45C

(3) 키의 설계

① 키의 전단강도

$$W = bl\tau = \frac{2T}{d}, \quad \tau = \frac{2T}{bld} = \frac{W}{bl}$$

여기서, W : 키에 작용하는 접선력(N), b : 키의 너비(mm)
τ : 전단응력(N/mm^2), l : 키의 길이(mm)
d : 축 지름(mm), T : 회전축 토크(N·m=J)
* 1 MPa = 1 N/mm^2

② 키의 압축강도

$$\sigma_c = \frac{W}{tl} = \frac{2T}{tld}, \quad l = \frac{\pi\tau d^2}{8\sigma_c t}$$

여기서, σ_c : 압축응력(N/mm^2)
t : 키 깊이(mm)

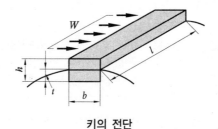

키의 전단

3-3 핀 (pin)

작은 힘이 걸리는 2개 이상의 기계 부품 체결용으로 사용된다. 즉, 핸들을 축에 고정할 때 부품의 설치, 분해, 조립을 하는 부품의 위치 결정 등에 널리 사용된다.

(1) 테이퍼 핀 (taper pin)

1/50의 테이퍼, 호칭 지름은 작은 쪽의 지름으로 표시한다.

(2) 평행 핀 (dowel pin)

분해 조립을 하는 부품의 맞춤면 위치 조정용에 사용한다.

(3) 분할 핀 (split pin)

두 갈래로 갈라지기 때문에 너트의 풀림 방지 등에 사용한다.

(4) 스프링 핀(spring pin)

세로 방향으로 쪼개져 있어 구멍의 크기나 위치가 정확하지 않을 때 해머로 때려 박을 수가 있다.

(5) 핀의 호칭법

명칭, 등급, 호칭 치수(지름×길이), 재료(예 평행 핀 2급 8×80 SM 20C)

3-4 코터(cotter)

축 방향으로 인장 또는 압축이 작용하는 두 축을 연결하는 데 사용하는 체결용 요소로서, 한쪽 기울기와 양쪽 기울기가 있으며 한쪽 기울기가 많이 사용된다.

로드 엔드   소켓   코터

코터

 보충 설명

1. 자주 분해, 조립한 경우 : $\dfrac{1}{5} \sim \dfrac{1}{10}$ 의 기울기

2. 보통의 경우 : $\dfrac{1}{20}$

3. 반영구적 결합의 경우

4. 코터의 자립조건 : $\dfrac{1}{50} \sim \dfrac{1}{100}$

  ① 한쪽 기울기 : $\alpha < 2\rho$
  ② 양쪽 기울기 : $\alpha \leqq \rho$
    여기서, α : 경사각, ρ : 마찰각

---

(1) 코터의 설계

① 코터의 전단응력 $\tau = \dfrac{W}{2bh}$ $[\text{N/mm}^2]$

예제 8. 압축력이 12 kN, 코터의 두께가 10 mm, 코터의 폭이 20 mm일 때 코터의 전단강도는 얼마인가?

해설 $\tau = \dfrac{W}{2bh} = \dfrac{12000}{2 \times 10 \times 20} = 30 \text{ N/mm}^2 = 30 \text{ MPa}$

② 코터의 접촉압력

$$p = \frac{W}{bd} \ [\text{N/mm}^2], \quad p' = \frac{W}{b(D-d)} \ [\text{N/mm}^2]$$

여기서, W : 인장하중(N), b : 코터의 두께(mm)
d : 소켓의 안지름(mm), D : 소켓의 바깥지름(mm)
p : 코터와 로드의 접촉압력(N/mm^2), σ_b : 굽힘 응력(N/mm^2)
p' : 코터와 소켓의 접촉압력(N/mm^2)

③ 소켓의 인장응력

$$\sigma_t = \frac{W}{\frac{\pi}{4}(D^2 - d^2) - b(D-d)} \ [\text{N/mm}^2]$$

④ 코터의 너비

$$h = \sqrt{\frac{3\,Wd}{2b\,\sigma_b}} \ [\text{mm}]$$

3-5 리벳(rivet)

리벳 이음(rivet joint)은 판재, 형강재 등을 영구적으로 결합시키는 방법으로, 철골 구조물이나 보일러 등에 사용된다. 리벳 이음은 겹쳐진 금속판에 구멍을 뚫고, 리벳을 끼운 다음 머리를 만들어 결합시키는 이음 방법인데, 머리를 만드는 작업을 리베팅(riveting)이라 한다. 근래에는 용접 기술의 발달로 리벳 작업이 용접 이음으로 전환되고 있다.

(1) 리베팅

① **구멍 가공** : 20 mm까지는 펀칭, 그 이상은 드릴링을 한다. 단, 정밀을 요할 시에는 리머를 사용한다. 이때에 구멍은 리벳의 지름보다 1~1.5 mm 크게 가공한다.

② **리벳의 길이** : $l = t$(철판의 두께)$+ (1.3\sim1.6)d$ 정도로 한다.

③ **리베팅** : 리벳 지름 10 mm 이하는 상온에서 작업하는 냉간 리벳, 10 mm 이상은 재결정 온도 이상에서 작업하는 열간 리벳, 25 mm 이상일 경우 리베터(riveting machine)를 사용한다.

④ **코킹(caulking), 풀러링(fullering)** : 기밀을 유지하기 위한 것으로, 판의 각도 75~85°로 깎아낸 후 작업을 한다. 판의 두께 5 mm 이하에는 개스킷 등을 사용한다.

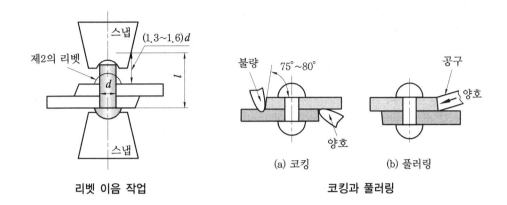

리벳 이음 작업   코킹과 풀러링

(2) 리벳 이음의 특징

① 잔류응력이 발생하지 않는다.

② 현지 조립일 경우 용접 이음보다 쉽다.

③ 경합금 등에 신뢰성이 있다.

④ 강판의 두께에 한계가 있으며, 이음 효율이 낮다.

(3) 리벳의 종류와 호칭법

① **머리 모양에 따른 분류**

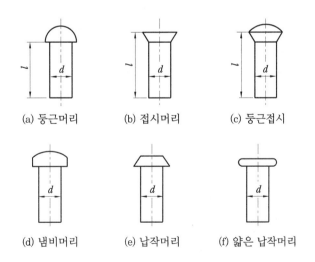

② **용도에 따른 분류** : 일반용, 보일러용, 선박용 등이 있다.

③ **리벳의 호칭** : 리벳 종류, 지름×길이 재료

　예 열간 접시머리 리벳 16×40 SBV 34

④ 리벳의 크기 표시

㈎ 머리 부분을 제외한 길이 : 둥근머리 리벳, 납작머리 리벳, 냄비머리 리벳

㈏ 머리 부분을 포함한 전체 길이 : 접시머리 리벳 등

⑤ 리벳 이음의 종류

㈎ 겹친 이음(lap joint) : 2개의 판을 겹쳐서 리베팅하는 방법으로 리벳의 배열은 열수에 따라 1열, 2열, 3열이 있으며, 지그재그형, 평행형 이음이 있다.

㈏ 맞대기 이음(butt joint) : 겹판(strap)을 대고 리베팅하는 방법이다.

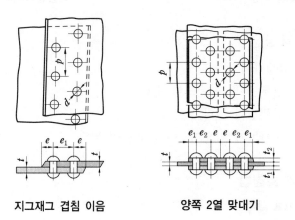

지그재그 겹침 이음   양쪽 2열 맞대기

⑥ 리벳의 설계

㈎ 리벳 이음 파괴의 예

- 리벳의 전단
- 판의 균열
- 판의 전단
- 구멍 사이의 판의 전단
- 판의 압괴

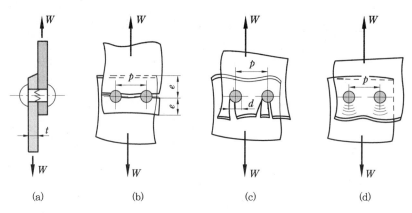

리벳의 파괴 상태

(나) 강도 계산

각종 기호

기호	명 칭	단 위	기호	명 칭	단 위
W	1 피치당 하중	N	σ_t	판에 생기는 인장응력	N/mm^2
t	판 두께	mm	σ_c	리벳 또는 판의 압축응력	N/mm^2
p	리벳의 피치	mm	τ	리벳에 생기는 전단응력	N/mm^2
e	$e \geq 1.5d$, 박판이나 경합금은 $e \geq 3d$	mm	τ_p	판에 생기는 전단응력	N/mm^2
			d	리벳 구멍의 지름	mm

- 리벳이 전단될 경우 : $W = A\tau = \dfrac{\pi}{4}d^2\tau$

  $$\tau = \frac{4W}{\pi d^2} \ [\text{N/mm}^2]$$

- 리벳 사이의 판이 압축 파괴될 때 : $W = (p-d) \cdot t \cdot \sigma_t$

  $$\sigma_t = \frac{W}{(p-d)t} \ [\text{N/mm}^2]$$

- 판의 앞쪽이 전단될 때 : 전단면적은 $2et$ 이므로 $W = 2et \cdot \tau_p$

  $$\tau_p = \frac{W}{2et} \ [\text{N/mm}^2]$$

- 리벳 또는 판이 압축 파괴될 때 : $W = d \cdot t \cdot \sigma_c$

예제 **9.** 강판의 효율과 리벳의 효율을 해석하시오.

해설 ① 강판의 효율(η_1) $= \dfrac{\text{리벳 구멍을 뚫은 강판의 강도}}{\text{구멍을 뚫기 전의 강판의 강도}} \times 100\,\%$

$\qquad\qquad = \dfrac{t(p-d)\sigma}{tp\sigma} = \dfrac{p-d}{p} = \left(1 - \dfrac{d}{p}\right) \times 100\,\%$

② 리벳의 효율(η_2) $= \dfrac{\text{리벳의 강도}}{\text{구멍을 뚫기 전의 강판의 강도}} = \dfrac{z\pi d^2\tau}{4tp\sigma} \times 100\,\%$

- 보일러용 리벳 이음 : 보일러 원통 안의 압력을 $P[\text{N/mm}^2]$, 원통의 지름을 $D[\text{mm}]$, 강판의 두께를 $t[\text{mm}]$라 하면,

  – 축방향의 인장응력 : 원주 이음 리벳에 대한 인장응력,

  $$\sigma_t = \frac{PD}{4t} \ [\text{N/mm}^2]$$

- 원주방향의 인장응력(세로 이음 리벳에 대한 인장응력)

$$\sigma_t = \frac{PD}{2t} \ [\text{N/mm}^2]$$

즉, 세로 이음은 원주 이음보다 2배가 강해야 한다.

- 보일러 동체 강판의 두께의 설계 S를 안전율이라 하면,

$$t = \frac{PDS}{2\sigma_t \eta} + 1 \ [\text{mm}]$$

4. 축계 기계 요소

회전운동에 의하여 동력 또는 운동을 전달하는 기구에는 축(shaft)이 사용되고, 일반적으로 2개 이상의 베어링(bearing)으로 지지되어 있다. 긴 축이 필요할 때에는 축 이음(shaft coupling)을 사용하고, 회전 중에 동력의 전달을 끊거나 연결하고자 할 때에는 클러치(clutch)를 사용한다.

4-1 축(shaft)

(1) 축의 종류

① 작용하는 힘에 의한 분류

㈎ 차축(axle) : 휨을 주로 받는 회전축 또는 정지축을 말하며, 철도 차량의 차축, 자동차축에 사용된다.

㈏ 스핀들(spindle) : 비틀림을 주로 받는 축으로 모양과 치수가 정밀하고, 변형량이 작은 짧은 회전축이며, 공작기계의 주축에 사용된다.

㈐ 전동축(transmission shaft) : 굽힘과 비틀림을 동시에 받는 축으로 동력 전달용으로 사용된다.

- 주축(main shaft)
- 선축(line shaft)
- 중간축(counter shaft)

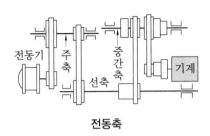

전동축

크랭크축

② **모양에 의한 분류**

㉮ 직선축(straight shaft) : 보통 사용되는 곧은 축이다.

㉯ 크랭크축(crank shaft) : 직선운동을 회전운동으로 또는 그 반대로 바꾸는 데 사용되며, 크랭크 핀에 편심륜이 끼워져 있다.

㉰ 플렉시블축(flexible shaft) : 축의 방향이 자유롭게 변화될 수 있는 축으로 철사를 코일 모양으로 2~3중 감아서 만든 것이며, 주로 작은 동력 전달에 사용된다.

③ **단면 모양에 의한 분류**

㉮ 원형축 : 실체축(solid shaft), 중공축(hollow shaft)

㉯ 사각축   ㉰ 육각축

(2) 축의 재료

① **탄소 성분** : 0.1~0.4 %

② **중하중 및 고속 회전용** : 니켈 또는 니켈 크롬강

③ **내마모성 재료** : 표면 경화강

④ **크랭크축** : 단조강, 미하나이트 주철

(3) 축의 강도

① **휨만이 작용하는 축**

㉮ 둥근 실체축의 경우

$$M = \sigma_b Z \fallingdotseq \sigma_b \frac{\pi d^3}{32}, \quad d \fallingdotseq {}^3\sqrt{\frac{10.2M}{\sigma_b}} \,[\text{mm}]$$

여기서, d : 둥근 축의 지름, M : 축에 작용하는 굽힘 모멘트[N·m(J)]

σ_b : 축에 생기는 굽힘 응력[N/mm²(MPa)], Z : 축의 단면계수(mm³)

㉯ 중공축의 경우

$$M = \left[\frac{\pi (d_2{}^4 - d_1{}^4)}{32 d_2} \right] \sigma_b \fallingdotseq \sigma_b \frac{(d_2{}^4 - d_1{}^4)}{10.2 d_2} = \sigma_b \frac{d_2{}^3 (1 - x^4)}{10.2}$$

$$\therefore d_2 = \sqrt[3]{\frac{10.2\,M}{\sigma_b(1-x^4)}} \ , \ \text{또는} \ d_1 = \sqrt[4]{d_2{}^4 - \frac{10.2\,Md_2}{\sigma_b}} \ \ [\text{mm}]$$

여기서, d_1 : 중공축의 안지름(cm), d_2 : 중공축의 바깥지름(cm)

$$x \ : \ \text{내외경비}\left(=\frac{d_1}{d_2}\right)$$

예제 10. 축의 설계에서 축의 굽힘을 최대 얼마로 제한하는가?

해설 $\dfrac{1}{3000}$ cm/m

예제 11. 굽힘 모멘트를 9000 N · m 받는 둥근 축의 지름을 구하여라. (단, 축의 굽힘응력은 50 N/mm²이다.)

해설 $d = \sqrt[3]{\dfrac{10.2M}{\sigma_b}} = \sqrt[3]{\dfrac{10.2 \times 9000000}{50}} = 122.45\,\text{mm} \rightarrow 123\,\text{mm}$

② **비틀림이 작용하는 축**

(가) 둥근 실체축의 경우

$$T = Z_p\tau = \frac{\pi}{16}d^3\tau \fallingdotseq \frac{1}{5.1}d^3\tau$$

$$d \fallingdotseq \sqrt[3]{\frac{5.1\,T}{\tau}} \ [\text{mm}]$$

여기서, T : 축에 작용하는 토크 (N · m), H_p : 전달마력

τ : 축에 생기는 전단응력(N/mm²), Z_p : 축의 극단면계수 (mm³)

n : 축의 매분 회전수 (rpm)

예제 12. 450 N · m의 비틀림 모멘트가 작용하는 지름 80 mm의 둥근 축에 생기는 비틀림 응력을 구하여라.

해설 $T = \dfrac{\pi d^3}{16}\tau$

따라서, $\tau = \dfrac{16\,T}{\pi d^3} = \dfrac{16 \times 450 \times 10^3}{\pi \times 80^3} = 4.48\,\text{N}/\text{mm}^2$

(나) 중공축의 경우

$$d_2 \fallingdotseq \sqrt[3]{\frac{5.1\,T}{\tau\,(1-x^4)}} \ [\text{mm}]$$

예제 **13.** 비틀림 모멘트가 10 N · m 인 둥근 축의 지름을 구하여라. (단, 축의 허용 전단응력은 50 N/mm²이다).

[해설] $d = \sqrt[3]{\dfrac{5.1\,T}{\tau}} = \sqrt[3]{\dfrac{5.1 \times 10000}{50}} = 10 \text{ mm}$

③ **휨과 비틀림을 동시에 받는 축** : 상당 휨 모멘트 M_e와 상당 비틀림 모멘트 T_e를 계산하여 큰 쪽의 값으로 결정한다.

$$T_e = \sqrt{T^2 + M^2}, \quad M_e = \frac{M + T_e}{2}$$

$$d = \sqrt[3]{\frac{5.1\,T_e}{\tau_a}} \text{ [mm]}, \quad d = \sqrt[3]{\frac{10.2\,M_e}{\sigma_a}} \text{ [mm]}$$

④ **전동축**

$$d = K \sqrt[3]{\frac{H_{kw}}{n}} \text{ [mm]}$$

⑤ **비틀림각의 제한으로 인한 축지름** : 지름에 비하여 긴 전동축은 적당한 강도와 강성 (rigidity)이 필요하다. 특히, 동기적으로 확실한 전동을 요할 때에는 축의 비틀림 각의 크기를 $\frac{1}{4}°$로 제한하여 축지름을 요한다.

$$\frac{\theta}{l} = \frac{180}{\pi} \cdot \frac{T}{GI_p} = \frac{1}{4} \text{ [°/m]}$$

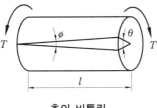

축의 비틀림

둥근 연강축에 대하여 $T = \dfrac{1000 \times 60 \times H_{kw}}{2\pi N}$, $I_p = \dfrac{\pi d^4}{32}$, $G = 81\,\text{GPa}$

바하의 축 공식에 의하여 $l = 1\,\text{m}$에 대하여 $\theta \leq \dfrac{1}{4}°$로 설계할 때는 축지름을 다음과 같이 구한다.

$$d = 13 \sqrt[4]{\frac{H_{kW}}{N}} \text{ [cm](실체축)}, \quad d_2 = 13 \sqrt[4]{\frac{(1 - x^4)H_{kW}}{N}} \text{ [cm](중공축)}$$

예제 **14.** 비틀림 모멘트가 480 N · m, 회전수가 300 rpm인 전동축의 동력을 구하여라.

해설 동력 $H = \dfrac{2\pi NT}{60 \times 1000} = \dfrac{2 \times \pi \times 360 \times 480}{60 \times 1000} = 15.08 \text{ kW}$

예제 **15.** 회전수가 2800 rpm인 전동축으로 2 kW의 동력을 전달할 때, 비틀림 모멘트를 구하여라.

해설 $T = \dfrac{60 \times 1000}{2\pi} \cdot \dfrac{H}{N} = \dfrac{60 \times 1000 \times 2}{2 \times \pi \times 2800} = 6.82 \text{ N · m}$

(4) 축을 설계할 때 고려할 사항

① **강도** (strength) : 여러 가지 하중의 작용에 충분히 견딜 수 있는 강함의 크기를 말한다.

② **강성도** (stiffiness) : 충분한 강도 이외에 처짐이나 비틀림의 작용에 견딜 수 있는 능력을 말한다.

③ **진동** : 회전 시 고유진동과 강제진동으로 인하여 진동이 증폭될 때 축이 파괴된다. 이때 축의 회전속도를 임계속도라 한다.

④ **부식** (corrosion) : 방식처리 또는 계산값보다 굵게 한다.

⑤ **온도** : 고온의 열을 받은 축은 크리프와 열팽창을 고려해야 한다.

4-2 축 이음

2개의 축을 연결하고 동력을 전달하는 데 사용하는 기계 요소로 고정식 축 이음인 커플링과 운전 중에 양 축을 일시적으로 연결하거나 분리하는 축 이음인 클러치가 있다.

(1) 커플링 (coupling)

① **슬리브 커플링** (sleeve coupling) : 두 축을 맞대어 주철제 원통을 끼운 후 키로 고정시킨 간단한 구조로 되어 있다. 일반적으로 축 지름이 작은 것에 이용되며, 이것을 고정 커플링 (rigid coupling)이라고도 한다.

② **플랜지 커플링** (flange coupling) : 플랜지를 축 끝에 끼우고 키와 볼트로 고정시킨 것으로 가장 많이 사용된다.

③ **플렉시블 커플링** (flexible coupling) : 두 축의 중심을 정확하게 일치시키기 어려울 때, 또는 진동의 전달을 막기 위한 수단으로 연결 부분에 가죽, 고무 또는 얇은 금속판과 같은 탄성체를 사용하여 진동을 방지하도록 한 커플링이다.

④ 자재이음(universal joint) : 두 축이 어떤 각을 이루고 만나거나 회전 중에 이 각이 변화할 때 사용되는 축 이음이며, 공작기계와 자동차 등에 널리 사용된다.

축 이음의 종류와 특징

형 식		형 상	특 징
고정식이음	플랜지 커플링 (flange coupling)		• 가장 널리 쓰이며 주철, 주강, 단조재의 플랜지를 이용한다. • 플랜지의 연결은 볼트 또는 리머 볼트로 조인다. • 축지름 50~150 mm에서 사용되며 강력 전달용이다. • 플랜지 지름이 커져서 축심이 어긋나면 원심력으로 진동되기 쉽다.
	슬리브 커플링 (sleeve coupling)		• 제일 간단한 방법으로 주철제의 원통 또는 분할원통 속에 양 축을 끼워 놓고 키로 고정한다. • 30 mm 이하의 작은 축에 사용된다. • 축 방향으로 인장이 걸리는 것에는 부적당하다.
올덤 커플링 (oldham's coupling)		원판	• 두 축의 거리가 짧고 평행이며 중심이 어긋나 있을 때 사용한다. • 진동과 마찰이 많아서 고속에는 부적당하며 윤활이 필요하다.
플렉시블 커플링 (flexible coupling)		부시	• 두 축의 중심선을 완전히 일치시키기 어려운 경우, 고속 회전으로 진동을 일으키는 경우, 내연기관 등에 사용된다. • 가죽, 고무, 연철금속 등을 플랜지 중간에 끼워 넣는다. • 탄성체에 의해 진동, 충격을 완화시킨다. • 양 축의 중심이 다소 엇갈려도 상관없다.
유니버설 조인트 (universal joint)			• 두 축이 서로 만나거나 평행해도 그 거리가 멀 때 사용한다. • 회전하면서 그 축의 중심선의 위치가 달라지는 것(두 축이 평행하지 않을 때)에 동력을 전달하는 데 사용한다. • 원동축이 등속 회전해도 종동축은 부등속 회전한다. • 축 각도는 30° 이내이다.

보충 설명

- **플렉시블 커플링의 종류**
  ① 고무 또는 가죽을 이용한 것(조이델 호이스 커플링)
  ② 강철, 스프링을 이용한 것(포크 커플링, 너톨 커플링)
  ③ 올덤 커플링
  ④ 기어, 체인을 이용한 것(기어 커플링, 체인 커플링)

(2) 클러치 (clutch)

① **맞물림 클러치(claw clutch)** : 서로 물리는 턱을 가진 한 쌍의 플랜지를 원동축과 종동축의 끝에 붙여서 만든 것으로 종동축을 축 방향으로 이동할 수 있게 하여 턱이 물리기도 하고 떨어질 수도 있게 한다.

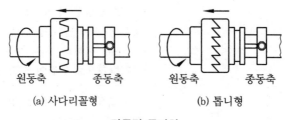

(a) 사다리꼴형 (b) 톱니형

맞물림 클러치

② **마찰 클러치** : 접촉면의 마찰력에 의하여 회전을 전달하는 것으로 모양에 따라 여러 가지 종류가 있다. 마찰 클러치는 회전 중에도 착탈작용이 이루어지며, 또 일정 이상의 하중이 걸릴 때에는 마찰면이 미끄러져 무리하게 힘을 전달하는 것을 막아주므로 안전장치의 역할도 한다.

축 방향 클러치와 원주 방향 클러치로 크게 나누고, 마찰면의 모양에 따라 원판 클러치, 원뿔 클러치, 원통 클러치, 밴드 클러치 등으로 나눈다.

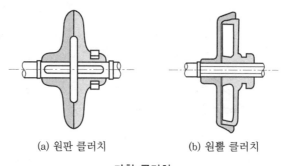

(a) 원판 클러치 (b) 원뿔 클러치

마찰 클러치

③ **유체 클러치** : 원동축의 회전에 따라 중간 매체인 유체가 회전하여 그 유압에 의하여 종동축이 회전하는 클러치이다.

④ **한 방향 클러치** : 원동축의 속도보다 늦게 되었을 경우, 종동축이 자유공전할 수 있도록 한 것으로 한 방향으로만 회전력을 전달하고 반대 방향으로는 전달시키지 못하는 비역전 클러치이다.

⑤ **축 이음 설계 시 유의사항**

㈎ 센터의 맞춤이 완전히 이루어질 것

㈏ 회전 균형이 완전하도록 할 것

㈐ 설치 분해가 용이하도록 할 것

㈑ 전동에 의해 이완되지 않을 것

㈒ 토크 전달에 충분한 강도를 가질 것

㈓ 회전부에 돌기물이 없도록 할 것

4-3 베어링 (bearing)

회전축을 지지하는 기계 요소를 베어링이라 하고, 베어링과 접촉하고 있는 축의 부분을 저널(journal)이라 한다. 베어링의 종류는 베어링과 저널의 접촉 상태에 따라 미끄럼 베어링과 구름 베어링으로 구분하고, 하중의 방향에 따라 레이디얼 베어링과 스러스트 베어링으로 분류한다.

(1) 저널 (journal)

베어링에 접촉된 축 부분을 말한다.

① **레이디얼 저널**(radial journal) : 하중이 축의 중심선에 직각으로 작용한다.

② **스러스트 저널**(thrust journal) : 축선 방향으로 하중이 작용한다.

③ **피벗 저널**(pivot journal) : 스러스트 베어링 중 수직축에 사용하는 것이다.

④ **칼라 저널**(collar journal) : 스러스트 베어링 중 수평축에 사용하는 것이다.

⑤ **원뿔 저널**(cone journal)과 **구면 저널**(spherical journal) : 원뿔은 축선과 축선의 직각 방향에 동시에 하중이 작용하고 구면은 축을 임의의 방향으로 기울어지게 할 수 있다.

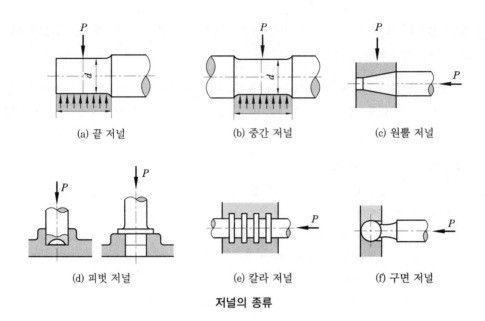

(a) 끝 저널   (b) 중간 저널   (c) 원뿔 저널

(d) 피벗 저널   (e) 칼라 저널   (f) 구면 저널

저널의 종류

(2) 베어링

① 베어링의 종류

㈎ 하중의 작용에 따른 분류

- 레이디얼 베어링(radial bearing) : 축의 중심에 대하여 직각으로 하중을 받는다.
- 스러스트 베어링(thrust bearing) : 축의 방향으로 하중을 받는다.
- 원뿔 베어링(cone bearing) : 축 방향과 축 중심 직각 방향의 합성 하중을 받는다.

㈏ 접촉면에 따른 분류(감마기구에 의한 분류)

- 미끄럼 베어링(sliding bearing) : 저널 부분과 베어링의 면이 직접 미끄럼 접촉하여 미끄럼 운동을 하는 것으로 윤활유가 감마작용을 한다. 종류에는 베어링 몸체에 축이 들어갈 구멍을 직접 뚫은 간단한 것과 별도의 베어링 메탈을 끼운 것이 있다. 베어링 재료에는 보통 화이트 메탈(white metal), 청동, 인청동 등이 사용된다. 지름이 큰 베어링은 베어링 메탈을 2개로 분할한 레이디얼 베어링을 사용하는 것이 편리하다. 최근에는 전동기에 오일리스 베어링(oilless bearing)을 사용한다.
- 구름 베어링 : 저널과 베어링 사이에 볼(ball)이나 롤러(roller)를 넣어서 구름마찰을 하게 한 베어링으로 롤링 베어링이라 한다. 구조로는 내륜(inner race) 과 외륜(outer race) 및 볼, 리테이너(retainer)의 네 가지 부분으로 구성된다. 리테이너는 볼을 원주에 고르게 배치하여 상호간의 접촉을 피하고, 마멸과 소음을 방지하는 d 역할을 한다. 볼의 배열에 따라 단열(single row)과 복열(double row)이 있으며, 전동체에 따라 볼 베어링(ball bearing)과 롤러 베어링(roller bearing)이 있다.

(a) 복렬 자동 조심형

(b) 단식 스러스트 베어링

(c) 니들 베어링

(d) 원통 베어링

(e) 원뿔 베어링

(f) 구면 롤러 베어링

(g) 단열 깊은 홈 고정형 베어링

구름 베어링의 종류

구름 베어링과 미끄럼 베어링 중 어느 것이 우수하다고는 한마디로 말할 수 없으나 대략적인 비교를 하여 필요한 곳에 적절한 것을 선택하여 사용한다.

구름 베어링과 미끄럼 베어링의 비교

조 건	구름 베어링	미끄럼 베어링
형상	지름이 크며 폭은 작다.	지름이 작으며 폭(길이)은 크다.
구조	일반적으로 복잡하다.	일반적으로 간단하다.
호환성	규격화되어 교환이 용이하다.	규격화 되지 않으나 제작이 용이하다.
구속성	축 방향으로 구속할 수 있으므로 스러스트 하중을 지지할 수 있다.	축 방향으로의 운동이 자유로우므로 축의 신장을 피할 수 있다.
마찰	비교적 작으며 특히 기동마찰이 작고 마찰계수는 약 $10^{-2} \sim 10^{-3}$이다.	기동마찰은 크나 운전 중, 특히 큰 하중이 작용할 때는 마찰계수가 작다.
윤활제	액체 윤활제나 그리스가 사용된다.	보통 액체 윤활제만 사용한다.
수명	전동체에 의하여 반복 압축이 가해지므로 피로 파괴가 일어난다.	마모에 대하여 수명이 짧으나 취급이 용이하며 반영구적이다.
온도 특성	온도 변화에 비교적 좋다.	고온과 저온에서 윤활유의 성능 변화로 불리하다.
고속 성능	전동체나 리테이너 등이 있으므로 일반적으로 불리하다.	일반적으로 유리하나 단, 강제 급유에 의한 냉각을 필요로 한다.
저속 성능	일반적으로 유리하다.	일반적으로 불리하다.
내충격성	일반적으로 불리하다.	일반적으로 유리하다.
진동, 소음	발생하기 쉽다.	특별한 고속을 제외하고 발생하지 않는다.
윤활, 보수	일반적으로 용이하나 특히 그리스 윤활인 경우에는 더욱 용이하다.	일반적으로 불리하다.
용도	충격하중이 작용하지 않고 정적인 회전부에 주로 사용된다.	기관의 커넥팅 로드 연결부, 메인 베어링부, 캠축 지지부, 피스톤 핀부, 로커암(rockerarm)부 등 충격하중을 받는 곳에 사용된다.

② **슬라이딩 베어링(sliding bearing)**

(개) 저널 베어링(journal bearing)

- 일체 베어링(solid bearing) : 주철제 한 덩어리로서 베어링 면에 부시를 끼운다.
- 분할 베어링(split bearing) : 본체와 캡으로 되어 있다.

(내) 스러스트 베어링(thrust bearing)

- 피벗 베어링(pivot bearing) : 절구 베어링(foot step bearing)이라고도 하며, 축 끝이 원추형으로 약간 둥글게 되어 있다.
- 칼라 스러스트 베어링(collar thrust bearing) : 여러 장의 칼라가 겹쳐져 있으며, 베어링의 길이가 길다.
- 킹스베리 베어링(kingdbury bearing) : 미첼 베어링(michell bearing)이라고도 하며, 가동편형의 베어링으로 큰 스러스트를 받는다.

(대) 원뿔 베어링(cone bearing)과 구면 베어링(spherical bearing)

- 원뿔 베어링 : 공작기계의 메인 베어링으로 이용되며, 다소의 스러스트를 받을 수 있다.
- 구면 베어링 : 극히 저속에 사용되며, 기계용에는 부적합하다.

(래) 슬라이딩 베어링의 구비조건

- 축의 재료보다 연하면서 마모에 견딜 것
- 내식성이 크고 마찰계수가 작을 것
- 가공성이 좋으며 유지 보수가 쉬울 것
- 열전도가 좋을 것

(매) 슬라이딩 베어링의 특징

- 회전속도가 비교적 느린 경우에 사용한다.
- 베어링에 큰 하중이나 충격하중이 작용하는 곳에 사용한다.
- 진동, 소음이 작고 구조가 간단하며 값이 싸고 수리가 쉽다.
- 시동 시 마찰저항이 크고, 급유에 신경을 써야 한다.

(배) 베어링의 강도

- 끝 저널의 경우

$$M = \frac{P \cdot l}{2} = \frac{\pi \cdot d^3}{32}\sigma_b$$

$$d = \sqrt[3]{\frac{16 \cdot P \cdot l}{\pi \cdot \sigma_b}}$$

단, $P = P_a \cdot d \cdot l \, [\text{N}]$

$$\frac{l}{d} = \sqrt{\frac{\pi}{16} \cdot \frac{\sigma_b}{P_a}}$$

정투상 면적(A)
$= dl \, [\text{mm}^2]$

끝 저널

- 중간 저널의 경우

$$M_{\max} = \frac{P}{2} \times \frac{1}{4}(l + 2l_1) = \frac{P \cdot L}{8}$$

$$d = \sqrt[3]{\frac{4P \cdot L}{\pi \sigma_b}}$$

여기서, $L = e \cdot l = 1.5l$ 이라고 하면,

$$\frac{l}{d} = \sqrt{\frac{1}{1.91} \cdot \frac{\sigma_b}{P_a}}$$

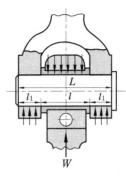

중간 저널

- 마찰손실마력(H_f)과 열량(Q_f)
  - 매 초당 마찰일 $W_f = \mu \cdot p \cdot V[\text{N} \cdot \text{m/s}]$이면,

$$H_f = \frac{\mu \cdot p \cdot v}{1000}[\text{kW}]$$

- 스러스트 저널의 경우
  - 피벗 저널의 경우

$$P_a = \frac{P}{\frac{\pi}{4}d^2} = \frac{P}{\frac{\pi}{4}(d_2{}^2 - d_1{}^2)}[\text{N/mm}^2],$$

$$d = \frac{P \cdot n}{30000 \cdot P_a \cdot V}[\text{mm}]$$

$$V = \frac{\dfrac{\pi(d_1 + d_2)}{2} \cdot n}{60 \times 1000}[\text{m/s}]$$

  - 칼라 저널에서 칼라 수 : Z, 폭 : b인 경우

$$d_2 - d_1 = 2b = \frac{P \cdot n}{30000 \cdot p_a \cdot V \cdot Z}[\text{mm}]$$

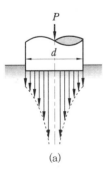

(a)

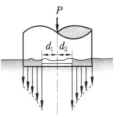

(b)

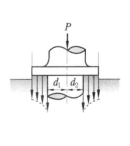

(c)

스러스트 저널

> **예제 16.** 하중 5300 N을 받는 단(端)저널의 회전수가 900 rpm 이라면 베어링의 지름과 길이는 얼마로
> 하면 되겠는가? 또한 저널에 생기는 굽힘응력과 베어링 마찰손실마력을 구하여라. (단, 허용 베어링
> 의 압력 $P = 0.85 \, \text{N/mm}^2$, $P_a v = 2 \, \text{N/mm}^2 \cdot \text{m/s}$, $\mu = 0.006$이다.)

해설 $P_a v = \dfrac{\pi \cdot P \cdot n}{60000}$ 에서,

$$\therefore l = \frac{\pi \cdot P \cdot n}{60000 \, P_a v} = \frac{\pi \times 5300 \times 900}{60000 \times 2} = 125 \, \text{mm}$$

또, $P_a = \dfrac{P}{dl}$ 에서, $d = \dfrac{P}{P_a \cdot l} = \dfrac{5300}{0.85 \times 125} = 49.9 = 50 \, \text{mm}$

최대굽힘응력 $\sigma_b = \dfrac{5.1 \cdot p \cdot l}{d^3} = \dfrac{5.1 \times 5300 \times 125}{50^3} = 27 \, \text{N/mm}^2$

저널의 원주 속도 $V = \dfrac{\pi d \cdot n}{60 \times 1000} = \dfrac{\pi \times 50 \times 900}{60 \times 1000} = 2.36 \, \text{m/s}$ 이므로

손실마력 $H_f = \dfrac{\mu \cdot P \cdot v}{1000} = \dfrac{0.006 \times 5300 \times 2.36}{1000} = 0.075 \, \text{kW}$

③ 롤링 베어링(rolling bearing)

(가) 볼 베어링(ball bearing)
- 단열 깊은 홈형 레이디얼 베어링 : 레이디얼 하중과 스러스트 하중을 받으며, 구조가 간단하다.
- 단열 볼 베어링 : 고속용에는 소형이 사용되며 스러스트 하중에도 견딜 수 있다.
- 복렬 자동 조심 레이디얼 볼 베어링 : 전동장치에 많이 사용되며 외륜의 내면이 구면이므로 축심이 자동 조절되며, 무리한 힘이 걸리지 않는다.
- 단식 스러스트 볼 베어링 : 스러스트 하중만 받으며, 고속에 곤란하고, 충격에 약하다.

(나) 롤러 베어링(roller bearing)
- 원통 롤러 베어링 : 레이디얼 부하 용량이 매우 크다. 중하중용, 충격에 강하다.
- 니들 베어링 : 롤러의 길이가 길고 가늘며 내륜 없이 사용이 가능하고, 마찰저항이 크며, 중하중용이고 충격하중에 강하다.
- 원뿔 롤러 베어링 : 스러스트 하중과 레이디얼 하중에도 분력이 생긴다. 내·외륜 분리가 가능하며, 공작기계 주축에 사용된다.
- 구면 롤러 베어링 : 고속회전은 곤란하며, 자동 조심형으로 쓸 경우 복렬을 사용한다.

볼 베어링과 롤러 베어링의 비교

비교 항목	볼 베어링	롤러 베어링
하중	비교적 작은 하중에 적당하다.	비교적 큰 하중에 적당하다.
마찰	작다.	비교적 크다.
회전수	고속 회전에 적당하다.	비교적 저속 회전에 적당하다.
충격성	작다.	작지만 볼 베어링보다 크다.

㈐ 롤링 베어링의 장·단점(슬라이딩 베어링과의 비교)

• 마찰저항이 적고, 동력이 절약되며, 마멸이 적고, 정밀도가 높다.

• 고속이 가능하고, 과열이 없으며, 급유가 쉽다.

• 기계의 소형화가 가능하며, 제품이 규격화되어 있어 사용이 편리하다.

• 충격에 약하고, 수명이 짧으며, 가격이 비싸다.

• 조립하기 어렵고, 바깥지름이 커지기 쉽다.

㈑ 롤링 베어링의 호칭번호

• 호칭법

형식 번호	치수기호(너비와 지름)	안지름 번호	등급 기호

• 호칭법에 사용되는 기호 및 숫자의 의미

　－ 형식 번호

　　1 : 복렬 자동 조심형　　　　2, 3 : 복렬 자동 조심형 큰 너비

　　5 : 스러스트 베어링　　　　　6 : 단열홈형

　　7 : 단열 앵귤러 콘택트형　　　N : 원통 롤러형

　－ 치수 기호(폭 기호+지름 기호)

　　0, 1 : 특별 경하중용　　　2 : 경하중용　　　3 : 중간 하중용

　－ 안지름 기호 : 안지름 치수 9 mm 이하의 한 자리 숫자는 그대로 표시

　　00 : 10 mm　　　　01 : 12 mm　　　　02 : 15 mm　　　　03 : 17 mm

　－ 등급 기호

　　무기호 : 보통급　　H : 상급　　　　P : 정밀급　　　SP : 초정밀급

예 6 08 C2 P6
6 : 베어링 계열(단열 홈형 볼 베어링)
08 : 안지름(8×5 = 40 mm)
C2 : 틈새 기호
P6 : 등급 기호

예 60 12 Z NR
60 : 단열 깊은 홈형 볼 베어링
12 : 안지름(12×5=60 mm)
Z : 실드 기호(편측)
NR : 궤도륜 형상 기호

(마) 롤링 베어링의 수명 계산식

- $L_n = \left(\dfrac{C}{P}\right)^r \times 10^6$ • $L_n = N \times 60 \times L_h$ • $L_h = 500 \left(\dfrac{C}{P}\right)^r \dfrac{33.3}{N}$

여기서, L_n : 베어링의 수명(106 회전 단위), L_h : 베어링의 수명시간

P : 베어링 하중(kg), N : 회전수, C : 기본 동정격 하중(kg)

r : 베어링 내·외륜과 전동체와의 접촉상태에서 결정되는 상수

(볼 베어링 : 3, 롤러 베어링 : $\dfrac{10}{3}$)

예제 17. 베어링의 하중이 500 kg, 회전수가 3000 rpm일 때, 기본 부하용량이 9000 kg인 볼 베어링의 수명시간을 산출하여라.

해설 $L_n = \left(\dfrac{C}{P}\right)^3 = \left(\dfrac{9000}{500}\right)^3 = 18^3$ (10^6 회전)이므로, 총회전수는 $18^3 \times 10^6$ 회전이다.

회전수가 3000 rpm 이므로 $\dfrac{18^3 \times 10^6}{3000} = 1944000\,\mathrm{min} = 32400\,\mathrm{h}$

5. 전동용 기계 요소

5-1 전동장치의 개요

(1) 전동장치의 종류

① **직접 전동장치** : 기어나 마찰차와 같이 직접 접촉으로 동력을 전달하는 것으로 두 축 사이가 비교적 짧은 경우에 사용한다.

② **간접 전동장치** : 벨트, 체인 로프 등을 매개로 한 전달장치로 축간 사이가 길 경우에 사용한다.

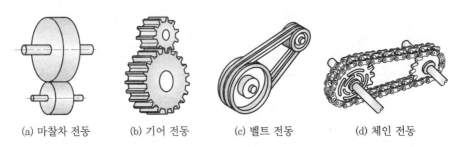

(a) 마찰차 전동   (b) 기어 전동   (c) 벨트 전동   (d) 체인 전동

전동장치의 종류

(2) 전동장치의 계산식

① 속도비(i) $= \dfrac{D_1}{D_2} = \dfrac{Z_1}{Z_2} = \dfrac{N_2}{N_1} = \dfrac{\omega_2}{\omega_1}$

② 원주속도(V) $= \dfrac{\pi DN}{1000}$ [m/min]

③ 축간거리(C) $= \dfrac{D_1 \pm D_2}{2}$ [mm]

④ 일과 동력 : 물체에 힘을 가하여 힘의 방향으로 움직였을 때, 이 힘은 일을 하였다고 한다. 이때 힘의 크기를 F [N], 움직인 거리를 s [m]라 하면, 일 Q [N · m]는 다음 식으로 나타낼 수 있다.

$$Q = Fs \ [\text{N} \cdot \text{m}(=\text{J})]$$

기계에서는 같은 양의 일을 할 때에도 그 일을 하는 속도에 따라 일을 할 수 있는 능력이 달라진다. 이와 같이 단위시간에 하는 일을 동력(power)이라 한다.

일 Q 를 하는 데 시간 t [s]가 걸렸다고 하면, 이때의 동력 P [N · m / s]는 $P = \dfrac{Q}{t}$ 와 같다. 또, 이 물체가 힘의 방향으로 움직이는 속도를 v [m / s]라 하면 $v = \dfrac{s}{t}$ 이므로, 이때의 동력은 $P = \dfrac{Q}{t} = \dfrac{Fs}{t} = Fv$ 과 같이 된다.

동력의 단위로는 N · m / s(=W)와 kW가 쓰인다. 또, 지금까지 마력(PS)도 널리 쓰여 왔으며, 이들 단위의 관계를 나타내면 다음과 같다.

N · m/s (=J/s=watt)	kW	PS
1	0.001	0.00136
1000	1	1.36
736	0.736	1

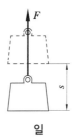

일

$$H_{\text{kW}} = \dfrac{FV}{1000} \ [\text{kW}]$$

⑤ 회전운동에 의한 동력전달 : 기계에는 기어나 벨트와 같이 회전운동에 의하여 동력을 전달하는 부분이 많다. 바퀴의 원주방향에 힘 F 가 가해지고, 시간 t 사이에 A~B 까지 회전하였다고 하였을 때 원호 AB 의 길이를 s, ∠AOB 를 θ [rad]라고 하면, 시

간(t) 사이에 한 일 Q는 $Q = Fs = Fr\theta$ 이다. Fr는 축 O 둘레의 힘 F의 모멘트이며, 이것을 토크(torque)라 한다. 토크를 T[N·m]로 나타내면,

$$Q = T\theta$$

동력 $P = \dfrac{Q}{t} = \dfrac{T\theta}{t} = T\omega$이며, 여기서 ω는 각속도이다.

토크 T가 일을 하여 N[rpm]으로 회전하고 있을 때에는 $\omega = \dfrac{2\pi N}{60}$이므로,

$$P = T\omega = \frac{2\pi NT}{60} \text{ [N·m/s(=watt)]},$$

$$P = \frac{2\pi NT}{60 \times 1000} \text{ [kW]로 된다.}$$

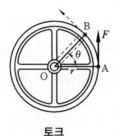

토크

예제 18. 지름이 30 cm인 바퀴가 원주방향으로 250 N의 힘을 받아 200 rpm으로 회전하고 있다. 이때에 전달되는 동력은 얼마인가?

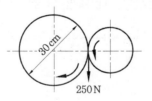

해설 $T = Fr = 250 \times \dfrac{0.3}{2} = 37.5 \text{ N·m} = 37.5 \text{ J}$

$P = \dfrac{2\pi \times 200 \times 37.5}{60} = 785 \text{ J/s} = 785 \text{ W} = 0.785 \text{ kW}$

5-2 마찰차 (friction wheel)

원통형 또는 원뿔형의 바퀴를 축에 고정하고, 이것을 서로 밀어 붙여서 접촉면의 마찰력에 의해 동력을 전달하는 것으로 재질은 주철, 강 등으로 만들고 있으나 접촉면에 가

죽 등을 붙여서 마찰계수를 크게 하면 전달동력을 증가시킬 수 있다. 마찰차에 의한 전동에서는 원동차와 종동차의 접촉면에서 어느 정도 미끄럼이 생기므로 종동차와 원동차의 속도비를 정확하게 유지하기 곤란하다. 또, 전달하는 힘이 커지면 미끄럼이 생겨 큰 동력을 전달하기 어려워진다.

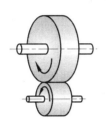
(a) 원통 마찰차

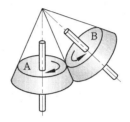
(b) 원뿔 마찰차

(1) 마찰차의 종류

① **원통 마찰차** : 두 축이 평행하며 외접과 내접이 있다.

② **원뿔 마찰차** : 두 축이 서로 교차하여 동력을 전달할 때 사용한다.

③ **홈 붙이 마찰차** : 마찰차에 홈을 붙인 것으로 두 축이 평행할 때 사용한다.

④ **변속 마찰차** : 속도 변환을 위한 것으로 원판, 원뿔, 구면 마찰차 등이 있다.

(2) 마찰차의 응용 범위

① 속도비가 중요하지 않고, 전달 힘이 그다지 크지 않을 때

② 두 축 사이를 단속할 필요가 있을 때

③ 회전속도가 커서 보통 기어를 사용하지 못할 때

(3) 마찰차의 전달력

① 그림에서 2개의 마찰차를 힘 Q로 누르면 접촉점에는 $F = \mu Q$의 마찰력이 생긴다.

② 이 힘 F로 종동차를 회전시킬 수 있다 (μQ 의 힘이 접선력보다 클 때).

③ $H \leq 1.67 \times 10^{-7} \mu Q D_1 N_1 = 1.67 \times 10^{-7} \mu Q D_2 N_2$ [kW]

여기서, μ : 마찰계수, H : 전달 동력(kW)

$\quad\quad\quad Q$: 누르는 힘(N), P : 마찰각

$\quad\quad\quad N_1,\ N_2$: 바퀴의 회전수(rpm)

$\quad\quad\quad D_1,\ D_2$: 바퀴 지름(mm)

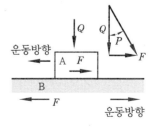

마찰력

예제 19. 지름이 30 cm 이고, 회전수가 250 rpm 인 원통 마찰차를 3200 N 의 힘으로 누를 때의 동력을 산출하여라. (단, 마찰계수는 0.2로 한다.)

[해설] $H = 1.67 \times 10^{-7} \mu Q D_1 N_1 = 1.67 \times 10^{-7} \times 0.2 \times 3200 \times 300 \times 250 = 8.02 \text{ kW}$

④ **전동 효율 :** 원통 마찰차의 전동 효율은 주철 마찰차와 비금속 마찰차에서는 90 %, 구동과 종동 모두가 주철 마찰차인 경우에는 80 % 가 된다.

⑤ 마찰계수 μ값을 크게 하기 위해 종동차에는 금속을, 원동차에는 나무, 생가죽, 파이버(fiber), 고무, 베이클라이트 등을 사용한다. 종동차에 연한 것을 사용하면 마찰면이 부분적으로 마멸되어 표면이 울퉁불퉁해져 회전이 안 될 수도 있다.

예제 20. 지름이 125 mm인 평마찰차의 회전수를 500 rpm으로 하여 1 kW을 전달하려면 폭을 얼마로 하면 좋은가 ? (단, 원동차는 주철제로 표면에 가죽을 붙이고 종동차도 같은 주철제로서 허용면압력 $f = 10$ N/mm, 마찰계수 $\mu = 0.2$로 한다.)

[해설] $H = \dfrac{\mu \cdot P \cdot V}{1000} = \dfrac{\mu \cdot P \cdot \pi \cdot d \cdot n}{1000 \times 60}$ 에서 $P = \dfrac{1000 \times 60 H}{\mu \cdot \pi \cdot d \cdot n}$

$P = \dfrac{1000 \times 60 \times 1000}{0.2 \times \pi \times 125 \times 500} = 1527.9 \text{ N}$ ∴ 폭 $b = \dfrac{P}{f} = \dfrac{1527.9}{10} = 152.79 \doteqdot 155 \text{ mm}$

(4) 홈마찰차 (grooved spur friction wheel)

홈마찰차는 평마찰차의 결점을 보완하기 위하여 작은 힘으로 큰 회전력을 전달할 수 있도록 한 것으로 베어링의 하중에 의한 마찰손실을 덜어준다. 이러한 홈마찰차는 접촉면, 즉 바퀴의 둘레에 원동차와 종동차의 요철부가 서로 박히도록 한 것이다. 요철 홈은 일반적으로 V형 홈이 사용되고 접촉면의 마찰력 μN과 수직력 N이 생기며 평형 방정식은 다음과 같다.

$$Q = 2N\sin\alpha + 2\mu N\cos\alpha = 2N(\sin\alpha + \mu\cos\alpha)$$

$$\therefore \ N = \frac{Q}{2(\sin\alpha + \mu\cos\alpha)}$$

회전력으로 작동하는 마찰력은 한 조의 접촉면에서 2μN이고 이것을 Q'라고 하면

$$2\mu N = \frac{2\mu Q}{2(\sin\alpha + \mu\cos\alpha)} = \mu' Q$$

단, $\mu' = \dfrac{\mu}{\sin\alpha + \mu\cos\alpha}$ 이다.

평마찰차와 홈마찰차의 최대 토크비는

$$T' : T = Q' : Q = \left(\frac{\mu}{\sin\alpha + \mu\cos\alpha} \right) : \mu = \mu' : \mu$$

홈의 깊이 $h = 0.94\sqrt{\mu \cdot Q}$ [mm]이고, 접촉선의 길이 $l = 2Z \cdot h \div \cos\alpha ≒ 2Z \cdot h$이다. 단, Z는 홈의 수자이며 홈의 수자는 대개 5개 이하로 피치는 보통 10 mm 정도이다.

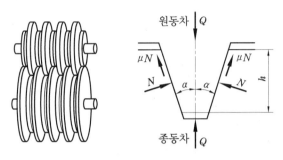

홈마찰차와 그 요소

예제 **21.** 한 쌍의 홈마찰차로서 중심거리가 약 400 mm인 2축 사이에 5 kW의 힘을 전달하고자 한다. 구동차와 피동차의 회전 속도는 각각 300 rpm과 100 rpm이다. 홈의 각도 $2\alpha = 40°$, 마찰계수 $\mu = 0.2$일 때 밀어붙이는 힘 Q와 마찰면의 수직력 N은 얼마인가?

[해설] 구동차와 피동차의 지름을 각각 D_1, D_2라 하면 $400 = \dfrac{(D_1 + D_2)}{2}$이고,

회전비 $i = \dfrac{n_2}{n_1} = \dfrac{D_1}{D_2} = \dfrac{1}{3}$ $\therefore D_2 = 3D_1$, $D_1 + 3D_1 = 2 \times 400$ $\begin{bmatrix} D_1 = 200 \text{ mm} \\ D_2 = 3 \times 200 = 600 \text{ mm} \end{bmatrix}$

그러므로 구동차의 원주 속도 $V = \dfrac{\pi \cdot D_1 \cdot n_1}{60 \times 1000} = \dfrac{\pi \times 200 \times 300}{60 \times 1000} = 3.142$ m/s

홈마찰차의 마찰계수 $\mu = 0.2$, $\alpha = 20°$이므로 $\mu' = \dfrac{0.2}{(\sin 20° + 0.2\cos 20°)} = 0.377$

밀어붙이는 힘 $Q = \dfrac{5 \times 1000}{0.377 \times \pi} = 4221.6$N이고,

마찰면의 수직력 $N = \dfrac{Q}{2(\sin\alpha + \mu\cos\alpha)} = \dfrac{4221.6}{2(\sin 20° + 0.2\cos 20°)} = 3982.6$ N이다.

(5) 원추 마찰차 (베벨 마찰차 : bevel friction wheel)

축이 어느 정도의 각도를 이루면서 구름접촉을 하는 마찰차로 외접인 경우는 서로 반대 방향으로 회전하며 내접인 경우에는 같은 방향으로 회전한다. 두 축의 꼭지각을 각각 α, β, 축각을 θ, 각속도를 ω_1, ω_2, 회전수를 n_1, n_2라 하면 속도비(i)는 다음과 같다.

$$i = \frac{\omega_2}{\omega_1} = \frac{n_2}{n_1} = \frac{D_1}{D_2} = \frac{2 \cdot \mathrm{OP} \cdot \sin\alpha}{2 \cdot \mathrm{OP} \cdot \sin\beta} = \frac{\sin\alpha}{\sin\beta} \text{이다.}$$

$\theta = \alpha + \beta$일 때 $\tan\alpha = \dfrac{\sin\theta}{\dfrac{n_1}{n_2} + \cos\theta} = \dfrac{\sin\theta}{\dfrac{1}{i} + \cos\theta}$

$$\tan\beta = \frac{\sin\theta}{\dfrac{n_2}{n_1} + \cos\theta} = \frac{\sin\theta}{i + \cos\theta}$$

$\theta = 90°$이면, $\tan\alpha = \dfrac{n_2}{n_1}$, $\tan\beta = \dfrac{n_1}{n_2}$가 된다. 따라서 두 축이 만드는 각(축각) θ와 속도비 i가 주어지면 2개의 원추 마찰차의 정각을 구할 수 있다.

축 방향의 스러스트를 Q_1, Q_2[kg]라 하고 마찰차의 접촉면에 수직인 힘을 Q[kg]이라 하면 $Q = \dfrac{Q_1}{\sin\alpha} = \dfrac{Q_2}{\sin\beta}$이고, 베어링에 작용하는 하중은 $R_1 = \dfrac{Q_1}{\tan\alpha}$, $R_2 = \dfrac{Q_2}{\tan\beta}$로 쓸 수 있으며 접촉선 부분의 중앙부 속도를 v_m[m/s]라 하면,

$$H_{kw} = \frac{\mu \cdot Q \cdot v_m}{1000} = \frac{\mu \cdot Q_1 \cdot v_m}{1000\sin\alpha} = \frac{\mu \cdot Q_2 \cdot v_m}{1000\sin\beta} \text{[kW]}$$

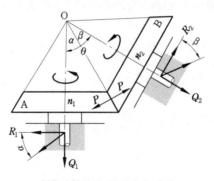

원추마찰차의 회전력과 마력

5-3 기어(gear)

마찰차의 접촉면을 기준 피치원으로 하여 그 원주에 이를 만들어 서로 물림에 따라 운동을 전달하게 한 것을 기어라고 한다. 기어는 두 축이 평행하지 않아도 회전을 확실하게 전달하고 내구력이 큰 것이 특징이다. 또한, 정확한 속도비를 필요로 하는 전동장치, 변속장치 등에 이용되고 있다.

기어의 치형 곡선으로는 인벌류트(involute) 곡선과 사이클로이드(cycloid) 곡선이 사용된다.

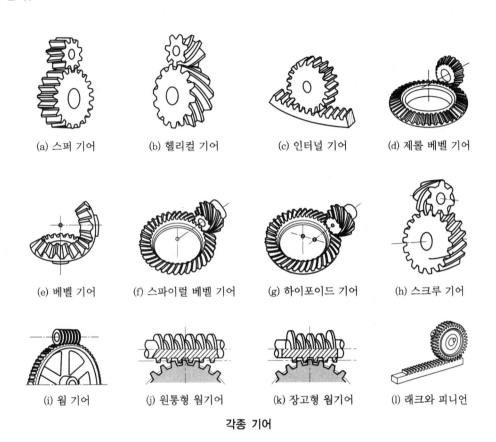

(a) 스퍼 기어	(b) 헬리컬 기어	(c) 인터널 기어	(d) 제롤 베벨 기어
(e) 베벨 기어	(f) 스파이럴 베벨 기어	(g) 하이포이드 기어	(h) 스크루 기어
(i) 웜 기어	(j) 원통형 웜기어	(k) 장고형 웜기어	(l) 래크와 피니언

각종 기어

(1) 기어 전동장치의 특징

① 큰 동력을 일정한 속도비$\left(\dfrac{1}{1} \sim \dfrac{1}{10}\right)$로 전할 수 있다.

② 사용 범위가 넓다.

③ 전동 효율이 좋고 감속비가 크다.

④ 충격에 약하고 소음과 진동이 발생한다.

(2) 기어의 종류

기어의 종류에는 회전운동을 전달하는 두 축의 관계 위치와 이의 모양에 따라 여러 가지가 있다.

① 두 축이 평행한 경우

㈎ 스퍼 기어(spur gear) : 이가 축에 평행하게 깎인 것으로 바깥에서 서로 물려 반대

방향으로 회전한다. 또, 안으로 물린 것은 내접 기어(internal gear)라 하고, 같은 방향으로 회전한다. 내접 기어는 감속비를 크게 할 필요가 있을 때 사용한다.

(내) 헬리컬 기어(helical gear) : 축에 대하여 이가 경사지게 깎인 것으로 스퍼 기어보다 물림이 조용하고 전동이 잘 된다. 그러나 축 방향에 스러스트 하중이 발생하여 스러스트 베어링이 필요하다.

(대) 더블 헬리컬 기어(double helical gear) : 잇줄 방향이 서로 반대인 2개의 헬리컬 기어를 1쌍으로 한 것으로 축에 스러스트가 발생하지 않고, 큰 동력이나 속도비를 얻을 수 있다.

(래) 래크(rack)와 피니언(pinion) : 래크는 기어의 반지름을 무한대로 한 경우와 같은 것으로서, 이것과 물리는 작은 기어를 피니언이라 한다. 이것은 회전운동을 직선운동으로, 또는 그 반대로 바꾸는 기구에 이용된다.

② **두 축이 만나는 경우**

(개) 베벨 기어(bevel gear) : 원뿔 마찰차의 접촉면을 기준으로 하여 원뿔면에 이를 만든 것으로 이가 직선인 것을 베벨 기어라고 한다.

(내) 스큐 베벨 기어(skew bevel gear) : 이가 원뿔면의 모선에 경사진 기어

(대) 스파이럴 베벨 기어(spiral bevel gear) : 이가 구부러진 기어

③ **두 축이 평행하지 않고, 만나지 않은 경우**

(개) 하이포이드 기어(hypoid gear) : 2개의 스파이럴 베벨 기어의 축을 엇갈리게 한 것이다.

(내) 스크루 기어(screw gear) : 비틀림각이 서로 다른 헬리컬 기어를 엇갈리는 축에 조합시킨 것으로 헬리컬 기어는 구름 전동을 하나 스크루 기어는 미끄럼 전동을 하여 마모가 많다.

(대) 웜 기어(worm gear) : 웜과 웜 기어를 한 쌍으로 사용하며, 서로 교차하지 않는 직각 교차축 사이의 운동을 전달할 때 사용하며, 큰 감속비를 얻을 수 있고, 원동차를 보통 웜으로 한다.

(3) 기어의 각부 명칭과 이의 크기

① **기어의 각부 명칭**

(개) 피치원(pitch circle) : 피치면의 축에 수직한 단면상의 원

(내) 원주 피치(circle pitch) : 피치원 주위에서 측정한 2개의 이웃에 대응하는 부분간의 거리

(대) 이끝원(addendum circle) : 이 끝을 지나는 원

(래) 이뿌리원(dedendum circle) : 이 밑을 지나는 원

㈔ 이폭 : 축 단면에서의 이의 길이

㈕ 이두께 : 피치상에서 측정한 이의 두께

㈖ 총 이높이 : 이끝 높이와 이뿌리 높이의 합

㈗ 이끝 높이(addendum) : 피치원에서 이끝 원까지의 거리

㈘ 이뿌리 높이(dedendum) : 피치원에서 이뿌리 원까지의 거리

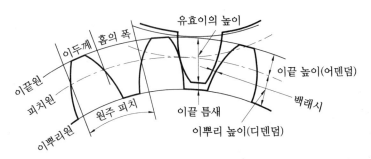

기어의 각부 명칭

② 이의 크기

모 듈(m)	지름 피치(DP)	원주 피치(P)
피치원 지름 D[mm]를 잇수로 나눈 값. 미터 단위 사용	잇수를 피치원 지름 D[inch]로 나눈 값. 인치 단위 사용	피치원의 원주를 잇수로 나눈 값. 근래 사용하지 않음
$m = \dfrac{\text{피치원의 지름}}{\text{잇수}} = \dfrac{D}{z}$	$DP = \dfrac{\text{잇수}}{\text{피치원 지름}} = \dfrac{Z}{D}$	$P = \pi m = \dfrac{\pi D}{Z}$

③ 중심거리

$$C = \frac{D_1 + D_2}{2} = \frac{m(Z_1 + Z_2)}{2} \ [\text{mm}]$$

여기서, D_1 : 원동차의 피치원 지름, D_2 : 종동차의 피치원 지름

Z_1 : 원동차의 잇수, Z_2 : 종동차의 잇수

예제 22. 잇수가 38, 72개, 모듈이 3인 두 개의 기어가 맞물려 있을 때, 축간거리는 얼마인가?

해설 $C = \dfrac{m(Z_1 + Z_2)}{2} = \dfrac{3(38 + 72)}{2} = 165 \ \text{mm}$

예제 23. 잇수가 40개, 모듈이 3인 표준 기어를 제작하려면 기어의 소재지름은 얼마가 필요한가?

해설 $D_0 = (Z + 2)m = (40 + 2) \times 3 = 126 \ \text{mm}$

④ 기어의 속도비(i)

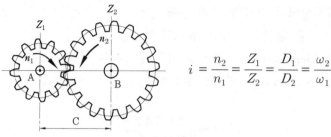

$$i = \frac{n_2}{n_1} = \frac{Z_1}{Z_2} = \frac{D_1}{D_2} = \frac{\omega_2}{\omega_1}$$

기어의 속도비

(4) 치형 곡선

① 인벌류트(involute) 곡선

(개) 원기둥에 감은 실을 풀 때, 실의 1점이 그리는 원의 일부 곡선으로 많이 사용한다.

(내) 압력각이 일정하고 중심거리가 다소 어긋나도 속도비는 변하지 않는다.

(대) 맞물림이 원활하며, 가공이 쉽다.

(래) 호환성이 있고, 이뿌리가 튼튼하다.

(매) 마멸이 크고 소음이 난다.

② 사이클로이드(cycloid) 곡선

(개) 기준원 위에 원판을 굴릴 때, 원판상의 1점이 그리는 궤적으로 외전 및 내전 사이클로이드 곡선으로 구분한다.

(내) 피치원이 완전히 일치해야 바르게 물린다.

(대) 기어 중심거리가 맞지 않으면 물림이 나쁘다.

(래) 효율은 높으나 이뿌리가 약하다.

(매) 소음 및 마멸이 적고, 마멸은 균일하게 발생하여 시계·계측기 등에 사용한다.

(5) 이의 간섭과 언더컷, 압력각

① 이의 간섭(interference of tooth) : 2개의 기어가 맞물려 회전할 때 한쪽의 이끝 부분이 다른 쪽 이뿌리 부분을 파고 들어가는 현상을 말한다.

> **보충 설명**
>
> ■ 이의 간섭 방지법
>
> ① 이의 높이를 줄인다.
>
> ② 압력각을 증가시킨다(20° 또는 그 이상으로 한다).
>
> ③ 피니언의 반지름 방향의 이뿌리면을 파낸다.
>
> ④ 치형의 이끝면을 깎아낸다.

② **언더컷**(under cut) : 이의 간섭에 의하여 이뿌리가 파여진 현상으로 잇수가 몹시 적은 경우나, 잇수 비가 매우 클 경우에 발생되기 쉽다.

언더컷 한계 잇수

압력각	14.5°	15°	20°
이론적 잇수	32	30	17
실용적 잇수	26	25	14

③ **압력각**(pressure angle) : 피치원 상에서 치형의 접선과 기어의 반경선이 이루는 각으로 14.5°, 17.5°, 20°, 22.5°가 있으며, 14.5°와 20°가 많이 사용되고 KS에는 20°로 규정되어 있다.

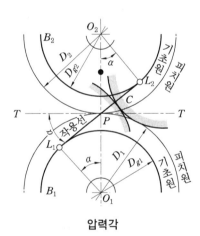

압력각

(6) 표준 기어와 전위 기어

① **표준 기어** : 피치원에 따라 측정한 이의 두께가 기준 피치의 1/2인 경우이다.

② **전위 기어** : 잇수가 작은 경우나 잇수 비가 큰 경우 이뿌리에 접촉하여 회전할 수 없는 간섭 현상이 발생한다. 이때 이의 높이 등을 변경, 가공하여 간섭을 방지한다.

보충 설명

■ **전위 기어의 장점**
  ① 언더컷을 방지한다.
  ② 맞물림이 좋아진다.
  ③ 이뿌리가 굵어지고 튼튼해진다.

(7) 기어의 설계

① 기어의 굽힘강도

$$F = \frac{1000 H_p}{V} \ [\text{N}], \quad F = \sigma_b b m y \ [\text{N}]$$

여기서, H_p : 기어의 전달동력, V : 피치원 위의 원주속도 (m/s)

b : 이의 너비, m : 모듈, y : 치형계수

σ_b : 기어 이의 굽힘응력(Pa)

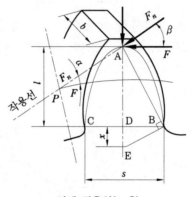

이에 작용하는 힘

② 잇면 압력강도

$$F = f_v k b D_1 \frac{2 Z_2}{Z_1 + Z_2} \ [\text{N}]$$

여기서, D_1 : 기어의 피치원 지름, f_v : 속도 계수

Z_2 : 큰 기어의 잇수, Z_1 : 작은 기어의 잇수

k : 접촉면의 응력계수, b : 이 두께

③ 스퍼 기어의 설계 순서 : 축지름 결정 → 사용 재료 선택 → 이의 크기 (모듈, 이의 너비 등) 결정 → 기어 각 부분의 치수 결정

④ 헬리컬 기어의 설계

㉮ 헬리컬 기어의 치형 : 이 직각방식과 축 직각방식에 의한 치형이 있다.

㉯ 상당 스퍼 기어 $Z_e = \dfrac{Z}{\cos^3 \beta} \ [\text{개}]$

여기서, Z : 실제 잇수, Z_e : 상당 잇수

㉰ 헬리컬 기어의 강도 $F = \sigma_b b m_n y \ [\text{N}]$

여기서, b : 이의 너비, m_n : 이직각 모듈, y : 치형 계수

⑤ 베벨 기어의 설계

(개) 상당 스퍼 기어 $Z_e = \dfrac{Z}{\cos \delta}$ [개]

여기서, δ : 피치 원뿔각

(내) 헬리컬 베벨 기어의 강도 $F = \sigma_b bmy \dfrac{R_e - b}{R_e}$ [N]

여기서, R_e : 바깥 끝 원뿔거리

5-4 벨트 전동장치

동력을 전달하는 두 축 사이의 거리가 비교적 멀리 떨어져 있는 경우(10 m 이하)에 동력을 전달하려면 축에 벨트 풀리(belt pulley)를 고정하고, 여기에 벨트를 걸어 회전력을 전달한다. 벨트 전동은 벨트와 풀리면과의 마찰력에 의하여 동력이 전달되므로 정확한 회전수를 얻기 어려우나, 과부하가 걸릴 때에는 안전한 이점이 있다.

(1) 벨트 전동장치의 특징

① 일정한 속도비를 전할 수 없다.
② 축간거리는 10 m, 속도는 10~30 m/s
③ 전동 효율은 96~98 % 정도
④ 충격하중에 대한 안전장치 역할

(2) 평 벨트 전동

원동차와 종동차의 지름을 각각 D_1, D_2 회전수를 n_1, n_2라 하면, 그 속도비 i는 다음과 같이 된다.

$$속도비(i) = \frac{n_2}{n_1} = \frac{D_1}{D_2}$$

예제 **24.** 원동차의 지름이 90 mm, 종동차의 반지름이 140 mm, 원동차의 회전수가 300 rpm 일 때, 종동차의 회전수는 얼마인가 ?

해설 속도비$(i) = \dfrac{n_2}{n_1} = \dfrac{D_1}{D_2}$,

$$n_2 = \frac{D_1}{D_2} \times n_1 = \frac{90}{140 \times 2} \times 300 = 96.4 \, \text{rpm}$$

일정한 회전수를 가진 원동축에서 벨트 전동에 의해 종동축에 전달하는 회전수를 변화시킬 필요가 있을 때에는 단차(stepped pulley)를 사용한다.

단차는 지름이 다른 몇 개의 벨트 풀리를 하나로 만든 것이며, 2개의 단차를 반대 방향으로 설치하여 벨트를 걸어 속도비를 바꾼다.

벨트의 재료로는 가죽, 고무, 천, 띠강 등이 사용되며, 가죽은 마멸에 강하고 질기나 가격이 비싸다. 고무는 인장강도가 크고 늘어남이 적으며, 수명이 길다. 또한 두께가 고르나 기름에 약하다.

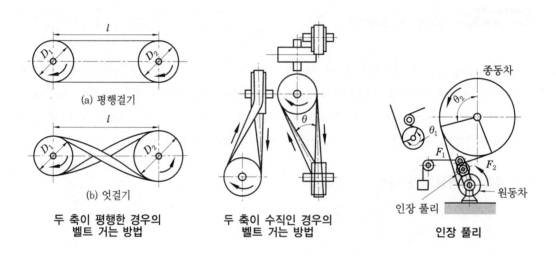

(a) 평행걸기		종동차
(b) 엇걸기		원동차
두 축이 평행한 경우의 벨트 거는 방법	두 축이 수직인 경우의 벨트 거는 방법	인장 풀리

① **평벨트 거는 법**

(가) 두 축이 평행한 경우

- 평행걸기(open belting) : 동일 방향으로 회전한다.
- 엇걸기(cross belting) : 반대 방향으로 회전하며, 일명 십자걸기라고도 한다.

(나) 두 축이 수직인 경우 : 역회전이 불가능하며, 역회전을 해야 할 경우 안내 풀리 (guide pulley)를 사용해야 한다.

② **벨트의 접촉 중심각** : 벨트의 미끄러짐을 적게 하기 위해 풀리와 벨트의 접촉각을 크게 하는데, 이완 쪽이 원동차의 위에 오게 하거나 인장 풀리(tension pulley)를 사용한다.

③ **벨트의 길이** : 풀리의 지름을 D_1, D_2 [mm], 중심거리를 C [mm], 벨트의 길이를 L [mm]라 하면,

(가) 평행걸기의 경우 : $L \fallingdotseq 2C + \dfrac{\pi(D_2 + D_1)}{2} + \dfrac{(D_2 - D_1)^2}{4C}$ [mm]

(나) 엇걸기의 경우 : $L \fallingdotseq 2C + \dfrac{\pi(D_2 + D_1)}{2} + \dfrac{(D_2 + D_1)^2}{4C}$ [mm]

예제 25. 원동차의 지름이 0.4 m, 종동차의 지름이 0.6 m, 중심거리가 3 m인 오픈 벨트의 벨트 길이를 산출하여라.

해설 $L \doteqdot 2C + \dfrac{\pi(D_2 + D_1)}{2} + \dfrac{(D_2 - D_1)^2}{4C}$

$= 2 \times 300 + \dfrac{\pi(60 + 40)}{2} + \dfrac{(60 - 40)^2}{4 \times 300} \doteqdot 757 \text{ cm}$

④ **벨트 풀리** : 보통 주철제(원주 속도 20 m/s 이하)로 하며, 암의 수는 4~8개를 설치하지만 지름 18 cm 이하에서 고속용은 원판으로 한다. 벨트 풀리의 외주 중앙부는 벨트의 벗겨짐을 막기 위해 볼록하게 크라운형으로 한다.

⑤ **벨트 풀리에 의한 변속 장치**

㈎ 단차에 의한 변속 : 지름이 서로 다른 벨트 풀리 몇 개를 한 몸으로 묶은 단차를 서로 반대 방향으로 놓아 평벨트를 건다.

㈏ 원뿔 벨트 풀리에 의한 방법 : 종동 풀리의 속도를 연속적으로 바꾸려 할 때 사용한다.

⑥ **벨트의 전달 동력** : 벨트가 유효장력 $P[\text{N}]$을 받으면서 속도 $v[\text{m/s}]$로 전동하고 있을 때 원심력을 무시하고 $(v \leq 10\text{m/s})$ 전달동력 $H[\text{kW}]$를 구하면,

$$H = \frac{P \cdot v}{1000} = \frac{T_1 \cdot v}{1000} \cdot \frac{e^{\mu\theta} - 1}{e^{\mu\theta}} [\text{kW}]$$

원심력을 고려하면 $(v \geq 10\text{m/s})$

$$H = \frac{P \cdot v}{1000} = \frac{V}{1000}\left(T_1 - \frac{\omega v}{g}\right)^2 \cdot \frac{e^{\mu\theta} - 1}{e^{\mu\theta}}$$

$$= \frac{T_1 \cdot v}{1000}\left(1 - \frac{\omega v^2}{T_1 \cdot g}\right) \cdot \frac{e^{\mu\theta} - 1}{e^{\mu\theta}} [\text{kW}]$$

(단, θ는 벨트의 접촉각이다.)

또한 전달동력은 벨트의 속도가 증가함에 따라 증가하나 어느 속도 이상으로 되면 원심력의 영향으로 감소된다. 이 한계속도를 $v_0[\text{m/s}]$라 하면 $v_0 = \sqrt{\dfrac{T_1 \cdot g}{3\omega}}$ 로 구해진다.

따라서 고속 벨트 전동에서는 v_0를 크게 하려면 비중이 작고 장력이 큰 재질을 사용한다.

마찰계수(μ)의 값

재　　질	마찰계수(μ)
가죽 벨트와 주철제 풀리	0.2~0.3
가죽 벨트와 목제 풀리	0.4
목면 벨트와 주철제 풀리	0.2~0.3
고무 벨트와 주철제 풀리	0.2~0.25

(3) V 벨트 전동

V 벨트를 V 홈이 있는 풀리에 걸어서 평행한 두 축 사이에 동력을 전달하고 회전수를 바꿔 주는 것을 V 벨트 전동이라 한다. 이 전동은 V 벨트와 홈 사이에서 쐐기 작용에 의하여 마찰력이 커지므로, 축 사이의 거리가 짧고 속도비가 클 때에도 미끄럼이 작게 일어난다. 또, 운전할 때 조용하고 충격을 완화시키는 작용도 한다. V 벨트를 응용한 무단 변속장치는 1쌍의 원뿔 바퀴의 간격을 넓히면 유효 지름이 작아지고, 좁게 하면 유효지름이 커진다. 따라서, 2쌍의 바퀴 중 한쪽의 간격을 넓게 하면서 동시에 다른 쪽을 좁게 하면, 두 축 사이의 속도비를 운전 중에도 연속적으로 변화시킬 수 있다.

① V 벨트의 형상

단　　면	형의 종류	폭(a) [mm]	높이(b) [mm]	단면적 [mm²]
40°	M	10.0	5.5	40.4
a	A	12.5	9.0	83.0
b	B	16.5	11.0	137.5
	C	22.0	14.0	236.7
	D	31.5	19.0	461.1
	E	38.0	25.5	732.3

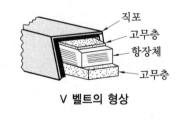

V 벨트의 형상

② V 벨트의 호칭

(가) 길이 : 유효지름을 인치로 표시한다.

(나) 단면 : M, A, B, C, D, E 의 6종으로 M에서 E 쪽으로 가면 단면이 커진다.

③ V 벨트의 특징

(가) 허용 인장응력은 약 1.8 N/mm²이다.

(나) 벨트의 각도는 40°이나 풀리의 지름이 작아지면 풀리의 홈 각도는 40°보다 작게 한다 (34°, 36°, 38°의 3종류가 있다).

(다) 축간거리가 짧아 5 m 이하이며, 속도비는 1 : 7, 속도는 10~15 m /s이다.

(라) 미끄럼이 적고, 전동 회전비가 크며, 전동 효율은 95~99 %이다.

⒨ 단면이 V형으로 이음매가 없고 수명이 길다.

⒝ 운전이 조용하고, 진동과 충격의 흡수 효과가 있다.

⒮ 홈 밑에 접촉하지 않아 홈의 빗변으로 벨트가 접촉되어 마찰력이 큰 쐐기 작용을 한다.

④ **V 벨트의 전달동력**

n개의 벨트가 병렬로 사용된다고 보고 쐐기의 작용만을 생각하면 다음 식으로 된다.

$$Q = \frac{\text{홈 속으로 밀어 붙이는 힘}(P)}{2\left(\sin\dfrac{\theta}{2} + \mu \cdot \cos\dfrac{\theta}{2}\right)}$$

회전력 $R = 2 \cdot \mu \cdot Q = \dfrac{\mu}{\sin\dfrac{\theta}{2} + \mu \cdot \cos\dfrac{\theta}{2}} P = \mu' P$

단, $\mu' = \dfrac{\mu}{\sin\dfrac{\theta}{2} + \mu \cdot \cos\dfrac{\theta}{2}}$

$$H = \frac{P \cdot v}{1000}\left(T_1 - \frac{\omega}{g}v^2\right)\frac{e^{\mu'\theta} - 1}{e^{\mu'\theta}} \fallingdotseq \frac{P \cdot T_1 v}{1000}\frac{e^{\mu'\theta} - 1}{e^{\mu'\theta}} [\text{kW}]$$

단, $T_1 = T_2 e^{\mu'\theta} [\text{N}]$

V 벨트 전동

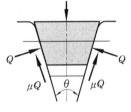

V 벨트의 전달동력

⑤ **타이밍 벨트** : 벨트의 이면에 일정한 피치의 홈이 있는 것으로 기어와 유사한 벨트 풀리에 걸어 전동하게 되어 있다.

이것은 미끄럼이 없이 일정한 속도비를 얻을 수 있다.

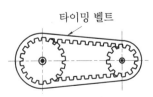

타이밍 벨트

5-5 **체인 전동장치**

두 축 사이의 거리가 비교적 짧을 때의 전동 방법이며, 속도비가 확실하고 큰 동력을 전달할 수 있으나, 소음이 발생하기 쉽고 고속 운전에는 적합하지 않다.

(1) 체인 전동의 특징

① 미끄럼이 없어 속도비가 정확하다.
② 큰 동력이 고효율 (95 % 이상) 로 전달된다.
③ 체인의 탄성 작용으로 어느 정도의 충격이 흡수된다.
④ 수리 및 유지가 쉽고 내열, 내습, 내유성이 있다.
⑤ 진동, 소음이 심하여 고속 회전에는 부적당하다.

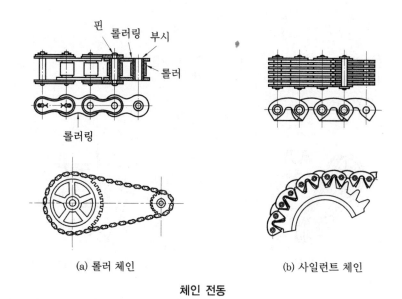

(a) 롤러 체인 (b) 사일런트 체인

체인 전동

(2) 체인의 평균속도

$$V = \frac{P \cdot Z \cdot n}{1000} \text{ [m/min]}$$

예제 **26.** 체인 스프로킷 휠의 피치가 14 mm, 잇수가 40, 회전수가 500 rpm인 체인의 평균속도는 얼마인가 ?

해설 $V = \dfrac{PZn}{1000} = \dfrac{14 \times 40 \times 500}{1000} = 280 \text{ m/min} = 4.7 \text{ m/s}$

(3) 체인의 종류

① **롤러 체인** : 강철제의 링크를 핀으로 연결하고 핀에는 부시와 롤러를 끼워서 만든 것으로 고속에서 소음이 난다.

② **사일런트 체인** : 링크의 바깥면이 스프로킷의 이에 접촉하여 물리며 다소 마모가 생겨도 체인과 바퀴 사이에 틈이 없어서 조용한 전동이 된다.

6. 제어용 기계 요소

스프링, 고무 등의 기계 요소는 운동이나 압력을 억제하고 진동과 충격을 완화하며, 에너지를 축적하거나 그 변형으로 힘을 측정하는 데도 쓰인다. 완충장치에는 스프링, 고무 이외에 기름, 공기 등을 이용한 것들이 있다. 또, 운동을 조절하거나 정지시킬 필요가 있을 때에는 브레이크 (brake) 를 사용한다.

6-1　스프링 (spring)

(1) 스프링의 효과 및 용도

① 진동 흡수, 충격 완화 (철도, 차량)
② 에너지 축적 및 측정(시계, 저울, 압력 게이지)
③ 압력 제한 (안전밸브)
④ 기계 부품의 운동 제한 및 운동 전달 (내연기관의 밸브 스프링)

(2) 스프링의 종류

① **재료에 의한 분류** : 금속, 비금속, 유체 스프링 등

② **하중에 의한 분류** : 인장, 압축, 토션 바, 구부림을 받는 스프링 등

③ **용도에 의한 분류** : 완충, 가압, 측정용, 동력 스프링 등

④ **모양에 의한 분류** : 코일, 스파이럴, 겹판, 링, 원판, 토션 바 스프링 등

(개) 코일 스프링(coil spring) : 단면이 둥글거나 각이 진 봉재를 코일형으로 감은 것으로 용도에 따라 인장, 압축, 비틀림용으로 분류된다.

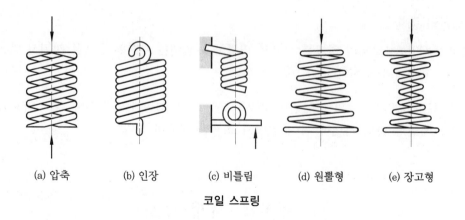

(a) 압축   (b) 인장   (c) 비틀림   (d) 원뿔형   (e) 장고형

코일 스프링

㈏ 겹판 스프링(leaf spring) : 길고 얇은 판으로 하중을 지지하도록 한 것으로, 판을 여러 장 겹친 것을 말한다.

⑤ **단면에 의한 분류 :** 원형, 직사각형, 사다리꼴 스프링 등

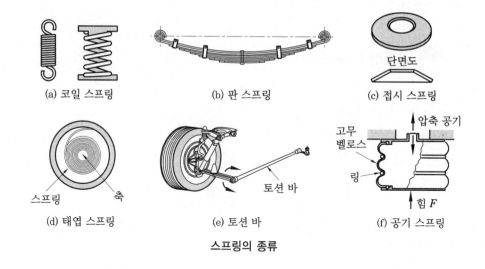

(a) 코일 스프링   (b) 판 스프링   (c) 접시 스프링

(d) 태엽 스프링   (e) 토션 바   (f) 공기 스프링

스프링의 종류

(3) 스프링의 재료

탄성계수가 크고 피로·크리프 한도가 높아야 하며, 내식성, 내열성 또는 비자성이나 비전도성 등이 좋아야 한다.

① **금속 재료 :** 스프링강, 피아노선, 인청동, 황동선이 널리 사용되며, 특수용으로 스테인리스강, 고속도 강 등이 사용된다.

② **비금속 재료 :** 고무, 공기, 기름 등이 완충용으로 사용된다.

(4) 스프링의 역학

① 코일 스프링의 용어와 강도

기 호	명 칭	단 위	기 호	명 칭	단 위
δ	스프링의 처짐 (변위량)	mm	U	일량	N·m
W	하중	N	τ	전단응력	N/mm^2
k	스프링 상수	N/mm	G	가로 탄성계수	N/mm^2
R	코일의 평균 반지름	mm	D	코일의 평균 지름	mm
n	감김수		d	소선의 지름	mm
T	토크	N·m			

㉮ 지름 : 재료의 지름 (소선의 지름 d), 코일의 평균 지름(D), 코일의 안지름(D_1), 코일의 바깥지름(D_2)

㉯ 종횡비 : 하중이 없을 때의 스프링의 높이를 자유 높이(H)라 하는데, 그 자유 높이와 코일의 평균 지름의 비이다.

$$종횡비(\lambda) = \frac{H}{D}(보통\ 0.8 \sim 4)$$

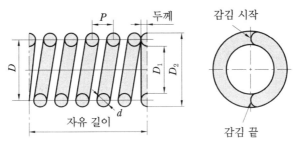

코일 스프링의 각부 명칭

㉰ 피치 : 서로 이웃하는 소선의 중심간 거리(P)이다.

㉱ 코일의 감김수
- 총 감김수 : 코일 끝에서 끝까지의 감김수
- 유효 감김수 : 스프링의 기능을 가진 부분의 감김수
- 자유 감김수 : 무하중일 때, 압축 코일 스프링의 소선이 서로 접하지 않는 부분의 감김수

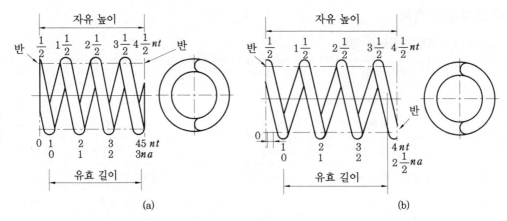

코일 스프링의 감김수

㈐ 스프링 지수 : 스프링 설계에 가장 중요한 수

$$C = \frac{D}{d} \ (보통 \ 4\text{~}10)$$

㈑ 스프링 상수 : 훅의 법칙에 의한 스프링의 비례상수로서 스프링의 세기를 나타내며, 스프링 상수가 크면 잘 늘어나지 않는다.

$$k = \frac{W}{\delta} = \frac{Gd^4}{64nR^3}$$

- 병렬의 경우(a, b) : $k = k_1 + k_2$

- 직렬의 경우(c) : $\dfrac{1}{k} = \dfrac{1}{k_1} + \dfrac{1}{k_2}$, $\therefore k = \dfrac{k_1 \cdot k_2}{k_1 + k_2}$

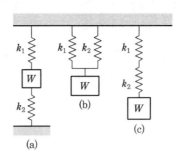

스프링 상수

예제 **27.** 스프링에 가해지는 힘이 200 N, 직렬 연결 시 스프링 상수 $k_1 = 3$ N/mm, $k_2 = 4.5$ N/mm일 때, 전체 스프링 상수와 변형량을 결정하여라.

[해설] $\dfrac{1}{k} = \dfrac{1}{k_1} + \dfrac{1}{k_2} = \dfrac{1}{3} + \dfrac{1}{4.5} = \dfrac{7.5}{13.5}$ $\therefore k = 1.8\,\text{N/mm}$

$\therefore \delta = \dfrac{W}{k} = \dfrac{200}{1.8} = 111.1\,\text{mm} = 11.11\,\text{cm}$

(사) 하중에 의해 이루어진 일 U는 $W = k\delta$의 직선과 가로축 사이의 면적으로 표시한다.

$$U = \dfrac{1}{2}W\delta = \dfrac{1}{2}k\delta^2$$

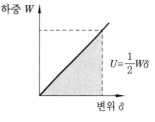

스프링의 일

② **코일 스프링의 강도**

(가) $T = \tau Z_p = \dfrac{\pi}{16}d^3\tau\;[\text{N}\cdot\text{m}]$

(나) $\tau = \dfrac{8WD}{\pi d^3}\;[\text{MPa}]$

(다) $\delta = \dfrac{8nD^3W}{Gd^4} = \dfrac{64nR^3W}{Gd^4}\;[\text{mm}]$

6-2 완충장치

기계가 받는 진동이나 충격을 완화하기 위한 것으로, 금속 스프링 이외에 고무, 스펀지 등의 비금속 재료를 사용하거나 기름, 공기 등을 매개체로 사용하는 것도 있다.

(1) 진동 (vibration)

물체가 평형 상태를 중심으로 일정한 시간에 일정한 운동을 반복하는 것을 진동이라하고, 그 일정한 시간을 주기(period)라 한다.

① **단진동**

(가) 단진동의 주기(T) : 점 P가 원주 위를 1회전하는 데 소요되는 시간

$$T = \dfrac{1}{f} = \dfrac{2\pi}{\omega}$$

여기서, ω : 각속도 (rad/s)

(나) 진동수(f) : 단위 시간의 진동수이며, $f = \dfrac{1}{T} = \dfrac{\omega}{2\pi}\;[\text{Hz}]$이다.

예제 **28.** 무게 830 N 의 물체를 로프에 매달아서 75 cm/s² 의 가속도로 단진동할 때, 실의 복원력은 얼마인가?

해설 복원력 $F = \dfrac{w \times a}{g} = \dfrac{830 \times 75}{980} = 63.5 \, \text{N}$

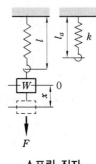

스프링 진자

② **비틀림 진자** : 축의 한 끝을 고정하고 다른 끝에 원판을 달아 축 둘레로 비틀었다가 놓으면 원판이 흔들이 운동을 반복하는 것을 말한다.

③ **스프링 진자** : 추를 잡아당겼다 놓으면 그림과 같이 위아래로 진동하는 것을 말하며, 스프링의 아래 방향으로 작용하는 힘 $F = -kx$ 가 되며 단진동을 한다.

(2) 기계의 진동

① 자유 진동과 강제 진동

(가) **자유 진동(free vibration)** : 진동체에 저항이 없다면 외부로부터 받은 힘에 의해 진동하는 물체는 외력을 제거하여도 진동을 계속한다.

(나) **감쇠 진동(damped vibration)** : 자유 진동이 저항에 의하여 시간이 지남에 따라 진폭이 점점 작아져 마침내 정지한다.

(다) **강제 진동(forced vibration)** : 외부로부터 주기적인 힘에 의하여 물체가 진동한다.

(라) **공진(resonance)** : 강제 진동에 의한 진동수와 진동체의 고유 진동수가 일치하는 것을 말한다.

② 진동의 방지

(가) 회전체는 원심력의 영향을 받지 않도록 가볍고 균형이 잡힌 모양으로 한다.

(나) 스프링 또는 유압을 이용하여 외부로부터의 강제 진동을 단절하도록 한다.

(다) 진동의 에너지를 흡수하여 진동을 적게 하는 댐퍼(damper)를 사용한다.

③ 회전축의 위험속도 : 전동축의 회전수를 증대시키면 어느 회전수에서 공진을 일으켜 급격한 진동을 일으키는데, 이때의 회전수를 임계속도(critical speed) n_c 라 하며, 축의 고유 진동수와 같다.

$$n_c = \frac{60}{2\pi} \sqrt{\frac{kg}{W}} = \frac{30}{\pi} \sqrt{\frac{k}{m}} = \frac{30}{\pi} \sqrt{\frac{g}{\delta}} \, [\text{rpm}]$$

여기서, g : 중력 가속도, W : 물체의 무게, k : 스프링 상수
m : 물체의 질량, δ : 처짐량

(3) 링 스프링 완충기

하중의 변화에 따라 내외 스프링이 접촉하여 생기는 마찰로 에너지를 흡수하도록 된 것이다.

(4) 고무 완충기

고무가 압축되어 변형될 때 에너지를 흡수하도록 된 것이다.

(5) 유압 댐퍼

축 방향에 하중이 작용하면 피스톤이 이동하여 작은 구멍의 오리피스로 기름이 유출하면서 진동을 감쇠시킨다. 주로 자동차용 보조 완충장치로 쓰이며, 쇼크 업소버(shock absorber)라고도 한다.

(6) 공기 스프링

고무 주머니에 채운 압축 공기의 탄력에 의해 완충 작용을 한다. 이 장치는 압축 공기량을 조절하는 자동조정장치가 있어 적재량의 다소에 관계없이 차체를 일정한 높이로 유지할 수 있게 되어 있다. 대형 자동차와 철도 차량에 많이 쓰인다.

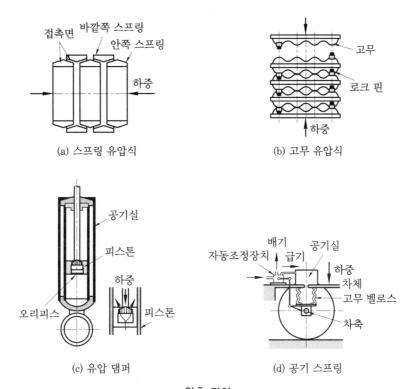

완충 장치

6-3 브레이크(brake)

브레이크는 기계의 운동 부분의 에너지를 흡수하여 속도를 조절하거나 그 운동을 정지시키기 위해 사용되며, 일반적으로 마찰에 의해 운동 에너지를 흡수하는 마찰 브레이크(friction brake)가 널리 사용되고 있다. 제동부의 조작은 인력, 증기력, 압축공기, 유압, 전자력 등을 이용하게 된다.

(1) 브레이크의 종류

① **반지름 방향으로 밀어 붙이는 형식** : 블록, 밴드, 팽창(expansion) 브레이크

② **축 방향으로 밀어 붙이는 형식** : 원판(disc), 원추(cone) 브레이크

③ **자동 브레이크** : 웜(worm), 나사(screw), 캠(cam), 원심력(centrifugal) 브레이크

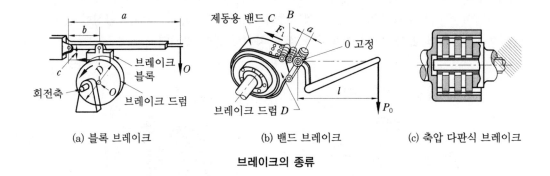

(a) 블록 브레이크   (b) 밴드 브레이크   (c) 축압 다판식 브레이크

브레이크의 종류

(2) 브레이크의 역학

마찰 브레이크는 마찰계수 μ인 마찰면에 수직으로 작용하는 브레이크 압력 P [N]에 의하여 발생하는 마찰력 f [N]가 브레이크 작용을 하는 것이다. 이때 f를 브레이크 힘(brake force)이라 하며, $f = \mu P$이다.

① **블록 브레이크(block brake)** : 회전축에 고정시킨 브레이크 드럼에 브레이크 블록을 눌러 그 마찰력에 의하여 제동한다. 브레이크는 블록의 수에 따라 단식 블록 브레이크(single block brake)와 복식 블록 브레이크(double block brake)가 있다. 자동차용 브레이크의 뒷바퀴에는 내측 브레이크가 사용되고, 앞바퀴에는 원판 브레이크가 사용된다. 그러나 ABS는 앞, 뒷바퀴 모두 원판 브레이크를 사용한다.

㈎ **단식 블록 브레이크** : 조작력 F [N]와 브레이크 힘 f [N]와의 관계는 다음의 표와 같이 브레이크 레버(brake lever)의 회전 지점의 위치에 따라 정해진다.

단식 블록 브레이크 힘

형 식			
우회전	$F = \dfrac{f(l_2 + \mu l_3)}{\mu l_1}$	$F = \dfrac{fl_2}{\mu l_1}$	$F = \dfrac{f(l_2 - \mu l_3)}{\mu l_1}$
좌회전	$F = \dfrac{f(l_2 - \mu l_3)}{\mu l_1}$		$F = \dfrac{f(l_2 + \mu l_3)}{\mu l_1}$

예제 **29.** 지름이 350 mm인 브레이크 드럼에 1800 N의 브레이크 힘이 작용하였다. 이때의 브레이크 토크 (N · mm)는 얼마인가 ? (단, μ는 0.2이다.)

해설 $T = \mu f \dfrac{d}{2} = 0.2 \times 1800 \times \dfrac{350}{2} = 63000$ N · mm

(나) 복식 브레이크 : 브레이크 블록이 브레이크 드럼의 안쪽에서 밀어 붙이는 안쪽 브레이크 (internal brake)에 작용하는 힘의 관계는 다음과 같다.

$$F_1 = \frac{P_1}{l_1}(l_2 + \mu l_3), \quad F_2 = \frac{P_2}{l_2}(l_2 - \mu l_3)$$

(다) 브레이크 용량

$$W_f = \frac{\mu W v}{A} = \mu P v \qquad p = \frac{W}{A} = \frac{W}{eb}$$

여기서, v : 드럼의 원주속도(m/s), W : 드럼에 가해지는 블록의 힘(N)
$\quad\quad$ A : 블록의 접촉면적(mm^2), p : 제동압력(N/mm^2)
$\quad\quad$ $\mu P v$: 브레이크의 용량(N/mm^2 · m/s), b : 블록의 폭(mm)
$\quad\quad$ W_f : 브레이크의 단위 면적당 마찰일(N/mm^2 · m/s), e : 블록의 높이(mm)

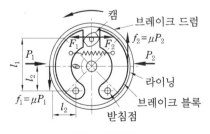

안쪽 브레이크

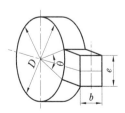

브레이크 용량

② **밴드 브레이크**(band brake) : 브레이크 드럼에 강철 밴드를 감고, 레버로 밴드를 잡아
당겼을 때 발생하는 마찰력에 의해 제동하는 장치로 밴드의 두께를 t[mm], 브레이크
밴드에 발생하는 인장응력을 σ[N/mm^2], 밴드의 인장 쪽 장력을 T_1[N]이라 하면,

$$\sigma = \frac{T_1}{tb}$$

밴드 브레이크의 브레이크 힘

형 식			
우회전	$F = \dfrac{f}{l} \cdot \dfrac{l_2}{e^{\mu\theta} - 1}$	$F = \dfrac{f}{l} \cdot \dfrac{(l_2 - l_1 e^{\mu\theta})}{(e^{\mu\theta} - 1)}$	$F = \dfrac{f}{l} \cdot \dfrac{(l_2 + l_1 e^{\mu\theta})}{(e^{\mu\theta} - 1)}$
좌회전	$F = \dfrac{f}{l} \cdot \dfrac{l_2 e^{\mu\theta}}{e^{\mu\theta} - 1}$	$F = \dfrac{f}{l} \cdot \dfrac{(l_2 e^{\mu\theta} - l_1)}{(e^{\mu\theta} - 1)}$	$F = \dfrac{f}{l} \cdot \dfrac{(l_2 e^{\mu\theta} + l_1)}{(e^{\mu\theta} - 1)}$

③ **원판 브레이크** : 브레이크의 평균 지름 위에 작용을 하는 힘을 f, 접촉면의 수를 n,
제동 토크를 T_f라 하면,

$$f = n\mu F = n\mu \cdot \frac{\pi}{4}(d_2{}^2 - d_1{}^2)p \ [\text{N}]$$

$$T_f = \frac{d}{2}f = \frac{d_1 + d_2}{4}n\mu \cdot \frac{\pi}{4}(d_2{}^2 - d_1{}^2)p$$

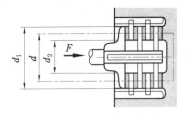

(a) 다판 원판 브레이크

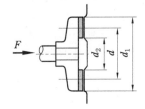

(b) 단판 원판 브레이크

원판 브레이크

제5장 기계 재료

1. 개 요

1-1 기계 재료의 분류

기계는 그 모양과 종류에 따라 많은 부품으로 구성되어 있으며, 이들 부품은 여러 가지 재료로 만들어져 있다.

기계 재료는 기계나 구조물의 설계 제작에 필요한 일반적인 재료를 뜻한다. 따라서, 기계 제작에 필요한 공구 재료도 기계 재료에 속한다. 좋은 기계 재료를 선택하기 위해서는 사용할 재료의 성질을 알아야 하고, 이를 위한 재료시험으로는 주로 인장시험, 경도시험, 충격시험 등이 사용된다.

현재 사용되고 있는 기계 재료에는 순수한 금속만이 아니라 여러 가지 원소를 포함하고 있으며, 이것은 금속 재료와 비금속 재료로 분류된다. 자연계에는 100종 이상의 원소 (element)가 존재하고 있으며, 이들 원소 중 공통적인 성질을 갖고 있는 약 60종을 금속 (metal)이라 하고 금속의 공통 성질을 갖지 못하는 것을 비금속 (non metal) 이라 한다.

금속 재료로 대표적인 것은 철금속이 있으며, 철(Fe)을 주성분으로 하고, 이것에 여러 가지 원소를 첨가하여 우리가 필요로 하는 여러 가지 성질을 나타낸다. 철금속은 크게 주철, 탄소강 및 특수강으로 분류된다.

주철이나 탄소강에는 철 이외에 탄소(C)와 소량의 규소(Si), 망간(Mn), 인(P), 유황 (S) 등이 포함되어 있다(금속의 5대 원소 C, Si, Mn, P, S).

금속 재료의 대표적인 것에는 앞에서 설명한 바와 같이 철계의 주철, 탄소강, 특수강과 비철금속의 황동, 청동, 동, 알루미늄, 마그네슘, 납, 주석, 아연 등이 있고, 비금속 재료에는 합성수지, 다이아몬드, 내화 재료, 보온 재료, 윤활 재료, 절삭제, 목재, 벽돌, 시멘트, 고무, 도료 등이 있다.

기계 재료는 실용상의 용도에 따라 기계 구조용, 기계 요소용, 공구용, 금형용, 전자기 용 등으로 구분한다.

주요 성질에 따라 내열재, 내식재, 내산재, 내마멸재, 고강도재 등으로 구별된다.

1-2 기계 재료의 성질 및 개요

(1) 금속의 공통적 성질

① 실온에서 고체이며 결정체(Hg 제외)이다.

② 빛을 반사하고 고유의 광택이 있다.

③ 가공이 용이하고, 연성, 전성이 있다.

④ 열 및 전기의 양도체이다.

⑤ 비중이 크고 경도 및 용융점이 높다.

(2) 금속의 일반적 분류

① **보통 금속**(ordinary metal) : 철(Fe), 구리(Cu), 알루미늄(Al), 아연(Zn), 주석(Sn), 납 (Pb), 니켈(Ni), 마그네슘(Mg), 수은(Hg) 등이 있다.

② **귀금속**(noble metal) : 금(Au), 은(Ag), 백금(Pt), 로듐(Rh), 이리듐(Ir), 오스뮴(Os), 팔라듐(Pd) 등이 있다.

③ **합금용 금속** : 크롬(Cr), 망간(Mn), 텅스텐(W), 코발트(Co), 몰리브덴(Mo), 바나듐(V), 안티몬(Sb), 카드뮴(Cd), 비스무트(Bi), 티탄(Ti), 규소(Si), 브롬(Br) 등이 있다.

중요한 금속의 물리적 성질

금 속	화학 기호	원자 번호	원자량	비중 (20℃)	융점 (℃)	비등점 (℃)	전기 전도도 (Ag=100)
은	Ag	47	107.9	10.5	960.5	2210	100
알루미늄	Al	13	26.9	2.7	660	2060	57
금	Au	79	197.2	19.3	1063	2970	67
비스무트	Bi	83	209.0	9.8	271	1420	1.3
칼슘	Ca	20	40.1	1.6	850	1440	18
세륨	Ce	58	140.1	6.9	600	1400	1.9

코발트	Co	27	58.9	8.9	1495	2900	15
크롬	Cr	24	52.0	7.2	1890	2500	7.8
구리	Cu	29	63.5	9.0	1083	2600	94
철	Fe	26	55.9	7.9	1536.5	3000	17
게르마늄	Ge	22	72.6	5.4	958	2700	—
수은	Hg	80	200.6	13.7	−28.9	357	1.5
마그네슘	Mg	12	24.3	1.7	650	1110	34
망간	Mn	25	54.9	7.4	1244	2150	0.2
몰리브덴	Mo	42	95.9	10.2	2625	2700	29.6
나트륨	Na	11	23.0	0.9	97.8	892	28
니켈	Ni	28	58.7	8.9	1455	2730	20.5
납	Pb	82	207.2	11.3	327.4	1740	7.2
백금	Pt	78	195.2	21.5	1554.5	4410	13.7
로듐	Rh	45	102.9	12.4	1773.5	4500	13.5
안티몬	Sb	51	121.8	6.6	1966	1440	34.2
주석	Sn	50	118.7	7.3	630.5	2270	4
탄탈	Ta	73	180.9	16.7	232	4100	11.3
티탄	Ti	22	47.9	4.5	1820	3000	3.4
우라늄	U	92	238.1	18.7	1130	—	4.9
텅스텐	W	74	183.9	19.3	3410	5930	29.5
아연	Zn	30	65.4	7.1	419.5	906	25.5
지르코늄	Zr	40	91.2	6.5	1750	2900	3.6

(3) 금속 재료의 종류별 분류

① 철금속 (ferrous metal)

㈎ 순철(pure iron) : 탄소 0.03 % 이하를 함유하는 철

㈏ 주철(cast iron) : 탄소 1.7 % 이상의 합금

㈐ 합금 주철(alloy cast iron) : 주철에 특수 원소를 가한 합금

㈑ 합금 철(ferro alloy) : 철에 다량의 망간, 규소, 크롬, 니켈, 텅스텐, 몰리브덴 등의 원소를 첨가한 합금

㈒ 탄소강(carbon steel 또는 ordinary steel) : 철과 탄소 1.7 % 이하의 합금

㈓ 합금강(alloy steel 또는 special steel) : 탄소강에 특수 원소를 가한 합금

② **비철금속**(non ferrous metal)

　㈎ **구리 및 구리 합금**(copper alloy)

　　• 순동 : 미량의 불순물을 함유하는 순수한 구리

　　• 황동 : 구리와 아연의 합금

　　• 청동 : 구리와 주석의 합금

　　• 특수 황동 및 특수 청동 : 황동 및 청동에 특수 원소를 첨가한 합금

　㈏ **알루미늄 및 알루미늄 합금**

　　• 순알루미늄 : 미량의 불순물을 함유하는 순수한 알루미늄

　　• 두랄루민, 실루민 등 : 알루미늄과 마그네슘을 주체로 하는 경합금

　㈐ **백색 합금**(white metal alloy) : 주석, 납, 아연, 안티몬, 비스무트, 카드뮴 등을 주체로 하는 합금으로서 연납, 활자금, 가용 합금과 같이 백색의 연질 합금

　㈑ **니켈 합금** : 니켈과 구리, 아연, 철, 크롬 그 밖의 금속과의 합금

　㈒ **마그네슘 및 그 합금, 기타**

③ **경금속과 중금속 분류** : 비중 4.5 이상을 중금속, 이하인 것을 경금속이라 한다.

　㈎ **경금속** : Al, Mg, Be, Ca, Ti, Li(비중이 0.53으로 가장 가볍다.)

　㈏ **중금속** : Fe, Cu, Cr, Ni, Bi, Cd, Ce, Co, Mo, Pb, Zn, Ir(비중이 22.5로 가장 크다.)

1-3 　금속 및 합금의 물리적 성질과 기계적 성질

(1) 물리적 성질

① **비중** : 물질의 단위 체적의 무게와 표준 물질(4℃의 물)의 단위 체적의 무게와의 비이다.

② **용융점** : 고체가 액체로 변화하는(녹는) 온도점을 말한다.

③ **비열** : 단위 질량의 물체 온도를 1 ℃ 올리는 데 필요한 열량이다.

④ **선팽창계수** : 물체의 단위 길이에 대하여 온도가 1 ℃만큼 높아짐에 따라 금속의 길이가 늘어나는 양을 말한다.

⑤ **열전도율** : 길이 1cm 에 대하여 1℃의 온도차가 있을 때 $1\,cm^2$의 단면을 통하여 1초 간에 전해지는 열량의 비율이다 (은＞구리＞백금＞알루미늄＞아연＞니켈＞철).

⑥ **전기전도율** : 전기가 물체 내에 전달되는 비율로 열전도율 순위와 거의 일치한다.

⑦ **자성** : 자기를 가지는 성질을 말한다.

(2) 기계적 성질

① **연성**(ductility) : 물체가 탄성한도를 초과한 힘을 받고도 파괴되지 않고 늘어나서 소

성 변형이 되는 성질을 말하며, 합금이 되면 연성은 감소한다. 금, 은, 백금, 구리 등은 금속 중 가장 연성이 풍부하다.

② **전성(malleability)** : 가단성과 같은 뜻으로 금속을 압연 또는 두드리는 경우 얇은 판으로 늘어나는 성질로서 금, 알루미늄, 구리는 전성이 크다.

③ **인성(toughness)** : 연성과 강도가 큰 성질, 즉 점성이 강한 끈기 있고 질긴 성질로서 충격에 대한 재료의 저항성으로 굽힘이나 비틀림 작용을 반복하여 가할 때 이 외력에 저항하는 성질을 말한다.

④ **강도(strength)** : 기계적 성질 중 가장 중요한 것으로 인장(tension), 압축(compression), 굽힘(bending), 비틀림(torsion), 충격(impact), 피로(fatigue) 등의 외력에 저항하는 세기를 강도로 표시한다. 강도는 소정의 모양과 치수로 만든 시험편을 사용하여 위의 여러 가지 항목에 대해 시험하여 측정한다.

⑤ **취성(메짐, brittleness)** : 강도가 크면서 연성이 없는 것, 즉 물체가 약간의 변형에도 견디지 못하고 파괴되는 성질로서 인성에 반대되는 성질이다.

⑥ **경도(hardness)** : 금속 표면이 외력에 저항하는 성질, 즉 물체의 기계적인 단단함의 정도를 나타낸 것을 경도라 한다.

⑦ **가주성** : 가열하면 유동성이 좋아져 주조 작업이 가능한 성질이다.

⑧ **피로** : 재료에 인장과 압축하중을 오랜 시간 동안 연속적으로 되풀이하면 파괴되는데, 이런 현상을 피로 현상을 일으켰다고 한다.

⑨ **탄성** : 금속에 외력을 가해 변형되었다가 외력을 제거했을 때 원래 상태로 돌아오는 성질을 말한다.

순철의 물리적 성질

비 중	용융점(℃)	용융숨은열 (J / g)	선팽창계수 (20℃) ($℃^{-1}$)	비열(J / g·℃) (20℃)	열전도율 (J / cm·s·℃) (20℃)	고유저항 ($\Omega·cm$)
7.87	1538±3	472.0	11.7×10^{-6}	0.46	0.753	10×10^{-6}

순철의 기계적 성질

경 도 (H_B)	인장강도 (MPa)	연신율 (%)	단면 수축률 (%)	탄성한도 (N/ mm²)	세로 탄성률 (GPa)
60~70	176~245	10	2~3	120~150	55

탄소강의 분류와 용도

종 별	C (%)	인장강도 (N/mm²)	연신율 (%)	용 도
극 연 강	<0.12	<3.8	25	강관, 강선, 못, 파이프, 와이어, 리벳
연 강	0.13~0.20	3.8~4.4	22	관, 교량, 각동 강철봉, 판, 파이프, 건축용 철골, 철교, 볼트, 리벳
반 연 강	0.20~0.30	4.4~5.0	20~18	기어, 레버, 강철판, 볼트, 너트, 파이프
반 경 강	0.30~0.40	5.0~5.5	18~14	철골, 강철판, 차축
경 강	0.40~0.50	5.5~6.0	14~10	차축, 기어, 캠, 레일
최 경 강	0.50~0.70	6.0~7.0	10~7	축 기어, 레일, 스프링, 단조공구, 피아노선
탄소공구강	0.60~1.50	5.0~7.0	7~2	각종 목공구, 석공구, 수공구, 절삭공구, 게이지
표 면 경 화 용 강	0.08~0.2	4.0~4.5	15~20	기어, 캠, 축류

탄소 공구강의 화학 성분과 용도   (KS D 3751-84)

기 호	화학 성분 (%)					참고 용도 보기
	C	Si	Mn	P	S	
STC 1	1.30~1.50	0.35 이하	0.50 이하	0.030 이하	0.030 이하	칼줄, 벌줄 등
STC 2	1.10~1.30	0.35 이하	0.50 이하	0.030 이하	0.030 이하	드릴, 철골용 줄, 소형 펀치, 면도날, 태엽, 쇠톱 등
STC 3	1.00~1.10	0.35 이하	0.50 이하	0.030 이하	0.030 이하	나사 가공 다이스, 쇠톱, 프레스 형틀, 게이지, 태엽, 끌, 치공구 등
STC 4	0.90~1.00	0.35 이하	0.50 이하	0.030 이하	0.030 이하	태엽, 목공용 드릴, 도끼, 끌, 메리야스 바늘, 면도칼, 목공용 띠톱, 펜촉, 프레스 형틀, 게이지 등
STC 5	0.80~0.90	0.35 이하	0.50 이하	0.030 이하	0.030 이하	각인, 프레스 형틀, 태엽, 띠톱, 치공구, 원형톱, 펜촉, 등사판 줄, 게이지 등
STC 6	0.70~0.80	0.35 이하	0.50 이하	0.030 이하	0.030 이하	각인, 스냅, 원형틀, 태엽, 프레스 형틀, 등사판 줄 등
STC 7	0.60~0.70	0.35 이하	0.50 이하	0.030 이하	0.030 이하	각인, 스냅, 프레스 형틀, 나이프 등

주철의 물리적 성질

종 류	색상	비 중	용융점 (℃)	용융숨은열 (J / g)	선팽창계수 (25~100℃) (℃⁻¹)	열전도율 (J / g·℃)	비열 (J / g·℃)	고유저항 (Ω·cm)
회주철	흑회색	7.1~7.3	1150~1350	13.4~14.2	0.0000084	0.19~0.33	0.55	74.6×10⁻⁶
백주철	은백색	7.5~7.7	1150~1350	96.3	―	0.5~0.54	0.55	98.0×10⁻⁶

여러 가지 합금 원소의 효과

원 소	효 과
Ni(니켈)	강인성과 내식성 및 내산성을 증가시킨다.
Mn(망간)	적은 양일 때는 Ni과 거의 같은 작용을 하며, 함유량이 증가하면 내마멸성을 커지게 한다. S에 의해 일어나는 메짐을 방지하게 한다.
Cr(크롬)	적은 양도 경도와 인장강도를 증가시키고, 함유량의 증가에 따라 내식성과 내열성을 커지게 하며, 자경성과 탄화물을 쉽게 만들고 내마멸성이 커지게 한다.
W(텅스텐)	적은 양일 때는 Cr과 거의 비슷하게 탄화물을 만들기 쉽게 하고, 경도와 내마멸성을 커지게 한다. 또, 고온경도와 고온강도를 커지게 한다.
Mo (몰리브덴)	W과 거의 흡사하나 그 효과는 W의 약 2배이다. 담금질 깊이를 크게 하고 크리프 저항과 내식성을 커지게 하며, 뜨임 메짐을 방지한다.
V(바나듐)	Mo과 비슷한 성질이나 경화성은 Mo보다 훨씬 더하다. Cr 또는 Cr-W과 함께 사용하여야 그 효력을 크게 발휘한다.
Cu(구리)	석출 경화를 일으키기 쉽고 내산화성을 나타낸다.
Si(규소)	적은 양은 경도와 인장강도를 다소 증가시키고, 함유량이 많아지면 내식성과 내열성을 크게 증가시키며, 전자기적 성질도 개선시킨다.
Co(코발트)	고온경도와 인장강도를 증가시키나, 단독으로는 사용하지 않고 크롬과 함께 사용한다.
Ti(티탄)	Si나 V과 비슷하며 입자 사이의 부식에 대한 저항을 증가시키고 탄화물을 만들기 쉽게 한다.

1-4 금속 재료의 시험과 검사

(1) 기계적 시험

강도와 경도 및 인성 등의 기계적 성질을 알기 위해서는 재료 시험을 하며, 재료 시험은 시험하고자 하는 재료의 시험편을 제작하여 실시하나, 그 결과는 시험편 또는 재료의 일부분에 대한 결과이므로 직접 쓰이는 재료와 일치되지 않을 경우도 있다.

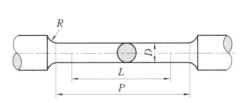

D : 시험편의 지름(14 mm), R : 턱의 반지름 > 15 mm 이상
L : 표점 거리(50 mm), P : 평행부의 길이(60 mm)

인장시험편

E : 탄성 한계
P : 비례 한계
A : 상부 항복점
B : 하부 항복점
M : 최대 하중
Z : 파단 하중

연강의 하중-변형 곡선

① **인장 시험(tensile test)** : 시험편을 인장 시험기에서 축 방향으로 인장하중을 증가시키면서 시험편의 연신율을 기록하면 위의 그림과 같은 연강의 하중-변형 곡선을 얻을 수 있다. 이 시험에서 최대 인장하중, 항복점, 인장강도, 연신율, 단면 수축률 등을 알 수 있다. 최대 하중을 시험편 원래의 단면적으로 나눈 값을 인장강도(tensile strength)라 하는데, 재료의 강도를 나타내는 기초적 값이다.

또, 이 시험에서 연신율(elongation)과 단면 수축률(reduction of area)을 구할 수 있다. 연신율은 끊어질 때 늘어난 양, 즉 끊어진 후 표점거리와 원래의 표점거리의 차를 원래의 표점거리로 나눈 값을 백분율로 나타낸 것이다. 이와 같은 값에서 재료의 연성과 전성의 크고 작음을 알 수 있다.

⑺ **항복점** : 금속 재료의 인장시험에서 하중을 0으로부터 증가시키면 응력의 근소한 증가나 또는 증가 없이도 변형이 급격히 증가하는 점에 이르게 되는데, 이 점을 항복점이라 하며 연강에는 존재하나 경강이나 주철의 경우에는 거의 없다.

$$항복강도 = \frac{비철금속의 \ 항복점}{원래의 \ 단면적}$$

⑷ **영률(세로 탄성계수)** : 탄성한도 이하에서 응력과 연신율은 비례(혹의 법칙)하는데 응력을 연신율로 나눈 상수이다.

$$E = \frac{\sigma}{\varepsilon} \ [\text{GPa}]$$

⒟ **인장강도**$(\sigma_B) = \frac{최대 \ 하중}{원래의 \ 단면적} = \frac{P_{\max}}{A_o} \ [\text{N/mm}^2(=\text{MPa})]$

⒠ **연신율**$(\varepsilon) = \frac{시험 \ 후 \ 늘어난 \ 길이}{표점거리} = \frac{l - l_o}{l_o} \times 100 \ \%$

⒨ **내력** : 주철과 같이 항복점이 없는 재료에서는 0.2 %의 영구변형이 일어날 때의 응력값을 내력으로 표시한다.

$$내력 = \frac{0.2\% \ 영구변형이 \ 일어나는 \ 하중(W)}{시험편의 \ 원단면적(A)} \ [\text{N/mm}^2(=\text{MPa})]$$

② **경도 시험(hardness test)** : 브리넬 경도(Brinell hardness), 비커스 경도(Vickers hardness), 로크웰 경도(rockwell hardness), 쇼어 경도(shore hardness), 이 밖에도 긁힘 시험(scratch test), 진자 시험(pendulum test), 마이어 경도(meyer hardness) 시험 등이 있다.

경도 시험기의 원리와 특징

시험기의 종류	브리넬 경도 (Brinell hardness)	비커스 경도 (Vickers hardness)	로크웰 경도 (Rockwell hardness)	쇼어 경도 (Shore hardness)
기 호	H_B	H_V	$H_R(H_R B,\ H_R C)$	H_S
시험법의 원리	압입자의 하중을 걸어 자국의 크기로 경도를 조사한다. $H_B = \dfrac{P}{\pi D t}$ $= \dfrac{2P}{\pi D(D\sqrt{D^2 - d^2})}$	압입자에 하중을 작용시켜 자국의 대각선 길이로 조사한다. $H_V = \dfrac{하중}{자국의\ 표면적}$ $= \dfrac{P}{A} = \dfrac{1.8544P}{d^2}$	압입자에 하중을 걸어 홈의 깊이로 측정한다. 기준 하중은 98 N 이고, B 스케일은 하중이 980 N, C 스케일은 1470 N 이다. $H_R B = 130 - 500h$ $H_R C = 100 - 500h$	추를 일정한 높이에서 낙하시켜, 이때 반발한 높이로 측정한다. $H_S = \dfrac{10000}{65} \times \dfrac{h}{h_0}$
압입자의 모양	압입자는 강구	압입자는 선단이 4각뿔인 다이아몬드	압입자는 강구 (B 스케일)와 다이아몬드 (C 스케일)	

③ **충격 시험**(impact test) : 충격적인 힘을 가하여 시험편이 파괴될 때에 필요한 에너지를 그 재료의 충격값 (impact value) 이라 하고, 충격적인 힘이 작용하였을 때 파괴가 잘 되지 않는 질긴 성질을 인성, 파괴되기 쉬운 여린 성질을 취성이라 한다. 충격 시험기에는 보통 시험편을 단순보 (simple beam) 의 상태에서 시험하는 샤르피 충격 시험기(charpy impact tester)와 외팔보 (cantilever) 의 상태에서 시험하는 아이조드 충격 시험기(izod impact tester)가 있다. 시험편 파괴에 필요한 충격 에너지

$$E = WR(\cos\beta - \cos\alpha)\ [\text{N·m(J)}]$$

여기서, W : 해머의 무게, R : 해머 길이
β : 파괴 후 각도, α : 낙하 전 각도

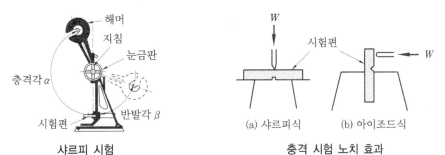

샤르피 시험   충격 시험 노치 효과

④ **피로 시험**(fatigue test) : 재료의 인장강도 및 항복점으로부터 계산한 안전하중 상태에 서도 작은 힘이 계속적으로 반복하여 작용하였을 때에는 재료에 파괴를 일으키는 일이 있는데, 이와 같은 파괴를 피로 파괴라 하며, 크랭크축, 차축, 스프링 등의 기계 부품에 서 볼 수 있다. 그러나 하중이 어떤 값보다 작을 때에는 무수히 많은 반복하중이 작용하 여도 재료가 파단되지 않으며, 재료가 영구히 파단되지 않는 응력 중에서 가장 큰 것을 피로 한도(fatigue limit)라 하고, 이것을 구하는 시험을 피로시험이라 한다.

(2) 비파괴 검사 (nondestructive inspection)

재료를 파괴하지 않고 결함을 검사하는 방법이다.

① **침투 탐상법**(infiltration inspection, penetrate inspection) : 재료 표면에 흠집이나 결함 이 있을 때 표면을 깨끗이 하고, 침투제를 침투시킨 다음 남은 것을 닦아 내고 현상 제(MgO, $BaCO_3$ 등의 용제)를 칠하면 결함이 검출된다. 형광 침투제를 사용한 때에 는 자외선으로 검출한다.

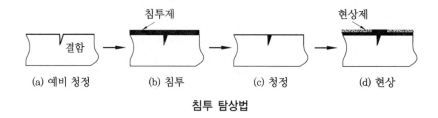

침투 탐상법

② **자분 탐상법**(magnetic dust inspection) : 철강과 같은 강한 자성체가 자화되면 철분 이 부착하는데 결함이 있는 부분에서는 자속선이 흐트러진다. 이것을 이용하여 다음 그림과 같이 강자성체 위에 자분을 혼합한 액체를 뿌려 결함의 위치와 크기를 찾아 내는 방법으로 습식법과 건식법이 있다.

③ **초음파 탐상법**(ultrasonic inspection) : 금속 재료를 해머로 가볍게 때리면 맑은 소리 가 들리나, 균열이 있을 때에는 흐트러진 소리가 들린다. 이와 같이 진동파의 차이 로 결함의 유무를 판단할 수 있다. 즉, 사람의 귀에 들리지 않는 초음파(1~5 MHz) 를 사용하여 검사하는 방법으로 흠집, 결함 등의 위치 및 크기를 알 수 있다.

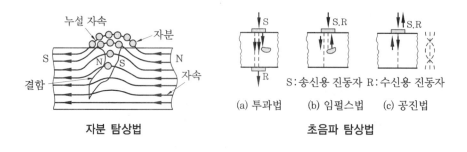

자분 탐상법   초음파 탐상법

④ **방사선 탐상법**(radiographic inspection) : X선 또는 ^{60}Co (코발트 60) 등에서 발생한 γ 선이 물질을 통과할 때 그 물질의 밀도 및 두께에 따라 투과 후의 강도에 차이가 생기는데, 이것을 이용하여 사진 필름에 감광시켜 결함을 찾아낸다.

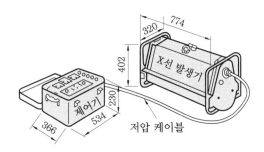

방사선(X선) 검사장치 (가반식)

(3) 조직 시험

① **매크로 조직 시험**(macro test) : 금속 재료 중의 결정 입도, 개재물, 기공 및 결함 등을 시험하기 위하여 육안이나 10배로 확대하는 시험이다. 이 시험은 파단면의 기름기를 제거하고 부식제를 사용하여 시험편 표면을 부식시킨다. 철강 시료에서 가장 널리 쓰이는 부식제는 염산 50 mL에 물 50 mL를 섞은 용액이다.

② **현미경 조직 시험** : 금속의 내부 조직은 현미경을 사용하여 관찰하는 경우가 많다. 시험편을 절단하여 표면을 매끈하게 연마한 다음, 금속 부식제를 사용하여 부식시켜 조직을 본다. 금속 현미경은 1500배 내외까지 확대할 수 있으나 이보다 높은 배율이 필요할 때에는 2000~40000배까지 확대할 수 있는 전자 현미경을 사용한다.

③ **조직 시험의 순서와 부식제**

㉮ 조직 시험의 순서

시편 채취(10 mm 의 각이나 환봉) → 마운팅 → 연마 → 부식 → 검사

㉯ 부식제

• 철강 및 주철용 : 5 % 초산 또는 피크린산 알코올 용액

• 탄화철용 : 피크린산 가성소다 용액

• 구리 및 구리 합금용 : 염화 제 2 철 용액

• 알루미늄 합금용 : 불화수소 용액

1-5　**금속의 결정과 합금 조직**

(1) 결정체

물질 구성원자가 규칙적으로 배열되어 있는 것을 말한다.

(2) 결정 순서

핵 발생(온도가 낮은 곳) → 결정의 성장 (수지상) → 결정 경계 형성(불순물 집합)

① 용융 금속 　② 결정핵 발생 　③ 결정의 성장 　④ 결정의 성장 　⑤ 결정경계 형성

수지상의 결정 과정

① **결정의 크기** : 냉각속도에 영향을 받는다 (냉각속도가 빠르면 핵 발생이 증가하고, 결정입자가 미세해진다).

② **주상정** : 금속 주형에서 표면의 빠른 냉각으로 중심부를 향하여 방사상으로 이루어지는 결정을 말한다.

③ **수지상 결정(dendrite)** : 용융금속이 냉각 시 금속 각부에 핵이 생겨 가지가 되어 나뭇가지와 같은 모양을 이루는 결정을 말한다.

④ **편석** : 금속의 처음 응고부와 차후 응고부의 농도차가 있는 것(불순물이 주원인)을 말한다.

(3) 금속의 결정 구조

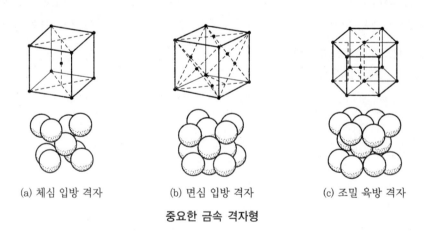

(a) 체심 입방 격자　　(b) 면심 입방 격자　　(c) 조밀 육방 격자

중요한 금속 격자형

① **체심 입방 격자(B.C.C)** : 입방체의 각 모서리와 입방체의 중심에 1개의 원자가 배열된 결정 격자 구조이다.

② **면심 입방 격자(F.C.C)** : 입방체의 각 모서리와 면의 중심에 1개의 원자가 배열된 결정 격자 구조이다.

③ **조밀 육방 격자**(H.C.P) : 6각주의 상하면의 각 모서리와 그 중심에 1개의 원자가 있고 6각주를 이루는 6개의 3각주 중 하나씩 걸른 3각주의 중심에 한 개의 원자 배열을 갖는 격자이다.

결정격자의 구조

격자	기 호		성 질	원 소	귀속 원자수	배위수	원자 충진율 (%)	비 고
	약호	원 어						
체심 입방 격자	B.C.C	body centered cubic lattice	• 전연성이 적다. • 융점이 높다. • 강도가 크다.	α-Fe, δ-Fe, Cr, W, Mo, V, Li, Na, Ta, K	2	8	68	순철의 경우 1400℃이상과 910℃ 이하에서 이 구조를 갖는다.
면심 입방 격자	F.C.C	face centered cubic lattice	• 많이 사용된다. • 전연성과 전기 전도도가 크다. • 가공이 우수하다.	Al, Ag, Au, γ-Fe, Cu, Ni, Pb, Pt, Ca, β-Co, Rh, Pd, Ce, Th	4	12	74	순철에서는 γ구역(140~910℃)에서 생긴다.
조밀 육방 격자	H.C.P	hexagonal closepacked cubic lattice	• 전연성이 불량하다. • 접착성이 작다. • 가공성이 좋지 않다.	Mg, Zn, Ti, Be, Hg, Zr, Cd, Ce, Os	2	12	74	

보충 설명

① 결정격자 : 결정입자 내의 원자가 금속 특유의 형태로 배열되어 있는 것 (결정형 : 7종, 격자형 : 14종)

② 단위포 : 결정격자 중 금속 특유의 형태를 결정짓는 원자의 모임, 기본 격자 형태

③ 격자 상수 : 단위포 한 모서리의 길이(금속의 격자 상수 크기 : 2.5~3.3 Å, Fe = 2.86 Å)

④ 결정립의 크기 : 고체 상태에서 0.01~0.1 mm

(4) 금속의 변태

① **동소 변태** : 고체 내에서 원자 배열이 변하는 것으로 성질의 변화가 일정 온도에서 급격히 발생되며 Fe, Co, Ti, Sn 등의 원소가 변태된다.

예 철의 경우

• α철 : 907 ℃ 이하에서 체심 입방 격자

• γ철 : 907~1400 ℃에서 면심 입방 격자

• δ철 : 1400~1530 ℃에서 체심 입방 격자

② **자기 변태** : 강자성의 어떤 금속을 가열하면 어떤 온도에서 원자 배열은 변화가 없고, 자성만 변하는 변태를 말한다.

㈎ 성질의 변화가 점진적이고 연속적으로 발생한다.

㈏ 자기 변태의 금속 : Fe, Ni, Co 등이 있다.

㈐ 전기저항의 변화는 자기 크기와 반비례한다.

보충 설명

• 히스테리시스 (이력 현상) : 고유의 성질이 변화에 있어서도 어느 한도까지 유지되는 것이다.

예제 1. 순철의 동소 변태점과 자기 변태점은 얼마인가?

해설 A_3=910 ℃, A_4=1400 ℃, A_2=768 ℃

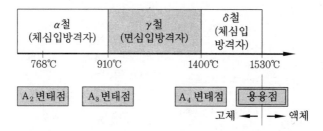

예제 2. 순철의 퀴리점(curie point)은?

해설 768 ℃

(5) 변태점 측정법

① 열분석법 ② 열팽창법 ③ 전기저항법 ④ 자기분석법

보충 설명

• 열전쌍 : 열분석법에서 온도 측정 막대(텅스텐, 몰리브덴 : 1800℃, 백금−로듐 : 1600℃, 크로멜−
알루멜 : 1200℃, 철−콘스탄탄 : 800℃, 구리−콘스탄탄 : 600℃)

(6) 합금의 조직

① 특 징

㈎ 경도와 강도가 커지고 전성과 연성이 작아진다.

㈏ 내열성과 내산성이 증가하며 담금질 효과가 커진다.

㈐ 색이 변하며 주조성이 커진다.

㈑ 융융점이 낮아진다.

㈏ 전기저항이 증가하고 열전도율이 낮아진다.

㈐ 성분을 이루는 금속보다 우수한 성질을 나타내는 경우가 많다.

② **상태도** : 합금 성분의 고체 및 액체 상태에서의 융합 상태(공정, 고용체, 금속간 화합물이 대표적)에는 여러 가지가 있다.

㈎ **상률**(phase rule) : 어떤 상태에서 온도가 자유로이 변할 수 있는가를 알아내는 것이다($F = 0$일 때는 불변 상태).

$$F = C + 1 - P$$

여기서, F : 온도의 자유도, C : 성분 수, P : 상 수

㈏ **평형 상태도** : 공존하고 물질의 상태를 온도와 성분의 변화에 따라 나타낸 것이다.

③ **공정**(eutectic) : 두 개의 성분 금속이 용융 상태에서 균일한 액체를 형성하나 응고 후에는 성분 금속이 각각 결정으로 분리, 기계적으로 혼합된 것을 말한다(액체⇌ 고체 A = 고체 B). 미세한 입상, 층상을 형성하며, 분리가 가능한 상태로 존재하고, 철강에는 4.3 % C점에서 공정이 나타나며, 이 공정을 레데부라이트라 한다.

④ **고용체**(solid solution) : 고체 A + 고체 B ⇌ 고체 C(성분 금속이 완전히 융합되어 기계적 방법으로는 분리할 수 없는 상태로 존재)

㈎ 고용체의 종류

- 전율 고용체 : 전 농도에 걸친 고용체, AB 두 성분의 50%점에서 경도, 강도가 최대이다.

- 한율 고용체 : 농도에 따라 공정을 만드는 고용체이며, 공정점에서 경도, 강도가 최대이다.

㈏ 고용체의 결정격자

- 침입형 고용체 : Fe–C
- 치환형 고용체 : Ag–Cu, Cu–Zn
- 규칙 격자형 고용체 : Ni–Fe, Cu–Au, Fe–Al

㈐ 고용체 성분 원자 지름의 차가 15 % 이내이어야 한다.

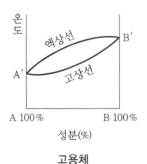

고용체

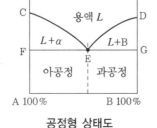

공정형 상태도

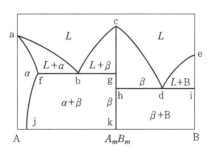

금속간 화합물의 상태도

⑤ **금속간 화합물(intermetallic compound)** : 성분 물질과는 전혀 다른 독립된 화합물(친화력이 클 때 생긴다) 을 생성한 것이다 (Fe_3C, Cu_4Sn, $CuAl_2$, Mg_2Si 등).

⑥ **공석(eutectoid)** : 고체 상태에서 공정과 같은 현상으로 생성되며, 철강의 경우 0.80% C점에서 페라이트(α-고용체)와 시멘타이트(Fe_3C)가 동시에 석출(펄라이트 조직) 한다.

⑦ **포정 반응(peritetic reaction)** : 고체 A+액체 $\rightleftarrows$ 고체 B로 변화(편정 반응 : 고체+액체 A $\rightleftarrows$ 액체 B)

(7) 재료의 식별법

① **모양에 의한 방법** : 복잡한 형태나 커다란 프레임·다리 등은 주철 또는 강으로 하며, 축과 크랭크 등은 연강과 경강으로 되어 있다.

② **색채에 의한 방법**

㈎ 주철 : 광택있는 회색의 빛이 난다.

㈏ 주강 : 거친 면을 연삭한 흔적이 보이고 단조한 것은 자색의 빛이 난다.

㈐ 강 : 가공하지 않은 것은 흑피가 붙어 있고 청흑의 광택이 있다.

㈑ 청동 : 가공하지 않은 표면은 동색의 광택이 나고 그대로 방치하면 광택이 없어진다.

㈒ 구리 : 여러 가지 색이나 가공하면 적동색의 광택이 난다.

㈓ 화이트 메탈 : 백색이다.

㈔ 경합금 : 백색으로 대단히 가볍다.

㈕ 불꽃시험(탄소강에 의한 방법) : 탄소강을 연삭숫돌에 갈아서 생기는 불꽃의 모양으로 판별하여 탄소의 함유량을 알 수 있다. 즉, 주철의 불꽃은 가늘고 짧으며 암적색이며, 이외에 경도에 의한 재료 식별법이 있다.

1-6 금속의 가공과 풀림 열처리

(1) 소성 가공

금속에 외력을 주어 영구 변형(소성 변형)을 시켜 가공하는 것이며, 조직의 미세화로 기계적 성질이 향상된다. 내부응력이 발생하고 잔류응력이 남게 되는 단점이 있다.

(2) 소성 가공의 원리

① **슬립(slip)** : 결정 내의 일정면이 미끄럼을 일으켜 이동하는 것이다.

② **쌍정(twin)** : 결정의 위치가 어떤 면을 경계로 대칭으로 변하는 것이다.

③ **전위(dislocation)** : 결정 내의 불완전한 곳, 결함이 있는 곳에서부터 이동이 생기는 것이다.

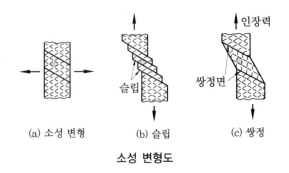

(a) 소성 변형   (b) 슬립   (c) 쌍정

소성 변형도

(3) 가공 방법

① **냉간 가공** : 재결정 온도 이하에서의 가공 경화로 강도·경도가 커지고 연신율이 저하된다.

② **열간 가공** : 재결정 온도 이상에서의 가공으로 내부응력이 없어 가공이 용이하다.

③ **회복** : 가열로써 원자운동을 활발하게 해주어 경도를 유지하나 내부응력을 감소시켜 주는 것이다.

보충 설명

① 냉간 가공을 하는 이유 : 치수의 정밀, 매끈한 표면을 얻을 수 있기 때문이다.
② 가공 경화 : 가공도의 증가에 따라 내부응력이 증가되어 강도·경도가 커지고 연신율이 작아지는 현상이다.
③ 시효 경화 : 가공이 끝난 후 시간의 경과와 더불어 경화현상이 일어나는 것으로 두랄루민, 강철, 황동 등에서 일어난다.
④ 인공 시효 : 가열(100 ~ 200℃)로써 경화를 촉진시키는 것이다.

(4) 재결정 (recrystallization)

냉간 가공으로 인하여 일그러진 결정 속에 새로운 결정이 생겨나 이것이 확대되어 가공물 전체가 변형이 없는 본래의 결정으로 치환되는 과정을 말한다.

재결정 온도는 재결정을 시작하는 온도로 가열시간이 길수록, 가공도가 클수록, 가공 전 결정 입자의 크기가 미세할수록 낮아진다.

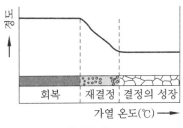

재결정 온도

금속의 재결정 온도

금속 원소	재결정 온도 (℃)	금속 원소	재결정 온도 (℃)
Au	200	Al	150
Ag	200	Fe · Pt	450
W	1200	Pb	−3
Cu	200~300	Mg	150
Ni	600	Sn	−7~25

(5) 풀림 (annealing)

재결정 온도 이상으로 가열하여 가공 전의 연한 상태로 만드는 것이다.

 보충 설명

• 피니싱 온도 : 열간 가공이 끝나는 온도 (재결정이 끝나는 온도 바로 위)

2. 철강 재료

2-1 철강의 분류와 성질

철은 구리와 더불어 인류가 가장 오래 전부터 사용한 금속이다. 철강 재료는 다른 금속에 비하여 기계적 성질이 우수하며, 열처리하면 이들이 가지고 있는 성질을 적당하게 변화시킬 수 있고 값도 싸다.

또, 대량 생산이 가능하여 기계 재료로서 가장 많이 사용되고 있다. 철강 재료는 크게 강과 주철로 나누고, 강은 압연 및 단조 등으로 소성 변형을 시켜 사용하며, 주철은 주물용 재료로 사용된다.

다음 그림과 같은 용광로(blast furnace)에 철분이 55~60 % 포함되어 있는 철광석과 석회석, 그리고 코크스를 번갈아 넣고 열풍을 보내어 연소시키고, 이 연소열에 의하여 철광석을 용해하여 선철을 생산한다. 이와 같이 선철을 만드는 공정을 제선이라 한다.

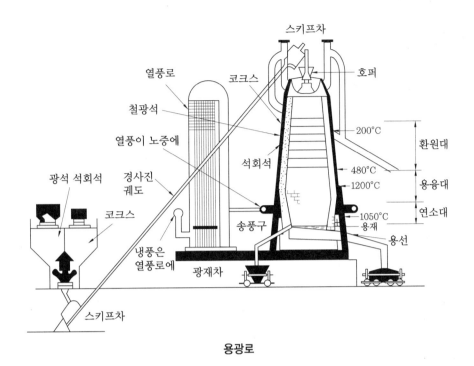

용광로

(1) 철강의 5원소

탄소 (C), 규소 (Si), 망간 (Mn), 인 (P), 황 (S)

(2) 철강의 분류

① **순철(pure iron)** : 탄소 0.03 % 이하를 함유한 철

② **강 (steel)** : 아공석강 (0.85 % C 이하), 공석강 (0.85 % C), 과공석강 (0.85~1.7 % C)

　㈎ **탄소강** : 탄소 0.03~2.0 %를 함유한 철

　㈏ **합금강** : 탄소강에 한 종류 이상의 금속을 합금시킨 철

③ **주철(cast iron)** : 탄소 2.0~6.68 %를 함유한 철로 보통 탄소 4.5 % 까지의 것을 쓰며, 보통 주철과 특수 주철이 있다. 아공정 주철은 1.7~4.3 % C, 공정 주철은 4.3 % C, 과공정 주철은 4.3 % C 이상이다.

(3) 철강의 성질

철 강	제조로	담금질	성 질	용 도
순철	전기분해로	담금질 안 됨	연하고 약함	전기 재료
강	제강로	담금질 잘 됨	강도, 경도가 큼	기계 재료
주철	큐폴라	담금질 안 됨	강도는 크나 취성이 있음	주물 재료

(4) 강괴 (steel ingot)

정련이 끝난 용해된 강은 주형(mould)에 주입하게 되는데, 이때 용강의 탈산 정도에 따라 다음과 같이 분류한다.

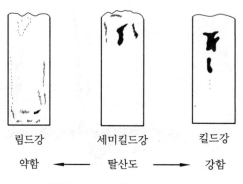

림드강   세미킬드강   킬드강

약함 ◀――― 탈산도 ―――▶ 강함

탈산 정도에 따른 강괴의 종류

① 림드 (rimmed) 강

(가) 평로, 전로에서 제조된 것을 Fe−Mn으로 불완전 탈산시킨 강이다.

(나) 과잉 산소와 탄소가 반응하여 리밍 액션이 있고 기공, 편석이 생기며 질이 나쁘다. 0.3 % C 이하의 저탄소강 제조, 제조비가 저렴하고 림부는 순철에 가깝다 (핀, 봉, 파이프 등에 쓰임).

(다) 리밍 액션(rimming action) : 림드강 제조 시 O_2와 C가 반응하여 CO_2가 생성되는데, 이 가스가 빠져나오는 현상 (끓는 것처럼 보임) 을 말한다.

② 킬드 (killed) 강 (진정강)

(가) 평로, 전기로에서 제조된 용강을 Fe−Mn, Fe−Si, Al 등으로 완전 탈산된 강이다.

(나) 조용히 응고하고 수축관이 생기나 질은 양호하고 고탄소강, 합금강 제조에 쓰이며, 가격이 비싸다.

(다) 헤어크랙(hair crack) : H_2 가스에 의해 머리카락 모양으로 미세하게 갈라진 균열이다.

> **보충 설명**
>
> • 백점(flake) : H_2 가스에 의해 금속 내부에 백색의 점상으로 나타난다.

③ 세미킬드 (semi-killed) 강 : Al 으로 림드와 킬드의 중간 탈산, 중간 성질 유지로 용접 구조물에 많이 사용되며, 기포나 편석이 없다.

2-2 제철법 및 제강법

용광로에서 생산된 선철은 불순물과 탄소가 많아 경도가 높고 여리기 때문에 소성 가공을 할 수 없다. 따라서 선철이나 고철을 전로(converter), 전기로(electric furnace) 또는 평로(open hearth furnace) 등의 제강로에 넣고 용해하여 산화제와 용제를 사용하여 불순물을 제거하고, 탄소를 알맞게 감소시켜 소성 가공 할 수 있도록 하는데, 이것을 강(steel)이라 한다.

(1) 제철법

① 선철(pig iron) : 철강의 원료인 철광석을 용광로에서 철분만 분리시킨 것

　　(개) 용도 : 90 % 강 제조 (선철을 제강로에서 탈탄 및 탈산)

　　　　　　 10 % 주철 제조 (선철을 용선로에서 제조)

　　(내) 탄소량 : 2.5~4.5 % C

　　(대) 종류 : 탄소의 존재 형태에 따라 백, 회, 반선철로 분류

　　(래) 용광로 내의 화학 변화

　　　　(개) $3Fe_2O_3 + CO \rightarrow 2Fe_3O_4 + CO_2$

　　　　(내) $Fe_3O_4 + CO \rightarrow 3FeO + CO_2$

　　　　(대) $FeO + CO \rightarrow Fe + CO_2$

② 제철 재료

　　(개) 철광석 : 자, 적, 갈, 능철광(철분 40 % 이상), 사철

　　(내) 코크스(cokes) : 연료 겸 환원제

　　(대) 용제(flux) : 석회석($CaCO_3$), 형석 등

(2) 제강법

강을 만드는 방법을 말하며, 선철의 단점인 메짐과 불순물 혼입, 과잉 탄소 함유인 점을 탈산과 불순물 제거를 하여 강을 만든다. 불순물을 산화시켜 순도가 높은 금속을 만드는 공정을 정련(smelting)이라 하며, 강을 만드는 공정을 제강(steel making)이라 한다.

제강 공정을 거친 용해된 강의 일부는 주물(주강)로도 사용되지만 대부분은 강괴(ingot), 즉 정련이 끝난 용해된 강을 주형에 주입하여 용강의 탈산 정도에 따라 림드강, 킬드강, 세미킬드강으로 만들어진다.

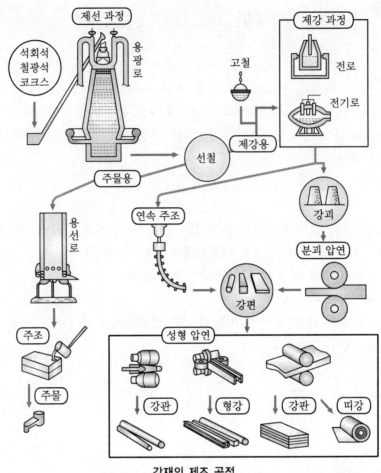

강재의 제조 공정

① **평로 제강법** : 선철, 철광석을 용해시켜 탈산 (Mn, Si, Al) 하여 제조, 대규모, 장시간 이 필요하다.

평로

㈎ 불순물 제거 : C, Si, Mn−산화에 의하여, S−슬래그에 의해 제거

㈏ 종 류

　㉮ 염기성법 : 저급 재료 사용 (불순물 제거됨), 일반적인 방법

　㉯ 산성법 : 고급 재료 사용 (불순물 제거 못함), 가격 비싸고 양질

② **전로 제강법** : 용해된 선철 주입 후 공기, 산소로 불순물을 산화시켜 제조하는 방법

㈎ 특 징

㉮ 조업시간이 짧다.

㉯ 일관작업이 가능하다.

㉰ 연료가 불필요하다.

㉱ 품질 조절이 곤란하다.

㉲ 재료 엄선이 필요하다.

㈏ 종 류

㉮ 토마스 (염기)법 : 저급 재료 (고인, 저규소), 선철 주입 전 석회 공급, 돌로마이트 내화물을 사용하므로 인(P), 황 (S)을 제거한다.

㉯ 베세머 (산성)법 : 고급 재료 (저인, 고규소), 규소 내화물을 사용하므로 P, S을 제거 못한다.

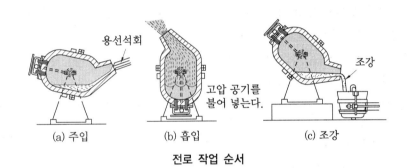

전로 작업 순서

③ **전기로 제강법** : 전기열을 이용하여 선철, 고철을 용해하고 제조·합금강 제조에 사용한다.

㈎ 특 징

㉮ 온도 조절이 용이하다.

㉯ 탈산, 탈황이 쉽다.

㉰ 정련 중 슬래그 성질 변화가 가능하다.

㉱ 가격이 비싸고 양질이다.

㈏ 종 류

㉮ 아크식(에루 전기로)

㉯ 유도식(고주파 유도로)

㉰ 저항식

④ **도가니로 제강법** : 선철 비철금속을 석탄가스, 코크스 등으로 가열하여 고순도 처리를 한다.

⑤ **푸들 (puddle) 로 제강법** : 일종의 반사로 (연소가스의 반사열을 이용한) 이며, 연철을 반용융 상태에서 제조한다.

⑥ **각종 노의 용량**

㈎ 용광로 : 1일 산출 선철의 무게를 톤 (ton) 으로 표시

㈏ 용선로 : 1시간당 용해량을 톤으로 표시

㈐ 전로, 평로, 전기로 : 1회에 용해 산출 무게를 kgf(N) 또는 ton 으로 표시

㈑ 도가니로 : 1회 용해하는 구리의 무게를 번호로 표시

      예 1회에 구리 200 kgf을 녹일 수 있는 도가니 : 200번 도가니

2-3 탄소강의 종류 및 특성과 용도

(1) 순 철

불순물이 전혀 섞이지 않은 철을 순철이라 하고, 탄소를 0.03~2.0 % 까지 포함한 철을 강이라 하나, 보통 1.70 % 이하를 사용한다.

① 탄소 함유량이 낮아 기계 재료로서는 부적당하지만 항장력이 낮고 투자율이 높기 때문에 변압기, 발전기용의 박철판으로 사용한다.

② 자기변태 A_2(768 ℃), 동소변태 A_3, A_4(910℃, 1400℃)가 있다.

(2) 탄소강 (carbon steel)

철(Fe)과 탄소 (C)의 합금으로 탄소 함유량에 따라 기계적 성질이 다르며, 일반적으로 탄소량이 많은 강철일수록 인장강도와 경도가 크고 연신율이 낮다.

① **저탄소강 (0.3 % C 이하)** : 가공성 위주, 단접 양호, 열처리 불량

② **고탄소강 (0.3 % C 이상)** : 경도 위주, 단접 불량, 열처리 양호

③ **기계 구조용 탄소강재 (SM)** : 저탄소강 (0.08~0.23 % C), 구조물, 일반 기계 부품으로 사용한다.

④ **탄소공구강 (탄소 : STC, 합금 : STS, 스프링강 : SPS)** : 탄소강 0.6~1.5 % C, 킬드강으로 제조한다.

⑤ **주강 (SC)** : 수축률은 주철의 2배, 융점(1600 ℃)이 높고 강도가 크나 유동성이 작다. 응력, 기포가 많고 조직이 억세므로 주조 후 풀림 열처리가 필요하다. (주강 주입 온도 1450~1530 ℃)

⑥ **쾌삭강 (free cutting steel)** : 강에 S, Zr, Pb, Ce를 첨가하여 절삭성을 향상시킨다. (S의 양 : 0.25 % 함유)

⑦ **침탄강 (표면 경화강)** : 표면에 C를 침투시켜 강인성과 내마멸성을 증가시킨 강이다.

탄소강의 종류와 기계적 성질

종 류	탄소의 양 (%)	인장강도 (N/mm^2)	연신율 (%)	브리넬 경도 (H_B)	용 도
특별 극연강	0.08 이하	320~360	38~40	0.08 이하	강관, 철선, 못, 파이프, 와이어, 리벳
극연강	0.08~0.12	360~420	30~40	0.08~0.12	
연강	0.12~0.20	380~480	24~36	0.08~0.12	관, 교량, 각종 강철봉, 판, 파이프, 건축용 철골, 철교, 볼트, 리벳
반연강	0.20~0.30	440~550	22~32	0.08~0.12	기어, 레버, 강철판, 볼트, 너트, 파이프
반경강	0.30~0.40	500~600	17~30	0.08~0.12	철골, 강철판, 차축
경강	0.40~0.50	580~700	14~26	0.08~0.12	차축, 기어, 캠, 레일
극경강	0.50~0.80	650~1000	11~12	0.08~0.12	각종 목공구, 석공구, 수공구, 절삭공구, 게이지
특별 극경강	0.80~1.70	980~1000	4~18	0.08~0.12	표면 경화강, 기어, 캠, 축류

(3) 강의 표준 조직

① **페라이트** : 일명 지철(地鐵)이라고도 하며, 강의 현미경 조직에 나타나는 조직으로서 α 철이 녹아 있는 가장 순철에 가까운 조직으로 극히 연하고 상온에서 강자성체인 체심입방격자 조직이다.

② **펄라이트** : 726 ℃에서 오스테나이트가 페라이트와 시멘타이트의 층상의 공석정으로 변태한 것으로 탄소 함유량은 0.85 % 이고, 강도, 경도는 페라이트보다 크며, 자성이 있다.

③ **시멘타이트** : 고온의 강 중에서 생성하는 탄화철(Fe_3C)을 말하며, 경도가 높고 취성이 많으며, 상온에서 강자성체이다.

강의 표준 조직의 기계적 성질

성 질 \ 조 직	페라이트	펄라이트	시멘타이트
인장강도 (N/mm^2)	300~350	900~1000	35 이하
연신율 (%)	40	10~15	0
브리넬 경도 (H_B)	80~90	200	800

조직과 결정 구조

기 호	명 칭	결정구조 및 내용
α	α－페라이트	B. C. C
γ	오스테나이트	F. C. C
δ	δ－페라이트	B. C. C
Fe_3C	시멘타이트 또는 탄화철	금속간 화합물
$\alpha + Fe_3C$	펄라이트	α와 Fe_3C의 기계적 혼합
$\gamma + Fe_3C$	레데부라이트	γ와 Fe_3C의 기계적 혼합

보충 설명

• 레데부라이트 (ledeburite)
1. 오스테나이트 (austenite)와 시멘타이트 (cementite) 의 혼합 조직
2. 포화되고 있는 1.7 % C 의 γ 고용체와의 6.67 % C의 Fe_3C와의 공정

(4) 탄소강 중에 함유된 성분과 그 영향

① 0.2~0.8 % Mn : 강도, 경도, 인성, 점성 증가, 연성 감소, 담금질 향상, 황의 양과 비례하며 황의 해를 제거하고, 고온 가공을 용해한다 ($FeS \rightarrow MnS$로 슬래그화).

② 0.1~0.4 % Si : 강도, 경도, 주조성 증가 (유동성 향상), 연성, 충격값 감소, 단접성, 냉간 가공성 저하

③ 0.06 % 이하 S : 강도, 경도, 인성, 절삭성 증가, 변형률, 충격값 저하, 용접성 저하 적열메짐이 있으므로 고온 가공성 저하

④ 0.06 % 이하 P : 강도, 경도 증가, 연신율 감소, 편석 발생(담금 균열의 원인), 결정 립을 거칠게 하며, 냉간 가공성을 저하

⑤ H_2 : 헤어크랙 발생

⑥ Cu : 부식 저항 증가, 압연 시 균열 발생

(5) Fe-C 상태도

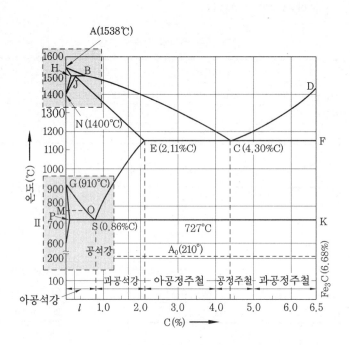

AB : δ 고용체가 정출하기 시작하는 액상선

AH : δ 고용체가 정출을 끝내는 고상선

AJB : 포정선＝B (용액)＋H (δ 고용체) $\rightleftarrows$ J(γ 고용체)

BC : γ 고용체를 정출하기 시작하는 액상선

CD : Fe_3C(시멘타이트) 를 정출하기 시작하는 액상선

JE : γ 고용체가 정출을 끝내는 고상선

GP : γ 고용체로부터 α 고용체로 석출되기 시작되는 선(A_3선)

PQ : α 고용체에 대한 시멘타이트의 용해도 곡선

HN : δ 고용체가 γ 고용체로 변화하기 시작하는 온도, 즉 각철의 A_4변태가 시작하는
온도(A_4 변태선)

1538 ℃ : 순철의 응고점

1492 ℃ : 포정온도선

1400 ℃ : 순철의 A_4변태점(점 N)

$\delta \rightleftarrows \gamma Fe$(동소변태)

1148 ℃ : 공정온도선

912 ℃ : 순철의 A_3 변태점(점 G)

$\gamma Fe \rightleftarrows 2Fe$(동소변태)

768 ℃ : 순철의 A_2 변태(자기)

727 ℃ : 공석온도선

210 ℃ : 강의 A_0 변태(Fe_3C의 자기변태)

6.68 %C : Fe_3C 100 % 점(Fe이 C를 최대로 고용함)

4.3 %C : 공정(레데부라이트)($\gamma + Fe_3C$, 점 E)

1.7 %C : 강과 주철의 분리점(γ 가 C 를 최대로 고용함)

0.86 %C : 공석(펄라이트)($\alpha + Fe_3C$, 점 S)

0.51 %C : 포정반응을 하는 액체

0.16 %C : 포정점(점 J)

0.10 %C : 포정반응을 하는 고체(δ가 C를 최대로 고용함)

0.03 %C : α 가 C 를 최대로 고용함

0.006 %C : 상온에서 α가 C를 최대로 고용하는 점

JN : δ 고용체가 γ 고용체로 변화가 끝나는 온도, 즉 강철의 A_4 변태가 끝나는 온도

ECF : 공정선＝E(γ 고용체)＋F(Fe_3C) $\rightleftarrows$ (용액)

ES : Fe_3C의 초석선, γ 고용체에서 Fe_3C가 석출하기 시작하는 온도 (A cm선)

MO : α 고용체의 자기변태점(A_2 변태선)

GS : α 초석선(γ 고용체에서 α 고용체가 석출되기 시작하는 온도 (A_3선)

PSK : 공석선＝P(α 고용체)＋K(Fe_3C) $\rightleftarrows$ S($\alpha + Fe_3C$, 펄라이트)

(5) 탄소강의 성질

① **물리적 성질**(탄소 함유량의 증가에 따라) : 비중, 선팽창률, 온도계수, 열전도도는 감소하나 비열, 전기저항, 항자력 등은 증가한다.

② **기계적 성질** : 표준 상태에서 탄소가 많을수록 인장강도, 경도가 증가하다가 공석 조직에서 최대가 되나 연신율과 충격값은 감소하며, 탄성계수는 거의 변화가 없이 $2100 \sim 2300 \, N/mm^2$(MPa)이다.

㈎ 과공석강이 되면 망상의 초석 시멘타이트가 생겨 경도는 증가, 인장강도는 급격히 감소한다.

㈏ 표준 조직이 아닌 경우 탄소 0.04~0.85 %의 압연 강재의 평균 인장강도는 실험적으로 $\sigma_B = 200 + 1000 \times C$ [N/mm^2]이다.

㈐ 아공석강에서의 경도 (H_B) 와 인장강도 (σ_B) 의 관계는 $H_B = 2.8 \times \sigma_B$ 이다.

보충 설명

① 청열메짐(blue shortness) : 강이 200~300℃로 가열되면 경도, 강도가 최대로 되고 연신율, 단면수축은 줄어들어 메지게 되는 것으로 이때 표면에 청색의 산화 피막이 생성된다. 이것은 인(P)에 기인되는 것으로 알려져 있다.

② 적열메짐(red shortness) : 황(S) 이 많은 강으로 고온(900℃ 이상) 에서 메짐(강도는 증가, 연신율은 감소)이 나타난다.

③ 저온메짐(cold shortness) : 상온 이하로 내려갈수록 경도, 인장강도는 증가하나 연신율은 감소하여 차차 여리며, 약해진다. −70℃에서는 연강에서도 0.1 N/mm^2(MPa) 정도를 벗어나지 못한다.

③ **화학적 성질**

㈎ 강은 알칼리에 거의 부식되지 않지만 산에는 약하다.

㈏ 0.2 % 이하 탄소 함유량은 내식성에 관계되지 않으나, 그 이상에는 많을수록 부식이 쉽다.

㈐ 담금질된 강은 풀림 및 불림 상태보다 내식성이 크다.

㈑ 구리 0.15~0.25 %를 가하면 대기 중 부식이 개선된다.

(6) 강재의 KS 기호

기 호	설 명	기 호	설 명
SM	기계구조용 탄소강	SB	보일러 및 압력 용기용 탄소강
SV	리벳용 원형강	STK	일반구조용 탄소 강관
SKH	고속도 공구강 강재	GCMB	흑심가단주철
GCMW	백심가단주철	SS	일반구조용 압연강
GCD	구상흑연주철	SPP	배관용 탄소 강관
SNC	니켈 크롬강	SF	탄소강 단강품
GC	회주철	STC	탄소공구강
SC	탄소강 주강품	STS	합금공구강
SM	용접구조용 압연강	SPS	스프링강

2-4 열처리(heat treatment)

금속이나 합금은 보통 고체 상태에 있으면서 어느 일정한 온도에 도달하면 갑자기 성질이나 조직이 변하게 된다. 특히, 강은 가열하여 일정한 온도로 유지하였다가 냉각하는 방법에 따라 여러 가지 성질을 가지게 할 수 있다.

즉, 강은 냉각의 조건에 따라 목적하는 성질을 가지게 할 수 있는데, 이 조작을 열처리라 한다. 강은 열처리를 함으로써 기계적 성질의 개선이 뚜렷해진다.

강의 열처리에는 그 목적에 따라 풀림, 불림, 담금질, 뜨임, 표면 경화 등이 있다.

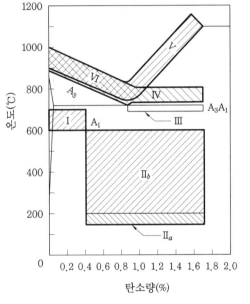

I : 풀림 (600~700℃)
II_a, II_b : 뜨임 (150~200℃, 200~600℃)
III : 풀림 (700~720℃)
IV : 담금질 (A_3 이상 30~50℃)
V : 불림 (A_3 이상 30~50℃)
VI : 풀림 (A_3와 Acm 이상 30~60℃)

강의 열처리 온도

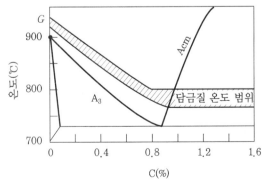

탄소강의 담금질 온도

(1) 일반 열처리

① **담금질**(quenching) : 담금질은 강을 강하게 하거나 경도를 높이기 위하여 어느 일정한 온도 (A_3 변태 및 A_1선 이상 30~50℃까지) 로 가열한 후 물 또는 기름 등에 담구어 급랭시키는 조작으로, A_1 변태가 저지되어 경도가 큰 마텐자이트로 된다.

  (개) 담금질 조직

- 마텐자이트 (martensite)
  - 수랭으로 인하여 오스테나이트에서 C를 과포화한 페라이트로 된 것
  - 침상의 조직으로 열처리 조직 중 경도가 최대이고, 부식에 강하다.
  - Ar″ 변태 : 마텐자이트가 얻어지는 변태
  - Ms, Mf점 : 마텐자이트 변태의 시작되는 점과 끝나는 점
- 트루스타이트 (troostite)
  - 유랭(수랭보다 냉각속도가 늦다)으로 얻어진다.
  - 마텐자이트보다 경도는 작으나 강인성이 있어 공업상 유용하고, 부식에 약하다.
  - Ar′ 변태 : 트루스타이트가 얻어지는 변태
- 소르바이트 (sorbite)
  - 트루스타이트보다 냉각이 느릴 때(공랭) 얻어진다.
  - 트루스타이트보다 경도는 작으나 강도, 탄성이 함께 요구되는 구조강재인 스프링 등에 사용한다.
- 오스테나이트 (austenite) : 냉각속도가 지나치게 빠를 때 A_1 이상에 존재하는 오스테나이트가 상온까지 내려온 것(경도가 낮고 연신율이 크다. 전기 저항이 크나 비자성체이다. 고탄소강에서 발생, 제거 방법은 서브제로 처리한다.)

보충 설명

① 서브제로(심랭) 처리 : 담금질 직후 잔류 오스테나이트를 없애기 위해 0℃ 이하로 냉각하는 것(액체 질소, 드라이아이스로 −80℃까지 냉각한다.)
② 담금질 질량 효과 : 재료의 크기에 따라 내외부의 냉각속도가 달라져 경도가 차이 나는 것으로 질량효과가 큰 재료는 담금질 정도가 작다. 즉, 경화능이 작다.

  (내) 각 조직의 경도 순서 : 시멘타이트 (H_B 800) > 마텐자이트 (600) > 트루스타이트 (400) > 소르바이트 (230) > 펄라이트 (200) > 오스테나이트 (150) > 페라이트 (100)

  (대) 냉각속도에 따른 조직 변화 순서 : M 수랭 > T 유랭 > S 공랭 > P 노랭

  (래) 담금질액

- 소금물 : 냉각속도가 가장 빠르다.
- 물 : 처음은 경화능이 크나 온도가 올라갈수록 저하된다 (C강, Mn강, W강 등).
- 기름 : 처음은 경화능이 작으나 온도가 올라갈수록 커진다 (20℃까지 경화능 유지).

② **뜨임(tempering)** : 담금질된 강은 경도는 높으나 내부응력이 생겨 여리기 때문에 그대로 사용할 수 없다. 뜨임은 열처리에 의하여 생긴 결점, 즉 담금질로 인한 취성을 제거하고 경도를 떨어뜨려 강인성을 증가시키기 위하여 일정한 온도 (A_1 변태점 이하) 로 가열한 후 냉각시키는 열처리 조작으로 담금질한 강은 반드시 뜨임한 후 사용하여야 한다.

  ㉮ 저온 뜨임 : 내부응력만 제거하고 경도 유지(150℃)

  ㉯ 고온 뜨임 : 소르바이트 조직으로 만들어 강인성 유지(500~600℃)

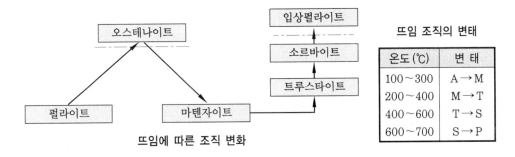

뜨임에 따른 조직 변화

뜨임 조직의 변태

온도 (℃)	변 태
100~300	A→M
200~400	M→T
400~600	T→S
600~700	S→P

③ **불림(normalizing)** : 압연, 단조, 주조 등으로 만들어진 금속 재료 내부에 생긴 내부응력을 제거하거나, 결정 조직을 균일화시키는 조작이다. 이 조작은 강을 오스테나이트 조직까지 가열한 후 공랭시키는 열처리 방법으로 A_3, Acm 이상 30~50℃로 가열 후 공기 중 방랭, 미세한 소르바이트 조직이 얻어진다.

④ **풀림(annealing)** : 강은 어느 온도 이하에서 소성 가공을 하면 가공 경화되어 그 이상의 가공이 어렵게 되거나 절삭성이 나빠질 때도 있다. 풀림은 이와 같은 상태를 제거하여 연하게 하거나 또는 전성 및 연성을 높이기 위하여 강을 어느 일정한 온도까지 가열한 후 천천히 식히는 열처리 조작으로 종류는 다음과 같다.

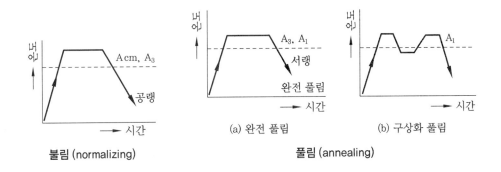

불림 (normalizing)

(a) 완전 풀림

(b) 구상화 풀림

풀림 (annealing)

  ㉮ 완전 풀림 : A_3, A_1 이상 30~50℃로 가열 후 노에서 서랭 - 넓은 의미에서 풀림

  ㉯ 저온 풀림 : A_1 이하 650℃ 정도로 노에서 서랭 - 재질의 연화

(다) 시멘타이트 구상화 풀림 : A$_3$, Acm ±20~30℃로 가열 후 서랭-시멘타이트 연화가 목적

(2) 항온 열처리

강은 Ar$_1$ 변태점 이상으로 가열한 후 변태점 이하의 어느 일정한 온도로 유지된 항온 담금질욕 중에 넣어 일정한 시간 항온 유지 후 냉각하는 열처리이다.

① 특 징

(가) 계단 열처리보다 균열 및 변형 감소와 인성이 좋아진다.

(나) Ni, Cr 등의 특수강 및 공구강에 좋다.

(다) 고속도강의 경우 1250~1300℃에서 580℃의 염욕에 담금하여 일정 시간 유지 후 공랭한다.

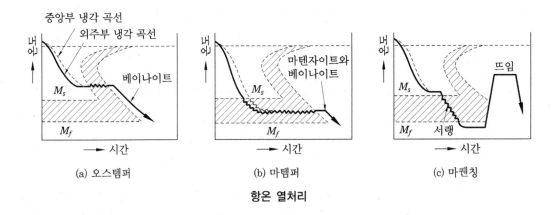

항온 열처리

② 종 류

(가) 오스템퍼 : 염욕 담금질을 하여 점성이 큰 조직을 얻고 뜨임이 불필요하며 담금 균열과 변형이 없다.

(나) 마템퍼 : 항온 변태 후 열처리하여 혼합 조직을 얻게 되고 충격력이 높아진다.

(다) 마퀜칭 : S곡선의 코 아래서 항온 열처리한 후 뜨임으로 담금 균열과 변형이 적은 조직이 된다.

(3) 표면 경화법(surface hardening)

기계의 축 또는 기어 등은 충격에 대하여 강인한 성질을 가지고 있어야 하고, 베어링부에서는 마멸에 견딜 수 있어야 하므로 표면만을 단단하게 하고 내부는 강인한 성질을 가지도록 열처리를 해야 하는데, 이것을 표면 경화라 한다.

① **침탄법** : 탄소량이 적은 0.2 % 이하의 저탄소강을 침탄제와 침탄 촉진제를 함께 넣어 가열하면 침탄층이 형성된다. 침탄처리를 한 후 담금질하여 표면을 경화시키는

방법으로 침탄을 하면 표면은 검고 탄소량이 많은 상태로 되며, 내부는 흰 부분이 많고 탄소량이 적은 상태로 된다. 이와 같이 표면층은 고탄소이므로 담금질에 의하여 단단해지고 내부는 담금질 효과가 적으므로 강인한 상태로 된다.

 ㈎ 고체 침탄법 : 목탄, 코크스 분말과 침탄 촉진제를 소재와 함께 침탄 상자에서 900~950℃로 3~4시간 가열하여 표면에서 0.5~2 mm 의 침탄층을 얻는 방법이다.

 ㈏ 액체 침탄법 : 침탄제에 염화물과 탄화염을 40~50 % 첨가하고 600~900℃에서 용해하여 C와 N를 동시에 소재의 표면에 침투시켜 표면을 경화시키는 것으로 침탄 질화법이라고도 하며, 침탄과 질화가 동시에 이루어진다.

 ㈐ 가스 침탄법 : 탄화수소계 가스인 메탄가스나 프로판 가스를 이용한 침탄법이다.

② **질화법** : 강을 암모니아 가스 520℃에서 50~100시간 가열하면 질소와 철 등이 화합하여 표면이 매우 단단한 질화층이 생긴다. Al, Cr, Mo 등이 질화되며, 질화가 불필요하면 Ni, Sn 도금을 한다. 질화는 질화용 강으로 만든 제품에 대하여 처리한다.

<table>
<tr><th colspan="2">침탄과 질화의 비교</th><th colspan="2">질화층과 시간과의 관계</th></tr>
<tr><th>침탄법</th><th>질화법</th><th>시간 (h)</th><th>깊이 (mm)</th></tr>
<tr><td rowspan="6">경도가 작다
침탄 후 열처리가 크다
침탄 후 수정 가능하다
단시간 표면 경화한다
변형이 생긴다
침탄층이 단단하다</td><td rowspan="6">경도가 크다
열처리가 불필요하다
질화 후 수정 불가능하다
시간이 길다
변형이 적다
여리다</td><td>10</td><td>0.15</td></tr>
<tr><td>20</td><td>0.30</td></tr>
<tr><td>50</td><td>0.50</td></tr>
<tr><td>80</td><td>0.60</td></tr>
<tr><td>100</td><td>0.65</td></tr>
</table>

③ **금속 침투법**

 ㈎ 세라다이징 : Zn 침투   ㈏ 크로마이징 : Cr 침투

 ㈐ 칼로라이징 : Al 침투   ㈑ 실리코나이징 : Si 침투

④ **기타 표면 경화법**

 ㈎ 화염 경화법 : 0.4 % C 전, 후의 강을 산소 – 아세틸렌 화염으로 표면만 담금질 온도로 가열한 다음 급랭시켜 표면만을 담금질하는 것으로 경화층 깊이는 불꽃 온도, 가열시간, 화염의 이동속도에 의해 결정한다.

 ㈏ 고주파 경화법 : 고주파 전류를 이용하여 일정한 두께의 표면만을 가열한 후 급랭시키는 방법으로, 기어 또는 복잡한 모양의 부품들을 부분적으로 경화시킬 수 있다. 또한, 경화시간이 짧고 탄화물을 고용시키기가 쉬우며 주로 대량 생산에 많이 이용하고 있다.

2-5 합금강

　탄소강보다 우수한 기계적 성질을 가진 강을 필요로 할 때에는 그 목적에 따라 탄소 이외의 합금 원소를 넣은 합금강을 사용한다. 기계 구조용 합금강은 합금 원소의 양이 비교적 적고, 일반적으로 강도, 경도 등을 개선한 강이다. 탄소 공구강은 탄소강 중에서 강도와 경도가 높은 성질을 가진 합금강 중의 하나이다. 이 공구용 합금강은 상온 및 고온에서 경도가 높고 내마멸성이 있으며, 탄소량과 합금 원소가 비교적 많다. 또, 내식성을 가진 합금강은 부식을 방지하고, 내열성을 가진 합금강은 고온에서 산화에 잘 견디며, 우수한 기계적 성질을 가지고 있다.

(1) 합금강의 종류

합금강의 분류

분　류	합금강의 종류	용　　도
기계 구조용 합금강	강인강	크랭크축, 기어, 볼트, 너트, 키, 축 등
	고장력 저합금강	선박, 건설용 등
	표면 경화용강 (침탄, 질화강)	기어, 축, 피스톤 핀, 스플라인축 등
공구용 합금강 (공구강)	탄소 공구강 합금 공구강 고속도 공구강 다이스강	절삭공구, 다이, 정, 펀치 등
내식·내열용 합금강	스테인리스강	칼, 식기, 부엌 기구, 화학 공업장치 등
	내열강	내연 기관의 흡기 밸브, 배기 밸브, 터빈 날개, 고온 용기, 고압 용기 등
특수용 합금강	쾌삭강	볼트, 너트, 기어, 축 등
	스프링강	각종 스프링
	자성용 특수강	자기를 이용한 부품
	전기용 특수강	전기 제품
	베어링강	베어링
	불변강	시계, 계측기류

(2) 첨가 원소의 영향

개개의 원소가 갖는 특성		여러 원소의 공통적인 특성	
원소 이름	특　성	원소 이름	특　성
Ni	강인성, 내식, 내마멸성, 인성 및 저온 충격값 증가	P, Si, Ni, Mo, W, Cr, Mn	페라이트의 강화성
Cr	탄화물 생성(경화능력 향상), 내마멸성, 내식성 증가	Mo, Mn, V, Cr, Ni, W, Cu, Si	담금질 효과와 침투성 효과
Mo	W 효과의 2배, 뜨임 취성 방지, 담금질 깊이 증가	Al, V, Zr, Ti, Mo, Cr, Si, Mn	오스테나이트 결정립의 성장 방지 효과
W	Cr과 비슷, 고온 강도 및 경도 증가	Mo, W, V, Cr, Si, Ni, Mn	템퍼링 저항성의 향상
Si	전자기적 특성 및 내열성 증가	Ti, V, Mo, W, Cr	탄화물 생성 향상
Cu	공기 중의 내산화성의 증가		
Mn	Ni과 비슷, 내마멸성 증가, 황의 메짐 방지		
V	Mo과 비슷, 경화성은 더욱 커지나 단독으로 사용 안 됨, 결정립의 조절성		
Ti, Zr	결정립의 조절성		

보충 설명

- **자경성(기경성)** : 특수 원소 첨가로 가열 후 공랭하여도 자연히 경화하여 담금질 효과를 얻는 것으로 Cr, Ni, Mn, W, Mo 등이 있다.

(3) 기계 구조용 합금강

구조용 강은 일반 구조물 또는 볼트, 너트, 축 등에 사용되는 강으로 인장강도와 경도가 높고 외력에 잘 견딜 수 있어야 한다.

보충 설명

- **구조용 탄소강**
  ① 일반 구조용 압연강 : 건축, 교량, 선박, 철도 차량 등에 사용되는 강판, 평강, 형강 및 봉강 등이 있다.
  ② 기계 구조용 탄소강 : 일반 구조용 압연강보다 신뢰도가 높고 기계 요소 등 중요한 부품을 제작하는 데 사용된다.

① **강인강** : 강인강은 담금질 성질이 좋고 담금질에 의하여 강도와 경도가 높아진다. 또, 뜨임을 함으로써 강인한 성질을 가지게 된다. 강인강에는 Ni, Cr, Ni-Cr, Ni-Cr-Mo, Cr-Mo, Mn-Cr, Cr-Mn-Si, Mn 등이 있으며, 강인강은 볼트, 너트, 축류, 기어 등에 사용되는데, 탄소량은 0.28~0.48 % 범위의 것을 사용한다.

㈎ Ni강 (1.5~5 % Ni 첨가) : 표준 상태에서 펄라이트 조직, 자경성, 강인성이 목적

㈏ Cr강 (1~2 % Cr 첨가) : 상온에서 펄라이트 조직, 자경성, 내마모성이 목적

 보충 설명

830~880℃에서 담금질, 550~680 ℃에서 뜨임 (급랭하여 뜨임 취성 방지)

㈐ Ni-Cr강 (SNC) : 가장 널리 쓰이는 구조용 강으로 Ni강에 Cr 1 % 이하의 첨가로 경도를 증가시킨 강

보충 설명

850℃ 담금질, 600℃에서 뜨임하여 소르바이트 조직을 얻을 때(급랭하여 뜨임 취성 방지) 백점, 뜨임 취성 발생이 심하여 뜨임 취성 방지제(W, Mo, V)를 첨가한다.

㈑ Ni-Cr-Mo강 : 가장 우수한 구조용강, SNC(Ni-Cr강) 0.15~0.3 % Mo 첨가로 내열성, 담금질성이 증가한다.

보충 설명

① Ni-Cr-Mo강 : 뜨임 취성 감소 (고온 뜨임 가능)
② Cr-Mo강(SCM) : SNC의 대용품으로 값이 싸고, Ni 대신 Mo 첨가로 용접성, 고온 강도 증가

㈒ Mn-Cr강 : Ni-Cr강의 Ni 대신 Mn 을 넣은 강

㈓ Cr-Mn-Si강 : 차축에 사용하며 값이 싸다.

㈔ Mn강 : 내마멸성, 경도가 커 광산 기계, 레일 교차점, 칠드 롤러, 불도저 앞판에 사용한다. 1000~1100 ℃에서 유랭 또는 수랭으로 완전 오스테나이트 조직으로 만든다.

• 저 Mn강 (1~2 % Mn) : 펄라이트 Mn강, 듀콜 (ducol) 강

• 고 Mn강 (10~14 % Mn) : 오스테나이트 Mn강, 하드필드 (hardfield) 강, 수인강

② **고장력 저합금강** : 고장력 저합금강은 망간, 몰리브덴, 규소 등을 약간 넣은 강으로 일반 구조용으로 사용하는 강이지만, 인장강도가 크고 용접이나 가공하기 쉽다. 그러나 부식이 잘 되지 않는 성질로 하기 위하여 탄소량을 0.2 % 이하로 한다.

③ **표면 경화용강** : 침탄 담금질하여 사용하는 표면 경화강과 질화강이 있으며, 표면 경화강은 기계 구조용 합금강과 같은 종류이지만 탄소량은 0.23 % 이하로 캠, 축류, 기어 등에 사용한다.

   (개) 침탄용강 : Ni, Cr, Mo 함유강

   (내) 질화용강 : Al, Cr, Mo 함유강

④ **스프링강** : 탄성한계, 항복점이 높은 Si – Mn강 또는 Cr – V강이 사용된다.

(4) 공구용 합금강

공구에 사용되는 강을 공구강이라 하며 절삭공구, 각종 다이, 게이지 등에 사용된다.

   보충 설명

> ▪ **공구 재료의 조건**
> ① 고온 경도, 내마멸성, 강인성이 커야 한다.
> ② 열처리 및 공작이 쉽고 가격이 싸야 한다.
> ③ 온도차에 따라 변형하지 않아야 한다.

① **탄소 공구강** : 탄소 0.60~1.50 %를 포함한 고탄소강으로서 탄소량이 많아서 담금질 효과가 우수하여 절삭 공구 또는 작업용 공구 등에 많이 사용된다.

   (개) 고탄소 고크롬강 : 다이, 펀치용

   (내) (W) – Cr – Mo강 : 게이지 제조용 (200℃ 이상 장기 뜨임)

② **합금 공구강 (STS)** : 탄소 공구강의 결점을 개선하기 위하여 합금 원소를 첨가하여 공구강에 필요한 여러 가지 성질을 향상시킨 것인데, 절삭용으로는 바이트, 다이스, 탭, 드릴 등이 있으며, 게이지, 프레스 금형, 다이 캐스트용 금형 재료로도 사용한다.

③ **고속도 공구강 (SKH)** : 탄소 0.80 %, 텅스텐 18 %, 크롬 4 %, 바나듐 1 %를 표준형으로 하는 공구강으로 500~600℃ 부근에서 뜨임을 하면 담금질하였을 때보다 경도가 높아진다. 600℃까지 경도가 유지되므로 고속 절삭이 가능하고, 고온에서 사용하는 다이 캐스트용 금형용으로 사용되고, 담금질 후 뜨임으로 2차 경화된다.

   (개) 종 류

      ㉮ W 고속도강 (표준형)

      ㉯ Co 고속도강 : Co 3~20 % 첨가로 경도, 점성 증가, 중절삭용

      ㉰ Mo 고속도강 : Mo 5~8 % 첨가로 담금질 향상, 뜨임 취성 방지

   (내) 열처리

      ㉮ 예열 (800~900℃) : W의 열전도율이 나쁘기 때문

      ㉯ 급가열 (1250~1300℃ 염욕) : 담금질 온도는 2분간 유지

ⓓ 냉각 (유랭) : 300℃에서부터 공기 중 서랭(균열 방지) – 1차 마텐자이트

ⓔ 뜨임 (550~580℃로 가열) : 20~30분 유지 후 공랭, 300℃에서 더욱 서랭 – 2차 마텐자이트

  * 고속도강은 뜨임으로 더욱 경화된다 (2차 마텐자이트 = 2차 경화).

ⓕ 풀림 : 850~900℃

④ **초경합금** (WC, TiC, TaC) : 초경합금은 고속도 공구강보다 경도가 높고 내마멸성이 크나 여린 성질을 가지고 있다. 고온에서의 경도는 고속도 공구강보다 우수하여 절삭 공구로 많이 사용되고 있다. 이 초경합금은 탄화 텅스텐(tungsten carbide, WC)의 작은 분말과 코발트 분말을 섞어서 성형한 후 고온에서 가열하여 만든 소결합금이므로 강은 아니다.

보충 설명

1. 금속 탄화물의 종류 : WC, TiC, TaC (결합재 : Co 분말)
2. 제조 방법
 ① 분말을 금형에서 성형 후 800~1000℃로 예비 소결
 ② H_2 기류 중에서 1400~1500℃로 소결
3. 특성 : 열처리 불필요, 고온 경도 가장 우수
4. 용도 : 동합금, 유리, PVC의 정밀 절삭용
5. 종류 : S종 (강절삭용), D종 (다이스), G종 (주철용)
6. 상품명 : 미디아, 위디아, 카볼로이, 텅갈로이 등

---

⑤ **주조경질합금** : Co – Cr – W (Mo)을 금형에 주조 연마한 합금으로 Co (40 %) – Cr – W 인 스텔라이트가 대표적이다. 열처리가 필요하지 않고 SKH의 2배인 절삭속도를 가질 수 있고, 800℃까지 경도를 유지하나, SKH보다 인성, 내구력이 작으며, 강철, 주철, 스테인리스강의 절삭공구에 사용된다.

⑥ **세라믹 공구** (ceramics) : 알루미나 (Al_2O_3)를 주성분으로 하여 소결시킨 것으로, 알루미나를 1600℃ 이상에서 소결 성형하여 제조한다. 내열성이 가장 크고, 고온 경도 및 내마멸성이 크나 비자성, 비전도체이고 충격에 약하다 (항절력 = 초경합금의 1/2). 주로 고온 절삭, 고속 정밀 가공용, 강자성 재료의 가공용으로 쓰인다.

(5) 내식, 내열강

철과 강은 우수한 성질을 가진 금속이지만 부식이 잘 되고, 고온에서 산화되기 쉽고 인장강도와 경도가 감소한다. 이와 같은 결점을 보완하고 내식성과 내열성을 높이기 위하여 크롬 또는 니켈 등의 원소를 비교적 많이 첨가하여 합금한 강으로서 스테인리스강과 내열강이 있다.

① **스테인리스강**(stainless stell) : 탄소강에 12 % 이상의 Cr 을 넣은 스테인리스강은 질산에 대해서는 녹이 생기지 않으나 황산이나 염산에 약하다. 그러나 여기에 Ni 을 더 넣으면 어떠한 산에도 강한 성질을 가지게 된다.

㉮ 13Cr : Cr 13 %를 포함한 스테인리스강으로 페라이트 스테인리스강이라고도 하며 담금질 열처리가 가능하여 마텐자이트 조직을 얻을 수 있다. 내식성 뿐만 아니라 우수한 기계적 성질을 가지고 있어 터빈의 날개, 기계 부품, 의료 기기 등에 사용된다.

㉯ 18Cr : Cr 18 %와 Ni 8 %를 포함한 스테인리스강으로 오스테나이트 스테인리스강이라고도 하며, 내식성·내열성이 좋고 비자성체이다. 질이 연하고 연성이 커서 용접성과 기계적 성질이 매우 좋아, 화학 공업장치, 가정용품, 내식 강판 등에 많이 사용하고 있다.

보충 설명

- Cr 12 % 이상을 스테인리스 (불수) 강이라 하고, 이하를 내식강이라 한다.
- Cr, Ni 양이 증가할수록 내식성이 증가한다.

② **내열강** : 철과 강을 고온에서 사용할 경우 Cr 이나 Ni 을 포함시키면 고온에서도 산화하지 않고 충분한 강도를 유지하게 된다. Cr 을 넣어 합금한 내열강은 내연 기관의 밸브나 내산성 재료로서 사용하며, 여기에 Ni 을 첨가하면 고온에서도 사용할 수가 있다.

보충 설명

- 내열강의 조건 : 고온에서 조직, 기계적·화학적 성질이 안정할 것
- 내열성을 주는 원소 : 고Cr강, Al(Al_2O_3)
- Si–Cr강 : 내연기관 밸브 재료로 사용
- 초내열합금 : 탐캔, 하스텔로이, 인코넬, 서미트

(6) 특수강

① **쾌삭강**(free cutting steel) : 최근에는 대량 생산 전용 공작기계를 많이 사용하게 됨에 따라 절삭 가공 시 칩(chip) 처리가 잘 되고, 절삭하기 쉬운 쾌삭강이 필요하게 되었다. 황(S)을 첨가한 쾌삭강은 칩이 짧게 잘라지므로, 일반적으로 작은 부품을 만드는 데 사용한다. 또, 납을 첨가한 쾌삭강은 절삭성이 좋고 열처리 효과도 변하지 않으므로 자동차 부품이나 정밀기계 부품 등에 많이 사용한다.

② **스프링강**(spring steel) : 스프링은 인장강도와 탄성한계, 충격과 피로에 대하여 저항력이 커야 한다. 스프링강에는 탄소 0.50~1.0 %의 고탄소강이 사용되며, 이 밖에 Si–Mn강, Si–Cr강, Cr–V강 등의 합금강이 사용된다.

③ **자석강(SK)** : 자석강은 잔류자기, 항장력이 커야 하며 자기 강도의 변화가 없어야 하는 것으로 1~4 % 의 Si 가 함유된 Si강으로 변압기 철심에 사용되고 있다.

> 🔖 **보충 설명**
> • **비자성강** : 비자성인 오스테나이트 조직의 강(오스테나이트강, 고Mn강, 고Ni강, 18-8 스테인리스강)

④ **베어링강** : 고탄소 크롬강 (C=1 %, Cr=1.2 %) 으로 내구성이 크고, 담금질한 후 반드시 뜨임을 해야 한다.

⑤ **불변강(고Ni 강)** : 비자성강으로 Ni 26 % 에서 오스테나이트 조직을 갖는다.

 ㈎ 인바 (invar) : Ni 36 %, 줄자, 정밀기계 부품으로 사용, 길이 불변

 ㈏ 초인바 (super invar) : Ni 29~40 %, Co 5 % 이하, 인바보다 열팽창률이 작음

 ㈐ 엘린바 (elinvar) : Ni 36 %, Cr 12 % 시계 부품, 정밀 계측기 부품으로 사용, 탄성 불변

 ㈑ 코엘린바 : 엘린바에 Co 첨가

 ㈒ 퍼멀로이(permalloy) : Ni 75~80 %

 ㈓ 플래티나이트 (platinite) : Fe-Ni(42~46 %)-Co(18 %) 합금, 전구, 진공관 도선용

2-6 주철과 주강

(1) 개 요

탄소 함유량이 1.7~6.68 % (보통 2.5~4.5 %)이며, 주철은 용융점이 낮아 모양이 복잡한 것이라도 주조하기 쉽고, 값이 싸기 때문에 일반 기계 재료로 널리 사용되고 있다. 그러나 깨어지기 쉬운 성질이 있고 강도가 약한 것이 결점이다. 근래에 들어와서는 기계적 성질이 강과 비슷한 주철을 만들 수 있게 되어 일부 단조품을 대신할 수 있는 특수 주조품을 생산하여 사용하게 되었다. 모양이 복잡하거나 주철로서 강도가 부족할 경우에는 탄소강을 용해하여 주조한 주강품을 사용한다. 주강은 대형 부품을 생산할 수 있는 이점이 있으나, 주철에 비해 용융점이 높기 때문에 주조하기 어렵고 비용이 많이 든다.

주철의 장·단점

장 점	단 점
용융점이 낮고 유동성이 좋다. 마찰저항이 좋고 가격이 저렴하다. 절삭성이 우수하고 주조성이 양호하다. 압축강도가 크다 (인장강도의 3~4배).	인장강도가 작다. 충격값이 작다. 가공이 어렵다.

(2) 주철의 조직

바탕조직(펄라이트, 페라이트)과 흑연으로 구성되어 있는데, 주철 중의 탄소는 일반적으로 흑연 상태로 존재(Fe_3C는 1000 ℃ 이하에서는 불안정하다)한다.

① 주철 중의 탄소의 형상

(가) 유리탄소 (흑연) – Si 가 많고 냉각속도가 느릴 때 : 회주철

(나) 화합탄소 (Fe_3C) – Mn이 많고 냉각속도가 빠를 때 : 백주철

종 류	탄소의 형태	발생 원인	주괴의 위치	조 직		용 도
회주철 경도 (소)	흑연 상태	Si가 많을 때	중심 (회색)	펄라이트+흑연	강력 펄라이트	보통·고급 합금·구상 흑연 주철용
		냉각이 느릴 때		펄라이트+ 페라이트+흑연	보통 주철	
		주입온도가 높을 때		페라이트+흑연	연질 주철	
백주철(대)	Fe_3C 상태	Mn이 많고 냉각이 빠를 때	표면 (백색)	펄라이트+Fe_3C	극경질 주철	칠드, 가단 주철용
반주철(중)	흑연+Fe_3C		중간 (반회색)	펄라이트+Fe_3C +흑연	경질 주철	

보충 설명

■ **강력 펄라이트 주철**
- 기계 구조용으로 가장 우수한 주철
- C : 2.8~3.2%, Si : 1.5~2.0%

② **흑연화** : Fe_3C가 안정한 상태인 3Fe와 C로 분리되는 것

③ **흑연의 영향**

(가) 용융점을 낮게 한다 (복잡한 형상의 주물 기능).

(나) 강도가 작아진다 (회주철로 되기 때문에).

④ **마우러 조직 선도** : 주철 중의 C, Si의 양, 냉각속도에 따른 조직의 변화를 표시한 것

⑤ **스테다이트 (함인공정)** : $Fe - Fe_3C - Fe_3P$의 3원 공정 조직(주철 중 P에 의한 공정 조직)으로 이 주철은 내마모성이 강해지나 다량일 때는 오히려 취약해진다.

(3) 주철의 성질

① 전·연성이 작고 가공이 어렵다.

② 비중 : 7.1~7.3 (흑연이 많을수록 작아진다.)

③ **열처리 :** 담금질, 뜨임이 안 되나 주조응력 제거 목적으로 풀림 처리는 가능(500~600℃, 6~10시간)하다.

④ **자연 시효(시즈닝) :** 주조 후 장시간(1년 이상) 방치하여 주조응력을 없애는 것이다.

⑤ **주철의 성장 :** 고온에서 장시간 유지, 또는 가열과 냉각을 반복하면 주철의 부피가 팽창하여 변형, 균열이 발생하는 현상이다.

㈎ 성장 원인 : Fe_3C의 흑연화에 의한 팽창, A_1 변태에 따른 체적의 변화, 페라이트 중의 Si의 산화에 의한 팽창, 불균일한 가열로 균열에 의한 팽창

㈏ 방지법 : 흑연의 미세화, 흑연화 방지제, 탄화물 안정제 첨가

   • 흑연화 촉진제 : Si, Ni, Ti, Al
   • 흑연화 방지제 : Mo, S, Cr, V, Mn

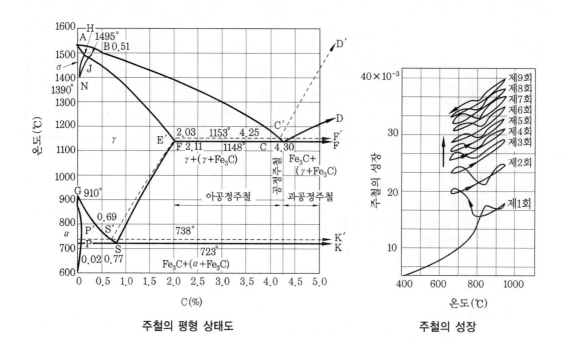

주철의 평형 상태도   주철의 성장

(4) 주철의 평형 상태도

① **전 탄소량 :** 유리탄소(흑연)+화합탄소(Fe_3C)

② **공정점 :** 공정 주철 4.3 % C, 1145℃, 아공정 주철 1.7~4.3 % C, 과공정 주철 4.3 % C 이상

 보충 설명

공정점은 Si가 증가함에 따라 저탄소 쪽으로 이동한다.

(5) 주철의 종류

① **보통 주철**(common grade cast iron) : 회주철(GC1~3종)을 대표하는 주철로, 강도나 불순물의 양을 엄밀하게 제한하지 않는 주철을 말한다.
  (가) 인장강도 : 98~245 MPa($=N/mm^2$)
  (나) 조직 : 페라이트＋흑연(편상)
  (다) 성분 : C＝3.2~3.8 %, Si＝1.4~2.5 %
  (라) 특징 : 강인성이 적고 단조가 되지 않으나, 용융점이 낮고 유동성이 좋으므로 주조하기 쉽고, 기계 가공성이 좋으며 값이 싸다.
  (마) 용도 : 일반 기계 부품, 수도관, 난방용품, 가정용품, 농기구, 공작기계의 베드 및 프레임, 기계 구조물의 몸체 등

② **고급 주철**(high grade cast iron) : 회주철(GC4~6종 펄라이트주철)로서 보통 주철을 개선하여 인장강도를 크게 한 주철로 강인 주철이라고도 한다.
  (가) 인장강도 : 245 N/mm^2 (MPa) 이상
  (나) 조직 : 펄라이트 ＋ 흑연
  (다) 성분 : C＝3.2~3.85 %, Si＝1.4~2.5 %
  (라) 용도 : 강도를 요하는 기계 부품
  (마) 종류 : 란츠, 에멜, 코살리, 파워스키, 미하나이트 주철

③ **미하나이트 주철**(meehanite cast iron) : 회주철에 강을 넣어 탄소량을 적게 하고, 접종하여 미세 흑연을 균일하게 분포시키며 Si, Ca－Si 분말을 첨가하여 흑연의 핵 형성을 촉진시켜 재질을 개선한 주철이다.
  (가) 인장강도 : 343~441 N/mm^2 (MPa)
  (나) 조직 : 펄라이트 ＋ 흑연(미세)
  (다) 용도 : 고강도, 내마멸, 내열, 내식성 주철로 공작기계의 안내면, 내연기관의 실린더 등에 사용되며, 담금질이 가능하다.

④ **합금 주철**(alloy cast) : 주철의 여러 가지 성질을 향상시키기 위하여 특정한 합금 원소를 넣은 주철을 말한다.
  (가) Ni : 흑연화 촉진(복잡한 형상의 주물 가능), 소량 첨가 시 내마멸성 및 기계적 성질 향상, 다량 첨가 시 내식성 및 내마멸성 우수, Si의 $\frac{1}{2}$~$\frac{1}{3}$ 의 능력
  (나) Ti : 소량일 때 흑연화 촉진, 다량일 때 흑연화 방지(흑연의 미세화), 강탈산제
  (다) Cr : 흑연화 방지, 탄화물 안정, 소량 첨가 시 내마멸성 및 기계적 성질 향상, 다량 첨가 시 내열, 내식성 및 내마멸성 향상
  (라) Mo : 흑연화 다소 방지, 두꺼운 주물의 조직을 미세, 균일하게 한다.
  (마) V : 강력한 흑연화 방지(흑연의 미세화)

⑤ **고합금 주철**

  (개) 내열 주철 — 크롬 주철(Cr 34~40 %), Ni 오스테나이트 주철(Ni 12~18 %, Cr 2~5 %)

  (내) 내산 주철 — 규소 주철(Si 14~18 %)(절삭이 안 되므로 연삭 가공하여 사용)

⑥ **가단 주철(malleable cast iron)** : 주철은 일반적으로 단단하고 취성을 가지고 있으나, 백주철을 열처리하여 연성(연신율 : 5~12 %)을 좋게 한 주철로 주조하기 쉽고 절삭성이 좋으며, 다량 생산이 가능하다. 또, 강과 비슷한 정도의 강도를 가지고 있어서 자동차 부품 등에 많이 사용하고 있다.

  (개) 백심가단주철(WMC) : 탈탄이 주목적, 산화철(탈탄제)을 가하여 950 ℃에서 70~100 시간 가열

  (내) 흑심가단주철(BMC) : Fe_3C의 흑연화가 목적, 산화철을 가하여 1단계 : 850~950℃ (유리 $Fe_3C \rightarrow$ 흑연화), 2단계 : 680~730℃(펄라이트 중의 $Fe_3C \rightarrow$ 흑연화)로 풀림 (가열 시간 : 각 30~40시간)

  (대) 고력(펄라이트) 가단주철(PMC) : 흑심가단주철의 2단계를 생략한 것(풀림 흑연 + 펄라이트 조직)

보충 설명

- **가단 주철의 탈탄제** : 철광석, 밀 스케일, 헤어 스케일 등의 산화철을 사용한다.

---

⑦ **구상 흑연 주철(spheroidal graphite cast iron, DC)** : 주철이 강에 비해 강도와 연성 등이 나쁜 원인은 주로 흑연이 편상으로 되어 있기 때문이다. 이 결함을 개선하기 위해 가단주철의 경우에는 열처리에 의하여 편상 흑연을 구상화하여 강도와 연성을 향상시킨 구상 흑연 주철을 생성하는데, 열처리를 위한 시간과 경비가 드는 결점이 있다.

    이 주철은 용융 상태의 주철 중에 Mg, Ce 또는 Ca, Mg–Cu 등을 첨가하여 흑연을 구상화한 것으로, 노듈라 주철(nodular cast iron), 또는 덕타일 주철(ductile cast iron)이라고도 불린다. 일반적으로 강인하고 주조 상태에서 구조용 강이나 주강에 가까운 기계적 성질을 얻을 수 있으며, 펄라이트 조직과 페라이트 조직에 따라 크게 다르다. 또, 목적에 따라 열처리에 의해 조직을 개선하거나 Ni, Cr, Mo, Cu 등을 넣어 합금을 만들어 재질을 개선한다. 이것은 편상 흑연에 비하여 강도뿐만 아니라 내마멸성, 내열성, 내식성 등이 대단히 우수하며, 자동차의 크랭크 축을 비롯하여 캠축, 브레이크 드럼 등의 기계 부품 재료로 광범위하게 사용되고 있다.

  (개) 기계적 성질

- 주조 상태 : 인장강도 490~686 MPa, 연신율 2~6 %
- 풀림 상태 : 인장강도 441~539 MPa, 연신율 12~20 %

㈏ 조직 : 시멘타이트형, 페라이트형, 펄라이트형

㈐ 특성 : 풀림 열처리 가능, 내마멸성, 내열성이 크고 성장이 작다.

보충 설명

• **불스 아이(bulls eye) 조직** : 펄라이트를 풀림 처리하여 페라이트로 변할 때, 구상 흑연 주위에 나타나는 조직 — 경도, 내마멸성, 압축강도 증가

⑧ **칠드 (냉경) 주철(chilled metal)** : 주조할 때 필요한 부분에만 모래 주형 대신 금형으로 하고, 금형에 접한 부분을 급랭하여 칠(chill)(칠 부분 — Fe_3C 조직)화시켜 경도를 높여 내부는 연하고 표면을 단단하게 만든 것을 칠드 주철이라 한다.

㈎ 표면 경도 : $H_B = 350 \sim 500$

㈏ 칠의 깊이 : $10 \sim 25 \, mm$

㈐ 용도 : 각종 롤러(roller), 차 바퀴 등

㈑ 성분 : Si가 적은 용선에 Mn을 첨가하여 금형에 주입

⑨ **애시큘러 주철(acicular cast iron)** : 보통 주철에 $1 \sim 1.5 \%$ Mo, $0.5 \sim 4.0 \%$ Ni, 소량의 Cu, Cr 등을 첨가한 것으로 흑연은 편상이나 조직은 침상이며, 인장강도 $441 \sim 637$ MPa, 경도 $H_B = 300$ 정도이다. 강인성과 내마멸성이 우수하여 크랭크축, 캠축 등에 쓰인다.

⑩ **주강(steel casting)** : 주조 방법에 의해 탄소강을 용해하여 만든 제품으로 강 주물이라고도 한다. 단조강보다 가공 공정을 감소시킬 수 있으며, 균일한 재질을 얻을 수 있다. 주강은 압연재나 단조품과 같은 수준의 기계적 성질을 가지고 있으면서도 주물과 같은 방법으로 제품을 얻을 수 있으므로 압연이나 단조와 같은 제조 방법에 비하여 유리한 특징이 있다.

주강의 종류와 특징

종　　류	특　　성
0.2 % C 이하인 저탄소 주조강 0.2～0.5 % C 의 중탄소강 0.5 % C 이상인 고탄소 주강	대량 생산에 적합하다. 주철에 비해 용융점이 낮아 주조하기 힘들다.

3. 비철금속 및 그 합금

금속 재료에는 철강 재료가 많이 사용되어 왔으나, 최근에는 철 이외 비철금속의 이용이 많아지고 있다. 특히, 많이 사용되는 비철금속 재료는 구리, 알루미늄 및 마그네슘, 아연, 납, 주석, 티탄 등이다.

3-1 구리 및 그 합금

구리(copper ; Cu)는 용광로에서 제련한 조동을 다시 정련하여 만든다. 구리는 열 및 전기의 양도체이며 대기 중에서의 내식성이 좋고, 색깔과 광택이 아름답고 가공하기 쉽다. 그러나 연하고 강도가 약하므로 가공 경화를 하여 강도를 높여 사용한다.

(1) 구리의 제법

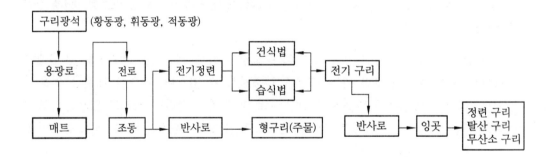

(2) 구리의 종류

① **전기동** : 조동을 전해 정련하여 99.96 % 이상의 순동으로 만든 것

② **무산소 구리** : 전기동을 진공 용해하여 산소 함유량을 0.006 % 이하로 만든 것

③ **정련 구리** : 전기동을 반사로에서 정련한 것

(3) 구리의 성질

① **물리적 성질** : 비중은 8.96이고 용융점은 1083 ℃이며, 변태점이 없다. 비자성체이며 전기 및 열의 양도체이다.

② **기계적 성질** : 전연성이 풍부하며, 가공 경화로 경도가 증가하고 경화 정도에 따라 연

질, $\frac{1}{4}$ 경질, $\frac{1}{2}$ 경질로 구분하고, 인장강도는 가공도 70 %에서 최대이며 600~700℃

에서 30분간 풀림하면 연화된다.

③ **화학적 성질** : 황산, 염산에 용해되며, 습기, 탄산가스, 해수에 녹이 생긴다.

 보충 설명

- **수소병** : 환원 여림의 일종으로 산화구리를 환원성 분위기에서 가열하면 H_2가 구리 중에 확산 침투
하여 균열이 발생한다.

(4) 구리 합금

① **특징** : 고용체를 형성하여 성질을 개선하면 α 고용체는 연성이 커서 가공이 용이하
나 β, δ 고용체로 되면 가공성이 나빠진다.

② **황동**(brass, Cu-Zn) : 구리와 아연의 합금으로 가공성, 주조성, 내식성, 기계성이
우수하다.

㈎ Zn 함유량

- 30 % : 7·3 황동-연신율 최대, 인장강도가 높고 상온 가공성이 양호하여 관,
봉재, 선 등으로 만들어 사용하며, 계기 부품, 전구의 소켓, 장식품 등에 사용한다.
- 40 % : 6·4 황동-강도를 필요로 할 때 사용하며, 인장강도가 최대이고, 상온 가
공성이 불량하나 값이 싸 황동 중에 가장 많이 사용된다.
- 50 % 이상 : 취성이 커 사용 불가능하다.

㈏ 자연 균열 : 냉간 가공에 의한 내부응력이 공기 중의 NH_3, 염류로 인하여 부식을
일으켜 균열이 발생되며 방지책은 도금법, 저온풀림한다.

㈐ 탈아연 현상 : 해수에 침식되어 Zn이 용해 부식되는 현상이다. ZnCl이 원인이며,
방지책으로 Zn편을 연결한다.

㈑ 경년 변화 : 상온 가공한 황동 스프링이 사용기간의 경과와 더불어 스프링 특성
을 잃는 현상이다.

㈒ 황동의 종류

5 % Zn	15 % Zn	20 % Zn	30 % Zn	35 % Zn	40 % Zn
길딩 메탈	레드 브라스	로 브라스	카트리지 브라스	하이, 옐로 브라스	문츠 메탈
화폐, 메달용	소켓, 체결구용	장식용, 톰백	탄피가공용	7·3 황동 보다 저가	값싸고 강도 큼

(바) 특수 황동

- 연황동 (leaded brass, 쾌삭 황동) : 6·4 황동에 Pb 첨가, 절삭성 개량, 대량 생산, 정밀 가공품에 사용한다.
- 주석 황동 (tin brass) : 내식성 목적(Zn의 산화, 탈아연 방지) 으로 Sn 1 % 첨가한다.
- 애드미럴티 : 7·3 황동에 Sn 1 %를 첨가한 것으로 콘덴서 튜브에 사용한다.
- 네이벌 황동 : 6·3 황동에 Sn 1 %를 첨가한 것으로 내해수성이 강해 선박기계에 사용한다.
- 철 황동 : 델타 메탈, 6·4 황동에 Fe 1~2 % 첨가한 것으로, 강도, 내식성이 우수하여 광산, 선박기계, 화학기계에 사용한다.
- 강력 황동(고속도 황동) : 6·4 황동에 Mn, Al, Fe, Ni, Sn 등 첨가. 주조, 가공성 양호, 열간 단련성, 강인성 뛰어나 선박 프로펠러, 펌프 축에 사용
- 양은(german silver, nickel sliver) : 7·3 황동에 Ni 15~20 % 첨가, 주단조 가능, 양백, 백동, 니켈, 청동, 은 대용품으로 사용, 전기 저항선, 스프링 재료, 바이메탈용
- 규소 황동 : 실진(silzin) Si 4~5 % 첨가
- Al 황동 : 알부락(albrac), 금 대용품

보충 설명

- 두라나 메탈 : 7·3 황동에 Fe 1~2 %를 첨가시킨 황동

③ **청동(bronze, Cu-Sn)** : 구리와 주석의 합금으로 내식성, 주조성, 가공성, 강도, 내마멸성이 좋다. 주석 10 %, 아연 2 %의 기계용 청동은 일반 기계 부품 외에 밸브, 기어, 베어링 재료로 사용하고 있다. 청동을 인으로 탈산시킨 인청동은 강인하고 내식성이 좋다.

(가) Sn 함유량 : 4 %에서 연신율 최대, 15 % 이상에서 강도, 경도 급격히 증대

보충 설명

- 포금(건 메탈) : 청동의 구명칭, 청동 주물 (BC)의 대표, 유연성, 내식, 내수압성이 좋다. 성분은 Cu +Sn 10 %+Zn 2 %

(나) 특수 청동

- 인청동 : 켈밋 합금에 다시 주석을 넣은 것으로 주성분은 Cu+Sn 9 %+P 0.35 % (탈산제)이며, 내마멸성이 크고 냉간 가공으로 인장강도, 탄성한계가 크게 증가하고 경년 변화가 없는 스프링, 베어링, 밸브 시트 등에 사용된다.

보충 설명

- 두랄플렉스 (duralflex) : 미국에서 개발한 5 % SN의 인청동으로 성형성, 강도가 좋다.

- 베어링용 청동 : 성분은 Cu+Sn 13~15 %이며, $\alpha + \beta$ 조직에 P를 가하면 내마멸성이 증가한다. 외측의 경도가 높은 δ 조직으로 이루어졌기 때문에 베어링 재료로 적합하다.

 보충 설명

- 오일리스 베어링 : 철, 구리 등의 금속 가루를 소결하여 만든 다공질의 소결합금인 베어링 합금으로 그 다공성을 이용하여 무게의 20~30 % 정도의 윤활유를 침투시킨 흑연 분말 중에서 700~750 ℃, H_2 기류로 Cu+Sn+흑연 분말을 주성분으로 제작한다. 이것은 급유하기 어려운 곳이거나 장시간 급유하지 않고 사용할 수 있도록 한 것으로 녹음기, 선풍기, VTR 등의 가전제품, 그리고 식품 제조기 등의 베어링으로 많이 쓰인다.

- 납청동 : 성분은 Cu + Sn 10 % + Pb 4~16 %이며, Pb 은 Cu 와의 합금을 만들지 않고, 윤활작용을 하므로 베어링 재료로 적합하다.
- 켈밋(kelmet) : 성분은 Cu+Pb 30~40 %이며, Pb 성분이 증가될수록 윤활작용이 좋다. 열전도, 압축강도가 크고 마찰계수가 작으며, 연하므로 극연강 안쪽 면에 얇게 붙여 고속 고하중 베어링에 적합하다.
- Al 청동 : 성분은 Cu + Al 8~12 %이며, 내식, 내열, 내마멸성이 크다. 특히, Al 10 %에서 강도가 최대이며 8 %에서는 가공성이 최대이나 주조성이 나쁘다.

 보충 설명

① 자기풀림(self-annealing) : $\beta \rightarrow \alpha + \delta$ 로 분해하여 결정이 커진다.
② 암스 청동(arms bronze) : Mn, Fe, Ni, Si, Zn 을 첨가한 강력 Al 청동이다.

- Ni 청동
  - 어드밴스 : Cu 54 % + Ni 44 % + Mn 1 % (Fe=0.5 %), 정밀전기 기계의 저항선
  - 콘스탄탄 : Cu + Ni 45 % 의 합금으로 열전대용, 전기 저항선에 사용된다.
  - 콜슨 합금(탄소 합금) : Cu + Ni 4 % + Si 1 %, 인장강도 105 kg/mm^2 으로 전선에 이용된다.
  - 쿠니알(kunial) 청동 : Cu + Ni 4~6 % + Al 1.5~7 %, 뜨임 경화성이 크다.
- 호이슬러 합금 : 강자성 합금으로 Cu 61 % + Mn 26 % + Al 13 %

3-2 알루미늄 및 그 합금

알루미늄 광석은 보크사이트 ($Al_2O_3 \cdot 2SiO_2 \cdot 2H_2O$), 명반석, 토형암을 사용한다. 알루미늄의 비중은 철의 약 $\frac{1}{3}$ 이며, 전기와 열을 잘 전달하는 성질이 있다. 표면이 산화하면 치밀한 피막을 만들기 때문에 공기, 맑은 물, 암모니아 등에 대해 내식성이 강하다.

Al 은 Cu, Si, Mg 등과 고용체를 형성하며, 열처리로 석출 경화, 시효 경화시켜 성질을 개선한다. Al 의 제조 시 Al 광석을 제련하여 Al_2O_3로 만들고, 용융 상태의 빙정석 중에서 가열 및 전해하여 순수 Al 을 만든다.

> **보충 설명**
>
> ① Al 은 지각 중 약 8 % 가 존재하며, 대부분의 Al 은 보크사이트로 제조한다.
> ② 석출경화 (Al의 열처리법) : 급랭으로 얻은 과포화 고용체에서 용해물을 석출시켜 안정화시킨다 (석출 후 시간 경과와 더불어 시효경화된다).
> ③ 인공 내식처리법 : 알루마이트법, 황산법, 크롬산법

(1) Al 의 성질

① **물리적 성질** : 비중이 2.7, 용융점은 660 ℃이며, 변태점은 없다. 전기 및 열의 양도체이다.

② **기계적 성질** : 전연성이 풍부하고, 400~500 ℃에서 연신율이 최대, 풀림온도는 250~300 ℃이며 순수한 Al 은 주조가 안 된다.

알루미늄의 기계적 성질

순도	상 태	인 장 시 험			경 도 (H_B)
		인장강도(N/mm^2)	항복점(N/mm^2)	연신율(%)	
99.996 %	75 % 상온 가공	113	108	5.5	27
	풀 림	42.14	12.25	48.5	17

③ **화학적 성질** : 무기산, 염류에 침식, 대기 중에서 안정한 산화 피막을 형성한다.

④ **용도** : 송전선, 전기재료, 자동차, 항공기, 폭약 제조 등에 사용한다.

(2) Al 합금

알루미늄 합금은 특성에 따라 내식, 고력, 주조용, 단련용 알루미늄 합금으로 분류 할 수 있다.

① **내식 알루미늄 합금** : 알루미늄의 내식성을 높이기 위해 Mg, Mn, Si 등의 합금 원소를 넣어 강도를 높인 합금으로 차량, 선박, 창틀, 고압 송전선 등에 사용한다.

② **단련용 고력 알루미늄(단조용) 합금** : 강도를 높이기 위해 Cu, Mg 등을 첨가한 것으로 열처리하여 사용하는 합금이며, 두랄루민(duralumin)이 대표적이다. 이 합금은 담금질을 한 후 시효 경화를 거쳐 사용하는데 차량, 항공기, 그 밖의 구조용 재료로 이용한다.

㉮ 두랄루민 : 단조용 Al 합금의 대표로 주성분은 Al−Cu−Mg−Mn이며 불순물로 Si를 함유하고 있다. 고온에서 물에 급랭하여 시효 경화시켜 강인성을 얻는다 (시효 경화 증가 : Cu, Mg, Si).

- 풀림상태 : 인장강도 175~245 MPa ($= N/mm^2$), 연신율 10~14 %, 경도 (H_B) 40~60
- 시효 경화 상태 : 인장강도 294~440 MPa, 연신율 20~25 %, 경도(H_B) 88.2~117.6, 기계적 성질은 0.2% 탄소강과 비슷하나 비중이 2.9이다.

보충 설명

- **복원현상** : 시효 경화가 일단 완료된 것은 상온에서 변화가 없으나 200℃에서 수분간 가열하면 다시 연화되어 시효 경화 전의 상태로 되는 현상을 말한다.

㉯ 초두랄루민 (super duralumin) : 두랄루민에 Mg 을 증가, Si 를 감소시킨 것. 시효경화 후 인장강도 490 N/mm^2 이상, 항공기 구조재, 리벳 재료로 사용한다.

㉰ 단련용 Y합금 : Al−Cu−Ni계 내열합금으로 Ni의 영향으로 300~450℃ 에서 단조된다.

③ **내열 알루미늄 합금** : Cu, Ni, Mg 등의 합금 원소를 넣어 내열성을 개선한 것으로, 비교적 고온에서 사용하는 합금이다. 주로 피스톤, 공랭식 실린더 등 자동차용 기관의 부품에 사용된다.

④ **주조용 합금** : Si, Cu, Mg, Ni 등의 합금 원소를 넣은 것으로 주조성, 기계적 성질, 내식성, 내열성 등이 우수한 특징을 가지고 있으며, 주로 자동차용 기관의 부품으로 사용한다.

㉮ Al−Cu계 합금 : Cu 8 % 첨가한 합금으로 주조성과 절삭성이 좋은 합금이나 고온 메짐이 있고, 수축균열이 있다.

㉯ Al−Si계 합금

- 실루민 : 주조성이 좋으나 절삭성은 불량하다. 열처리 효과가 없어 개질 처리로 성질을 개선한다.

보충 설명

■ 개질 처리 (개량 처리) : Si 의 결정을 미세화하기 위한 것

① 금속 Na 첨가법 : 최다 사용, Na량은 0.05~0.1 %, 또는 Na 0.05 %+K 0.05 %

② F (불소) 첨가법 : F 화합물과 알칼리 토금속을 1 : 1로 혼합하여 1~3 % 첨가

③ NaOH 첨가법 : 수산화나트륨과 가성소다를 첨가

- 로엑스 (Lo-EX) 합금 : Al-Si에 Mg을 첨가한 특수 실루민으로 열팽창이 극히 작고, Na 개질처리한 것으로 내연기관의 피스톤에 사용한다.
- Al-Mg계 합금 : Mg 12 % 이하로서 하이드로날륨이라고도 한다.
- Al-Cu-Si계 합금 : 라우탈 (lautal)이 대표적이며, Si 첨가로 주조성 향상, Cu 첨가로 절삭성 향상을 위한 합금이다.
- Y 합금 (내열 합금) : Al(92.5 %)-Cu(4 %)-Ni(2 %)-Mg(1.5 %) 합금이며, 고온 강도가 크므로 (250℃에서도 상온의 90 % 강도 유지) 내연기관의 실린더에 사용한다.
- 다이캐스트용 알루미늄 합금 : 1000℃ 이하의 저온 용융 합금으로, Al-Cu계, Al-Si계 합금을 사용하여 금형에 주입시켜 만들며, 유동성이 좋고 가벼우며, 내식성이 좋다. 저온 강도가 크고 도전율이 높은 성질 등의 우수한 특성을 가지고 있어, 가전제품, 카메라, 자동차 등의 부품에 많이 사용한다.

3-3 마그네슘 및 그 합금

Mg은 금속 재료 중 가장 가벼운 합금을 만드는 주체 원소로 실용 금속 중 가장 가볍다. 제법은 마그네사이트 ($MgCO_3$), 소금 앙금을 전기분해 또는 환원처리 하면 $MgCl_2$, MgO 로 되는데, 이것을 용융 전해하여 Mg을 만들게 된다.

Mg 합금은 Al, Zn, Mn 등을 합금한 것으로, 비중에 비해 강도가 크고 절삭성이 매우 좋다. 그러나 산화하기가 쉽고, 점화하면 폭발적으로 연소된다.

Mg 은 Al 이나 Cu 에 비해 냉간 가공성은 나쁘나 열간 가공성이 좋으며, 350~150 ℃에서 쉽게 가공할 수 있다. 주조용 Mg 합금은 경량, 강도, 절삭성 등을 필요로 하는 주물 또는 자동차의 피스톤, 크랭크 케이스, 기어 등의 소재로 사용한다.

(1) 물리적 성질

비중은 1.74 (알루미늄의 $\frac{2}{3}$, 철의 약 $\frac{1}{4}$ 정도)이고, 용융점은 650 ℃이다. 조밀육방격자이며 산화 연소가 잘 된다.

(2) 기계적 성질

연신율은 6 %, 재결정 온도는 150 ℃이며, 냉간 가공성 불량으로 300 ℃ 이상에서 열간 가공한다.

(3) 화학적 성질

산, 염류에 침식되나 알칼리에 강하고 습공기 중에 산화 피막을 형성하여 내부를 보호한다. 해수에 특히 약하여 H_2를 방출하며 용해되는데, Mn으로 방지할 수 있다.

(4) 용 도

Al 합금용, 구상흑연주철 재료, Ti 제련용, 사진 플래시 등

(5) Mg 합금

인장강도가 137~343 N/mm^2(MPa)이고, 절삭성이 좋으며 Al, Zn, Mn 등으로 내식성과 연신율을 개선한다.

① **다우메탈(dow-metal)** : Mg-Al계 합금으로 Al 2~8.5 % 첨가로 주조성과 단조성이 좋으며, Al 6 %에서 인장강도가 최대, 4 %에서는 연신율이 최대이며 경도는 Al 10 %에서 급격히 증가된다.

② **일렉트론(electron)** : Mg-Al-Zn계 합금이며, Al이 많은 것은 고온 내식성 향상을 위하여, Al+Zn이 많은 것은 주조용으로 사용되며, 내열성이 커 내연기관의 피스톤 재료로 사용된다.

3-4 니켈 및 그 합금

Ni 은 강자성체로 가공성이 좋고 기계적 성질도 우수하다. 또, 전기저항이 크고 내식성이 우수하여 용도는 많으나 값이 비싼 것이 결점이다. 니켈 합금은 내식성이나 내열성이 우수한 것이 많다.

(1) Ni의 성질 및 용도

① **물리적 성질** : 비중은 8.9, 용융점은 1450 ℃이며, 전기저항이 크다.

② **기계적 성질** : 상온에서 강자성체(360 ℃에서 자성 잃음 : 자기 변태 온도점), 연성이 크고 냉간 및 열간 가공이 쉽다. 풀림 상태의 인장강도는 392~490 N/mm^{2}이고, 연신율은 30~45 %, 브리넬 경도는 80~100이다.

㈎ 화학적 성질 : 내식성, 내열성이 우수하다.

㈏ 용도 : 화학 및 식품 공업용, 진공관, 화폐, 도금 등에 사용한다.

(2) Ni 합금

Ni-Cu계 합금으로 콘스탄탄, 어드밴스, 모넬 메탈 등이 있으며, Ni-Fe계 합금에는 인바, 엘린바, 플래티나이트 등이 있고 진공관 도선용으로 퍼멀로이, 인코넬, 하스텔로이, 크로멜, 알루멜, 니크롬 등이 있다.

① **Ni-Cu계 합금**

㈎ 콘스탄탄 (constantan) : Ni 45 %로 열전대, 전기 저항선에 사용한다.

　　㈏ 어드밴스 (advance) : Ni 44 %, Mn 1 %로 정밀전기의 저항선에 사용한다.

　　㈐ 모넬 메탈 (monel metal) : Ni 65~70 %와 Cu·Fe 1~3 %의 합금으로 강도와 내
　　　식성이 우수하여 화학 공업용과 디젤기관의 밸브나 증기기관의 날개 등에 쓰인다.

② Ni-Fe계 합금

　　㈎ 인바 (invar) : Ni 36 %로 길이가 불변하여 표준자, 바이메탈용으로 사용한다.

　　㈏ 엘린바 (elinvar) : Ni 36 %, Cr 12 %로 탄성이 불변하여 시계 부품, 소리굽쇠용으
　　　로 사용한다.

　　㈐ 플래티나이트 (platinite) : Ni 42~46 %, Cr 18 %로 열팽창이 작으며, 진공관 도
　　　선용으로 사용한다.

　　㈑ 퍼멀로이 (permalloy) : Ni 75~80 %로 투자율이 커 자심 재료, 장하 코일용에 사
　　　용된다.

　　㈒ 인코넬 (inconel) : Ni에 Cr, Fe를 첨가한 것으로 내식성이 우수하며, 내열용으로
　　　도 사용된다.

　　㈓ 하스텔로이 (hastelloy) : Ni에 Mo, Fe를 첨가한 것으로 내식성이 우수하며, 내열
　　　용으로도 사용된다.

　　㈔ 크로멜 (cromel) : Ni에 Cr 10 %를 첨가한 것으로 열전대 재료로 사용되고, 소량
　　　의 Mn과 Si를 첨가한다.

　　㈕ 알루멜 (alumel) : Ni에 Al 2 %를 첨가한 것으로 열전대 재료로 사용되고, 소량의
　　　Mn과 Si를 첨가한다.

　　㈖ 니크롬 (nichrome) : Ni에 Cr 15~20 %를 첨가한 것으로 내열성이 우수하고 강도
　　　가 크고 가공하기 쉬우므로, 전열기 외에 화학 공업용에도 쓰인다.

3-5 그 밖의 합금

(1) 주석 (Sn)

　Sn은 주로 주석 도금 철판의 도금용 재료로 쓰인다. 이 밖에 구리 합금, 베어링 합금,
활자 합금, 땜납 등의 주요 합금 성분으로 이용된다. 주석은 저용융 금속으로 연질이므
로 박 (foil)으로 만들어 사용하였으나 값이 비싸 Al 박이 많이 이용되고 있다. Sn은 독
성이 없기 때문에 의약품, 식품 등의 포장용 튜브 (tube)로 사용되고 있다.

(2) 저융점 합금 (가용 합금)

　Sn (용융점 : 231℃) 또는 성분 원소보다 융점이 낮은 합금으로 퓨즈, 활자, 정밀 모형
에 사용되고 Bi−Pb−Sn−Cd 등의 두 가지 이상의 공정 합금으로, 이들 합금 비율에 따

라 46.7~248℃ 범위의 용융점을 가지는 합금이 된다. 이와 같이 용융점이 낮은 금속을 일반적으로 말하며, 우드 메탈, 뉴톤 합금, 로즈 합금, 리포위츠 합금 등이 있다.

이 저용 합금은 퓨즈 외에 화재경보기, 고압, 고온 장치의 안전용 플러그, 자동 스위치 등에 쓰인다.

① **납** : Pb은 밀도가 크고 연하며, 용융점이 낮다. 또, 방사선의 차단력이 강하고 내식성이 뛰어나다. 납은 축전지의 전극, 안료 (연백, 연단), 땜납, 케이블 피복, 활자 합금, 베어링 합금 등에 이용된다.

② **땜납** : 땜납 합금에는 450 ℃ 이하에서 녹는 연납과 450 ℃ 이상에서 녹는 경납이 있다. 연납은 주석(40~50 %)과 납의 합금인 땜납으로 많이 쓰이며, 주석이 많을수록 강도가 높아진다. 용제로는 ZnCl, NH₃Cl, 송진 등이 있다. 경납은 427 ℃ 이상의 융점을 갖는 납, 황동납, 동납, 금납, 은납 등이 있고 주로 접합력이 강한 황동 납이 많이 쓰이며, 땜납보다 튼튼한 땜질이 된다.

③ **활자 합금**(type metal) : 납, 안티몬과 주석을 합금한 것으로 용융 온도가 낮고 주조하기 쉬우며, 굳을 때에는 수축하지 않고 마멸도 잘 되지 않는다. 또한, 인쇄 잉크에 상하지 않는 등의 성질을 가지고 있어 인쇄용 납판 활자 등으로 쓰인다.

(3) 아연 (Zn)

Zn은 철강 제품의 도금에 쓰이는 것 외에 아연판으로 인쇄용의 판재, 건전지 재료 등에 쓰인다. Al이나 Cu를 약간 넣어 강도와 내식성을 크게 하고, 용융 금속이 잘 흐르게 만든 다이캐스트용 아연 합금은 TV 수상기, 전기세탁기, 냉장고 등 가정용 전기 제품의 몸체나 부품 소재로 쓰인다.

(4) 베어링용 합금

미끄럼 베어링용 재료로 사용하는 합금으로 화이트 메탈, 구리 합금, 주석-납 합금, 소결 합금 등이 있다.

① **화이트 메탈**(white metal) : 주석과 납의 백색 합금으로, 연강 또는 청동 뒷면에 입혀서 자동차나 철도 차량 등의 베어링용에 사용한다. Sn-Cu-Sb-Zn의 합금으로 하는 배빗 메탈 (babbit metal)이 있으며 저속 회전부에 사용된다.

② **구리 합금** : 인청동, 베어링 청동, 납 청동, 켈밋 등이 있다.

4. 비금속 재료

기계를 구성하고 있는 재료에는 금속 재료 외에 합성 수지, 섬유, 고무, 유리, 도료, 접착제, 시멘트, 보온재, 기름 등 많은 비금속 재료가 사용되고 있다.

과거에는 기계 공업 재료로 나무, 가죽, 천연 섬유, 도료, 접착제, 고무 등이 주로 사용되었으나, 최근에는 값이 싸고 다량 생산이 가능한 인공 원료를 많이 사용하고 있다.

특히, 자동차 재료는 자동차의 경량화, 소형화를 위하여 자동차의 철강 부품을 합성 수지 제품으로 대체하는 연구가 활발하게 진행되어, 많은 부분이 비금속 재료로 대체되고 있다.

앞으로는 내연 기관의 소재가 될 세라믹과 합성 수지를 중심으로 한 비금속 재료가 기계 공업 재료로서 매우 중요한 위치를 차지하게 될 것이다.

(1) 합성 수지

합성 수지의 일반적인 특징은 가소성이 크고 비중이 작으며, 전기 절연성이 우수하고 화학적으로도 안전하다는 것 등이다.

합성 수지는 가열하면 연하게 되는 열가소성과 한 번 가열하여 경화시키면 다시 가열하여도 연하게 되지 않는 열경화성이 있다.

열가소성에는 폴리아미드계 수지와 비닐계 수지 등이 있고, 열경화성에는 석탄계 수지, 요소계 수지, 규소 수지 등이 있다.

① **폴리아미드계 수지** : 대표적인 것으로 나일론(nylon)을 들 수 있는데, 성형된 것은 강하고 탄력성이 있으며 매끄러워 기어, 베어링, 캠 등을 만드는 데 쓰인다.

② **비닐계 수지** : 가장 많이 사용되고 있는 것은 염화비닐 수지로 전선의 피복, 금속판에 접착시키거나 파이프, 접착제 등에 쓰인다. 폴리에틸렌 수지는 연한 것에서부터 단단하고 강한 것에 이르기까지 여러 가지 성질의 것을 만들 수 있다. 이 수지는 산과 알칼리에 견디고, 합성 수지에서도 전기 절연성이 우수하며 비중도 작다. 해저 전선의 피복과 레이더, TV 등의 전기 절연 재료로 사용된다.

③ **석탄계 수지** : 베이클라이트(bakelite)라고도 하며, 단단하고 강하여 전기 기기, 기어, 그 밖의 기계 부품 등의 소재로 많이 쓰인다.

④ **요소계 수지** : 기계적 성질은 좋지 않으나 내수성이 좋으며, 도료와 접착제 등에 많이 쓰인다.

⑤ **규소 수지** : 액체에서 고체에 이르기까지 여러 가지 상태의 것이 있는데 내열, 내수성이 좋다. 주로 도료, 전기 절연체 등에 쓰인다.

(2) 고 무

기계 재료에 쓰이는 고무는 고무 나무에서 나오는 액체를 연료로 한 천연 고무와 화학 공업 제품인 인조 고무가 있다. 현재 사용되고 있는 것은 인조 고무가 대부분이며, 주로 자동차용 타이어, 튜브, 호스, 라이닝 재료 등 그 용도가 많다.

(3) 도 료

도료는 녹과 부식을 방지하며 장식 등의 도장에 쓰이는 것으로 천연의 것에는 옻이 있다. 페인트는 안료용 기름, 물, 바니시 등과 섞은 것인데, 기름을 섞은 것을 에나멜(enamel)이라 한다.

녹을 방지하는 도료에는 산화납(Pb_3O_4), 산화철(Fe_2O_3), 크롬산납($PbCrO_4$), 알루미늄 가루 등을 사용한 유성 페인트가 많이 쓰인다. 자동차, 전기 기구 등에 이 도료를 칠한 후 50~200℃로 가열하여 건조, 경화시킨다. 이와 같이 가열하여 쓰는 도료를 가열 도료라 하며, 주로 열경화성 합성수지의 도료이다.

(4) 내화 재료와 보온 재료

내화 재료 중 노에 쓰이는 내화 벽돌에는 이산화규소(SiO_2)를 많이 포함한 산성 내화 벽돌과 알루미나(Al_2O_3) 등을 주성분으로 하는 중성 내화 벽돌, 그리고 마그네시아(MgO)를 주성분으로 하는 염기성 내화 벽돌 등이 있다. 내화 벽돌은 고온에서 슬래그 등과 반응을 일으키지 않고 침식되지 않는 것을 택하여야 한다.

보온 재료에는 코르크 톱밥, 털, 무명, 천, 스티로폴 등의 저온용과 석면, 규조토, 녹은 슬래그에 고압 증기를 뿜어 섬유 모양으로 만든 슬래그 울(slag wool) 등이 있다.

(5) 신소재

종래의 재료보다는 뛰어난 특성을 가졌다거나 새로운 기능, 성질을 가진 재료를 일반적으로 신소재라 하며, 파인 세라믹, 섬유 강화 복합 재료, 형상 기억 합금, 초전도 합금, 초탄성 합금, 방진 합금, 초내열 합금, 아모르파스 합금 등이 있다.

① **파인 세라믹(fine cermic)** : 순도를 높게 정제하고 곱게 분쇄한 알루미나, 탄화규소 등을 가압 소결한 자기 재료로서, 반도체 집적 회로, 내열재, 세라믹 콘덴서, 각종 절삭공구와 전자, 기계 등 산업용 기능 소재로 사용된다. 경도가 높고, 내열, 내식성 등은 우수하나 충격, 저항성 등이 약한 결점이 있다.

② **섬유 강화 복합 재료(FRP ; fiber reinforced plastics)** : 모재로 쓰이는 재료는 열경화성 수지와 열가소성 수지이다. 보강 섬유로 유리 섬유가 가장 많이 쓰이며, 고성능의 것은 탄소 섬유가 쓰인다. 이 신소재는 우주 항공용 부품, 고급 스포츠 용품 등에

사용되어 왔으나, 생산가격이 저렴하게 됨에 따라 자동차 생산에서 경량화를 위하여 많이 쓰이고 있다.

③ **형상 기억 합금**(shape memory alloy) : 일단 적절한 열처리를 하여 코일 모양 등 형상을 부여한 후 인장 등 소성 변형을 시켜도 그 합금에 대하여 정해진 변태 온도 이상으로 가열하면 처음 형상으로 되돌아가는 합금이다. 즉, 조직의 변태가 원상태로 돌아가기 때문이다. Ti−Ni 합금, Cu−Zn−Al 합금, Cu−Zn−Si 합금 등이 이에 속하며, 파이프의 이음쇠, 자동 건조기, 냉·난방 겸용 공기 조화 장치, 온실 창의 자동 개폐기 등에 쓰인다.

형상 기억 합금

형상 기억 합금	제품명
Ti−Ni	기록계용 팬 구동 장치, 치열 교정용, 안경테, 각종 접속관, 에어컨 풍향 조절 장치, 전자레인지 개폐기, 온도 경보기 등
Cu−Zn−Si	직접 회로 접착 장치
Cu−Zn−Al	온도 제어 장치

④ **초전도 합금**(super conductivity alloy) : 초전도 상태는 합금의 극저온인 임계 온도 이하에서 전기 저항이 0 으로 되는 현상으로 초전도 상태에서 재료에 전류가 흘러도 에너지의 손실이 없고, 전력 소비 없이 큰 전류를 흐르게 한다. 송전 케이블 또는 강력한 자기장의 발생 등 그 응용 범위가 매우 넓다. 실용되고 있는 초전도 합금으로는 니오브(Nb)−Ti 계 합금과 Nb_3−Sn, Nb−Zn 정도이다.

⑤ **제진 합금**(dumping alloy) : 기계 장치의 표면에 접착하여 그 진동을 제어하기 위한 재료로 Mg−Zr, Mn−Cu, Ti−Ni, Cu−Al−Ni, Al−Zn, Fe−Cr−Al 등이 있다.

⑥ **자성 재료** : 자기 특성상 경질 자성 재료와 연질 자성 재료로 구분한다.

자성 재료

분 류	재료명
경질 자성 재료 (영구 자석 재료)	희토류−Co계 자석, 페라이트 자석, 알니코 자석, 자기기록 재료, 반경질 자석
연질 자성 재료 (고투자율 재료)	45 퍼멀로이, 78 퍼멀로이, Mo 퍼멀로이

⑦ **복합 재료**(composite material) : 2종 이상의 소재를 복합하여 물리적, 화학적으로 다른 상을 형성하여 다른 기능을 발휘하는 재료이다.

⑧ **초소성 합금** : 고온 크리프의 일종으로 고압을 걸지 않는 단순 인장 시점에서 변형되지 않고 정상적으로 수백 % 연신되는 합금을 말한다.

⑨ **반도체**

반도체의 재료와 종류

분 류	족	종 류
원 소 반도체	IV	Si (트랜지스터, 태양전지, IC), Ge (트랜지스터)
	VI	Se (광전 소자, 정류 소자)
화합물 반도체	II ~ VI	ZnO (광전 소자), ZnS (광전 소자), BaO, CdS, CdSe
	III ~ V	GaAs (레이저), InP (레이저), InAs, InSb (광전 소자)
	IV ~ VI	GeTe (발전 소자), PbS (광전 소자), PbSe, PbTe (광전 소자, 열전소자)
	V ~ VI	$SeTe_3$(발전 소자), $BiSe_3$(발전 소자), VO_2
	기타	Cs_3Sb, Cu_2O(정류 소자), ZnSb, SiC, $AsSbTe_2$, $AsBiS_2$

유체 기계

공기, 물, 기름 등의 유체가 가지고 있는 에너지, 즉 유체 에너지를 기계적 에너지로 변환시키는 기계를 유체 기계라 하며, 수차, 풍차, 유압 모터, 펌프, 송풍기, 압축기 등 이 있다.

1. 유체 기계의 개요

1-1 유체 기계의 분류

(1) 수력 기계

① **펌프**

  (개) 터보형

  • 원심형 : 디퓨저 펌프, 벌류트 펌프

  • 사류형 : 사류 펌프

  • 축류형 : 프로펠러 펌프

  (내) 용적형

  • 왕복형 : 피스톤 펌프, 플런저 펌프

  • 회전형 : 기어 펌프, 베인 펌프

  (대) 특수형 : 마찰 펌프, 기포 펌프, 제트 펌프

② **수차**

  (개) 충격수차 : 펠톤수차

  (내) 반동수차 : 프란시스 수차, 프로펠러 수차, 카플란 수차

③ **유체 전동장치** : 유체 커플링, 유체 토크 컨버터

④ **유압기기**

   ⑦ 유압펌프 : 기어 펌프, 베인 펌프, 로터리 플런저 펌프

   ⑭ 유압 액추에이터 : 유압 모터, 유압 실린더

   ㉔ 유압 제어밸브 : 압력 제어밸브, 유량 제어밸브, 방향 제어밸브

   ㉒ 축압기

   ㉑ 증압기

(2) 공기 기계

① **저압식**

   ⑦ 송풍기

   ⑭ 풍차 : 원심형, 축류형, 용적형(왕복형, 회전형)

② **고압식** : 압축기, 진공 펌프, 압축 공기 기계

(3) 유체 수송장치

① 수력 컨베이어

② 공기 컨베이어

1-2　유체의 성질과 원리

(1) 유체의 성질과 압력

유체에 압력을 가하면 기체는 압축이 잘 되나 액체는 거의 압축이 되지 않는다. 이와 같은 유체의 성질에 따라 공기와 같은 기체를 압축성 유체, 물이나 기름과 같은 유체를 비압축성 유체로 취급한다.

① **비중량, 밀도, 비중** : 유체나 고체에 관계없이 모든 물질은 지구의 중력에 의해 지구의 중심으로 당겨진다. 이 힘을 물체의 무게라고 하며, 다음 식으로 나타낸다.

$$F = W = mg$$

여기서, F : 힘(N), W : 무게(N)

m : 물질의 질량, g : 중력 가속도 $(9.8\,\text{m/s}^2)$

   ⑦ 비중량 (specific weight) : 단위 체적당의 무게로 정의된다.

$$\gamma = \frac{W}{V}$$

여기서, γ : 비중량 (N/m^3), V : 체적 (m^3)

(나) 밀도 (density) : 단위 체적당 유체의 질량으로 나타낸다.

$$\rho = \frac{m}{V} \ [\text{kg/m}^3], \ \gamma = \rho \cdot g$$

(다) 비중 : 물체의 밀도를 물의 밀도로 나눈 값으로 유체의 밀도를 ρ, 4℃ 순수한 물의 밀도를 ρ' 라고 하면,

$$S = \frac{\rho}{\rho'}$$

즉, 물의 비중을 1로 보고 유체의 상대적 무게를 나타낸 것이다.

② **압력** : 압력은 유체 내에서 단위 면적당 작용하는 힘으로 정의된다.

$$P = \frac{F}{A}$$

여기서, P : 압력($\text{N/m}^2 = \text{Pa}$), A : 면적(m^2)

압력을 비중량으로 나누면 길이 단위가 되며, 이를 양정(lift) 또는 수두(head)라 한다.

$$H = \frac{P}{\gamma}$$

공학에서는 대기 압력을 0으로 하여 측정한 압력을 계기 압력(gauge pressure)이라 하고, 완전한 진공을 0으로 하여 측정한 압력을 절대 압력(absolute pressure)이라 하며, 절대 압력과 계기 압력은 다음과 같은 관계가 있다.

절대 압력 = 대기 압력 + 계기 압력

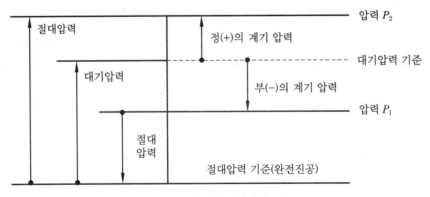

절대 압력과 계기 압력과의 비교

유체의 압력을 측정할 때는 부르동관 압력계(bourdon pressure gauge)와 액주 압력계(manometer)가 사용된다. 부르동관 압력계는 타원형의 황동관으로 된 관의 탄성을 이용하여 압력을 측정하며, 액주계는 U자관 속에 수은과 같은 액체를 넣어 높이차로 압력을 측정하는 계측기로 비교적 작은 압력을 측정하는 데 사용된다.

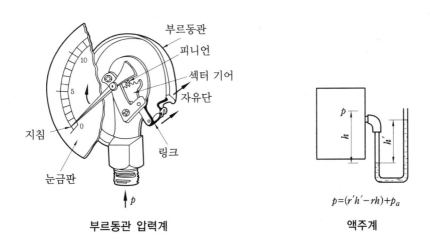

부르동관 압력계

$p=(r'h'-rh)+p_a$

액주계

예제 **1.** 1기압은 수은주 760 mmHg이다. 상온의 물에 대한 수두는 얼마인가? 또, 1기압을 kg/cm^2 단위로 나타내어 보아라.

해설 $\gamma H_{수은} = \gamma H_물$이므로, $H_물 = 0.76$ m $\times 13.6 = 10.34$ m

1기압 $= \rho g H = 1000$ kg/m^2

$\therefore$ 1기압 $= 1000$ kg/m$^3 \times 10.34$ m $= 10340$ kg/m$^2 = 1.034$ kg/cm^2

(2) 파스칼의 원리 (Pascal's principle)

'밀폐 용기 안에 정지하고 있는 유체에 가해진 압력의 세기는 용기 안의 모든 유체에 똑같이 전달되며, 벽면에 수직으로 작용한다.'는 것이다.

$$P = \frac{F_1}{A_1} = \frac{F_2}{A_2}$$

위의 식에서, A_1과 F_1이 각각 일정하고 A_2를 크게 하면 보다 큰 힘 F_2를 얻을 수 있다. 이 원리를 응용한 것이 수압기이다. 액체는 압축되지 않으므로 두 실린더 내의 체적의 합은 언제나 일정하다. 따라서 이동된 액체의 양 Q는 다음과 같다.

$$Q = A_1 V_1 = A_2 V_2$$

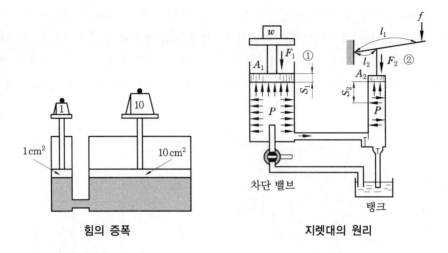

힘의 증폭　　　　　　지렛대의 원리

예제 **2.** 공기 유압 부스터에서 왼쪽 실린더를 통하여 공기가 $10\ N/cm^2$의 압력으로 작용하면 오른쪽 피스톤에 얼마의 힘이 전달되는가? (단, P_1 : $10\ N/cm^2$ (공기 압력), A_1 : $20\ cm^2$ (공기 피스톤의 면적), A_2 : $1\ cm^2$ (유압유 피스톤의 면적), A_3 : $25\ cm^2$ (부하 피스톤의 면적))

공기 압력
$10N/cm^2$　　오일 피스톤

F

A_1　　A_2　　A_3

공기 피스톤　　부하 피스톤

[해설] 왼쪽 실린더에서 $\dfrac{F_1}{A_1}=\dfrac{F_2}{A_2}$ 이므로, $F_2=\dfrac{F_1 A_2}{A_1}=\dfrac{10\times1}{20}=0.5\ N$

파스칼의 원리에서 $P_2=P_3=0.5\ N/cm^2$

따라서, 오른쪽 피스톤에 작용하는 힘은 $F_3=P_3 A_3=0.5\times25=12.5\ N$

(3) 유체의 흐름과 에너지

① **관 속에서의 유체 흐름** : 유체 흐름 상태는 흐름의 성질(압력, 속도, 밀도)이 시간의 경과에 따라 변하지 않는 흐름인 정상류(steady flow)와 변하는 흐름인 비정상류(unsteady flow)로 구분된다. 유체 입자들이 각 유체층 내에서 진로를 따라 질서 정연하게 움직일 때의 흐름을 층류(laminar flow)라 하고, 그 선을 유선(stream line)이라 한다. 또, 유체 입자들이 와류를 일으켜 무질서하게 흐르는 흐름을 난류(turbulent flow)라 한다.

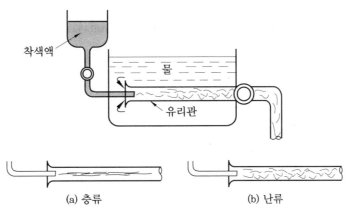

(a) 층류   (b) 난류

레이놀즈의 실험

② **연속의 법칙**(law of continuity) : 그림과 같이 관 속에 유체가 가득 차서 흐를 때 단위 시간에 단면 ①과 ②를 통과하는 유체의 무게는 같으며, 이를 연속의 법칙이라 한다. 따라서 질량 유량 m [kg/s]는 다음 식과 같이 구할 수 있다.

$$m = \rho_1 A_1 v_1 = \rho_2 A_2 v_2 = \text{일정}$$

여기서, $\rho_1,\ \rho_2$: 단면 ①, ②에서의 밀도 (kg/m^3)
$A_1,\ A_2$: 단면 ①, ②에서의 단면적 (m^2)
$v_1,\ v_2$: 단면 ①, ②에서의 평균 유속(m/s)

따라서, ρ_1과 ρ_2의 두 값 사이에 매우 큰 차가 없다면 관의 단면적이 큰 곳에서는 유속이 늦어지고, 작은 곳에서는 빨라지며 물과 같이 비압축성 유체의 경우는 다음과 같다.

$$\frac{m}{\rho} = A_1 V_1 = A_2 V_2 = Q = \text{일정}$$

위의 식에서 Q는 유체의 유량으로 체적 유량이라 하며, 단위로는 m^3/s, m^3/min, L/min 를 사용한다.

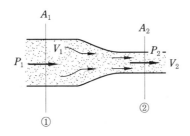

연속의 법칙

[예제] **3.** $D_1 = 4\text{cm}$, $D_2 = 2\text{cm}$, $V_1 = 4\text{m/s}$일 때, 유량 Q와 속도 V_2는 얼마인가?

[해설] $A_1 = \dfrac{\pi D_1{}^2}{4} = \dfrac{\pi}{4}(0.04)^2 = 0.00126 \text{ m}^2$

$Q = A_1 V_1 = 0.00126 \times 4 = 0.00504 \text{ m}^3/\text{s}$

$V_2 = V_1 \dfrac{A_1}{A_2} = V_1 \left(\dfrac{D_1}{D_2}\right)^2 = 4 \times \left(\dfrac{4}{2}\right)^2 = 16 \text{ m/s}$

③ 유체의 에너지 : 에너지란 일을 할 수 있는 능력을 말하며, 유체 흐름의 상태에 따라 달라진다.

⑺ 위치 에너지(potential energy) : 그림과 같이 W의 유체가 기준면으로부터 z 높이에 있을 때, 이 유체가 가지는 위치 에너지는 Wz [N · m]이고, 유체 1 kg이 가지는 단위 위치 에너지 e_{po}는 다음과 같다.

$$e_{po} = \frac{W \cdot z}{W} = z \text{ [m]}$$

⑷ 속도 에너지(velocity energy) : 그림과 같이 W의 유체가 V [m/s]의 속도로 이동하고 있을 때, 이 유체가 가지는 속도 에너지는 $\dfrac{W V^2}{2g}$이다. 이 때, 1 kg이 가지는 단위 속도 에너지는 e_{vE}는 다음과 같다.

$$e_{vE} = \frac{W V^2}{2g} \cdot \frac{1}{W} = \frac{V^2}{2g} \text{[m]}$$

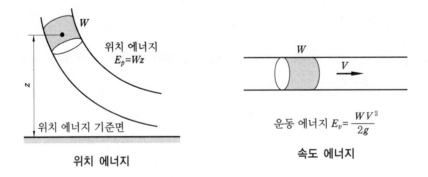

위치 에너지   속도 에너지

⑸ 압력 에너지(pressure energy) : 그림에서 단면적 A인 관 안의 피스톤에 수압 p에 의하여 l만큼 이동하였다면, 이때 한 일은 pAl [N · m]가 되며 이 일을 위해서 필요한 압력 에너지는 유체의 중량인 γAl [N]이다. 이때 유체 1 kg이 가지는 단위

압력 에너지 e_{PR} 는 다음과 같다.

$$e_{PR} = \frac{PAl}{\gamma Al} = \frac{p}{\gamma} \, [\mathrm{m}]$$

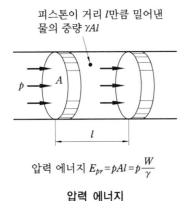

피스톤이 거리 l만큼 밀어낸 물의 중량 γAl

압력 에너지 $E_{pr} = pAl = p\dfrac{W}{\gamma}$

압력 에너지

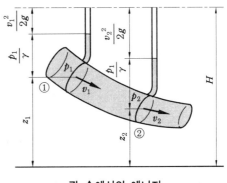

관 속에서의 에너지

㈑ 베르누이의 정리(Bernoulli's theorem) : 그림과 같이 관 속을 비점성, 비압축성 의 이상 유체가 정상 유동할 때, 단면 ①과 ②에서 유체 1 kg이 가지는 단위 총 에 너지는 관 속에서 에너지 손실이 없다고 가정하면, 에너지 보존의 법칙에 의하여 두 단면에서의 전체 에너지는 같아야 하므로, 다음과 같은 관계가 성립한다.

$$z_1 + \frac{v_1{}^2}{2g} + \frac{p_1}{\gamma} = z_2 + \frac{v_2{}^2}{2g} + \frac{p_2}{\gamma} = H = \text{일정}$$

이 식에서는 이상 유체가 에너지의 손실 없이 관 속을 정상 유동할 때, 어떤 단 면에서도 단위 총 에너지는 항상 일정하다는 것을 나타내고 있다. 이것을 베르누 이의 정리라고 한다.

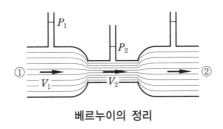

베르누이의 정리

(4) 유량 측정

관이나 수로에서의 유량은 베르누이의 정리를 응용한 측정기로 측정한다. 관로를 흐르는 유체의 유량 측정에는 벤투리미터(venturi meter)와 오리피스(orifice)가 사용되고, 개수로를 흐르는 유체의 유량 측정에는 위어(weir)가 사용된다.

① **벤투리미터** : 그림과 같이 관로의 도중에 단면적이 좁은 스로트(throat)를 설치하여 이 부분에서 발생하는 압력차를 측정하여 유량을 구한다.

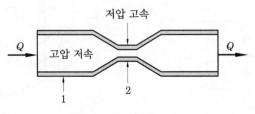

벤투리관에서의 압력 강하

② **오리피스** : 관의 중간에 둥근 구멍이 뚫린 관을 설치하여 관의 전후 압력차 H를 구하여 관 내를 유동하는 유체의 유량을 측정하는 장치이다.

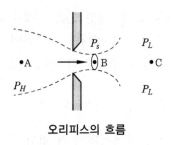

오리피스의 흐름

㈎ 오리피스로부터의 공기 흐름

㈏ 초크 (choke) : 면적을 줄인 부분의 길이가 단면 치수에 비하여 비교적 긴 경우 흐름의 교축을 초크라 한다.

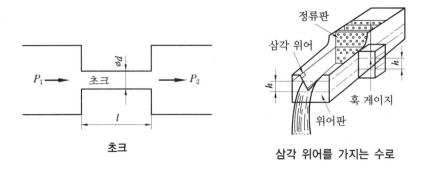

초크   **삼각 위어를 가지는 수로**

㈐ 위어(weir) : 개수로의 중간 또는 끝에 판으로 물의 흐름을 막아서 넘쳐 흐르는 유체의 높이를 재어서 유량을 측정하도록 만든 장치이다.

(5) 체적 탄성계수 (bulk modulus of elasticity)

유체가 얼마나 압축되기 어려운가 하는 정도를 나타내는 것이며, 체적 탄성계수가 크면 압축이 잘 되지 않는다.

$$\beta = V \frac{\Delta P}{\Delta V}$$

여기서, β : 체적 탄성계수 (N/cm^2), V : 원래의 체적(cm^3)
ΔP : 압력의 변화량 (N/cm^2), ΔV : 체적의 변화량 (cm^3)

(6) 점성계수 (coefficient of viscosity)

유체의 점성(viscosity)은 오일의 중요한 성질의 하나로 점성이 적으면 그만큼 유체가 흐르기 쉽고, 점성이 크면 흐르기 어렵게 된다. 평행한 평판의 아래 판은 고정하고 위 판을 오른쪽으로 밀면, 그 사이의 유체가 움직이게 되며, 아래 판 위에서의 유속은 "0"이고, 위판 바로 아래의 속도는 판의 속도 v와 같게 된다. 그 사이의 속도가 직선으로 변한다고 하면, 판을 끌기 위한 단위 면적당의 힘을 전단응력(shearing stress)이라 한다.

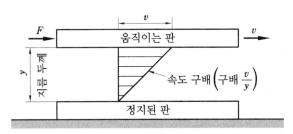

점성에 의한 속도 분포

$$\tau = \mu \frac{v}{y}$$

여기서, τ : 전단응력(N/m^2), v : 위판의 속도 (m/s)
y : 판 사이의 간격(m), μ : 점성계수 (N·s/m^2)=Pa·s

전단응력은 보통 속도의 기울기에 비례하고, 그 비례상수가 점성계수이며, 이 유체를 뉴턴 유체(Newtonian fluid)라 한다. 점성계수의 단위로는 푸아즈 (poise, P), 센티 푸아즈(cP) 등이 있으며, 1cP = 0.01P이다.

한편, 점성계수를 밀도로 나눈 값을 동점성계수 (kinematic coefficient of viscosity)라고 한다.

$$\nu = \frac{\mu}{\rho} \qquad \text{여기서, } \nu : \text{동점성계수 (m}^2\text{/s), } \rho : \text{밀도 (kg/m}^3\text{)}$$

유압 공학에서 많이 사용하는 단위로는 스토크스(stoke)를 사용하고, 센티스토크스 (cSt)도 사용한다.

$$1\,\text{St} = 1\,\text{cm}^2/\text{s} = 10^{-4}\,\text{m}^2/\text{s}, \ 1\,\text{cSt} = 0.01\,\text{St}$$

(7) 공기의 상태 변화

기체의 압력, 체적, 온도의 3요소를 일정한 관계로 나타낸 것을 상태식이라 하고, 이들의 변화를 상태의 변화라 한다.

① **보일의 법칙** : 압력이 P_1, 체적이 V_1인 일정량의 공기를, 온도를 일정하게 유지한 채 압축 또는 팽창시켜서 압력이 P_2, 체적이 V_2로 변화할 때 온도가 일정하면 일정량 의 기체의 압력과 체적의 곱은 항상 일정하며, 이것을 보일의 법칙이라 한다.

$$P_1 V_1 = P_2 V_2 = \text{일정}$$

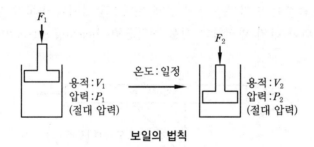

보일의 법칙

② **샤를의 법칙** : 절대온도가 T_1인 일정량의 공기를 일정한 압력하에 가열 또는 냉각해 서 체적이 V_2, 온도가 T_2로 변화할 때 압력이 일정하면 일정량의 공기의 체적은 절 대온도에 정비례한다. 이것을 샤를의 법칙이라 한다.

$$\frac{T_1}{T_2} = \frac{V_1}{V_2} = \text{일정}$$

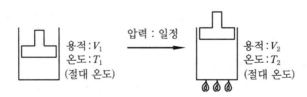

샤를의 법칙

③ **보일·샤를의 법칙** : 압력, 온도, 체적의 3요소가 모두 변화할 경우 일정량의 기체의 체적은 압력에 반비례하고 절대온도에 정비례한다. 이것을 보일·샤를의 법칙이라 한다.

$$\frac{PV}{T} = C \text{(일정)}$$

1-3 **공기 중의 수분과 공기의 질**

(1) 공기 중의 수증기

여러 종류의 기체가 혼합하여 서로 화학 반응을 일으키지 않는 경우 각각의 기체는 서로 간섭하지 않고 단독으로 움직이며, 혼합기체의 압력(전압력)은 각 기체의 분압의 합과 같게 된다. 이것을 돌턴의 법칙(Law of Dalton)이라 한다.

그러나 수증기의 경우는 어느 일정 분압(수증기압) 이상으로 될 수 없게 되어 응축하여 물방울이 된다. 이 한계의 분압을 포화 수증기압이라 하고 수증기의 양을 포화 수증기량이라 하며, 1 m³의 공기중의 수증기 양을 g 으로 표시한다. 수분을 포함하지 않는 공기를 건조공기, 수분을 포함하는 공기를 습공기라 하고, 습공기 중에 수분(수증기량)이 어느 정도 포함되어 있는가를 습도로 표시한다.

습도의 표시에는 절대습도와 상대습도가 사용되며, 일반적으로 사용되는 것은 상대 습도를 의미한다.

$$절대습도 = \frac{습공기\ 중의\ 수증기의\ 중량(g)}{습공기\ 중의\ 건조공기의\ 중량(g)} \times 100\%$$

$$상대습도 = \frac{습공기\ 중의\ 수증기\ 분압(N/cm^2)}{포화수증기압(N/cm^2)} \times 100\%$$

$$= \frac{습공기\ 중의\ 밀도(g/m^3)}{포화증기의\ 밀도(g/m^3)} \times 100\%$$

포화수증기량 (상대습도 100 %)

구 분		1℃ 단위에서의 온도 ℃									
		0	1	2	3	4	5	6	7	8	9
10℃ 단위에서의 온도 ℃	90	420.1	433.6	448.5	464.3	480.8	496.6	514.3	532.0	550.3	569.7
	80	290.8	301.7	313.3	325.3	337.2	349.9	362.5	375.9	389.7	404.9
	70	197.0	204.9	213.4	222.01	231.1	240.2	249.6	259.4	269.7	280.0
	60	129.8	135.6	141.5	147.6	153.9	160.5	167.3	174.2	181.6	189.0
	50	82.9	86.9	90.9	95.2	99.6	104.2	108.9	114.0	119.1	124.4
	40	51.0	53.6	56.4	59.2	62.2	65.3	68.5	71.8	75.3	78.9
	30	30.3	32.0	33.8	35.6	37.5	39.5	41.6	43.8	46.1	48.5
	20	17.3	18.3	19.4	20.6	21.8	23.0	24.3	25.7	27.2	28.7
	10	9.40	10.0	10.6	11.3	12.1	12.8	13.6	14.5	15.4	16.3
	0	4.85	5.19	5.56	5.95	6.35	6.80	7.26	7.75	8.27	8.82
	−0	4.85	4.52	4.22	3.93	3.66	3.40	3.16	2.94	2.73	2.54
	−10	2.25	2.18	2.02	1.87	1.73	1.60	1.48	1.36	1.26	1.16
	−20	1.067	0.982	0.903	0.829	0.761	0.698	0.640	0.586	0.536	0.490
	−30	0.448	0.409	0.373	0.340	0.309	0.281	0.255	0.232	0.210	0.190
	−40	0.172	0.156	0.141	0.127	0.114	0.103	0.093	0.083	0.075	0.067
	−50	0.060	0.054	0.049	0.043	0.038	0.034	0.030	0.027	0.024	0.021
	−60	0.019	0.017	0.015	0.013	0.011	0.0099	0.0087	0.0076	0.0067	0.0058
	−70	0.0051									

(2) 노점 (이슬점 : dew point)

일정한 압력하의 공기의 온도가 내려가면 공기 중에 포함되어 있는 수증기는 포화상태 (saturated state)가 되고, 응축하여 물방울이 생기기 시작하는데, 이때의 온도를 노점이라 한다.

이 온도는 수증기의 분압에 상당하는 포화온도와 같다. 노점에는 대기압 노점과 압력하 노점이 있다. 대기압 노점은 대기압하에서의 수분의 응축온도이고, 압력하 노점은 어떤 압력하에서의 수분의 응축온도이다.

예제 4. 7 kg/cm²의 압력하에서의 노점이 10 ℃일 때, 대기압 노점은 −17 ℃이다. 이것은 무엇을 의미하는가 ?

해설 7 kg/cm²에서 10℃까지 냉각된 공기는 감압하여 대기압으로 하면 −17℃까지는 수분이 응축되지 않는 것을 의미한다.

(3) 응축수 (drain) 의 발생

응축수는 압축공기를 만들 때 발생되는 액체상의 불순물로 그 원인은 압축에 의하는 경우와 외부로부터의 냉각에 의하는 경우가 있다. 이때 발생되는 응축수량은 다음의 식에 따라 구해진다.

$$D_r = \gamma_s \cdot \frac{\phi}{100} - \gamma_s{'} \cdot \frac{P}{P'} \cdot \frac{T'}{T} \ [\text{N/m}^3]$$

$$= \left(\gamma_s - \frac{T'}{T} \cdot \frac{P}{P'} \cdot \gamma_s{'} \right) V \ [\text{g}]$$

$$V' = \frac{T'}{T} \cdot \frac{P}{P'} \cdot V \ [\text{g}]$$

여기서, D_r : 발생된 응축수량(N/m³), ϕ : 초기상태의 상대습도 (%)
P : 초기상태의 절대압력(N/cm²), P' : 압축냉각 후의 절대압력(N/cm²)
T : 초기상태의 절대온도 (K), T' : 압축냉각 후의 절대온도 (K)
V : 초기상태의 체적(압력하)(m³), V' : 압축냉각 후의 체적(압력하)(m³)
γ_s : 초기상태의 포화수증기량 (N/m³), $\gamma_s{'}$: 압축냉각 후의 포화수증기량 (N/m³)

보통 초기상태의 압력은 대기압이므로 $P = 1.033 \ \text{kg/cm}^2$로 하고, 온도차가 크지 않을 때에는 온도의 항은 무시하고 계산한다.

예제 5. 공기온도 32℃, 상대습도 80 %의 공기를 압축기로 7 kg/cm²까지 압축한 다음, 냉각기로 40℃까지 냉각하였을 때에 냉각기에서 분리 제거되는 응축수량을 구하여라. (단, 32℃에서의 포화수증기량은 33.8 g/m³, 7 kg/cm²로 압축한 다음 40℃로 냉각하였을 때의 포화수증기량을 51 g/m³로 한다.)

해설 온도 32℃, 상대습도 80 %의 공기 속에 포함되는 수증기량은

$$\gamma_s \cdot \frac{\phi}{100} = 33.8 \times \frac{80}{100} = 27 \ \text{g/m}^3$$

7 kg/cm²로 압축한 다음 40℃로 냉각하였을 때의 포화수증기량 51 g/m³를 대기압 상태로 환산하면 $\gamma_s \cdot \dfrac{P}{P'} \cdot \dfrac{T'}{T} = 51 \times \dfrac{1.033}{7 + 1.033} \times \dfrac{273 + 40}{273 + 32} \fallingdotseq 6.8 \ \text{g/m}^3$

따라서, 발생되는 응축수량은 $D_r = 27 - 6.8 = 20.2 \ \text{g/m}^3$

예제 **6.** 위의 문제에서 압축공기의 습도는 100 %이고, 포함되어 있는 수증기량은 6.8 g / m³일 때 응축수 량은 얼마인가?

해설 $D_r = 6.8 - 4.3 = 2.5 \text{ g/m}^3$

2. 펌프와 수차

유체를 낮은 곳에서 높은 곳으로 올리거나 유체에 압력을 주어서 멀리 수송하는 유체 기계를 펌프 (pump)라 한다. 가정의 상·하수도용으로부터 공업 용수의 급·배수 및 기름, 화학용액 등의 수송에 사용되고 있다.

2-1 펌프에서 생기는 현상

(1) 캐비테이션 (cavitation, 공동 현상)

관 속을 흐르는 물 속에서 정압이 물의 증기압보다 더 낮아지면 부분적으로 비등현상 (boiling)이 생기는 것이다.

① 캐비테이션 발생 시 현상
  ㈎ 양정, 효율 저하
  ㈏ 소음, 진동 발생
  ㈐ 깃 침식

② 방지책
  ㈎ 펌프 설치를 가능한 낮춘다.
  ㈏ 펌프 회전수를 작게 한다.
  ㈐ 단흡입을 양흡입으로 바꾼다.
  ㈑ 흡입관의 손실을 가능한 작게 한다.
  ㈒ 2대 이상의 펌프를 사용한다.
  ㈓ 수직축 펌프를 사용한다.

(2) 수격 작용 (water hammer)

관 속을 흐르는 유체의 유속을 급격히 변화시키면 관성력의 영향으로 큰 압력차가 발생하여 소음과 진동이 발생하는 것이다.

① **수격 작용 발생 시 현상**: 소음, 진동 발생

② **방지책**

　㉮ 밸브의 위치를 가능한 A지점에 가까이 설치한다.

　㉯ 관 속의 유속을 작게 한다.

　㉰ 펌프에 플라이휠을 설치하고 급격한 회전속도의 변화를 방지한다.

　㉱ 조압 수조(surge tank)를 설치한다.

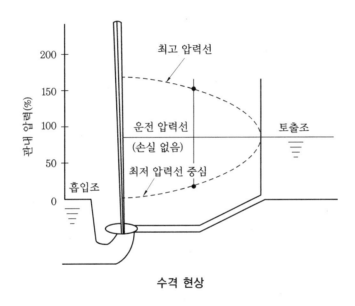

수격 현상

(3) 서징 현상 (surging)

송풍기나 펌프의 운전 시 공출 압력과 유량이 주기적으로 변동하는 현상이다.

① **서징 발생 원인**

　㉮ 배관 중에 물탱크나 공기 탱크가 있을 때

　㉯ 유량조절 밸브가 탱크 뒤쪽에 있을 때

　㉰ 운전상태가 양정곡선 상승부에 있을 때

② **방지책**

　㉮ 회전차나 안내깃 형상치수를 바꾸어 특성을 변화시킨다.

　㉯ 회전차의 회전수를 변화시킨다.

　㉰ 관로에 불필요한 물탱크, 공기 탱크를 제거한다.

　㉱ 관로의 단면적, 저항, 유속을 변화시킨다.

2-2 펌 프

(1) 원심 펌프 (centrifugal pump)

원심 펌프는 낮은 곳 (저압부) 의 액체를 높은 곳 (고압부) 으로 송출하거나 수송하는 것으로 임펠러(impeller)를 고속으로 회전시켜 양수 또는 송수를 하는 펌프로, 벌류트 펌프 (volute pump)와 터빈 펌프 (turbine pump) 로 분류한다.

벌류트 펌프는 안내 날개가 없으며 임펠러로부터 방출된 액체를 직접 맴돌이 실로 유도하여 배출시키는 펌프로서, 양정이 적고 유량이 많을 때에 사용된다.

터빈 펌프는 안내 날개를 두어 임펠러에서 방출된 액체를 안내하여 액체가 가지는 속도 에너지를 압력 에너지로 변환시키는 펌프로서 높은 양정에 사용된다.

① 기본 구조 및 구성 요소

⑺ 기본 요소 : 회전차, 펌프 본체, 안내깃, 주축, 와류실, 축이음, 베어링

⑻ 양수 장치 : 흡입관, 송출관, 밸브

② 분 류

⑺ 안내깃의 유무

• 벌류트 펌프 : 회전차 둘레에 안내깃이 없다.

• 터빈 펌프 : 회전차 둘레에 안내깃이 있다.

⑻ 흡입구 : 단 흡입구, 양 흡입구 펌프

⑼ 단 (stage) 의 수 : 단단, 다단 펌프

⑽ 회전차의 모양 : 반경류형 회전차, 혼류형 회전차

⑾ 케이싱 : 상하 분할형, 분할형, 원통형, 배럴형 펌프

⑿ 축의 방향 : 종축, 횡축 펌프

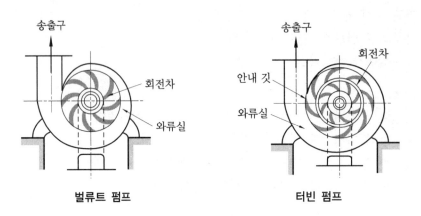

벌류트 펌프　　　　　　　　　터빈 펌프

③ 원심펌프의 설계

(개) 흡입구 지름과 송출구 지름

- 흡입구의 유속 : 흡입구에서의 유속계수 k_s와 전양정 H [m]가 주어질 때 흡입구의 유속 $v_s = k_s \sqrt{2gH}$ [m/s]

예제 **7.** 유속 100 m/s로 흐르는 물의 속도수두는 얼마인가?

[해설] 속도수두 $= \dfrac{v^2}{2g} = \dfrac{100^2}{2 \times 9.8} = 510 \, \text{m}$

- 흡입구 지름 : 흡입구의 유속 v_s와 체적 유량 Q [m³/s]값이 주어질 때 지름 D_s [m]는 $D_s = \sqrt{\dfrac{4Q}{\pi v_s}}$ [m]이다.

- 송출구의 유속 : $v_d = k_d \sqrt{2gh}$ [m/s] (여기서, k_d : 속도계수)

- 송출구의 지름 : $D_d = \sqrt{\dfrac{4Q}{\pi v_d}}$ [m]

(내) 전양정

- 펌프의 양정 : 펌프 입구 ①과 출구 ②에서 단위 무게의 액체가 갖고 있는 에너지의 차

- 실양정 (actual head) H_a[m] : 흡입수면과 송출수면 사이의 수직 높이

$$H_a = H_s + H_d \text{ [m]}$$

여기서, H_s : 흡입 실양정, H_d : 송출 실양정

- 전양정 (tatal head) H [m] : 실양정과 총 손실수두를 합친 양정

$$H = \frac{P_2 - P_1}{\gamma} + y + \frac{v_2^2 - v_1^2}{2g}$$

여기서, g : 중력 가속도 (m / s²)

$y : h_2 - h_1$ (압력계의 높이 차)

P_1, P_2 : 펌프의 흡입 및 송출 노즐의 절대압력(N/cm²)

v_1, v_2 : 펌프의 흡입 및 송출 노즐의 유속(m/s)

펌프 양수 장치 전체에 대한 전양정은

$$H = \frac{P'' - P'}{\gamma} + H_a + h_1 + \frac{v''^2 - v'^2}{2g}$$

여기서, h_1 : 유로 전체의 손실수두

P'', P' : 흡입 액면과 송출 액면에 작용하는 압력

v'', v' : 흡입 액면과 송출 액면에서의 평균 유속

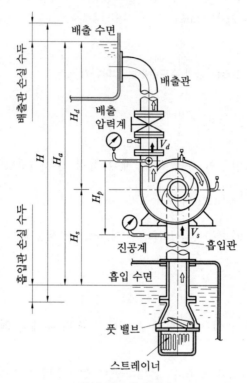

원심 펌프의 설치도

예제 8. 흡입 양정이 8 m이고, 실양정이 30 m인 펌프 장치에서 전양정은 몇 m 인가?

[해설] $H = 30 + 8 = 38\,\mathrm{m}$

예제 9. 높이 4 m 에서의 압력이 0.8 MPa, 물의 속도가 10 m/s 일 경우 물의 전수두는 몇 m 인가?

[해설] $H_1 = h + \dfrac{P}{\gamma} + \dfrac{v^2}{2g} = 4 + \dfrac{0.8 \times 10^6}{9800} + \dfrac{10^2}{2 \times 9.8} = 89.7\,\mathrm{m}$

(대) 이론수두 (Euler의 이론수두)

• 깃수가 무한인 경우 : 회전차를 회전시키는 데 필요한 모멘트

$$T = \frac{\gamma Q}{g}(r_2 v_2 \cos\alpha_2 - r_1 v_1 \cos\alpha_1) \quad [\mathrm{N \cdot m}]$$

회전차를 구동하는 데 필요한 동력

$$L = \frac{rQ}{g}(u_2 v_2 \cos\alpha_2 - u_1 v_1 \cos\alpha_1)[\text{N} \cdot \text{m/s}]$$

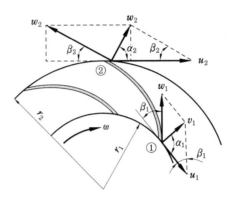

펌프 날개의 속도 선도

오일러의 이론수두

$$H_{th\infty} = \frac{1}{g}(u_2 v_2 \cos\alpha_2 - u_1 v_1 \cos\alpha_1)[\text{m}]$$

여기서, γ : 유체의 비중량 (N/m^3), r : 회전차의 반지름 (m)
v : 유체속도 (m/s), u : 원주속도 (m/s), α : v 와 u 사이의 각도

• 깃수가 유한인 경우 : $H_{th} = \frac{1}{g}(u_2 v'_2 \cos\alpha'_2 - u_1 v_1 ' \cos\alpha'_1)[\text{m}]$

㈜ 펌프의 동력과 효율

• 펌프의 수동력

$$L_w = \frac{\gamma QH}{1000 \times 60}[\text{kW}]$$

예제 **10.** 펌프의 송출량 $0.1\,\text{m}^3/\text{s}$, 전양정 $16\,\text{m}$, 펌프의 효율이 $90\,\%$일 때 축동력은 얼마인가?

[해설] $L_w = \dfrac{\gamma QH}{1000} = \dfrac{9800 \times 0.1 \times 16}{1000} = 15.68\ \text{kW}$

$\eta = \dfrac{L_w}{L} \times 100\,\%$

$L = \dfrac{L_w}{\eta} = \dfrac{15.68}{0.9} \fallingdotseq 17.42\ \text{kW}$

- 펌프의 축동력 : $L = \dfrac{\gamma QH}{\eta}$

- 펌프의 전효율 : $\eta = \dfrac{수동력}{축동력} = \dfrac{L_w}{L} = \dfrac{\gamma QH}{1000L} = \eta_v \cdot \eta_m \cdot \eta_h$ [%]

- 체적 효율 : $\eta_V = \dfrac{펌프의\ 송출\ 유량}{회전차를\ 지나는\ 유량} = \dfrac{Q}{Q + \Delta Q}$ [%]

  여기서, ΔQ : 누설 유량

- 수력 효율 : $\eta_h = \dfrac{펌프의\ 실양정}{깃수가\ 유한일\ 때\ 이론\ 양정} = \dfrac{H}{H_{th}} = \dfrac{H_{th} - \Delta H_{th}}{H_{th}}$ [%]

- 원동기의 동력 : $L_d = $ [상수] $\cdot$ 축동력 $= k \cdot L$

④ **원심 펌프의 상사법칙**

(가) 비교 회전도 (specific speed) : 한 개의 회전차를 형상과 운전상태를 상사하게 유지하면서 그 크기를 바꾸고 단위 유량에서 단위수두를 발생시킬 때 그 회전차의 회전수는 다음과 같다.

$$n_s = \dfrac{n\sqrt{Q}}{H^{\frac{3}{4}}}$$

(나) 펌프에 대한 비교 회전도 n_s 의 범위

펌 프	적 용 범 위	비교 회전도
고압 (다단)	저유량, 고양정 보일러 급수 펌프	108~256
중압 (단단)	양수 발전소용 펌프	108~318
저압 (단단)	중유량, 중양정	108~850
혼류 (단단)	대유량, 소양정	465~1160
사류 (단단)	대유량, 소양정	542~1160
축류 (단단)	대유량, 매우 작은 양정	850~4260

예제 **11.** 양정 22 m, 회전속도 1500 rpm, 송출량 1.5 m³/min인 원심펌프의 비교 회전도는 얼마인가?

[해설] $n_s = 1500 \times \dfrac{1.5^{\frac{1}{2}}}{22^{\frac{3}{4}}} = 1500 \times 1.5^{\frac{1}{2}} \times 22^{-\frac{3}{4}}$

$\therefore n_s = 181\,\mathrm{m} \cdot \mathrm{m}^3/\mathrm{min} \cdot \mathrm{rpm}$

㈐ 축 추력과 누설 방지책

- 축추력(axial thrust) : 단흡입 회전차에 있어서 흡입쪽(p_1)과 배출쪽(p_2)에 작용하는 압력차 때문에 화살표처럼 축 방향으로 추력이 작용하는 것을 뜻하며, 다단 펌프에서 축추력은 $n \times$단단축 추력값이 된다.

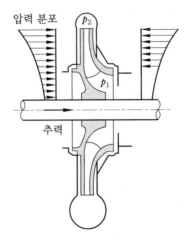

한쪽 흡입형 원심 펌프에서 생기는 추력

- 방지책
  - 평행공을 설치한다.
  - 후면에 방사상의 리브(rib)를 설치한다.
  - 평형 원판을 설치한다.
  - 다단 펌프는 회전차를 서로 반대 방향으로 설치한다.

(2) 축류 펌프 (axial flow pump)

축류 펌프는 프로펠러형의 임펠러(회전차)를 고속 회전시켜서 액체를 축 방향으로 송출하는 펌프이다. 축류 펌프는 같은 크기의 원심 펌프에 비하여 저양정(10 m 이하)이나, 임펠러를 전동기와 직결하여 고속 회전시킬 수 있으므로 많은 대유량($8 \sim 400 \ \mathrm{m^3/min}$)을 보낼 수 있다. 비교 회전도는 1200~2000이며 농업용 양수 펌프, 증기터빈 발전 시스템의 복수기 순환 펌프, 배수펌프, 상하수도용 펌프 등에 이용한다.

① 임펠러는 유량의 변화에 따라 운전 중에 날개의 각도를 조정할 수 있는 가동 날개로 양정 H와 유량 Q의 조절이 용이하고 축동력을 일정하게 할 수 있는 것과 조정할 수 없는 고정 날개가 있다.

② 광범위한 유량에 대하여 효율이 높다.

③ 물받이 장치가 필요 없다.

④ 축동력이 가장 크게 필요하다.

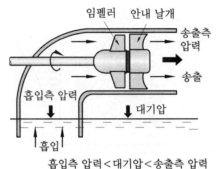

흡입측 압력<대기압<송출측 압력

축류 펌프

(3) 왕복 펌프 (reciprocating pump)

왕복 펌프는 실린더 속에서 피스톤 또는 플런저를 왕복운동시켜 액체를 흡입, 가압하여 송출하는 펌프이다. 왕복 펌프에는 버킷 펌프, 피스톤 펌프, 플런저 펌프 등이 있다.

① **버킷 펌프** (bucket pump) : 피스톤에 송출 밸브가 설치된 펌프로 일반 가정용 수동 펌프로 사용된다. 이 펌프에는 실린더 윗부분이 개방된 리프트 펌프 (lift pump) 와 밀폐된 압출 펌프 (force pump) 가 있다.

버킷 펌프

② **플런저 펌프** (plunger pump) : 피스톤 대신 플런저를 사용한 펌프이다.

　(가) 이론 송출량

$$Q = \frac{Vn}{60} = \frac{ALn}{60} = Q_{th}\eta_v$$

　　여기서, V : 이론 송출 체적(m³), A : 피스톤 면적(m²), L : 행정(m)

예제 **12.** 1000 rpm으로 회전하는 단동식 플런저 펌프에서 플런저의 지름이 0.2 m, 행정이 2.5 cm일 때 이론 송출량 Q_{th} 는 몇 m³/min인가?

해설 $Q_{th} = \dfrac{\pi \cdot D^2}{4} \cdot L \cdot n = \dfrac{\pi \times 0.2^2 \times 0.025 \times 1000}{4} = 0.785 \ \text{m}^3/\text{min}$

⒁ 체적 효율

$$\eta_v = \frac{\text{실제 송출량}}{\text{이론 송출량}} \times 100\%$$

> **예제 13.** 실린더 단동 피스톤 펌프의 송출량이 500 L/min, 체적 효율이 95 %일 때 평균 송출량은 몇 m³/s인가?

[해설] $\eta_v = \dfrac{Q}{Q_{th}}$, $Q_{th} = \dfrac{Q}{\eta_v} = \dfrac{500}{0.95 \times 60} = 8.77\,\text{L/s} = 0.00877\,\text{m}^3/\text{s}$

(4) 회전 펌프 (rotary pump)

회전 펌프는 케이싱 안에서 회전자 (rotor) 의 회전에 의하여 액체를 연속적으로 흡입하여 밸브 없이 송출하는 펌프이다. 이 펌프는 기름, 도료, 그리스 등과 같이 점도가 높은 액체를 송출하는 데 적합하다. 이 밖에도 유압용의 기어 펌프, 베인 펌프, 보일러 급수용 또는 화학약품 수송용 펌프 등이 있다.

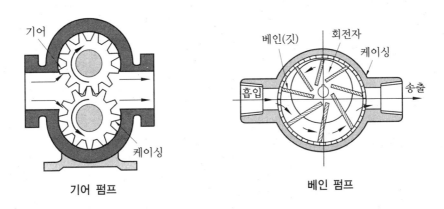

기어 펌프   베인 펌프

2-3 수차 (water turbine)

수차는 물이 가지고 있는 위치 에너지를 기계적 에너지로 변환하는 기계로서, 주로 수력 발전용에 사용된다.

(1) 낙차와 출력

낙차란 물의 위치 에너지의 차를 말한다. 상부 수면과 하부 수면과의 차 H_n이 자연 낙차 (natural head) 이다. 그러나 수차의 동력 발생에 이용되는 유효 낙차 (effective head) H는 여러 가지 손실 때문에 자연 낙차보다 작다. 즉, 자연 낙차에서 수로의 손실, 수압관의 손실, 방수로의 손실 등을 뺀 나머지가 유효 낙차이다.

수차의 출력은 낙차와 단위 시간에 수차에 유입되는 유량에 의하여 결정된다. 물의 비중량을 γ [N/m³], 유량을 Q [m³/s], 유효낙차를 H [m]라고 하면, 물은 단위 시간에 γQH [N·m/s]의 에너지를 수차에 전하게 된다. 이 일은 수차가 이론적으로 발생할 수 있는 동력, 즉 이론 출력(L_{th})이다. 이 이론 출력은 물의 비중량이 약 9800 N/m³이므로 다음과 같다.

$$L_{th} = \frac{\gamma QH}{1000} \text{ [kW]}$$

실제로는 수차 내부에서의 여러 가지 손실 때문에 수차가 발생하는 실제 출력 L은 이론 출력보다 작다. 그러므로 수차의 효율을 η_1이라 하면, 실제 출력은 다음과 같다.

$$L = \eta_1 L_{th}$$

수차의 종류		비교회전도	낙차 범위	물의 유동 방향	물의 작용
펠턴 수차	노즐 1개 노즐 2개	10~25 20~40	고낙차용 200~1000 m 1300 m의 것도 있음	접 선	충 동
프란시스 수차	저 속 중 속 고 속 초고속	30~100 100~200 200~350 350~450	중낙차용 20~500 m	복 류 혼 류 혼 류 혼 류	반 동
프로펠러 수차		400~700	저낙차용 5~90 m	축 류	반 동
카플란 수차		450~1000			

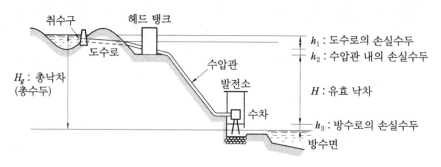

낙 차

예제 14. 유효 낙차 $H=100$ m, 유량 $Q=200$ m³/s 인 수력 발전소의 이론 출력은 몇 kW 인가?

해설 $L = \dfrac{\gamma QH}{1000} = \dfrac{9800 \times 200 \times 100}{1000} = 196000$ kW

(2) 수차의 종류

수차는 물의 작용에 따라 다음과 같이 분류한다.

① **중력 수차**(gravity water wheel) : 물의 자유낙하 시 중력에 의해 작동하는 수차

② **충동 수차**(impulse water turbine) : 물의 위치 에너지를 속도 에너지로 바꾸어 고속으로 날개에 충돌시켜 그 충격력을 이용하여 수차를 작동하게 하는 수차로 저유량, 고낙차용에 이용되고, 펠턴 수차가 있다.

③ **반동 수차**(reaction water turbine) : 물의 날개차에 작용하는 충격력 외에 날개차 출구에서의 유속 증가로 발생하는 반동력, 즉 압력과 속도 에너지를 날개차에 주어 회전하게 하는 수차로서 대유량, 저낙차용에 이용되고 프란시스 수차와 프로펠러 수차, 카플란 수차가 있다.

　㈎ **펠턴 수차**(pelton turbine) : 펠턴 수차는 원판 주위에 다수의 버킷(bucket)을 고정시킨 날개차에 수압관에서 유도된 물을 노즐(nozzle)로부터 고속으로 분출되는 물의 충격력으로 날개차를 회전시키는 충동 수차로, 200 m 이상의 낙차, 저유량용에 사용되며 날개의 수는 16~30개 정도이다.

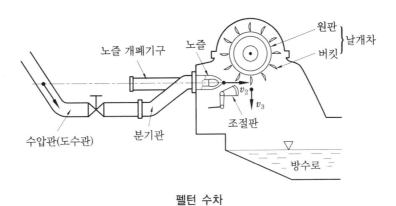

펠턴 수차

* 구조
  - 니들 밸브 : 유량 조절밸브
  - 전향기(디플렉터) : 수차의 급정지용

- 이론식
  - 노즐에서 나오는 물의 유속 $v = C_v\sqrt{2gH}$ [m/s]

    여기서, H : 유효 낙차 (m), C_v : 속도계수 ($\fallingdotseq 0.85 \sim 0.90$)

  - 유량 $Q = AV = \dfrac{\pi D^2}{4}C_v\sqrt{2gH}$ [m³/s]

  - 전효율 $\eta = \dfrac{L}{L_{th}} = \dfrac{L}{\gamma QH}\times 100\,\%$

  - 이론 동력 $L_{\max} = \dfrac{\gamma Q}{2g}v^2$ [kW]

예제 **15.** 어떤 수차의 유효 낙차가 300 m, 유량이 30 m³/s, 축동력이 45000 kW일 때 이 수차의 효율은 얼마인가?

해설 $\eta = \dfrac{L}{L_{th}} = \dfrac{L}{9.8QH} = \dfrac{45000}{9.8\times 30\times 300} = 51\,\%$

⑷ 프란시스 수차 (francis turbine) : 프란시스 수차는 중간 낙차에서 비교적 유량이 많은 경우에 사용되는 반동 수차이다. 물은 날개차 (runner : 깃)의 입구에서 반지름 방향으로 충격작용으로 유입하여 날개차 안에서 축 방향으로 변화하여 송출관에서 반동작용에 의해 수차가 구동하여 배출되는 수차로 40~60 m의 중낙차로 대유량에 적합하다.

- 설계식
  - 평균 유속 $v_m = C_m\sqrt{2gH}$ [m/s]
  - 유량 $Q = AV$

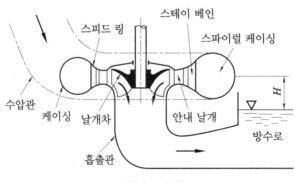

프란시스 수차

㈎ 프로펠러 수차 (propeller turbine) : 프로펠러 수차는 물이 프로펠러 모양의 날개 차의 축 방향에서 유입하여 반대 방향으로 방출되는 축류형 반동 수차로서, 저낙차의 많은 유량에 사용된다. 날개차는 3~8매의 날개를 가지고 있으며, 낙차 범위는 5~10 m 정도이고, 부하변동에 의하여 날개 각도를 조정할 수 있는 가동 날개와 고정 날개가 있다. 특히, 가동 날개를 가진 프로펠러 수차를 카플란 수차 (kaplan turbine)라 한다.

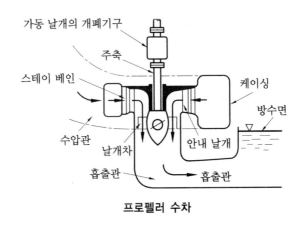

프로펠러 수차

3. 공기 및 유압기계

공기 기계에는 송풍기, 압축기, 압축공기 기계 등이 있으며, 이 기계는 공기 또는 가스의 수송과 압축공기를 필요로 하는 기계나 작업에 사용된다.

3-1 **압축공기 기계**

압축공기의 압력 에너지를 기계적 에너지로 바꾸어 일을 하는 기계를 압축공기 기계라 한다. 작동유체로 압축공기를 사용하기 때문에 취급이 간단하고 온도에 대한 영향이 적으므로 폭발성이 가스가 있는 화학공장, 터널, 광산 및 차량 등에 널리 이용된다.

(1) 압축공기 기관

압축공기 기관은 공기 압축기와는 반대의 작용에 의해서 압축공기를 이용하여 동력을 얻는 기계이다. 압축공기 기관에는 용적식 공기 기관과 공기 터빈이 있다. 용적식 공기

기관에는 기어형, 가동 날개형 등이 있으며, 압축공기에 의해서 회전운동이나 왕복운동을 하면서 일을 하는 것으로 주로 압축공기 기계, 에어 호이스트, 공기 드릴 등의 원동기로 사용된다. 공기 터빈은 압축공기를 날개차에 작용시켜 회전력을 얻는 기계이다.

(2) 공기 기계

압축공기를 이용한 공기 기계에는 공기 드릴, 공기 리베터, 임팩트 렌치, 착암기, 공기해머, 공기 브레이크, 자동문 개폐 장치 등이 있다. 또, 공기의 흐름을 이용하여 시멘트, 밀가루 등의 분체를 장거리에 수송하는 공기 수송식 등도 있다.

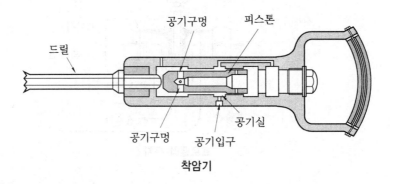

착암기

3-2 유압 장치의 이용

유압 장치는 공작기계를 비롯하여 하역 운반기계, 건설용 중장비, 자동차, 선박, 항공기 그리고 기계공업의 생산공정에 있어서의 자동화 및 원격 조정장치 등에 널리 응용되고 있다.

(1) 덤프 트럭(dump truck)

덤프 트럭에 유압 장치를 이용한 것은 단일 실린더와 링크 장치로 구성되어 있다. 자동차의 기관에 의해 유압펌프가 작동되면 실린더 내에 작동유인 오일이 보내지고, 이때 유압의 힘으로 피스톤이 축을 밀어낸다. 이에 따라 링크 장치가 작동하여 적재함을 일으키게 된다. 이 형식의 것은 실린더가 1개인 것이 보통이나 큰 용량의 것은 2개인 것도 있다.

(2) 유압 브레이크

그림과 같은 유압 브레이크 장치는 현재 모든 차량에 이용되고 있는데, 그 특징은 제동력이 크고, 앞뒤 바퀴에 대한 제동력이 균일하여 안전성이 높은 점이다. 유압 브레이크 장치의 주요부는 마스터 실린더, 휠 실린더, 브레이크 슈, 브레이크 드럼, 오일 파이프 및 호스 등으로 되어 있다. 마스터 실린더는 브레이크 페달에 의하여 직접 작동되도록 운전석 바닥에 설치되어 있으며, 마스터 실린더와 휠 실린더는 강관인 브레이크 파이프로 연결되어 있다. 브레이크 페달을 밟으면 마스터 실린더 내의 오일이 급히 압축되면서 파이프를 통하여 휠 실린더 내의 피스톤 드럼에 압착되면서 마찰에 의하여 차량이 정지되도록 한 구조이다.

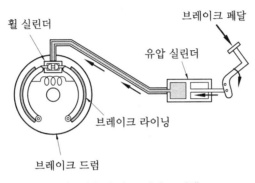

자동차용 유압 브레이크 장치

4. 공유압 장치의 개요

4-1 공유압의 특징

(1) 공유압의 정의

압축된 유체를 이용하여 동력을 발생시키고 전달하며 기계, 기구를 제어하는 기체로서 자동화장치 등에 크게 활용되고 있다.

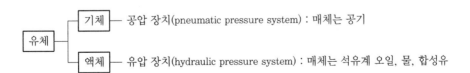

(2) 공압 장치의 장·단점

장 점	단 점
양 (amount)이 무한대이다.	준비(preparation)가 필요하다.
힘의 전달과 증폭의 조정이 가능 (adjustable)하다.	압축성(compressible)이다.
구조 (construction)가 간단하고 가격이 저렴하다.	역학적 사용한계(force requirement)가 있다.
속도 (speed)가 빠르다.	운전비용 (cost)이 고가이다.
이송 (transport)이 가능하다.	배기(exhaust air)의 소음이 크다.
청결성(cleanness)이 유지된다.	
안정성(overload safe & explosion proof)이 있다.	
저장성(storage)이 용이하다.	
쿠션성(cushion)이 우수하다.	
온도 (temperature)에 둔감하다.	

(3) 유압 장치의 장·단점

장 점	단 점
정확한 위치 제어	기계장치마다 동력원이 필요
크기에 비해 큰 힘의 발생	정밀한 속도의 제어가 곤란
뛰어난 제어 및 조절성	기름탱크가 커서 소형화 곤란
과부하에 대한 안전성과 시동 가능	배관의 난이성 및 환경성
부하와 무관한 정밀한 운동	가연성 기름 사용 시 화재의 위험
정숙한 작동과 반전 및 열 방출성	낮은 효율과 냉각장치 필요

각종 동력 전달과 제어 방식의 비교

특 징　　전달 방식	공기압	유 압	전 기	기 계
에너지 축적	탱크에 의한 저장	어큐뮬레이터로 저장	직류만 콘덴서로 저장	스프링, 추 등 소규모
동력원의 집중	용이	곤란	용이	다소 곤란
동력원의 발생	다소 용이	다소 곤란	용이	곤란
인화, 폭발	압축성에 의한 폭발	작동유가 인화성이 있음	누전에 의한 가스 등에 인화성	영향 없음
외부 누설	영향 없음	오염, 인화	감전, 인화	관계없음
허용온도 범위	5~60℃	5~60℃	40℃로 범위 좁음	넓다

과부하 안전대책	압력조절밸브	릴리프 밸브	복잡	복잡
출력 유지	용이	다소 곤란	곤란	곤란
작동속도	10 m/s 도 가능	1 m/s 정도	가장 빠르다	소
보수 관리	용이	다소 곤란	다소 곤란	용이
에너지 변화 효율	다소 나쁨	다소 양호	좋다	다소 좋다
출력	중 (1 ton 정도)	대 (10 ton 이상도 가능)	중	소
윤활대책	필요하다	필요 없음	별로 없음	필요함
배수대책	필요하다	필요 없음	별로 없음	관계없음
속도제어	다소 나쁨	우수	우수	나쁘다
중간정지	곤란	용이	용이	다소 곤란
응답성	나쁨	좋다	매우 좋다	좋다
신호 전달	다소 곤란 (10~70 m/s)	다소 곤란	용이	다소 곤란
부하 특성	변동이 크다	조금 있음	거의 없음	거의 없음
소음	크다	다소 크다	작다	작다

4-2   공·유압 장치의 구성 및 작동유체

(1) 공압 장치의 구성

① 탱크와 제습기
② 공기 압축기
③ 전기 모터나 그 밖의 동력원
④ 제어 밸브
⑤ 액추에이터
⑥ 배관

(2) 유압 장치의 구성

유압 장치도 기본적으로 공압 장치와 마찬가지로 오일 탱크, 펌프 구동의 동력원, 각 종 제어밸브, 유압 실린더 등의 일 변환장치 및 파이프 등의 요소로 구성된다. 공압 장 치나 유압 장치는 실제의 응용에 따라 복잡하게 되며, 또 각 구성 요소도 목적에 따라 여러 가지 형식으로 설계된다.

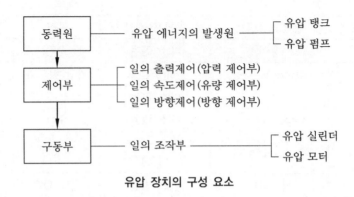

유압 장치의 구성 요소

(3) 작동유체

공압 장치의 작동유체로는 주로 공기가 사용되고, 유압 장치에는 오일(또는 유압유)이 사용된다.

① **공기** : 공압 장치에 사용되는 공기는 수분이나 오염물질이 포함되지 않은 좋은 질의 것이어야 한다.

② **오일** : 작동유체인 오일은 유압 장치의 성능과 수명에 크게 영향을 끼치므로 유압 장치에서 가장 중요한 물질이다. 유압 장치를 효율적으로 운전하려면 깨끗하고 질이 좋은 오일을 사용하여야 한다.

5. 공압 기기

5-1 공압 발생장치

공압 발생장치는 공기를 압축하는 공기 압축기, 압축된 공기를 냉각하여 수분을 제거하는 냉각기, 압축공기를 저장하는 공기 탱크, 압축공기를 건조시키는 공기 건조기 등으로 구성되어 있다.

(1) 공기 압축기(air compressor)

공압 에너지를 만드는 기계로서 공압 장치는 이 압축기를 출발점으로 하여 구성된다. 공기 압축기는 0.1 MPa 이상의 압력을 발생시키는 것을 말하고 0.01 MPa 이상 0.1 MPa 미만의 것은 송풍기(blower), 0.01 MPa 미만의 것은 팬(fan)이라 하며, 보통의 공압 장치에는 공기 압축기가 사용된다.

① 공기 압축기의 분류

㈎ 압축 원리, 구조상의 분류

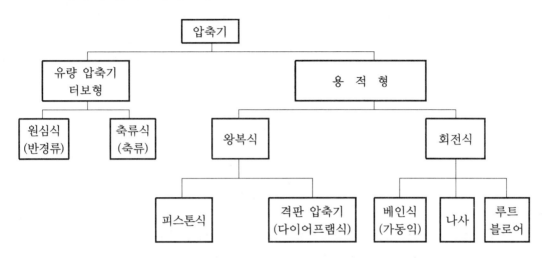

㈏ 출력에 의한 분류 : 0.2~14 kW의 것을 소형, 15~75 kW의 것을 중형이라 하고, 75 kW를 초과하는 것을 대형으로 분류한다.

㈐ 토출 압력에 의한 분류 : 0.7~0.8 MPa의 것을 저압, 1~1.5 MPa의 것을 중압이라 하고, 1.5 MPa 이상의 것을 고압으로 분류한다.

② 공기 압축기의 특징

㈎ 터보형 공기 압축기 : 날개를 회전시키는 것에 의해 공기에 에너지를 주어 압력으로 변환하여 사용하는 것으로 축류식과 원심식이 있다.

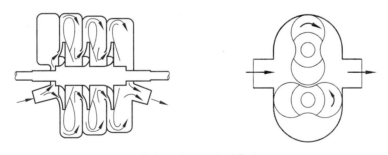

반경류 터보 공기 압축기

㈏ 용적형 공기 압축기 : 밀폐된 용기 속의 공기를 압축하여 압력을 사용하는 것으로, 압축하는 방식에 따라 왕복운동에 의한 왕복식과 회전운동에 의한 회전식으로 나누어지나 일반 산업용으로는 용적형의 것이 많이 사용되고 있다.

• 왕복형 공기 압축기 : 피스톤에 의해 공기를 흡입한 다음 압축하여 배출 밸브로부
터 압축공기를 배출시킨다. 일반적으로 실린더와 피스톤 사이의 윤활에 윤활유를
사용하는 급유형과 피스톤 부분을 다이어프램 등으로 한 무급유형이 있다.

왕복형 공기 압축기

• 스크루형 공기 압축기 : 스크루형의 로터를 맞물려서 케이싱으로 싸여진 공간에
공기를 흡입한 다음, 계속되는 회전으로 공간의 체적이 작아짐에 따라 압축되어
배출하게 되어 있다. 스크루의 수와 그 형상에 따라 싱글과 트윈으로 분류된다.

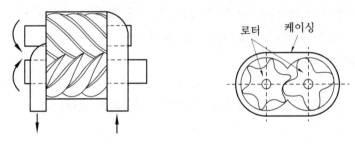

스크루형 공기 압축기

• 베인(vane)형 공기 압축기 : 가동익형이라고도 불리며, 로터와 홈 속을 가동하는
베인과 케이싱으로 둘러싸인 공간에 공기를 흡입하고, 계속되는 회전으로 압축,
배출하게 되어 있다. 보통 냉각과 베인의 밀봉을 위해 윤활유를 사용한다.

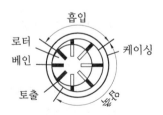

베인형 공기 압축기

- 루트 블로어(root blower)
  - 2개의 고리형 회전자를 90° 위상으로 설치하며, 회전자는 미소한 틈을 유지하며 역방향으로 회전한다.

공기 압축기의 특성

특성 ＼ 종류	왕복형	나사식	터보식
진 동	비교적 크다	작다	작다
소 음	크다	작다	크다
맥 동	크다	비교적 작다	작다
토출 압력	높다	낮다	낮다
비 용	작다	높다	높다
이물질	먼지, 수분, 유분, 탄소	유분, 먼지, 수분	먼지, 수분
정기수리시간	3000~5000 h	12000~20000 h	8000~15000 h

③ 공기 압축기의 선정

㈎ 공기 압력과 토출 공기량에 따른 기종 선정
- 프레스 기계용, 도장, 계장용 : 0.7 MPa
- 공기압 실린더 : 0.5 MPa
- 일반적 공기압 시스템 : 0.7~0.9 MPa(왕복식, 회전식 적합)

㈏ 공기 압축기의 사용 대수
- 고장 시 작업 중지에 의한 손해 방지
- 부하 변동에 의한 대처
- 보전과 사용 효율 면에 대한 고려
- 일반적 방식으로는 2대가 최량의 방법

㈐ 소 음
- 소음은 법규제가 수반되므로 설치장소 선정 및 방음대책 수립
- 급적 저소음 압축기 선정(왕복공기 압축기는 특유의 저주파 진동, 소음이 발생하나 회전공기 압축공기는 소음 낮음)

(2) 공기 탱크(air tank)

압축공기를 저장하는 기기로서 압축기 뒤에 설치되어 다음과 같은 기능을 한다.
① 압축기로부터 배출된 공기 압력의 맥동을 방지하거나 평준화한다.

② 일시적으로 다량의 공기가 소비되는 경우의 급격한 압력 강하를 방지한다.

③ 정전 시 등 비상시에도 일정 시간 공기를 공급하여 운전 가능하다.

④ 주위의 외기에 의해 냉각되어 응축수를 분리시킨다. 또, 공기 탱크 자체가 압력 용기이므로 법적 규제를 받는다.

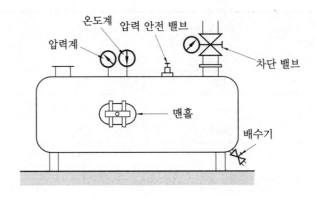

공기 탱크

(3) 공기 정화 시스템

공기 정화장치는 압축공기 중에 함유된 먼지, 기름, 수분 등의 오염물질을 요구 정도의 기준값 이내로 제거하여 최적상태의 압축공기로 정화하는 기기이다.

오염 물질에 대한 공기압기기의 영향

오염 물질	기기 등에 주는 영향
수 분	솔레노이드 밸브 코일의 절연불량, 스풀의 녹 유발로 인하여 밸브 몸체와 스풀의 고착 및 강으로 제작된 기기의 부식에 따른 성능 저하 및 동결
유 분	고무계 밸브의 부풀음, 기기 수명 저하, 오염, 도장 불량, 미소량의 오일로 면적의 변화, 스풀의 고착
카 본	스풀과 포핏의 고착, 실 불량, 화재, 폭발, 기기 수명 저하, 오염, 도장 불량, 미소량의 오일로 면적의 변화, 스풀의 고착
타르 형태의 카본	밸브 고착, 기기 수명 저하, 오염, 도장 불량, 미소량의 오일로 면적의 폐쇄, 스풀의 고착
녹	밸브 고착, 실 불량, 기기 수명 저하, 오염, 미소량의 오일로 면적의 변화
먼 지	필터 눈 메꿈, 실 불량

① **냉각기**(after cooler) : 고온의 압축공기를 건조기로 공급하기 전 건조기의 입구 온도 조건(35~40℃)에 알맞도록 1차 냉각시키고 수분을 제거하는 기기로서 이것은 공랭식과 수랭식이 있다.

　㈎ 공랭식 : 공기 배관에 방열용의 냉각 핀(fin)을 붙이고, 팬으로 송풍하여 냉각하게 되어 있다. 냉각수의 설비가 불필요하므로 단수나 동결의 염려가 없고 보수가 쉬우며 유지비가 적게 든다.

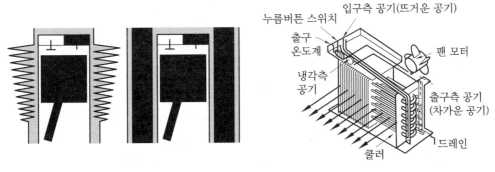

공랭식 냉각기

　㈏ 수랭식 : 30 kW 이상의 압축기에서 사용되며 냉각 효율이 좋아 공기 소비량이 많을 때 사용되며, 공기가 통과하는 용기 안에 냉각용의 수도관을 두고, 냉각수를 순환시켜 냉각하게 되어 있다.

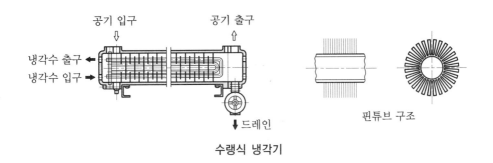

수랭식 냉각기

② **공기 건조기**(air dryer) : 압축공기 속에 포함된 수분을 제거하여 공기를 건조시키는 기기로서 냉동식과 흡착식이 있다.

　㈎ 냉동식 공기 건조기 : 압축공기를 강제적으로 냉각하여 수분을 응축 저지하게 되어 있다. 입구로부터 들어간 압축공기는 공기 온도 평형기에서 제습된 공기로 예랭된 다음, 냉각실로 들어가 냉매에 의해 2~5℃까지 냉각되어 제습된다.

(내) **흡착식 공기 건조기** : 습기에 대하여 강력한 친화력을 갖는 실리카 겔(silica gel), 활성 알루미나 등의 고체 흡착 건조제를 두 개의 타워 속에 가득 채워 습기와 미립자를 제거하여 건조공기를 토출하며 건조제를 재생(제습청정)시키는 방식이다. 최대 −70℃ 정도까지의 저노점을 얻을 수 있다.

(대) **흡수식 공기 건조기** : 일명 매뉴얼 공기 건조기라고도 하며, 화학적 건조방법으로서, 압축공기가 건조제를 통과하여 압축공기 중의 수분이 건조제에 닿으면 화합물이 형성되어 물이 혼합물로 용해되어 공기는 건조된다. 보통 1년에 2~4회 정도 건조제를 교체해야 하며, 공기량이 적은 경우에 사용한다.

③ **공기 여과기(air filter)** : 공압 발생장치로부터 보내진 공기 속에는 수분, 먼지 등이 포함되어 있다. 공압 제어회로 속에 이들 이물질이 들어가지 못하도록 하기 위해 입구부에 공기 여과기를 설치하며, 일반적으로 사용되는 것은 원심력을 이용하는 방식이다. 대부분의 이물질이 제거된 압축공기는 중앙부의 여과 엘리먼트를 통과하면서 다시 미립자의 먼지를 분리하고 출구로부터 유출되며, 분리된 수분, 먼지 등은 케이스 아래쪽에 부착되어 있는 수동 배출 밸브나 자동 배출 밸브에 의해 외부로 배출된다. 여과 엘리먼트는 스테인리스 강제의 금속망 또는 그 밖의 재료로 되어 있으며, 사용 목적에 따라 고체 물질 제거용, 유리 수분의 제거용, 카본, 타르의 제거용, 오일 제거용, 냄새 제거용 등으로 나누어진다.

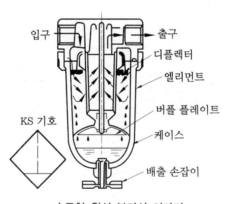

수동형 원심 분리식 여과기

(개) **필터 엘리먼트** : 메시의 크기에 따라 $0.01{\sim}0.1\,\mu\text{m}$, $0.1{\sim}1\,\mu\text{m}$, $5{\sim}20\,\mu\text{m}$, $44\,\mu\text{m}$, $74\,\mu\text{m}$로 분류되는데, $5{\sim}20\,\mu\text{m}$의 것이 많이 사용되고 있으며, 경우에 따라서 메시가 서로 다른 필터를 2단으로 사용하는 것도 좋다.

㈏ 필터 통 : 투명의 수지(폴리카보네이트, 나일론)로 되어 있어 케이스를 청소할 때
에는 화공약품을 절대 사용하지 말고 가정용 중성세제를 사용해야 하며, 원칙적
으로 안전을 위하여 금속제 보호 케이스가 부착되어야 한다.

㈐ 드레인 배출방법

• 수동식 : 수동으로 밸브나 콕 등을 열어 배출시킨다.

• 자동식

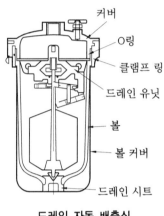

드레인 자동 배출식

- 부구식(float type) : 드레인이 일정량 이상으로 모이면 부구가 밀려 올려짐에
따라 아래의 밸브가 밀려 올려지고 자동적으로 배출밸브가 열려 응축수가 배출
된다.
- 차압식(pilot type) : 공기에 의한 파일럿 신호가 들어와 밸브가 열리게 되어 있
으며, 드레인의 양에 관계없이 압력 변화를 이용해서 배출한다.
- 전동 구동식(motor drive type) : 전동기에 의해 일정 시간마다 밸브가 열려 응
축수를 배출하게 되어 있다.
- 미세 필터 : 보통 필터로는 제거할 수 없는 미량의 물이나 미세한 오물을 제거
하기 위한 것으로, 식품 공업, 제약회사, 정밀 화학공장 또는 저압용 기구를 가
진 장치 등에서 많이 사용되며, 정화율 99.999 %까지, 오물의 최소 크기는 0.01
μm까지 되어 매우 우수하다.
- 오일 미립자 분리기(oil mist separator) : 오일 제거용으로 제어 밸브로부터의
오일을 제거하거나 마이크로 미립자 분리기(micro mist separator) 앞에 설치
하여 마이크로 엘리먼트의 수명을 연장시키기 위한 목적 등으로 사용되며, 여
과도 0.3 μm의 것으로 0.1~2 μm의 오일 입자의 99 %가 제거된다.

- 타르제거용 필터 : 압축공기 중에 들어 있는 $0.3\,\mu\text{m}$ 이상의 타르나 카본 등의 고형물질을 제거하는 것
- 유분 제거용 필터 : 압축공기 중에 들어 있는 기름 입자를 $0.1\,\text{ppm}$ 이하까지 제거하는 것
- 냄새 제거용 필터 : 압축공기 중에 포함되어 있는 가스 분자 크기의 냄새를 흡착에 의해 제거하며 보통 활성탄에 공기를 통과시켜 냄새를 제거한다.

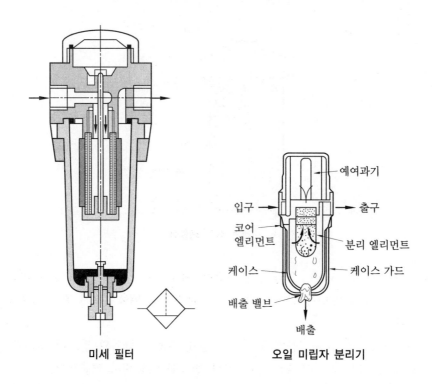

미세 필터   오일 미립자 분리기

④ **윤활기**(lubricator) **및 윤활유** : 공기 실린더, 제어 밸브 등의 작동을 원활하게 하고, 내구성을 향상시키기 위해 급유를 필요로 한다. 다만, 무급유식의 공압 장치 기기에는 그리스 등이 미리 봉입되어 있으므로 반드시 급유할 필요는 없다.

㈎ 윤활기 : 흐르는 공기를 사용하여 윤활유를 분무 급유하는 것으로 유입된 압축공기는 확대부와 줄임부의 압력차를 만드는 벤투리를 거쳐 흐르고, 이때 발생되는 차압으로 케이스 내의 윤활유가 도관을 통하여 올라와 적하관으로부터 벤투리 노즐부에 안개와 같이 되어 뿌려진다. 이 뿌려진 윤활유는 공기의 흐름과 함께 흐르며 확산되어 각 기기로 보내어진다. 벤투리부는 유량의 대소에 따라 작동하여 유량당의 적하량이 일정하게 되도록 구성되어 있다. 윤활기는 전량식과 선택식 등이 있고, 전량식에는 고정 벤투리식, 가변 벤투리식이 있다.

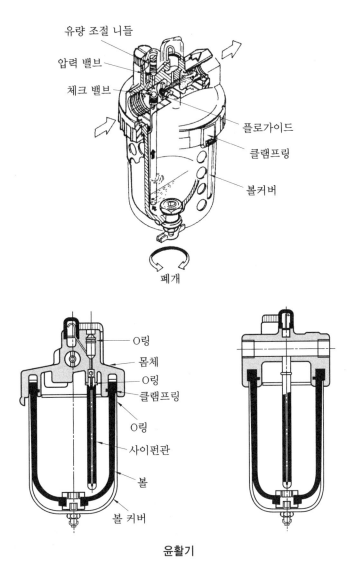

유량 조절 니들
압력 밸브
체크 밸브
플로가이드
클램프링
볼커버
폐개

O링
몸체
O링
클램프링
O링
사이펀관
볼
볼 커버

윤활기

- 오일 회수기 : 공압회로 중에서 밖으로 배출되는 윤활유를 회수하여 재생시키는 장치로 자원과 인력을 절약할 수 있으며, 조정이 쉽고, 청결 등의 효과도 얻을 수 있다.
- 자동 급유기 : 윤활기에 오일의 공급을 자동으로 해 주는 것으로 오일탱크를 설치하면 급유부위의 개수에 관계없이 자동급유가 가능하여 인력의 절감 효과를 얻을 수 있다.

(내) 윤활유 : 윤활유는 마찰계수가 적고, 윤활성이 있으며, 마멸, 발열화의 정도가 적은 것 등을 필요로 한다. 그러나 공압기기 내에 실 등을 침식시켜서도 안 된다.

즉, 공압 장치를 구성하는 모든 기기에 좋지 않은 영향을 끼치지 않는 것도 중요하며, 윤활유로는 터빈 오일 1종 (무첨가) ISO VG 32와 터빈 오일 2종 (첨가) ISO VG 32를 권장하고 있다.

공기압 기기에 따른 윤활유의 적합성

종 류	특 징	용 도
기계유	용도가 가장 넓고 값이 싸다. 파라핀이 함유되어 응고가 쉽다. 정제가 불충분한 것은 교착하여 마모를 유발한다.	일반 기계의 윤활용
기어유	지방이나 활성 유황이 함유된 첨가제는 합성 고무 등의 실재를 침식한다.	자동차, 일반 기계의 기어용
스핀들유	경질의 윤활유로서 저아닐린 점을 나타내어 합성 고무 등의 실재를 팽창시킨다.	저하중, 고속 베어링, 정밀기계에 적합
터빈유	파라핀계의 용제 정제유이며, 고급품으로서 내산화, 내유화성이 우수하며, 첨가 터빈유는 산화 안정성에 좋다.	각종 터빈, 기타 고속 베어링용
유압 작동유	유압기기용으로 개발한 것으로 각종 첨가제를 함유하여 필요한 특성을 거의 갖추고 터빈유계의 일종이다.	일반 유압기기용
다용도유 (R & O 유)	유압 작동유와 같은 기름으로서 공업용 다목적용으로 개발한 것이다.	일반 유압기기 및 다목적 공업용

⑤ **공기 조정 유닛**(service unit) : 공기필터, 압축공기 조정기, 윤활기, 압력계가 한 조로 이루어진 것으로 기기 작동 시 선단부에 설치하여 기기의 윤활과 이물질 제거, 압력 조정, 드레인 제거를 행할 수 있도록 제작된 것이다.

5-2 공압 밸브

공압제어 시스템은 동력원, 신호 감지 요소, 제어 요소, 작업 요소 등으로 구성되어 있다. 이 중 신호 감지 요소와 제어 요소는 작업 요소들의 작동 순서에 영향을 미치며, 이들을 밸브라 한다. 밸브들은 시작과 정지, 방향, 유량과 압력을 제어 및 조절해 주는 장치로 슬라이드 밸브, 볼 밸브, 디스크 밸브, 콕 등은 국제적으로 통용되는 명칭이며, 모든 설계에 일반적으로 적용된다.

① 압력 제어 밸브(pressure control valve)

② 유량 제어 밸브(flow control valve)

③ 방향 제어 밸브(directional control valve, way valve)

(1) 압력 제어 밸브(pressure control valve)

공기 실린더의 피스톤 면적에 압력을 작용시키면 피스톤 로드에 힘이 발생되며, 이 힘은 압력을 바꾸어 조절할 수 있다. 이 압력을 제어하는 데 사용되는 것이 압력 제어 밸브이다. 역할과 구조에 따라 감압 밸브, 안전 밸브(릴리프 밸브), 압력 스위치, 시퀀스 밸브, 무부하 밸브 등이 있으며, 압력 제어 밸브의 대부분은 감압 밸브로 되어 있다. 종류로는 직동형과 파일럿형이 있고 직동형에는 릴리프식, 논 블리드식, 블리드식이 있으며, 파일럿형에는 외부 파일럿과 내부 파일럿이 있다.

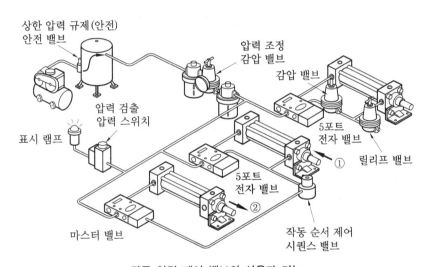

각종 압력 제어 밸브의 사용과 기능

① 압력 제어 밸브의 분류

㈎ 감압 밸브

- 직동형 : 릴리프형(relief type), 논 릴리프형(non relief type, non bleed), 블리드형(bleed type)

- 파일럿형 : 내부 파일럿형, 외부 파일럿형

㈏ 안전 밸브

㈐ 시퀀스 밸브

㈑ 압력 스위치 : 다이어프램형, 벨로스형, 부르동관형, 피스톤형

② **압력 제어 밸브의 구조 및 특징**

㈎ 압력 조절 밸브 (감압 밸브, reducing valve) : 압력을 일정하게 유지하는 기기로서, 배기공이 없는 압력 조절 밸브가 많이 사용되며, 압축공기는 밖으로 배기되지 않는다.

• 직동형 압력 조절 밸브 : 스로틀 밸브로 공기의 통로를 교축시켜 출구 쪽의 공기량을 감소시켜서 압력이 낮아지도록 하고 있다. 스프링은 유량을 자동적으로 조정하기 위해 사용된다.

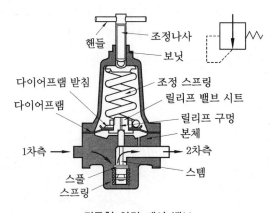

직동형 압력 제어 밸브

㈏ 릴리프식 압력 제어밸브 : 직동형 압력 제어 밸브에 보완장치를 갖춘 것으로 시스템 내의 압력이 최대 허용압력을 초과하는 것을 방지해 주며, 교축 밸브의 아래쪽에는 압력이 작용하도록 하여 압력 변동에 의한 오차를 감소시킨다. 릴리프 밸브에는 직접 작동형과 간접 작동형이 있으며, 주로 안전 밸브로 사용된다.

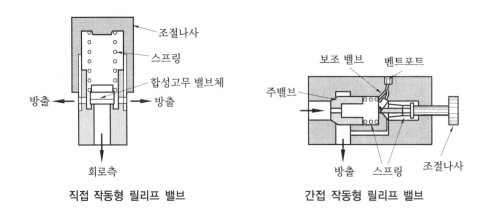

직접 작동형 릴리프 밸브   **간접 작동형 릴리프 밸브**

㈐ 논 블리드식 압력 조정 밸브 : 릴리프 밸브 시트에 릴리프 구멍이 없는 구조로 되어 있다.

㈑ 블리드식 압력 조정 밸브 : 릴리프 밸브 시트로부터 항상 소량의 공기를 대기 중으로 내보내 조절을 신속하게 할 수 있는 구조로 되어 있다.

㈒ 언로드 밸브 : 압축기에서 탱크 압력이 설정압력에 달하면 압축공기를 내지 않고 단순히 공기가 실린더 안을 출입만 하는 무부하 운전에 사용되는 밸브이다.

㈓ 압력 스위치 : 일명 전공 변환기라고도 하며, 회로 중의 공기압력이 상승하거나 하강할 때 설정압에 도달되면 전기 스위치가 변환되어 압력 변화를 전기신호로 보낸다.

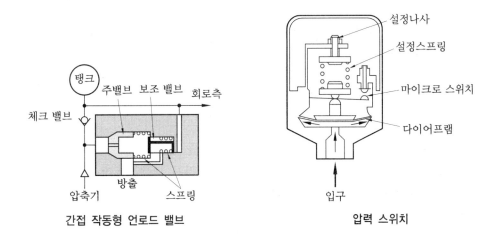

간접 작동형 언로드 밸브   압력 스위치

㈔ 시퀀스 밸브 : 공기압 회로에 다수의 액추에이터를 사용할 때 각 작동 순서를 미리 정해 놓고, 그 순서를 압력의 축압상태에 따라 순차로 전달해가면서 작동한다.

㈕ 안전 밸브 : 회로 내의 압력이 설정압력 이상이 되면 자동으로 작동되도록 되어 있으며, 탱크 또는 회로의 최고 압력을 설정하여 공압기기의 안전을 위하여 사용된다. 이 밸브는 응답성이 중요하고, 압력이 상승한 경우 급속히 대기에 방출시키는 기능이 있다.

(2) 유량 제어 밸브 (flow control valve)

액추에이터 속도는 공기 유량에 따라 제어되고 유량은 관로 저항의 대소에 따라 정해지는데, 이 저항을 가지게 하는 기구를 교축 (throttle)이라 하고, 이 교축을 목적으로 하여 만든 밸브를 스로틀 밸브 (throttle valve)라 한다.

즉, 압축공기의 배출 유량이나 유입 유량을 조절함으로써 그 일의 시간을 관리할 수 있는 기기를 말한다.

이 밸브는 절환속도의 제어, 공기식 타이머의 시간 제어 등에도 사용되고, 작동방법에 따라 스로틀 조정을 수동에 의하는 것과 캠 등의 기계적 작동에 의하는 것이 있다.

구조적으로는 스로틀만을 목적으로 하는 스로틀 밸브, 스로틀과 체크의 기능을 조합한 속도 제어 밸브 등이 있으며, 유량의 조절이 무단계로 제어될 수 있다.

① 유량 제어 밸브의 구조 및 특징

(가) 교축 밸브(throttle valve, needle valve) : 나사 손잡이를 돌려 그 끝의 니들(또는 콕, 원추형 등)을 상하로 이동시키면서 유로의 단면적을 바꾸어 스로틀의 정도를 조정하게 되어 있는 간단한 구조로 되어 있다. 소형은 공기 압력 신호 전송 제어, 대형은 주배관에 설치하여 공급 공기량의 제어나 정지 밸브로서 사용되기도 한다.

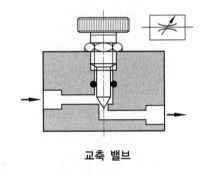

교축 밸브

(나) 속도 제어 밸브(speed control valve) : 스로틀 밸브와 체크 밸브를 조합한 것으로 유량을 교축하는 동시에 흐름의 방향에 따라서 교축작용이 있기도 하고 없기도 하는 밸브로서 어느 방향으로는 교축 밸브의 교축 정도에 따라 유량이 흐르지만 그 반대 방향으로는 전혀 교축되지 않고 자유로이 흐른다. 실린더에 유입되는 공기량을 조절하는 제어방식을 미터 인 회로라 하며, 공압 실린더의 배출 공기량을 조절하는 제어방식을 미터 아웃 회로라 한다. 이 두 가지의 제어방식은 충분한 출력이 얻어지기 때문에 제어성이 우수하다.

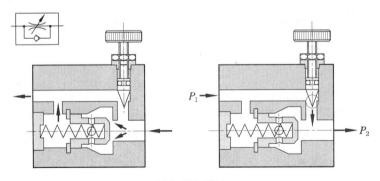

속도 제어 밸브

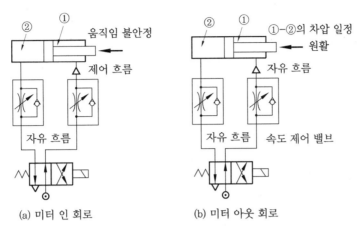

(a) 미터 인 회로   (b) 미터 아웃 회로

유량제어 밸브의 사용 예

(3) 방향 제어 밸브(directional control valve or way valve)

실린더나 액추에이터로 공급하는 공기의 흐름 방향을 변환시키는 밸브이다.

① 방향 제어 밸브의 분류

방향 제어 밸브의 분류

기능		밸브의 조작방식	밸브의 구조	포트의 크기
포트의 수	위치의 수			
2 포트 3 포트 4 포트 5 포트	2 위치 3 위치 (4 위치)	인력 : 수동, 족답 밸브 공기압 : 파일럿 조작 전기 : 솔레노이드 밸브 기계 : 기계 조작 밸브	포핏(볼시트, 디스크 시트 밸브) 슬라이드(세로, 세로평, 판 또는 나비 슬라이드 밸브)	PT 1/8(6 A) PT 1/4(8 A) : :

⑦ 기능에 의한 분류

• 포트의 수 : 방향 제어 밸브는 유체(공기 또는 액체)가 흐르는 방향을 제어하는 것이 기본 기능으로 이 변환통로(접속구)의 수가 포트 수이며, 밸브에 뚫려 있는 공기 통로의 개구부를 포트라 한다.

포트에는 보통 P와 A, B(액추에이터와의 접속구), R(배출구)의 문자가 표시되어 있다. 포트 수는 표준의 방향 전환 밸브인 경우 2, 3, 4, 5의 것이 있다.

• 위치(position)의 수 : 밸브의 전환상태의 위치를 말하는데, 방향 제어 밸브가 공기압의 흐름을 변환시키기 위하여 밸브가 멈추는 곳을 위치라 하고, 2위치 및 3위치가 대부분이며, 4위치, 5위치로 다위치 등의 특수 밸브도 있다.

㈏ 조작방식에 의한 분류 : 방향 전환 밸브에서 위치를 전환하는 것을 전환조작이라 하고, 위치를 전환함에 따라 접속관로가 바뀐다.

이 전환 조작방식에는 인력 조작방식, 기계적 조작방식, 솔레노이드 조작방식, 공압방식, 보조방식 등이 있다. 이 중 전자력을 이용하는 솔레노이드 방식이 공압 회로와 전기 제어를 결합시키는 주역으로 가장 널리 사용되고 있다.

방향 제어 밸브의 조작방식

조작 방법	종 류	KS 기호	비 고
인력 조작 방식	누름 버튼 방식		기본 기호
	레버 방식		
	페달 방식		
기계 방식	플런저 방식		기본 기호
	롤러 방식		
	스프링 방식		
전자 방식	직접 작동 방식		• 직동식
	간접 작동 방식		• 파일럿식
공압 방식	직접 파일럿		• 압력을 가해서 조작하는 방식
	간접 파일럿		• 압력을 빼고 조작하는 방식
보조 방식	디텐트		일정 이상의 힘을 주지 않으면 움직이지 않는다.

㈐ 구조에 의한 분류
- 포핏 밸브 (poppet valve) : 이 밸브의 연결구는 볼, 디스크, 평판 (plate) 또는 원추에 의해 열리거나 닫히게 되는 것으로 소형의 제어 밸브나 솔레노이드 밸브의

파일럿 밸브에 많이 사용되며, 공기 통로를 그것보다 큰 원판으로 뚜껑을 닫는
구조로 되어 있다.

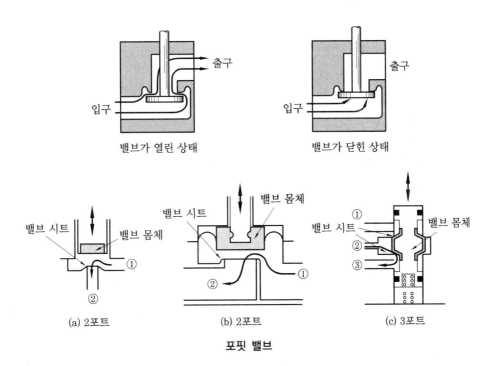

포핏 밸브

– 볼 시트 밸브(ball seat valve) : 구조가 간단하여 가격이 저렴하고 크기가 작
다. 플런저에 작용하는 힘은 스프링의 반력과 압축공기가 볼을 밀어 올리는 힘
을 이길 수 있어야 하며, 2/2 way 밸브나 플런저를 통해 배출공이 있는 3/2
way 밸브로서 수동이나 기계적으로 작동된다.

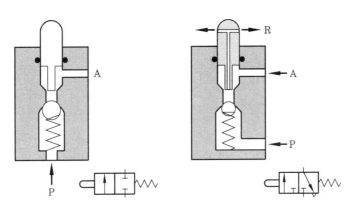

볼 시트 밸브

– 디스크 시트 밸브(disc seat valve) : 밀봉이 우수하며 간단한 구조로 되어 있고,
반응시간이 짧고 내구성이 좋으며 배출 오버랩(exhaust over lap) 형태이나, 디스
크 시트가 한 개인 경우는 배출 오버랩이 일어나지 않는다. 공기 손실이 일어나지
않으며, 다이어프램 공기 작동형에서의 작동압력은 사용 공기 압력이 0.6 MPa일
때 0.12 MPa 정도이며, 사용 압력 범위는 0.12~0.8 MPa이고, 유량은 100 L/min
정도이다.

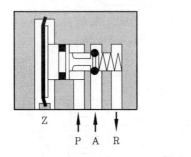
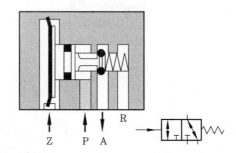

공기 작동형 3/2 way 디스크 시트 밸브

• 슬라이드 밸브(slide valve, spool type) : 내면을 정밀하게 가공한 원통(슬리브)
안에 홈이 있는 스풀을 끼워 슬리브의 내측으로 이동해서 그 위치에 따라 유로의
연결 상태를 변환하도록 되어 있다.

이 밸브는 작은 힘으로 밸브를 변환할 수 있고, 스풀의 형상에 따라 복잡한 변환
기능을 비교적 간단하게 할 수 있어 솔레노이드나 자동 밸브에 많이 이용된다.

그러나 소량의 공기 누출이 있으며, 이물질의 침입을 최대한 방지하여야 하고,
윤활유의 관리가 필요하다.

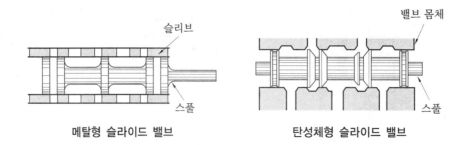

메탈형 슬라이드 밸브   탄성체형 슬라이드 밸브

– 세로 슬라이드 밸브 : 간단한 구조로 되어 있으며, 작동에 요구되는 힘도 작고,
수동, 기계적, 전기적 및 공압 등과 같은 모든 형태의 밸브 작동방법으로 작동

할 수 있으나, 작동거리가 크며, 스풀과 틀의 안지름이 0.002~0.004 mm 를 초과하면 누출 손실이 크다.

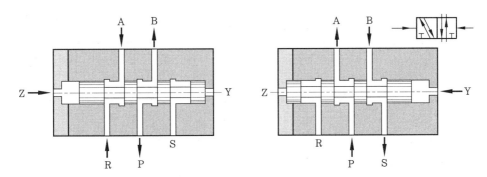

세로 슬라이드 5/2 way 밸브

- 세로 평 슬라이드 밸브 : 밸브를 전환하기 위한 파일럿 스풀을 갖고 있고, 평 슬라이드가 압축공기와 내장된 스프링에 의해 자기조절이 되어 마모가 일어나도 밀봉은 유효하게 되고 파일럿 스풀 자체는 O링에 의해 밀봉된다.

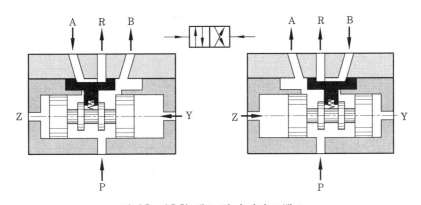

압력을 이용한 세로 평 슬라이드 밸브

- 판 슬라이드 밸브(plate sliding valves) : 일반적으로 손이나 발로만 작동시킬 수 있고, 3/3 way 밸브나 4/3 way 밸브로 제작되고 있으며, 두 개의 디스크를 비틀음으로써 각 선들이 서로 연결되거나 분리된다.

㈃ 포트 크기에 의한 분류

• 오리피스의 크기 : 밸브 내부 통로의 가장 좁게 교축된 부분을 말하며, 단면은 원형이 많고 이 원형의 지름 치수를 크기로 표시한다.

• 배관 접속구의 크기 : 접속구의 입구 지름으로 결정하는 것으로, 밸브의 호칭지름
이라 한다.

배관 접속구 나사의 크기에 의한 분류

인치계	$\dfrac{1}{8}$	$\dfrac{1}{4}$	$\dfrac{3}{8}$	$\dfrac{1}{2}$	$\dfrac{3}{4}$	1	$1\dfrac{1}{4}$ …
미터계	6 A	8 A	10 A	15 A	20 A	25 A	32 A…

㈐ 솔레노이드 밸브 : 전기 신호에 의해 전자석의 힘을 이용하여 밸브를 움직이게
하는 전환 밸브로 솔레노이드부와 밸브부의 두 부분으로 되어 있다. 솔레노이드
의 힘으로 직접 밸브를 움직이는 직동식과 소형의 솔레노이드로 파일럿 밸브를
움직여 그 출력 압력에 의한 힘을 이용하여 밸브를 움직이는 파일럿식이 있다.

• 직접 제어 밸브 (직동식) : 일반적으로 자력이 충분하지 못하기 때문에 밸브의 공
칭 치수가 커지면 솔레노이드가 너무 커지기 때문에 작은 곳에서만 사용하며, 스
위칭 시간이 느리다.

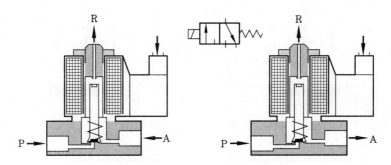

3/2 way 직접 작동 솔레노이드 밸브

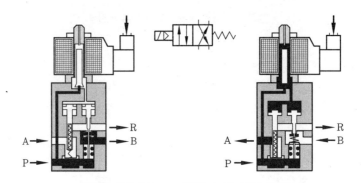

파일럿 내장 4/2 way 간접 솔레노이드 밸브

- 간접 제어 밸브 : 파일럿 솔레노이드 밸브 (작은 치수의 3 / 2 way 밸브)와 공기로 작동되는 주(main) 밸브로 구성되어 있으며, 오버랩이 일어나지 않고 솔레노이드의 전원이 차단되면 파일럿 밸브의 플런저와 주 밸브의 파일럿 스풀은 스프링에 의해 원위치로 돌아간다.
- 솔레노이드 밸브의 종류에 따른 특징
  - 싱글 솔레노이드형 : 밸브를 조작한 후 조작력을 제거하면 원래의 상태, 즉 초기상태로 복귀하는 것을 말하며, 스프링, 공급 압력에 의한 힘 또는 이들을 병용해서 사용하고, 스프링 리턴방식이라고도 부른다.
  - 더블 솔레노이드 밸브 : 조작측과 복귀측의 구별없이 각각 별도로 조작하여 공기 흐름의 방향을 변환시키면 그 조작력을 제거하여도 변환된 상태로 유지되어 복귀하지 않고 반대측을 조작해야만 복귀되는 것으로, 유지형이라고도 한다.
  - 4포트 및 5포트 솔레노이드 밸브

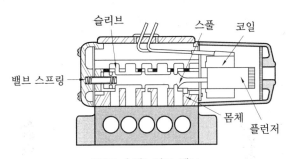

5포트 솔레노이드 밸브

② **그 밖의 밸브**

   ㈎ 체크 밸브 (check valve) : 유체를 한쪽 방향으로만 흐르게 하고, 다른 한쪽 방향으로 흐르지 않게 하는 기능을 가진 밸브로서, 밸브가 스프링의 힘으로 밸브 시트에 밀착되어 있는 구조로 되어 있다. 공기를 작동방향으로 흐르게 하려면 스프링의 힘을 이기고 밸브를 열어야 하는데, 이때 이 압력을 최저 작동압력이라 하고 대략 0.02~0.05 MPa이다.

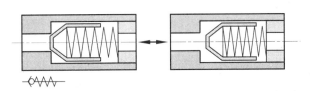

체크 밸브

(나) 셔틀 밸브(shuttle valve, OR valve) : 3방향 체크 밸브, 고압 우선 밸브라고도 하며, 체크 밸브를 2개 조합한 구조로 되어 있다. 2종류의 공압 신호를 선택하여 마스터 밸브에 전달할 때 사용한다.

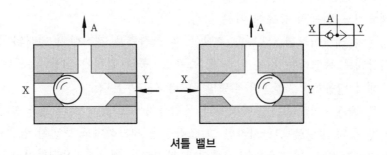

셔틀 밸브

(다) 급속 배기 밸브(quick release valve or quick exhaust valve) : 액추에이터의 배출저항을 적게 하여 속도를 빠르게 하는 밸브로 가능한 액추에이터 가까이에 설치하며, 충격 방출기는 급속 배기 밸브를 이용한 것이다.

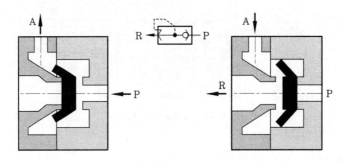

급속 배기 밸브

(라) 2압 밸브(two pressure valve or AND valve) : 일명 저압 우선 밸브라고도 하는 AND 요소로서 2개의 입력이 존재해야 출력이 존재하며, 안전 제어 검사 등에 사용된다.

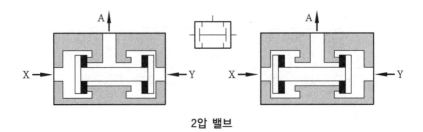

2압 밸브

공압 액추에이터

(1) 공압 실린더

공압 장치 내에서 공기의 압력 에너지를 직선운동으로 변환하는 기기이다. 이 기기는 쉽게 압력 에너지를 직선운동으로 변환시키는 장점을 가지고 있는 반면에, 작동유체에 압축성이 있기 때문에 정확한 속도 제어와 위치 제어 등이 약간 어렵고 부하의 크기에 따라 영향을 받기 쉬운 결점이 있다.

① **공압 실린더의 구조** : 공압 실린더는 사용 목적에 따라 일반적인 구조와 특수한 구조로 제작되며, 가장 많이 사용되고 있는 피스톤형 복동 실린더는 다음과 같은 구조를 갖고 있다.

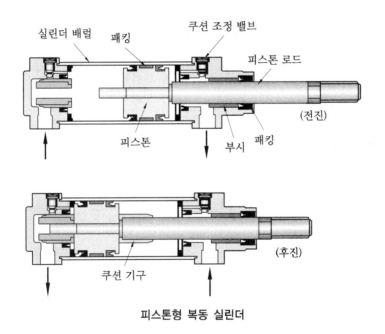

피스톤형 복동 실린더

② **공압 실린더의 종류와 특징** : 공압 실린더는 구조 및 작동방식, 쿠션의 유무, 지지형식, 크기 등에 따라 분류할 수 있다.

공기압 실린더의 분류

분류		기호	기능
피스톤 형식	피스톤 실린더		가장 일반적인 실린더로 단동, 복동, 차동형이 있다.
	램형 실린더		피스톤 지름과 로드 지름 차가 없는 수압 가동부분을 갖는 것으로 좌굴 등 강성을 요할 때 사용한다.
	다이어프램형 실린더		수압 가동 부분에 피스톤 대신 다이어프램을 사용한다. 스트로크는 작으나 저항으로 큰 출력을 얻을 수 있다.
	벨로스형 실린더		피스톤 대신 벨로스를 사용한 실린더로 섭동부 마찰저항이 적고 내부 누출이 없다.
작동 방식	단동 실린더		한쪽 방향만의 공기압에 의해 운동하는 것을 단동 실린더라 하며, 보통 자중 또는 스프링에 의해 복귀한다.
	복동 실린더		공기압을 피스톤 양쪽에 다 공급하여 피스톤의 왕복운동이 모두 공기압에 의해 행해지는 것으로서 일반적인 실린더이다.
	차압 작동 실린더		지름이 다른 2개의 피스톤을 갖는 실린더로서 피스톤과 피스톤 단면적이 회로 기능상 매우 중요하다.
복합 실린더	텔레스코프 실린더		긴 행정을 지탱할 수 있는 다단 튜브형 로드를 갖추었으며, 튜브형의 실린더가 2개 이상 서로 맞물려 있는 것으로서 높이에 제한이 있는 경우에 사용한다.
	탠덤 실린더		꼬치 모양으로 연결된 복수의 피스톤을 n개 연결시켜 n배의 출력을 얻을 수 있도록 한 것이다.
	듀얼 스트로크 실린더		2개의 스트로크를 가진 실린더, 즉 다른 2개의 실린더를 직렬로 조합한 것과 같은 기능을 갖고 있어 여러 방향의 위치를 결정한다.

피 스 톤 로 드 식	편 로드형		피스톤 한쪽만 피스톤 로드가 있다.
	양 로드형		피스톤 양쪽 모두에 피스톤 로드가 있다.
쿠 션 의 유 무	쿠션 없음		쿠션 장치가 없다.
	한쪽 쿠션		한쪽에만 쿠션 장치가 있다.
	양쪽 쿠션		양쪽 모두에 쿠션 장치가 있다.
위 치 결 정 형 식	2 위치형		전후진 2위치의 일반 실린더
	다위치형		복수의 실린더를 직결, 여러 방향의 위치를 결정한다.
	브레이크 붙이		브레이크로 임의의 위치에서 정지시킬 수 있다.
	포지셔너		임의의 입력신호에 대해 일정한 함수가 되도록 위치를 결정할 수 있다.

지지 형식	풋형		고정
	플랜지형		
	회전형		요동
	크레비스형		
	트래니언형		
기타	가변 스트로크 실린더		스트로크를 제한하는 가변 스토퍼가 있다.
	임팩트형 실린더		급속 작동이 가능하다.
	플라스틱형 실린더		플라스틱 재료로 구성되어 있다.
	와이어형 실린더 (로드리스 실린더, 케이블형)		피스톤 로드 대신 와이어를 사용한 것으로 케이블 실린더라고도 한다.
	플렉시블 튜브형 실린더 (로드리스 실린더)		실린더 튜브 대신 변형 가능한 튜브, 피스톤 대신 2개의 롤러를 사용한 실린더이다.

㈎ 구조 (피스톤 형식)에 의한 분류

- 피스톤형 : 일반적인 것으로 피스톤과 피스톤 로드를 갖춘 실린더이다.

- 램형 : 피스톤 지름과 로드 지름의 차가 없는 가동부를 갖는 구조로서, 복귀는 자중이나 외력에 의해 이루어지나 공압용으로는 사용빈도가 적다.

- 비피스톤형 : 가동부에 다이어프램이나 벨로스를 사용한 것으로, 미끄럼 저항이 적고, 최저 작동압력이 약 $0.1\,\mathrm{kg/cm^2}$ 정도로 낮은 압력에서 고감도가 요구되는 곳에 사용된다.

㈏ 작동방식에 의한 분류

- 단동 실린더 : 한 방향 운동에만 공압이 사용되고 반대방향의 운동은 스프링이나 자중 또는 외력으로 복귀된다. 전진운동은 공기압으로 작동하나 후진운동은 리턴 스프링의 힘으로 돌아오거나 외력으로 밀려옴으로써 왕복운동을 한다.

  일반적으로 100 mm 미만의 행정거리로 클램핑, 프레싱, 이젝팅, 이송 등에 사용된다. 이 실린더는 복동형에 비해 공기 소비량이 적고, 3포트 밸브 한 개로 제어가 가능하며, 실린더와 밸브 사이의 배관이 한 개로 되는 이점이 있다.

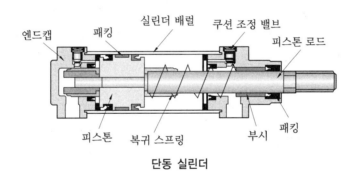

단동 실린더

- 복동 실린더 : 압축공기를 양쪽에 교대로 공급하여 피스톤을 전·후진시키는 것으로 가장 많이 사용한다.

- 차동 실린더 : 실린더 면적과 로드측의 면적비가 1 : 2로 일정하며, 전·후진 시 실린더 면적차를 이용한 출력을 사용하는 실린더이다.

- 편 로드형 : 양 로드형 이외의 실린더

- 양 로드형 : 행정이 긴 실린더가 요구될 경우, 양쪽 로드가 필요한 경우에 사용된다. 이 실린더는 왕복 모두 피스톤 면적이 같기 때문에 왕복 모두 동일한 속도와 힘을 얻기 쉽다.

㈐ 쿠션 장치의 유무에 따른 분류 : 피스톤 행정의 끝에서 피스톤이 커버에 닿지 않

도록 설치한 쿠션 장치의 유무에 따라 분류된다. 쿠션 장치에는 가변식과 탄성을
이용한 고정식, 한쪽 쿠션, 양쪽 쿠션형으로 나누어진다.

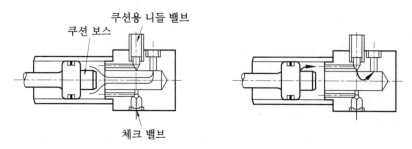

쿠션의 구조

㈜ 복합 실린더
• 텔레스코프형 공압 실린더 : 다단 실린더형 피스톤 로드, 즉 다단 튜브형으로 단
동과 복동이 있으며, 전체 길이에 비하여 긴 행정이 얻어진다. 그러나 속도 제어
가 곤란하고, 전진 끝단에서의 출력이 저하되는 단점이 있다.
• 탠덤형 공압 실린더 : 길이 방향으로 연결된 복수의 복동 실린더를 조합시킨 것으
로 2개의 피스톤에 압축공기가 공급되기 때문에 실린더의 출력이 2개의 실린더
출력의 합이 되므로 큰 힘이 얻어진다.

텔레스코프형 공압 실린더

탠덤형 공압 실린더

• 다위치형 공압 실린더 : 복수의 실린더를 동일 축선상 직렬로 연결하여 각각의 실
린더를 제어하여 몇 개의 정지 위치를 선정하게 되어 있으며, 위치 정밀도가 높
은 다위치 제어에 사용된다.

다위치형 공압 실린더

㈑ 위치 결정에 따른 분류

- 브레이크 붙이 실린더 : 브레이크 기구를 내장하여 임의 위치에서 0.1~1 mm 정도의 위치 제어가 가능하다.

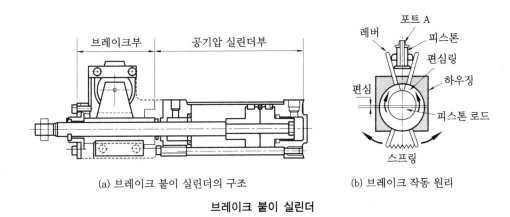

(a) 브레이크 붙이 실린더의 구조 (b) 브레이크 작동 원리

브레이크 붙이 실린더

- 포지셔너 실린더 : 서보 실린더 등이 있다.

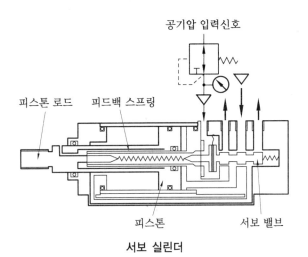

서보 실린더

㈐ 지지 형식에 따른 분류 : 실린더 본체를 설치하는 방식에 따라 고정방식과 요동
   방식으로 크게 나누어지고, 다시 설치부의 형상에 따라 풋형, 플랜지형, 트래니언
   형 등으로 분류된다.

㈑ 크기에 의한 분류 : 실린더의 크기는 실린더 안지름, 피스톤 행정의 길이, 로드의
   지름, 로드의 나사 호칭에 따라 분류된다.

㈒ 기타 실린더 : 목적이나 용도에 따른 특수 구조의 것으로 가변 행정 실린더, 충격
   공압 실린더 등이 있다.

• 가변 행정 공압 실린더(adjustable stroke cylinder) : 행정 거리를 조절하기 위해
   헤드 커버부에 나사를 삽입하여 스토퍼 역할을 하는 행정 조정 기구를 비치한 실
   린더이다.

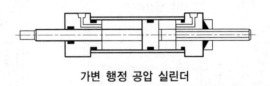

가변 행정 공압 실린더

• 충격 실린더(impact cylinder) : 공기 탱크에서 피스톤에 공기 압력을 급격하게 작
   용시켜 충격력이 갖고 있는 속도 에너지를 이용하게 된 실린더로 프레스에 이용
   된다.

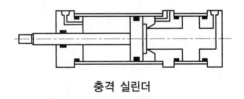

충격 실린더

• 솔레노이드 밸브 붙이 실린더 : 실린더와 솔레노이드 밸브를 일체로 한 실린더이다.

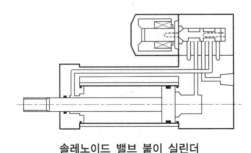

솔레노이드 밸브 붙이 실린더

• 로드리스 실린더 : 실린더의 설치면적을 최소화하기 위해 로드 없이 영구 자석을 이용한 것으로 케이블 실린더 등이 있다.

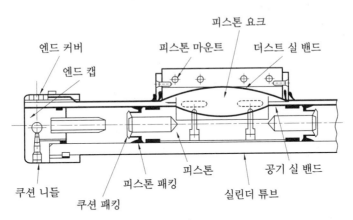

로드리스 실린더

• 하이드로 체커(hydro checker) 실린더 : 공압 실린더와 유압 실린더를 직렬 또는 병렬로 조합시킨 것으로 공압 실린더는 압축성 유체가 동력원이므로 저속으로 작동시키면 스틱 슬립(stick-slip) 현상이 발생하여 원활한 운동이 곤란하며, 정확한 위치 제어가 곤란하다. 따라서, 작동신호는 공기압 실린더에서 얻고 속도 제어는 유량 제어 밸브를 사용하여 폐회로로 구성된 유압 실린더로 제어하는 것이다. 이 실린더는 정밀 저속 작동이나 중간 정지의 정밀도가 요구되는 드릴의 정밀 이송에 쓰이며, 소형 밀링 머신에서 테이블 이송기구 등에 사용된다.

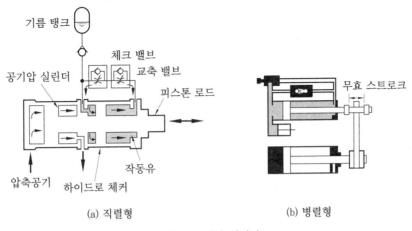

(a) 직렬형   (b) 병렬형

하이드로 체커 실린더

• 베로프램 실린더 : 합성 고무제의 베로프램을 실린더 내에 장치하고 그 중앙부의 서포터에 공기압을 작용시킴으로써 로드를 개재하여 힘을 밖으로 끌어내는 것으로 움직임이 부드러움과 동시에 공기 누출이 없는 것이 특징이다.

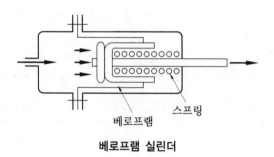

베로프램 실린더

• 밸브 붙이 실린더 : 실린더에 밸브를 직결시켜 실린더와 밸브 사이의 배관을 생략한 것으로 배관 공수를 생략할 수 있고 콤팩트로 취급하기 간단한 이점이 있으나 보수 점검이 곤란하다.

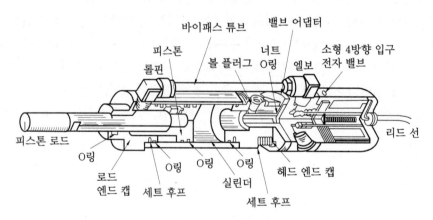

밸브 붙이 실린더

(2) 공압 모터 및 요동 액추에이터

① **공압 모터** : 공압 모터는 공기 압력 에너지를 기계적인 연속 회전 에너지로 변환시키는 액추에이터로 광산, 화학 공장, 선박 등 폭발성 가스가 존재하는 곳에 전동기 대신에 사용되고 있지만, 최근에는 가변속도 모터, 저속 고토크 모터 등의 사용으로 방폭이 요구되는 장치 이외에 호이스트, 컨베이어, 교반기, 부품 장착 등에도 널리 사용되고 있다.

㉮ 공압 모터의 특징

[장점]

- 속도, 토크를 자유롭게 조절할 수 있다.
- 과부하 시에도 아무런 위험이 없다.
- 시동, 정지, 역전 등에서 어떤 충격도 일어나지 않고 원활하게 이루어진다.
- 폭발성이 없다.
- 에너지를 축적할 수 있어 정전 시 비상용으로 유효하다.

[단점]

- 에너지 변환 효율이 낮다.
- 공기의 압축성 때문에 제어성이 그다지 좋지 않다.
- 부하 변동이 크고, 배출음이 크다.

㉯ 공압 모터의 종류 : 공압 모터에는 피스톤형, 베인형(vane type), 기어형, 터빈형 (turbine type) 등이 있으나 주로 피스톤형과 베인형이 사용되고 있다.

공기압 모터의 특징

종류	구조	원리 및 특징
베인형		베인 압축기와는 반대의 구조로 간단하고 경량이다. 케이싱 안쪽으로 베어링이 있고, 그 안에 편심 로터가 있으며, 이 로터의 가공되어 있는 슬롯에 3~10개의 베인이 삽입되어, 베인의 2장 사이에 생기는 수압 면적차에 공기압이 작용하여 회전력이 발생한다. 실링 효과가 있으며, 슬롯에 스프링을 넣어 밀봉 효과를 향상시킨 것도 있다. 출력은 0.075~7.5 kW, 저토크형으로 역회전은 불안정하므로 감속기와 병용해서 사용되는 것이 일반적이다. 무부하 상태의 회전수는 3000~15000 rpm이며, 최대 출력은 무부하 상태의 50 %인 500~2000 rpm의 고속 회전이다. 도료 교반, 윈치, 공기 그라인더나 드릴용 공기 모터로 사용되고 있다. ① 반경류 : 크랭크 축은 왕복운동을 하는 피스톤과 커넥팅 로드에 의해 회전되며, 운전을 원활하게 하기 위해 3~6개의 피스톤이 필요하고, 출력은 공기압과 피스톤의 개수, 피스톤의 면적, 행정거리와 속도에 의해 좌우된다. ② 축류 : 5개의 축방향으로 나열된 피스톤에서 나오는 힘은 회전사판에 의해 회전운동으로 바뀌고, 압축공기는 두 개의 피스톤에 동시에 공급되며 토크의 균형에 의해 정숙한 운전을 하게 된다.

피스톤형		공압을 순차적으로 실린더 피스톤 단면에 공급시켜, 피스톤 사판이나 캠, 크랭크축 등을 회전시키는 구조로 되어 있어 피스톤의 왕복운동을 기계적 회전운동으로 변환함으로써 회전력을 얻는 것으로, 베인형보다 저속 회전에서 큰 토크를 요하는 경우에 효과가 좋고, 보통 출력이 큰 것에 적합하다. 이 모터는 중·대용량의 저속에 사용되며, 최고 회전속도는 무부하 상태에서 3000 rpm, 출력은 1.5~2.6 kW 정도로 시동 토크를 크게 할 수 있으며, 중저속회전(20~400 rpm) 고토크형으로 각종 반송장치에 이용되고 반경류(radial)와 축류(axial)로 구분된다. 변환방식은 크랭크를 사용한 것(레이디얼 피스톤형), 경사판을 이용한 것(액시얼 피스톤형), 캠의 반력을 이용한 것(멀티 스트로크 레이디얼 피스톤형) 등이 있다.
기어형		2개의 기어 접촉부에 공기압을 공급하여 회전력을 얻는 것으로 소형은 10000 rpm 정도, 고속회전 대출력형이며, 역회전도 가능하고 직선 또는 사선형 기어도 사용되며, 광산기계 등에 이용된다.
터빈형		터빈에 공기를 불어 회전력을 얻는 것으로 초고속회전 미소 토크형이며, 낮은 출력과 2000~5000 rpm 정도의 연삭기, 치과 치료기, 공기압 공구 등에 이용된다.

(대) 공기 모터의 응용
- 에어 드릴 : 토크가 일정하기 때문에 드릴에 무리가 가지 않는다.
- 에어 그라인더 : 고속회전을 얻을 수 있고 연삭 작업에 좋다.
- 너트 런치 : 일정 토크로 너트를 죌 수 있다.
- 에어 윈치 : 과부하라도 안전하고 시동 토크가 크며, 정역전도 용이하다.

너트 런치

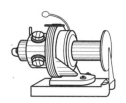

에어 윈치

- 에어 드릴 유닛 : 토크가 일정하기 때문에 드릴에 무리가 없고 하이드로 체커가 붙어 있기 때문에 스텝 이송, 빠른 이송, 절삭 이송이 가능하다. 공작기계, 정반, 스탠드 등에 복수로 고정시키면 다축 드릴 머신이 된다. 구조가 간단하고 제작 단가가 저렴한 기계를 손쉽게 완성시켜 사용할 수 있다.

에어 드릴 유닛

② **요동 액추에이터**(oscillating actuator, oscillating motor)

㈎ 요동 액추에이터의 특징 : 한정된 각도 내에서 반복 회전운동을 하는 기구로 공압 실린더와 링크를 조합하여 만들 수 있으며, 기계의 소형화가 가능하다.

㈏ 요동 액추에이터의 종류

종 류		구 조	원리 및 특징
베 인 형		싱글 베인형 더블 베인형	공기 모터와 같은 구조로 베인에 의해 공기압을 직접 회전운동으로 변환하는 것이나 회전각도가 베인의 수에 따라 60~300°로서 싱글은 270~300°, 더블은 90~120°, 3중은 60° 이내이며, 베인의 수는 1~3장이다. 출력은 베인의 수압면적과 사용 공기 압력으로 결정되고 베인의 개수가 많을수록 요동각도는 작지만 토크는 크게 되어 베인의 수가 2장의 경우 토크가 배로 되나 회전각도는 작게 된다. 이 형식은 구조상 공기를 완전히 밀봉하는 것이 곤란하며 공기의 누설도 있게 되나 매우 콤팩트하고 제작비도 저렴하며 밸브의 개폐와 이송기구 등에 쓰인다.
피 스 톤 형	래 크 · 피 니 언 형		2개의 피스톤 왕복운동을 래크와 피니언을 사용하여 회전운동으로 변환하며 공기 쿠션을 이용할 수 있다. 형상은 크고 복잡하지만 80~90 %의 고효율이며, 수명과 감도는 다른 방식보다 우수하다.

피스톤형	스크루형	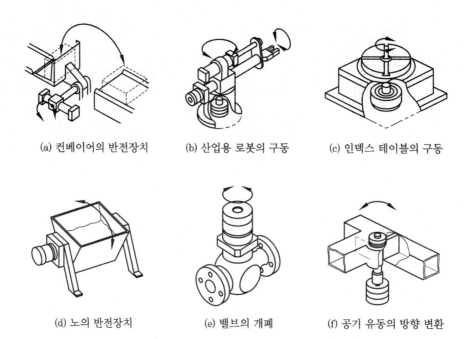	피스톤의 왕복운동을 스크루에 의해 요동운동으로 변환하는 것으로 행정거리를 크게 함에 따라 360° 이상의 요동각도를 얻을 수 있지만 일반적으로 100~370°를 사용한다. 외형이 크고 회전방지용 스토퍼로 인하여 마찰이 커지는 단점이 있으며 효율은 80% 정도이다.
	크랭크형		피스톤의 직선운동을 크랭크를 사용하여 회전운동으로 변환하는 것으로 요동각도는 110° 이내로 제한된다.
	요크형		크랭크형처럼 요동각도는 제한적이지만, 출력토크는 요동각도에 따라 약간 변동된다.

(다) 요동 액추에이터의 사용

(a) 컨베이어의 반전장치   (b) 산업용 로봇의 구동   (c) 인덱스 테이블의 구동

(d) 노의 반전장치   (e) 밸브의 개폐   (f) 공기 유동의 방향 변환

(g) 주기적 회전운동 　　　 (h) 크레인 장치 　　　 (i) 컨베이어 턴장치

(j) 화물 승강장치 　　　 (k) 횡운전 장치 　　　 (l) 믹서 장치

(m) 단속 이송장치 　　　 (n) 회전 가압장치 　　　 (o) 장력 조정장치

요동 액추에이터

6. 유압 기기

6-1 ## 유압 펌프(hydraulic oil pump)

기계적 에너지를 유압 에너지로 바꾸는 유압기기로서, 펌프는 전동기 등의 동력이 전달되면 펌프 내의 기계적 작동으로 펌프 입구의 압력을 낮아지게 하여 유체를 끌어들여 펌프 출구를 통해 유압 장치로 밀어낸다.

(1) 펌프의 성능 및 선택

① **펌프의 이론동력** : 펌프 내의 손실이 전혀 없을 때의 동력을 말하며, 손실이 없는 압력효율($\eta = 1$)일 때는 펌프의 유체동력은 축동력과 같이 되지만 실제의 경우에는 $\eta \neq 1$이 된다.

$$1\,\text{PS} = 75\ \text{kgf} \cdot \text{m/s},\ 1\,\text{kW} = 102\ \text{kgf} \cdot \text{m/s},\ 1\,\text{kJ/s} = 3600\ \text{kJ/h}$$

$$F = PA,\ Q = AV,\ L = \frac{\text{일량}}{\text{시간}} = \frac{FS}{t} = FV$$

$$\therefore L = PAV = PQ\ [\text{N/m}^2 \times \text{m}^3/\text{s}] = 10^4 PQ\ [\text{kW}]$$

여기서, P : 압력(Pa), Q : 유량(m³/s), V : 속도(m/s), A : 관의 단면적(m²)

② **펌프의 유체동력** (L_p)

(가) 실제 토출량 : 실제 펌프 토출량(Q) = 이론적 토출량(Q_{th}) − ΔQ(누설량)

(나) 유체동력(펌프동력 = 기름에 유효하게 전동되는 동력) L_p

유체동력 = 펌프의 축동력 − [누설손실(용적손실) + 저항손실 + 기계손실]

$$L_p = P \times Q\ [\text{N} \cdot \text{m/s} = \text{J/s} = \text{W}]$$

예제 16. 펌프의 송출압력이 70 kgf/cm², 송출량이 40 L/min인 유압 펌프의 펌프 동력은 몇 PS인가?

해설 $L_p = \dfrac{PQ}{75 \times 60} = \dfrac{70 \times 10^4 \times 40 \times 10^{-3}}{75 \times 60} = 6.2\,\text{PS}$

---

③ **펌프의 축동력**(L_s) : 원동기로부터 펌프축에 전달되는 동력

펌프의 축동력 = $\dfrac{\text{펌프의 유체동력}}{\text{효율}}$

$$L_s = \frac{PQ}{450 \times \eta}\ [\text{PS}] = \frac{PQ}{1000 \times \eta}\ [\text{kW}]$$

④ **효 율**

(가) 용적 효율(volumetric efficiency)(η_v) : 이론적 배출유량과 실제 배출유량의 비율로서 이론적 토출량 Q_{th} = 무부하 시 토출량으로 구할 수 있다.

$$\eta_v = \frac{\text{실제 유량}}{\text{이론적 유량}} = \frac{Q}{Q_{th}} \times 100\,\% = \frac{L_p}{L_{th}} \times 100\,\%$$

$$\Delta Q\,(\text{누설손실}) = Q_{th} - Q = \frac{Q}{\eta_v} - Q$$

- 기어 펌프의 경우 : 80~90 %
- 베인 펌프의 경우 : 82~92 %
- 피스톤 펌프의 경우 : 90~98 %

(나) 기계 효율(mechnical efficiency)(η_m) : 베어링, 또는 기계 부품의 마찰에 의한

손실로서 패킹, 기어, 피스톤, 베인 등의 접촉 마찰손실이며 용적 기계효율 외에 저항손실(압력손실)이 있으나 $\eta_p = 1$로 취급한다.

$$\eta_m = \frac{\text{이론적 펌프출력}(L_{th})}{\text{펌프에 가해진 동력}(L_s)} = \frac{P \cdot Q_{th}}{2 \cdot \pi \cdot n \cdot T} \times 100\%$$

여기서, Q_{th} : 이론적 유량 (m^3/min), P : 배출 압력(N/m^2)
          T : 측정된 펌프축의 토크 $(\text{N} \cdot \text{m})$, n : 측정된 회전수(rpm)

㈐ 전체 효율(overall efficiency)(η) : 펌프의 축동력 L_s가 펌프 내부에서 얼마만큼 유용한 펌프 동력 L_p로 변환되었는가를 나타내는 비율로 모든 에너지 손실을 고려한 전체 효율 η_0은 다음과 같다.

전체 효율=체적 효율×기계 효율=$\eta_v \eta_m \times 100\%$

$$\eta = \frac{\text{펌프가 실제로 한 일}}{\text{펌프에 공급된 동력}} \times 100\%$$

$$= \frac{L_p}{L_{th}} \times \frac{L_{th}}{L_s} \times 100\% = \frac{L_p}{L_s} \times 100\%$$

$$= \frac{Q \times P Q_{th}}{Q_{th} \times 2\pi n T} = \frac{PQ}{2\pi n T} \times 100\%$$

펌프의 여러 가지 성능

펌프의 형식	압 력 $(\text{N}/\text{mm}^2 = \text{MPa})$	회전 속도 (rpm)	전체 효율 (%)	kg당 마력	유 량 (L/min)
외접 기어	13.6~20.4	1200~2500	80~90	4.4	3.8~568
내접 기어	3.4~13.6	1200~2500	70~85	4.4	3.8~757
베 인	6.8~13.6	1200~1800	80~95	4.4	3.8~303
축방향 피스톤	13.6~81.6	1200~3000	90~98	8.8	3.8~757
반지름 방향 피스톤	20.4~81.6	1200~1800	85~95	6.6	3.8~757

예제 **17.** 송출압력이 4 MPa이고 송출량이 40 L/min, 회전수가 1200 rpm인 용적형 펌프가 있다. 소비동력이 3.9 kW라면 펌프의 전효율은 얼마인가 ?

해설 $L_p = \dfrac{PQ}{1000 \times 60} = \dfrac{4 \times 10^6 \times 40 \times 10^{-3}}{1000 \times 60} = 2.67 \text{ kW}$

$\eta = \dfrac{L_p}{L_s} = \dfrac{2.67}{3.9} = 0.6846 = 68.5\%$

예제 18. 배출압력이 7 MPa인 40 kW의 전동기로 전효율 90 %의 유압 펌프를 구동할 때 펌프의 송출량은 몇 cm³/s 인가 ?

해설 $L_p = \dfrac{\eta \cdot L_s}{1000} = \dfrac{\eta \cdot P \cdot Q}{1000}$ 에서

$Q = \dfrac{1000 \cdot L_p}{\eta \cdot P} = \dfrac{1000 \times 40}{0.9 \times 7 \times 10^6} = 6.349 \times 10^{-3}\,[\mathrm{m^3/s}] = 6349\ \mathrm{cm^3/s}$

예제 19. 펌프의 송출압력이 7 MPa, 송출량이 30 L/min인 유압 펌프의 펌프 동력은 몇 kW인가 ? 또, 이 펌프의 전체 효율을 80 %로 하면 운전에 필요한 전동기는 최소한 몇 kW인가 ?

해설 $L_p = \dfrac{PQ}{1000 \times 60} = \dfrac{7 \times 10^6 \times 30 \times 10^{-3}}{1000 \times 60} = 3.5\,\mathrm{kW}, \quad L_s = \dfrac{L_p}{\eta} = \dfrac{3.5}{0.8} = 4.375\,\mathrm{kW}$

(2) 유압 펌프의 종류와 특징

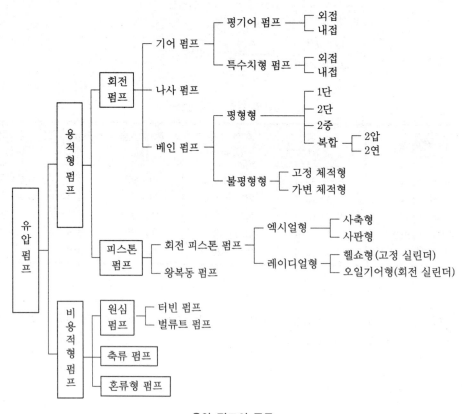

유압 펌프의 종류

펌프축이 1회전할 때 배출되는 유량은 유압 장치 내의 압력에 관계없이 거의 일정하다. 고정형은 펌프가 한 주기 작동할 때 배출되는 유량이 일정하며, 유량을 변화시키려면 펌프의 회전속도를 바꾸어야 한다.

또, 가변형은 작동 중 펌프를 조절하여 속도를 바꾸지 않아도 유량을 변화시킬 수 있으며, 유압 장치 내의 압력이 일정한 수준 이상은 넘지 못하도록 릴리프 밸브를 사용하나 특수한 경우에는 압력이 증가될 때와 배출량이 조절되도록 할 때 이 펌프를 사용한다.

① **기어 펌프** : 기어 펌프는 깨끗한 유압유를 사용하면 효율이 좋고, 비교적 수명이 길다. 소형이며, 조작이 쉽고, 저가이다. 흡입능력이 제일 크며, 기름의 오염에 큰 영향을 받지 않지만, 피스톤 펌프에 비해 효율은 떨어지며, 가변용량으로 만들기 어렵다.

㈎ 외접 기어 펌프 (external gear pump) : 유체는 맞물려 돌아가는 기어 사이를 통하여 배출되며, 한쪽 기어는 전동기에 연결되어 회전하고, 다른 쪽 기어는 구동 기어와 맞물려서 회전한다.

기어가 회전하면 흡입구 쪽에는 체적이 증가되어 압력이 낮아지므로 유체가 빨려 들어오고, 반대쪽 배출구에서는 체적이 감소되므로 유체가 밀려 나가게 된다. 체적 효율은 90 % 이상이나 배출구의 압력이 증가하면 체적 효율이 감소하고, 압력이 지나치게 높아지면 펌프가 손상된다.

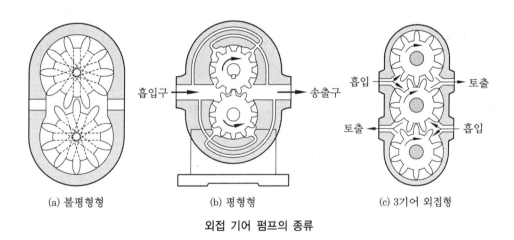

(a) 불평형형   (b) 평형형   (c) 3기어 외접형

외접 기어 펌프의 종류

㈏ 내접 기어 펌프 (internal gear pump) : 바깥쪽 기어와 그 안에서 회전하는 안쪽 기어로 구성되어 있다. 안쪽 기어가 바깥쪽 기어의 한 곳에서 맞물리고 반달같이 생긴 내부 실로 분리되어 있으며, 전동기 등에 의해 안쪽 기어가 구동된다. 기본적 작동원리는 외접 기어 펌프와 같으나 두 기어가 같은 방향으로 회전하는 것이 다른 점이다.

㈐ 로브 펌프 : 작동원리는 외접 기어 펌프와 같으나 연속적으로 접촉하여 회전하므로 소음이 적다. 또, 기어 펌프보다 1회전당의 배출량이 많으나 배출량의 변동이 다소 크다.

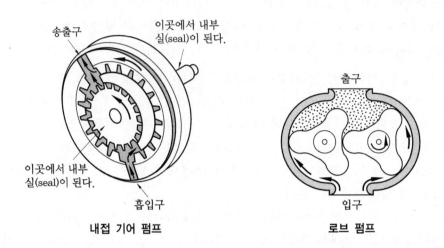

내접 기어 펌프　　　　　**로브 펌프**

㈑ 트로코이드 펌프 (trochoid pump) : 내접 기어 펌프와 비슷한 모양으로 안쪽 기어 로터가 전동기에 의하여 회전하면 바깥쪽 로터도 따라서 회전한다. 안쪽 로터의 잇수가 바깥쪽 로터보다 1개가 적으므로 바깥쪽 로터의 모양에 따라 배출량이 결정된다.

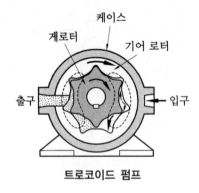

트로코이드 펌프

㈒ 스크루 펌프 : 3개의 정밀한 스크루가 꼭 맞는 하우징 내에서 회전하며, 매우 조용하고, 효율적으로 유체를 배출한다. 안쪽 스크루가 회전하면 바깥쪽 로터는 같이 회전하면서 유체를 밀어내게 된다.

② **베인 펌프**(vane pump) : 산업용 기름 펌프로 널리 사용되며, 구조가 간단하고 성능

이 좋아 많은 양의 기름을 수송하는 데 적합하다. 수명이 길고 맥동(끊어짐과 이어짐)이 적으며, 소음이 작다. 수리 및 관리가 용이하고, 소형도 가능하여 피스톤 펌프보다 가격이 저렴하다.

또한, 카트리지 방식만의 교체로 정비가 가능하고 호환성이 좋으며, 급속 스타트가 가능하나 기름의 오염에 주의하고 흡입 진공도가 허용 한도보다 낮아야 한다.

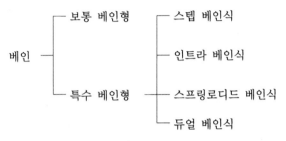

베인의 구조에 따른 베인 펌프의 종류

압력 성질에 따른 베인 펌프의 종류

㈎ 보통형 : 베인의 밑부분에 토출압력을 도입하여 캠면에 밀어 붙인다.

㈏ 특수형 : 흡입 스트로크 중 베인의 밀어붙이는 힘을 경감하여 고압 시 캠 링이나 베인의 마모를 방지한다. 체적 효율과 기계 효율이 우수하다.

㈐ 인트라 베인식(intra vane design) : 로터 홈에 따라서 뚫린 통로를 통하여 계속적으로 토출압력이 공급되고 있으며, 베인 및 인서트 밑부분에는 로터에 뚫린 압력 평형 구멍을 통하여 압력이 작용한다.

㈑ 듀얼 베인식 : 로터의 각 홈 안에 2장의 모따기로 된 베인이 삽입되어 있는 형식이며, 베인의 모따기 부분은 베인의 밑부분에서 선단으로 통하는 유로를 형성한다. 체적 효율이 양호하나, 기계 효율은 저하되며, 소음이 많다.

• 고정 체적형 베인 펌프(fixed delivery vane pump) : 반지름 방향의 홈이 있는

로터가 캠링 내에서 회전하면 홈 내의 베인이 캠링에 접촉하여 회전하게 되며, 이때 베인은 원심력에 의해 링내에 밀착되어 펌프 작용을 하게 된다.

(마) 단단 베인 펌프(single type vane pump) : 로터 주위의 압력은 평형 상태가 아니기 때문에 로터가 추력을 받게 되어 베어링에 많은 힘이 작용된다.

유체 역학적으로 평형 상태에 있는 베인 펌프는 흡입구와 배출구가 각각 두 곳이고, 서로 반대쪽에 있어서 평형이 유지되어 유압평형을 유지하며 수명이 길고, 운전이 정숙하고 맥동이 적으며, 체적 효율도 좋은 등 성능이 좋으나 토출량을 바꿀 수 없는 단점을 가지고 있다.

(바) 이중 베인 펌프(2연 펌프, double type vane pump) : 토출량이 서로 다른 펌프를 조합시켜 동일 축으로 구동한 것으로 흡입구 1개와 2개의 형식이 있다. 토출구는 2개로 각각 다른 유압원이 필요할 경우에 사용된다. 또, 편심축 전동기로 운전이 가능하며 설비비가 적어 경제적이다.

(사) 2단 베인 펌프(two stage vane pump) : 베인 펌프의 약점인 고압을 발생하기 위해 용량이 같은 단단 펌프 2개를 1개의 본체 내에 직렬로 연결시킨 것으로 고압·대출력이 요구되는 구동에 적당하나 소음이 발생된다. 정격압력은 14 MPa, 최고 압력은 21 MPa, 최고 회전수는 600~1500 rpm 정도이다.

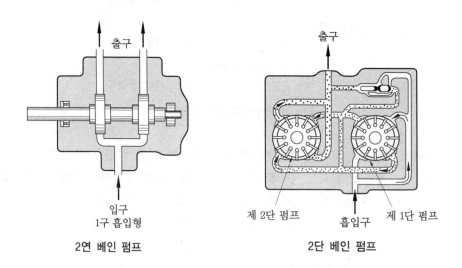

2연 베인 펌프   2단 베인 펌프

(아) 복합 베인 펌프(combination vane pump) : 고압 소용량 펌프로서, 저압 대용량 펌프와 릴리프 밸브, 언로드 밸브, 체크 밸브를 한 개의 본체에 조합시킨 펌프이다.

압력 제어를 자유로이 조작할 수 있으나, 온도 상승의 주원인인 릴리프 유량을 줄임으로써 오일 온도 상승을 방지할 수 있으나, 가격이 비싸고 체적이 크다.

• 가변 체적형 베인 펌프(variable delivery vane pump) : 로터의 중심과 캠 링의 중심이 편심되어 있어, 이 편심량을 바꾸어 토출량을 변화시킬 수 있는 불평형 펌프로 이 편심량을 기계적으로 조절하여 유량을 조절할 수 있게 되어 있다.

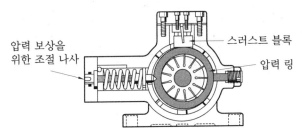

가변 체적형 압력 보상형 베인 펌프

③ **피스톤 펌프**(piston pump) : 효율이 제일 높으며, 고속, 고압의 유압 장치 가변 체적형에 적합하나, 기름의 오염에 극히 민감하고, 흡입능력이 가장 낮으며, 복잡하고 값이 비싸다. 체적의 변화 가능 여부에 따라 가변형과 체적 고정형이 있으며, 기름의 흐름 방향에 따라 축방향과 반지름 방향 피스톤 펌프가 있다.

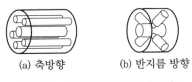

(a) 축방향   (b) 반지름 방향

축방향 및 반지름 방향 피스톤 펌프

㈎ 축방향 피스톤 펌프(axial piston pump) : 인라인형(inline type)과 경사축형 (bent axial type)의 두 가지가 있다. 피스톤은 경사판에 연결되어 회전하고, 이 경사판은 전후 방향으로 경사각도를 변화시킬 수 있게 되어 있다.

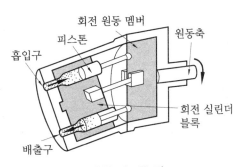

경사축형 피스톤 펌프

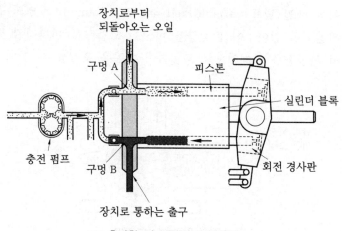

축방향 피스톤 펌프의 작동

㈏ 반지름 방향 피스톤 펌프 (radial piston pump) : 구조가 가장 복잡하고, 정교하게 설계되어 있어 높은 압력, 대용량 가변형에 적합하다.

• 회전 캠형 : 피스톤이 고정된 몸체에 부착되어 있고, 캠이 있는 중심축이 회전하여 이 피스톤을 작동시키도록 되어 있다.

• 회전 피스톤형 : 피스톤이 회전 실린더에 설치되어 있고, 회전 실린더는 바깥 하우징에 오프셋으로 설치되어 있다. 따라서, 실린더가 회전되면 피스톤이 하우징에 따라 움직여 펌프 작용을 하게 된다.

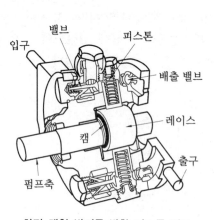

회전 캠형 반지름 방향 피스톤 펌프

회전 피스톤형 반지름 방향 피스톤 펌프

유압 펌프의 성능 비교

성 능		베인 펌프	기어 펌프	피스톤 펌프
최고 토출압력		평균해서 높고 고성능은 최대 17.5 MPa	평균해서 낮고 최대 27 MPa	일반적으로 최고압
운전효율	평균 효율	평균적으로 높다.	평균적으로 낮다.	일반적으로 가장 높다.
	토출압력과 효율	펌프 내의 압력 구배 분포가 비교적 단순하여 저압인 때는 낮고 고압은 별로 저하하지 않는다.	고압으로 될수록 상당히 낮아진다.	전압력 범위가 높다.
	점도와 효율	점도 변화에 의한 영향은 크지 않다.	점도가 저하하면 효율도 저하한다.	영향이 가장 적다.
	마모와 효율	마모되어도 저하가 적다.	마모되면 저하된다.	마모되면 매우 크게 저하하고 내부 실린더 블록의 밸런스가 급속히 파괴된다.
회전수		일반적으로 고속이다. 최고 2700 rpm, 최저 600 rpm	평균해서 낮으며, 최고 4000 rpm, 최저는 베인 펌프보다 낮다.	저속의 경우가 많으나 항공기용은 5000 rpm 이상이며 최저는 베인 펌프보다 낮다.
수명	베어링	베어링은 수명이 길지만 가변에서는 베어링에 부하가 발생된다.	베어링에 큰 부하가 발생되어 수명이 짧다.	베어링에 큰 부하가 발생되어 여러 개의 베어링을 사용한다.
	효율	거의 저하하지 않는다.	부품이 마모되어 저하된다.	기어 펌프와 비슷하다.
먼지에 대한 예민성		작은 먼지에도 예민하고, 스틱을 일으켜 파괴하는 경우도 있다.	비교적 영향을 받지 않는다.	가장 예민하다.
보수	부품수와 구조	부품수가 많고 고정도의 가공을 요하며 구조가 복잡하다.	부품수가 적고 가장 간단한 구조로 되어 있다.	부품수가 많고 정밀한 가공을 요하며, 구조는 복잡하다.
	부품의 호환성	호환성, 분해 조립이 양호하고, 특히 카트리지 방식이 가장 편리하다.	호환성이 나쁘며, 분해 조립이 비교적 곤란하다.	호환성이 비교적 나쁘다.

오일점도의영향	전반적인 영향	예민하고 적정 점도 범위는 좁으나 효율에는 영향을 별로 주지 않는다.	예민하지 않아 점도 범위가 넓으나 효율의 영향은 크다.	예민하고 점도 범위도 좁으나 효율의 영향이 적다.
	한랭 시의 스타트	고점도 (400 SSU) 에서도 급속 스타트가 가능하다.	스타트 토크가 크고 급속 스타트에 부적당하다.	기어 펌프와 비슷하다.
가격, 기타		기어 펌프보다 가격이 비싸나 흡입, 토출구의 방향을 자유롭게 선택할 수 있다.	가격이 싸다.	매우 비싸다.

6-2 유압 제어 밸브

유압 제어 밸브란 유압 계통에 사용하여 압력의 조정, 방향의 전환, 흐름의 정지, 유량의 제어 등의 기능을 하는 기기를 말하며, 밸브를 선택할 때에는 형식, 구동장치, 크기, 제어능력 등을 고려하여야 한다. 유압 제어 밸브는 압력 제어 밸브, 방향 제어 밸브 및 유량 제어 밸브로 크게 나누어진다.

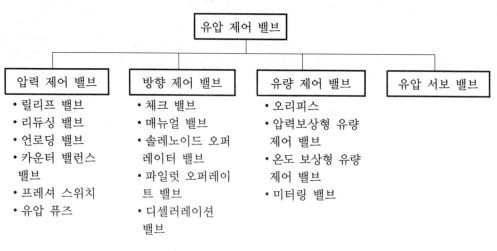

기능에 따른 유압 제어 밸브 분류

(1) 압력 제어 밸브

회로 내의 유압을 어떤 값으로 제한하거나 감소시키는 경우, 펌프를 무부하 상태로 하는 경우, 회로 내에 유입되는 오일을 일정한 압력으로 설정할 경우에 사용되는 것으로 릴리프 밸브, 감압 밸브, 압력 시퀀스 밸브 및 언로드 밸브 등이 이에 속한다.

압력 제어 밸브는 유압 장치를 보호하는 역할과 충격흡수 역할도 한다. 가장 많이 사용되는 압력 제어 밸브는 릴리프 밸브로 거의 모든 유압 장치에 항상 사용된다.

① **릴리프 밸브** : 유압회로에서 반드시 필요한 것으로 회로의 최고 압력을 설정하고 회로의 압력을 일정하게 유지시킨다. 이 밸브는 정상적인 압력에서는 닫혀 있으나 압력이 증가하여 설정 압력에 도달 (스프링의 힘을 초과) 하면 열리게 되어 펌프에서 탱크로 유압이 흘러 회로 내의 압력 상승을 제한한다. 펌프의 최대 유량에서 최대 압력이 릴리프 밸브의 지시 압력이 되어 실린더 내의 힘이나 토크를 제한하여 부품의 과부하 (overload) 를 방지한다. 종류에는 직동형과 평형 피스톤형이 있다.

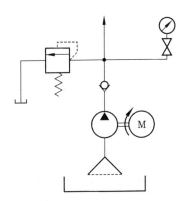

릴리프 밸브에 의한 압력 제어회로

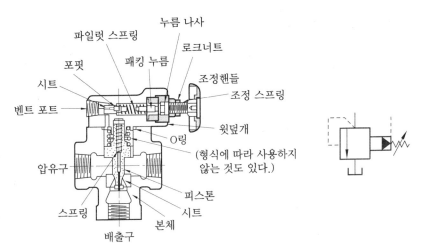

평형 피스톤형 밸브 릴리프 밸브

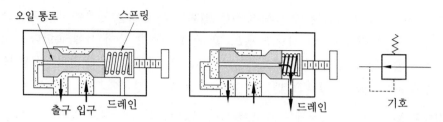

압력 감소 밸브와 기호

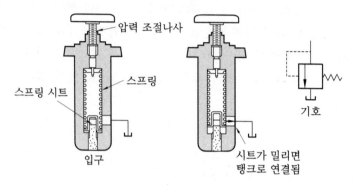

릴리프 밸브의 작동

직동형과 평형 피스톤형 릴리프 밸브의 비교

구 분	평형 피스톤형	직동형
구 조	메인 스풀과 파일럿 스풀이 있으며, 메인 스풀을 유압으로 밸런스를 맞추면서 압력을 유지한다 (압력 조정은 파일럿부로 한다).	메인 스풀밖에 없어 메인 스풀을 스프링으로 눌러 그 스프링의 힘으로 압력을 조정한다.
조 작	파일럿 부분의 작은 스프링을 조작하기 위해 압력 조절 나사의 핸들에 걸리는 힘이 작아서 쉽게 조정할 수 있다.	메인 스풀의 강력한 스프링을 조작하기 위하여 핸들에 걸리는 힘이 커서 압력 조절에는 큰 힘이 필요하다.
압력조절 범위	하나의 스프링으로 광범위하게 조정할 수 있다.	스프링을 누르는 힘이 크기 때문에 작은 범위만 조정할 수 있다.
원격 조작	리모트 컨트롤 밸브로서 원격 압력 조정이 가능하며, 방향 전환 밸브로서 언로드가 가능하다.	원격 압력 조작이 불가능하다.
응답성	메인 스풀의 작동이 다소 지체되어 서지압이 발생한다.	메인 스풀의 움직임이 빨라서 서지압이 적어도 된다.
압력 오버라이드 (유량-압력 곡선)	압력 변화가 적고 효율이 좋다.	압력 변화가 커서 효율이 나쁘다.

② **감압 밸브**(pressure reducing valve) : 이 밸브는 주회로의 압력보다 저압으로 사용하고자 할 때 사용한다. 상부의 덮개 속에 내장되어 있는 파일럿 밸브는 포핏, 파일럿 스프링 및 조절나사로 구성되어 있으며, 밸브 본체 안에는 스풀과 이것을 아래로 누르고 있는 스풀 스프링이 들어 있다.

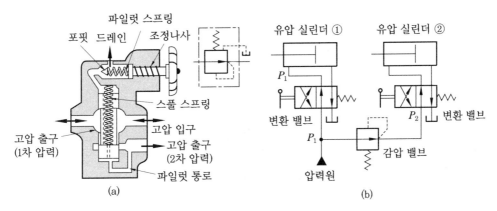

감압 밸브의 구조와 사용예의 회로도

③ **시퀀스 밸브**(sequence valve) : 이 밸브는 주회로의 압력을 일정하게 유지하면서 유압회로에 순서적으로 유체를 흐르게 하는 역할을 하여 한 동작이 끝나면 다른 동작을 하도록 한다.

④ **카운터 밸런스 밸브**(counter balance valve) : 이 밸브는 회로의 일부에 배압을 발생시키고자 할 때 사용하는 밸브로 연직방향으로 작동하는 램이 중력에 의하여 낙하하는 것을 방지하고자 할 경우에 사용한다.

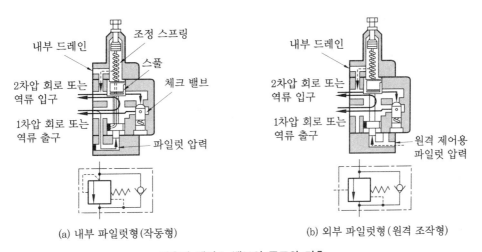

(a) 내부 파일럿형(작동형) (b) 외부 파일럿형(원격 조작형)

카운터 밸런스 밸브의 구조와 기호

⑤ **무부하 밸브**(unloading valve) : 이 밸브는 펌프의 송출 압력을 지시된 압력으로 조정 되도록 하는 것으로, 원격 조정되는 파일럿 압력이 작용하는 동안 펌프는 오일을 그 대로 탱크로 방출하게 되어 펌프에 부하가 걸리지 않게 되어 동력을 절약할 수 있다. 이 경우에는 흐름은 있으나 부하가 걸리지 않기 때문에 릴리프 밸브와는 다르다.

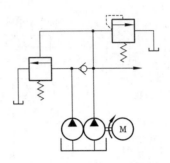

무부하 밸브의 사용 회로의 예

⑥ **압력 스위치**(pressure switch) : 유압신호를 전기신호로 전환시키는 일종의 스위치로 서 전동기의 기동, 정지, 솔레노이드 조작 밸브의 개폐 등의 목적에 사용한다.

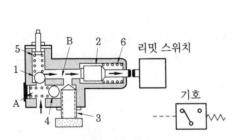

피스톤형 압력스위치

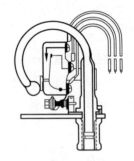

부르동관형 압력스위치

⑦ **유압 퓨즈**(fluid fuse) : 유압 퓨즈는 전기 퓨즈와 같이 유압 장치 내의 압력이 어느 한계 이상이 되면 얇은 금속막이 유체압력에 의하여 파열되어 압유를 탱크로 귀환 시킴과 동시에 압력 상승을 막아 기기를 보호하는 역할을 한다.

(2) 방향 제어 밸브 (directional control valve)

회로 내의 유체의 흐르는 방향을 조정하여 유압 실린더나 유압 모터의 작동 방향을 바 꾸는 데 사용되며, 체크 밸브, 셔틀 밸브, 2방향, 3방향 및 4방향 제어 밸브 등이 있다. 방향 제어 밸브로 가장 간단한 1방향 밸브는 흐름이 한 방향으로만 허용되고, 반대 방향으로는 흐르지 못한다. 밸브의 포핏을 스프링이 밀고 있기 때문에 스프링 쪽에서 유체가 흘러오면 포핏을 밀게 되어, 밸브가 계속 닫힌 상태를 유지하게 되므로 유체가 반대로 흐르면 그 유압이 스프링을 밀고 밸브를 열어 유체가 흐르게 된다.

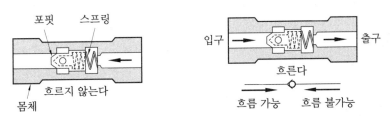

1방향 제어 밸브(체크 밸브)의 작동 상태

① **방향 제어 밸브의 형식** : 방향 전환 밸브의 기본 구조는 포핏 밸브식(poppet valve type), 로터리 밸브식(rotary valve type), 스풀 밸브식(spool valve type)으로 구별할 수 있다.

  (가) 포핏 형식 : 이 형식은 밸브의 추력을 평형시키는 방법이 곤란하고, 조작의 자동화가 어려우므로 고압용 유압 방향 전환 밸브로서는 널리 사용되지 않으나, 밸브 부분에서의 내부 누설이 적고, 조작이 확실하여 공기압용 전환 밸브로 많이 사용한다.

  (나) 로터리 형식 : 이 형식은 회전축에 직각되는 방향으로 측압이 걸리고, 또 로터리에 많은 압유 통로를 뚫어야 하기 때문에 밸브 본체가 비교적 대형이 된다. 그러므로 고압 대용량의 것은 불리하다. 구조가 간단하고, 조작이 쉬우면서 확실하므로 소유량, 저압의 원격제어용 파일럿 밸브로 사용되는 경우가 많다.

  (다) 스풀 형식 : 가장 널리 사용되고 있는 이 밸브는 스풀 축방향의 정적 추력 평형은 물론 축압 평형도 쉽게 얻을 수 있고, 유압 흐름의 형식을 쉽게 설계할 수 있는 점, 각종 조작방식을 쉽게 적용시킬 수 있는 점 등의 특징이 있다. 그러나 밸브 안을 스풀이 미끄러지며 운동하여야 하므로 간격이 필요한데, 이 간격을 통하여 약간의 누수가 따르게 되는 결점이 있으며, 로크 회로에는 포핏 형식을 사용하여 장시간 확실한 로크를 한다.

② **방향 전환 밸브의 위치수, 포트수, 방향수**

  (가) 위치수(number of position) : 방향 조절 밸브 내에서 다양한 유로를 형성하기 위하여 밸브 기구가 작동되어야 할 위치를 밸브 위치라 한다. 방향 전환 밸브에서 이용되고 있는 위치수는 1위치, 2위치, 3위치의 것이 있고, 3위치의 것이 가장 많이 사용되고 있다.

- 중립 위치 : 양측 스프링 부착 3위치 밸브에서 밸브의 조작입력이 가해지지 않을 때의 위치이다.
- 스프링 복원력(spring offset type) 현상 : 조작입력을 가해서 위치를 변화시킨 후 입력을 제거하면 스스로 원래의 위치(중립 위치)로 되돌아오는 현상
- 양단 위치(extreme position) : 3위치 전환 밸브에서 중앙 위치가 중립 위치일 때, 좌우의 양위치를 말한다. 정(正), 역(逆)의 유로를 만드는 것이 보통이다.
- 스프링 중립형 : 조작압력이 가해지지 않을 때 스프링의 힘으로 중립위치에 되돌아오는 밸브이다.

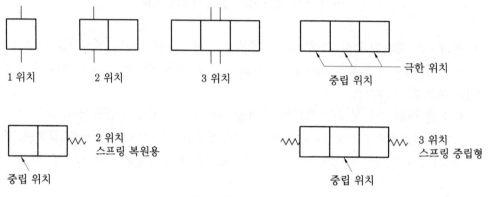

방향 전환 밸브의 위치

(나) 포트수와 방향수 (number of ports and ways) : 전환 밸브에 있어서 밸브와 주관로 (파일럿과 드레인 포트는 제외)와의 접속구수를 포트수 또는 접속수라 한다.

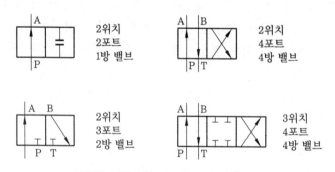

방향 전환 밸브의 포트수와 방향수

- 2포트 밸브 : 유로의 개(開), 폐(閉)만을 한정할 경우이다.
- 3포트 밸브 : 1개의 유입 압유를 2개의 방향으로 전환하는 경우 2개의 유입 압유

중 하나만을 통해서 유로를 만들고자 할 때에 사용한다.
- 4포트 밸브 : 가장 널리 사용되는 형으로서, 4개의 포트 중 2개가 조합되어 밸브 내에서 한 개의 유로가 만들어진다. 이 포트의 조합에 따라 조작상의 운동을 정, 역 또는 정지 등의 전환을 행할 수 있다. 전환 밸브의 방향수는 밸브에서 생기는 유로수 (3위치 밸브에서 중립 위치는 제외)의 합계를 말한다.
- 2방향 제어 밸브 : 이 밸브는 펌프에서 유체를 보내는 방향을 바꿀 때에 사용된다.
  - 스풀 위치 1 : 펌프 P에서 B로, A와 탱크 T는 차단된다.
  - 스풀 위치 2 : 펌프 P에서 A로, B와 탱크 T는 차단된다.

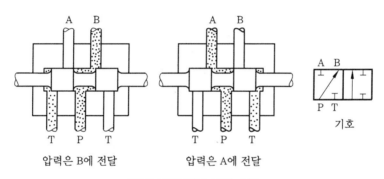

압력은 B에 전달   압력은 A에 전달

2방향 제어 밸브 내의 스풀

- 4방향 제어 밸브 : 스풀의 위치에 따라 흐름이 밸브 내에서 4가지 방향으로 이루어지며, 2방향 유압 실린더의 방향을 조정하는 데 사용된다.
  - 스풀 위치 1 : 펌프 P에서 A로, B에서 탱크 T로
  - 스풀 위치 2 : 펌프 P에서 B로, A에서 탱크 T로

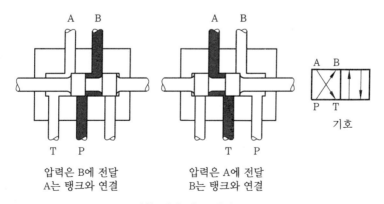

압력은 B에 전달   압력은 A에 전달
A는 탱크와 연결   B는 탱크와 연결

4방향 제어 밸브 내의 스풀

③ **전환 조작 방법** : 조작 방식으로는 수동 조작(인력 조작), 기계적 조작, 솔레노이드 조작(전자 방식, solenoid), 파일럿 조작, 솔레노이드 제어 파일럿 조작 방식이 사용되고 있다.

㉮ 2위치 2포트 밸브(two position two port connection valve) : 1개의 유로를 단순히 개폐 작용만 하는 전환 밸브이다. 밀폐 부분에 압유가 들어가면 국부적으로 승압되어 측압이 걸리는 것을 막기 위하여 드레인 포트를 탱크에 연결시켜 사용한다. 이 밸브는 통상 열려진 것과 통상 닫아진 형식이 있고, 비교적 저압 소용량에 사용한다.

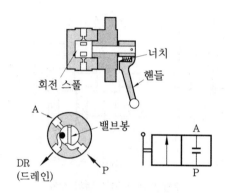

2위치 2포트 밸브(로터리형)

㉯ 2위치 3포트 밸브(two position three port connection valve) : 레버로 조정되는 3위치 4방향 제어 밸브는 스풀 양쪽 끝에 스프링이 있어서 레버에 힘을 가하지 않으면 스풀은 항상 중립 위치에 있게 된다. 이때에는 모든 유로가 차단된 상태이기 때문에 유압 실린더 등이 중간 위치에 머물러 있게 된다.

㉰ 4방향 밸브(four way valve) : 이 밸브는 P, T, A, B의 4개의 포트를 갖고 스풀의 이동에 따라 밸브 내에서 4개의 유로를 형성하는 방향 전환 밸브로서, 보통 4방 밸브라 말한다. 4방향 밸브는 회전 스풀과 작동 스풀이 있고, 2위치 밸브와 3위치 밸브가 보통 사용된다.

• 2위치 4방향 밸브(two position four way valves) : 회전 스풀형 로터리 밸브와 직선 위를 미끄러져 운동하는 직동 스풀 밸브가 있다. 조정은 스풀 파일럿 압력이나 솔레노이드에 의한 것이 보통이나 밸브나 스풀의 크기가 작은 경우에는 솔레노이드를 이용한다. 대개 스풀을 사용하나, 밸브 내에 있는 회전 로터를 사용하는 경우도 있다. 회전 로터는 스풀과 같은 역할을 하고, 중립 위치에서는 모든 입출구를 막으며, 유속과 유량이 큰 경우에 적합하다.

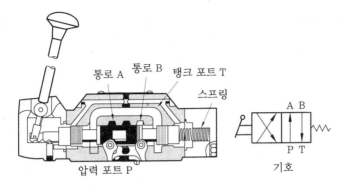

2위치 4방향 제어 밸브

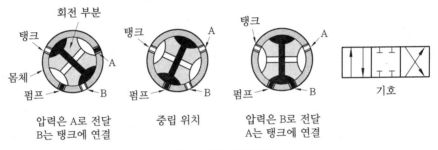

로터리 4방향 제어 밸브

- 3위치 4방향 밸브(three positon four way valve) : 직동 스풀 밸브로서 스풀의 전환 위치가 3개이나 중립 위치에서 밸브 특유의 유로를 형성시켜 여러 가지 기능을 갖는 밸브로 된다. 중립 위치의 형식 중 기본적인 것을 들면 다음과 같다.
  - 오픈 센터형(open center type) : 이 형식은 중립 위치에서 모든 포트가 서로 통하게 되어 있어 펌프 송출유는 탱크로 귀환되어 무부하 운전이 된다. 또, 전환 시 충격도 적고 전환 성능이 좋으나 실린더를 확실하게 정지시킬 수 없다.
  - 세미 오픈 센터형(semi open center type) : 이 형식의 밸브는 오픈 센터형의 밸브를 전환할 때에 충격을 완충시킬 목적으로 스풀 랜드(spool land)에 테이퍼를 붙여 포트 사이를 교축시킨 밸브로 대용량의 경우에 완충용으로 사용한다.
  - 클로즈드 센터형(closed center type) : 중립 위치에서 모든 포트를 막는 형식으로 실린더를 임의의 위치에서 고정시킬 수 있다. 그러나 밸브의 전환을 급격하게 작동하면 서지압이 발생하므로 주의를 요한다.
  - 펌프 클로즈드 센터형(pump closed center type) : 중립 위치에서 P포트가 막히고 다른 포트들은 서로 통하게끔 되어 있는 밸브이다.
  - 탠덤 센터형(tandem center type) : 일명 센터 바이패스형(center bypass type)

으로 중립 위치에서 A, B포트가 모두 닫히고 실린더는 임의의 위치에서 고정된다. 또, P포트와 T포트가 서로 통하게 되므로 펌프를 무부하시킬 수 있다.

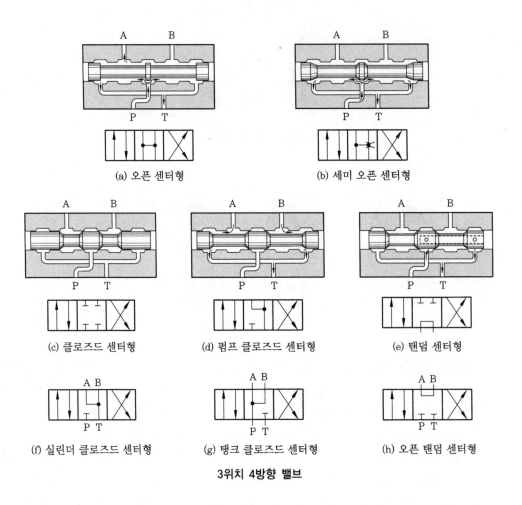

(a) 오픈 센터형

(b) 세미 오픈 센터형

(c) 클로즈드 센터형

(d) 펌프 클로즈드 센터형

(e) 탠덤 센터형

(f) 실린더 클로즈드 센터형

(g) 탱크 클로즈드 센터형

(h) 오픈 탠덤 센터형

3위치 4방향 밸브

④ **체크 밸브(check valve)** : 한 방향의 유동은 허용하나 역방향의 유동은 완전히 저지하는 역할을 하는 밸브로서, 밸브 본체 포핏 또는 볼, 시트, 스프링 등의 부품으로 구성되어 있다.

㉮ 흡입형 체크 밸브 : 공동 현상 발생을 방지할 목적으로 사용하는 것으로, 펌프 흡입구 또는 유압회로의 부(−)압 부분에 이 밸브를 사용하여 유압이 어느 정도 압력 이하로 내려가면 포핏이 열려 압유를 보충한다.

㉯ 스프링 부하형 체크 밸브 : 앵글형과 인라인형이 있으며, 관로 내에 항상 압류를 충만시켜 놓고자 할 경우나 열교환기나 필터에 급격한 고압유가 흐르는 것을 막고 기기를 보호할 목적으로 사용하는 일종의 안전 밸브이다.

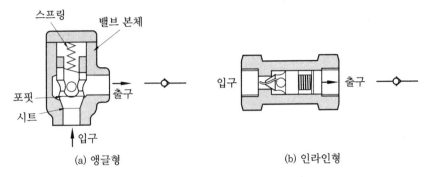

체크 밸브 (스프링 부하형)의 구조와 기능

㈐ 유량 제한형 체크 밸브 (throttle and check valve) : 한 방향의 유동은 자유 유동이 허용되고 역류는 오리피스를 통하게 하여 유량을 제한하는 밸브이다.

㈑ 파일럿 조작형 체크 밸브 (pilot operated check valve) : 이 형식은 작동면에서 스프링 부하형과 같으나 필요에 따라서는 파일럿 작동에 의하여 역류도 허용될 수 있는 밸브이다.

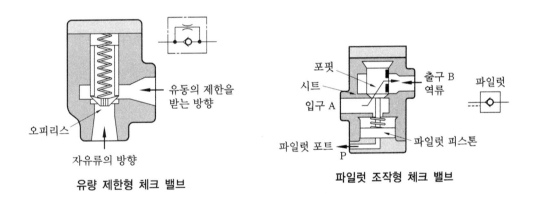

유량 제한형 체크 밸브   파일럿 조작형 체크 밸브

⑤ **감속 밸브(deceleration valve)** : 적당한 캠기구로 스풀을 이동시켜 유량의 증감 또는 개폐 작용을 하는 밸브로서 상시 개방형과 상시 폐쇄형이 있다. 또, 귀환유동을 자유로이 하기 위하여 체크 밸브를 내장시킨 역류 측로형이 있다. 이들 감속 밸브의 스풀 끝에는 롤러 또는 캠이 붙어 있어 이것에 의하여 스풀을 작동시킨다.

⑥ **셔틀 밸브(shuttle valve, AND valve, 고압 우선 밸브)** : 밸브의 구조상 출구측 포트 2개와 입구측 포트관로 중 고압측과 자동적으로 접속되고, 동시에 저압측 포트를 막아 항상 고압측의 압유만을 통과시키는 전환 밸브이다.

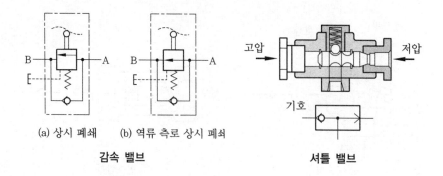

(a) 상시 폐쇄	(b) 역류 측로 상시 폐쇄
감속 밸브	**셔틀 밸브**

(3) 유량 제어 밸브 (flow control valve)

유압 장치의 제어부로 작동유의 유량을 조절하는 밸브로 보상 밸브, 비보상 밸브, 분류 밸브가 이에 속한다. 밸브 전후의 유량은 압력에 따라 달라지므로 정확하게 유량을 조정할 때에는 압력보상 유량 제어 밸브를 사용해야 하며, 속도를 제어하기 위해서는 고정된 오리피스나 가변 니들 밸브가 사용된다.

① **교축 밸브** (flow metering valve, 니들 밸브) : 유량 조정 밸브 중 구조가 가장 간단하며, 작은 지름에서의 유량을 미세하게 조정하기에 적합하다.

이 밸브는 바늘 모양의 니들 밸브에 의해서 유량이 조절되며, 손잡이에 수치가 있어서 각 수치에 따른 압력 강하를 표로 만들면 조절량을 쉽게 판단할 수 있다.

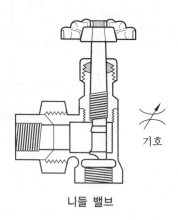

니들 밸브

⑺ 스톱 밸브 (stop valve) : 상수도용, 유압용 등의 다양한 용도에 사용되고 있는 교축 밸브로 조정핸들을 조작함으로써 스로틀 부분의 단면적을 변경시켜 통과하는 유량을 조절하는 밸브이다. 그러나 유압용은 작동유의 흐름을 완전히 멎게 하든가 또는 흐르게 하는 것을 목적으로 할 때 사용한다.

(나) 스로틀 밸브(throttle valve) : 유압구동에서 가장 많이 사용되고 있는 밸브로서 핸들을 조작하여 밸브 안의 스풀을 미소 유량으로부터 움직임으로써 대유량까지 조정하며 스로틀 부분은 테이퍼 부분과 V자형의 홈으로 되어 있고, 교축 전·후의 압력차가 증가해도 미소 유량의 조절이 쉽다.

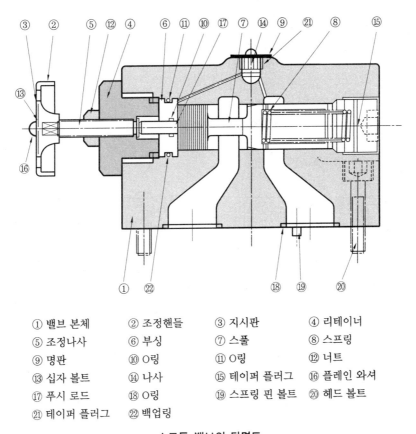

① 밸브 본체	② 조정핸들	③ 지시판	④ 리테이너
⑤ 조정나사	⑥ 부싱	⑦ 스풀	⑧ 스프링
⑨ 명판	⑩ O링	⑪ O링	⑫ 너트
⑬ 십자 볼트	⑭ 나사	⑮ 테이퍼 플러그	⑯ 플레인 와셔
⑰ 푸시 로드	⑱ O링	⑲ 스프링 핀 볼트	⑳ 헤드 볼트
㉑ 테이퍼 플러그	㉒ 백업링		

스로틀 밸브의 단면도

(다) 스로틀 체크 밸브(throttle and check valve) : 한쪽 방향으로의 흐름은 제어하고 역방향의 흐름은 불가능하다.

② **압력보상 유량 제어 밸브**(pressure compensated valve) : 압력보상 기구를 내장하고 있어 압력이 변화해도 유량을 항상 일정하게 유지시켜 준다. 유압 모터의 회전이나 유압 실린더의 이동속도 등을 제어하고, 기능에 따라 압력 보상부와 유량 조정부, 체크 밸브로 이루어져 있다.

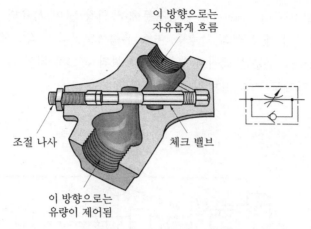

압력보상 유량 제어 밸브의 구조

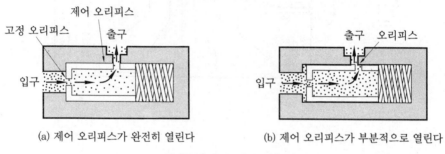

(a) 제어 오리피스가 완전히 열린다   (b) 제어 오리피스가 부분적으로 열린다

압력보상 유량 제어 밸브

③ **바이패스 유량 제어 밸브** : 펌프의 전유량을 한 가지 기능에 사용하는 경우와 다른 기능을 위해 보내야 하는 경우 등에 사용되며, 오리피스와 스프링을 사용하여 유량을 제어하고 유동량이 증가하면 바이패스로 오일을 방출하여 다른 작동에 사용되거나 탱크로 돌아가고 압력의 상승을 막는다.

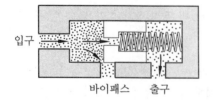

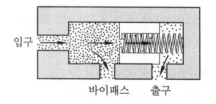

(a) 출구로는 전류가 흐르고 바이패스는 제한된다.   (a) 바이패스로는 전류가 흐르고 출구는 제한된다.

바이패스 유량 제어 밸브

④ **유량 분류 밸브** : 유량을 제어하고 분배하는 기능을 하며, 유량 순위 분류 밸브, 유량 조정 순위 밸브 및 유량 비례 분류 밸브의 세 가지로 구분된다.

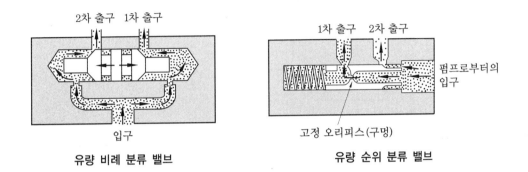

유량 비례 분류 밸브   유량 순위 분류 밸브

⑤ **압력 온도보상 유량 조정 밸브**(pressure and temperature compensated flow control valve) : 온도의 변화에 따라 오일의 점도가 변화하여 유량이 변하므로 유량 변화를 막기 위하여 열팽창률이 다른 금속봉을 이용, 오리피스 개구 넓이를 작게 함으로써 유량 변화를 보정하는 밸브이다.

⑥ **인라인형**(in line type) : 소형이며 경량이므로 취급이 편리하고 공간을 적게 차지하며 조작이 간단하다. 슬리브를 움직여 오리피스부를 제어하고 입구측과 출구측의 압력차가 생겨도 유량은 거의 변화하지 않는다.

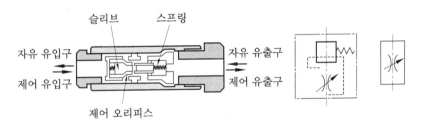

인라인형 유량 조정 밸브의 구조와 기호

유압 액추에이터

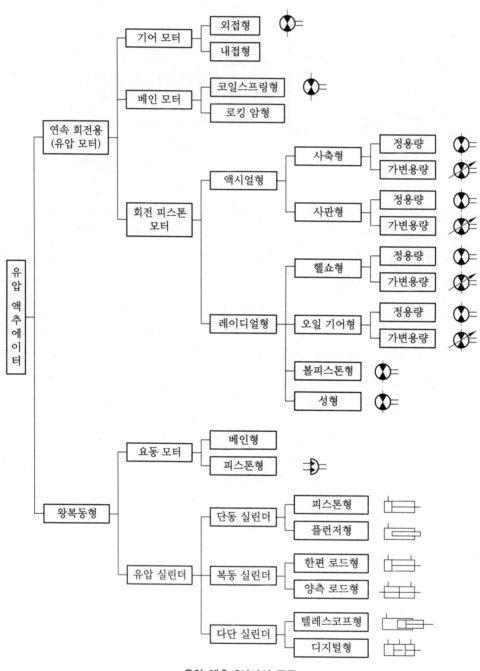

유압 액추에이터의 종류

(1) 유압 액추에이터(hydraulic actuator)의 종류

유압 액추에이터는 작동유의 압력 에너지를 기계적 에너지로 바꾸는 기기를 말하며, 직선운동을 하는 유압 실린더와 회전운동을 하는 유압 모터가 있다.

(2) 유압 실린더(hydraulic cylinder)

① 분류

㈎ 작동 형식에 의한 분류 : 단동식과 복동식이 있다.

㈏ 최고 사용압력(MPa)

호칭 기호	최고 사용압력	비 고	호칭 기호	최고 사용압력	비 고
3.5	3.5	저압용	14	14	고압용
7.0	7.0	중압용	21	21	초고압용

㈐ 조립 형식 : 일체형, 나사형, 플랜지 조립형, 타이로드형

㈑ 지지 형식 : 공압 실린더 참조

② 특징

㈎ 단동 실린더 : 공압 단동 실린더와 그 기능이 같다.

- 램형 실린더(ram type cylinder) : 피스톤 없이 로드 자체가 피스톤의 역할을 하게 된다. 로드는 피스톤보다 약간 작게 설계하고 로드의 끝은 약간 턱이 지게 하거나 링을 끼워 로드가 빠져나가지 못하도록 한다.

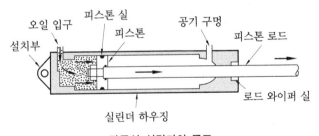

단동식 실린더의 구조

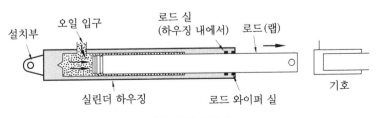

램형 유압 실린더

(나) 복동 실린더 : 공압 복동 실린더의 기능과 같으므로 이를 참고하고 유압에 관련된 특징만 알아보면 다음과 같다. 복동식에는 불평형식과 평형식의 두 가지가 있다.

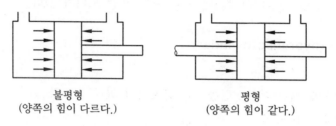

불평형
(양쪽의 힘이 다르다.)

평형
(양쪽의 힘이 같다.)

2가지 복동 실린더의 보기

- 불평형식 : 피스톤 로드 때문에 피스톤의 양쪽 유효 면적이 서로 다르다. 따라서 팽창할 때에는 속도가 약간 느리나 많은 힘을 전달하고, 수축할 때에는 속도가 약간 빠르나 전달력은 작다.
- 평형식 : 유압이 작용되는 면적이 같으므로 작동력의 크기가 같게 된다. 복동 실린더는 한쪽 로드와 양쪽 로드의 2가지 형식이 있다.

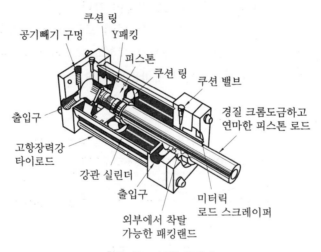

공기빼기 구멍   쿠션 링   Y패킹

피스톤

쿠션 링   쿠션 밸브

출입구

경질 크롬도금하고
연마한 피스톤 로드

고항장력강
타이로드

강관 실린더

출입구

미터릭
로드 스크레이퍼

외부에서 착탈
가능한 패킹랜드

한쪽 로드 복동 실린더

(다) 다단 실린더

- 텔레스코프 (telescopic)형 : 유압 실린더의 내부에 또 하나의 다른 실린더를 내장하고 유압이 유입하면 순차적으로 실린더가 이동하도록 되어 있어 실린더 길이에 비하여 큰 스트로크를 필요로 하는 경우에 사용된다. 이 경우에 포트가 하나이고 중력에 의해서 돌아가는 것을 단동형이라 한다.

• 디지털(digital)형 : 하나의 실린더 튜브 속에 몇 개의 피스톤을 삽입하고 각 피스톤 사이에 솔레노이드 전자 조작 3방면으로 유압을 걸거나 배유한다.

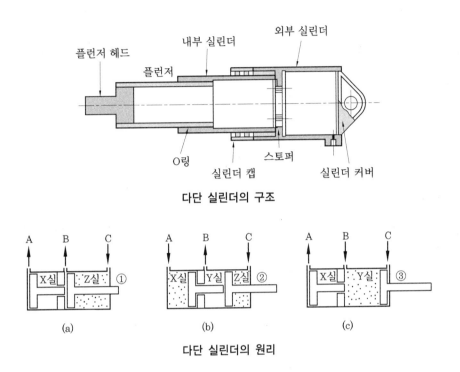

다단 실린더의 구조

다단 실린더의 원리

③ 유압 실린더의 호칭법

유압 실린더의 호칭은 규격 명칭 또는 규격 번호, 구조 형식, 지지 형식의 기호, 실린더 안지름, 로드 지름 기호, 최고 사용압력, 쿠션의 구분, 행정의 길이, 외부 누출의 구분 및 패킹의 종류에 따르고 있다.

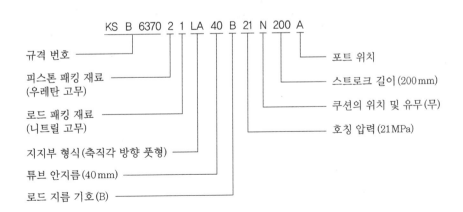

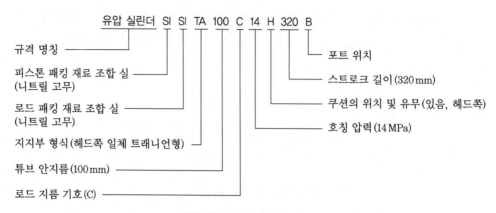

유압 실린더 SI SI TA 100 C 14 H 320 B

규격 명칭

피스톤 패킹 재료 조합 실
(니트릴 고무)

로드 패킹 재료 조합 실
(니트릴 고무)

지지부 형식 (헤드쪽 일체 트래니언형)

튜브 안지름 (100 mm)

로드 지름 기호 (C)

포트 위치

스트로크 길이 (320 mm)

쿠션의 위치 및 유무 (있음, 헤드쪽)

호칭 압력 (14 MPa)

표준 유압 실린더의 표시 예

(3) 유압 모터

① **기어 모터**(gear motor) : 입구 압력은 높고 출구압은 낮으므로 기어와 베어링이 큰
추력을 받으며, 두 개의 기어가 하나의 하우징 속에서 서로 물리고 기어가 상호구
동, 종동 구실을 하면서 회전하고 그 한쪽의 축에서 토크를 발생시킨다.

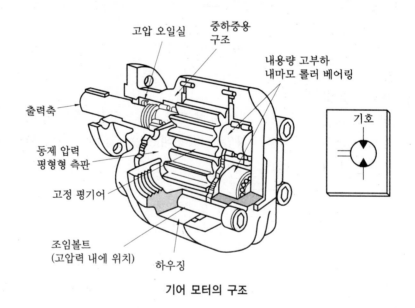

고압 오일실

중하중용
구조

내용량 고부하
내마모 롤러 베어링

출력축

동제 압력
평형형 측판

고정 평기어

조임볼트
(고압력 내에 위치)

하우징

기호

기어 모터의 구조

종류에는 외접 기어 모터, 내접 기어 모터, 압력이 20 MPa에서 작동되는 스크루
모터와 유체의 통로를 180° 떨어진 대칭으로 하여 압력에 의한 추력을 보상되도록
하는 대칭형 기어 모터가 있다. 특징으로는 가격이 저렴하고 구조가 가장 간단하며,

토크가 일정하고 역회전이 가능하다. 체적은 고정되며 압력 부하에 대한 보상장치가 없고, 작동압력은 14 MPa 이하, 작동 회전수는 2400 rpm, 최대 유량은 600 L/min 정도이다.

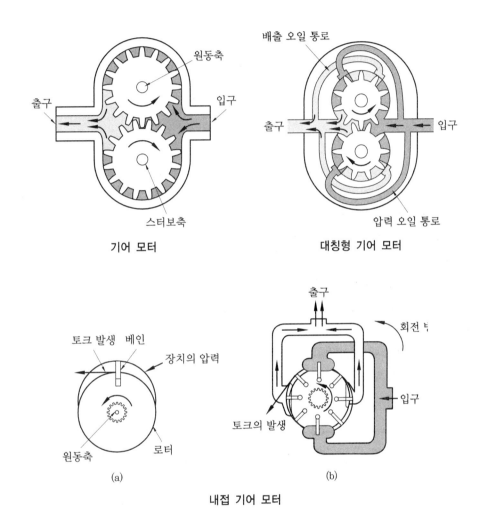

기어 모터 대칭형 기어 모터

내접 기어 모터

② 베인 모터(vane motor) : 구조면에서 베인 펌프와 동일하며 공급압력이 일정할 때 출력 토크가 일정하고 역전 가능, 무단 변속 가능, 가혹 운전 가능, 높은 동력(4~22 kW), 고효율 등의 장점이 있으며 최고 사용압력 7 MPa, 회전수 200~1800 rpm 정도의 것이 많다. 이 모터는 고정 체적식만이 가능하고 저압과 저속에는 효율이 나쁘고 토크의 변동이 증대되는 단점도 있다. 대칭형 베인 모터의 경우 180° 떨어진 두 위치에서 압력이 형성되어 작동되므로 추력의 균형이 잡히게 된다.

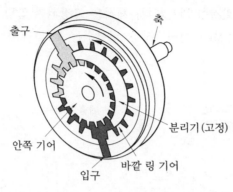

베인 모터의 작동과 구조

③ **회전 피스톤 모터**(rotary piston motor) : 회전 피스톤 (플런저) 모터는 고속·고압을 요하는 장치에 사용되는 것으로 구조가 복잡하고 비싸며, 유지 관리에도 주의를 요한다. 이동할 필요가 있는 차량 장비에서는 축방향 모터가 많이 사용되고, 산업용에는 공간적인 제한이 적기 때문에 반지름 방향 모터가 사용된다.

(가) 고정 체적형 축방향 피스톤 모터 : 피스톤이 실린더 블록 내에서 작동하면 고정된 각도의 경사판에 의해 축이 회전하게 된다.

(나) 가변 체적형 축방향 피스톤 모터 : 밸브를 공동으로 사용하게 되어 있고, 서로 직각으로 연결되어 있다. 펌프와 모터는 매우 유사하며, 대부분의 부품이 동일하다. 모터 중 가장 효율이 좋으며, 작동 압력(35 MPa)과 속도 (회전수 3000 rpm)가 가장 크고, 큰 피스톤 펌프의 경우 1800 L/min 정도의 유량을 보낼 수 있다.

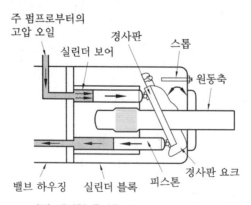

가변 체적형 축방향 피스톤 모터의 작동

(다) 병렬형 회전 피스톤 모터 : 사축형, 사판형 등이 있고, 일정 용량형 모터와 가변 용량형 모터가 있으며, 기호는 일정 용량형과 가변 용량형의 구별만을 나타낸다.

- 사축형 유압 모터 : 실린더 블록의 각도에 따라 배출 유량을 바꾸는 구조로서 부품수가 많고 복잡하며, 값이 비싼 결점을 없애기 위해 사판형이 사용된다.

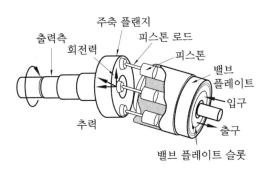

사축형 유압 모터

- 사판형 유압 모터 : 피스톤의 한쪽이 사판에 따라 미끄러지면서 회전을 하며, 간단하기 때문에 제작이 용이하고, 가변 용량형은 사판의 경사량을 조정하므로 정확한 조절이 가능하다. 최고압은 약 35 MPa로 고압이나 회전속도를 높일 수 없다.

㈑ 성형 회전 피스톤 모터 : 성형 피스톤 펌프와 거의 같은 부품으로 구성되어 있다.

- 헬쇼형 유압 모터 : 편심축을 갖고 있는 원판 캠의 주위에 방사상으로 피스톤 실린더가 배치되고 유압 에너지에 의해 펌프 작용과 반대로 캠축을 회전시키는 모터이다.

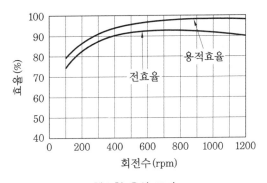

헬쇼형 유압 모터

- 오일 기어형 유압 모터 : 실린더 블록이 피스톤을 안은 채 편심한 축의 둘레를 회전하며, 유압 에너지가 피스톤을 왕복운동시켜 실린더 블록을 회전시킨다. 대표적으로 오일 기어성형 피스톤 모터가 있다.

• 볼 피스톤형 유압 모터 : 오일 기어형 유압 모터의 피스톤 대신에 볼 강구를 사용한 모터이다.

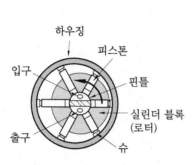

오일 기어형 유압 모터의 원리도

볼 피스톤형 유압 모터의 구조도

• 성형 유압 모터 : 일명 하이드로 스타 모터라고도 하며, 항공기의 성형 엔진과 같이 유압 실린더를 크랭크축 중심에 대하여 반지름 방향으로 5~7개를 배열한다. 커넥팅 로드와 크랭크축을 연결하고 로터리 밸브를 크랭크축과 연결하여 동시에 회전시켜 타이밍 좋게 각 실린더에 압유를 보내어 크랭크축을 회전시키는 구조를 하고 있다. 출력 토크는 압력에 비례하고 감속장치 없이 저속, 큰 토크를 얻을 수 있으며 기계 효율 92~96 %, 용적 효율은 압력 10 MPa에서 98 % 정도이고 콘크리트, 믹서, 각종 권상기, 크레인, 각종 밀, 컨베이어 구동 등에 적합하다.

④ **요동 모터**(rotary actuator motor)

㈎ 구조 : 일명 로터리 실린더라고도 하며, 베인이 왕복하면서 토크를 발생시키고, 출구와 입구를 변화시키면 보통 ±50° 정·회전이 가능하며, 베인의 양측의 압력에 비례한 토크를 낼 수 있다.

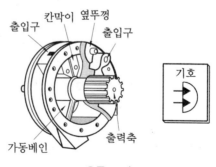

요동 모터

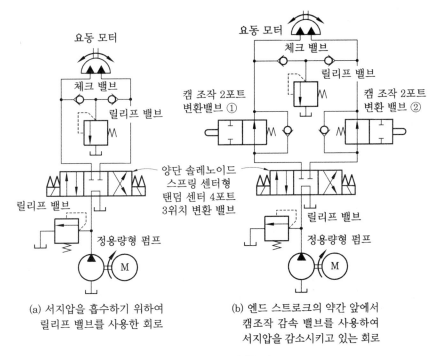

(a) 서지압을 흡수하기 위하여
릴리프 밸브를 사용한 회로

(b) 엔드 스트로크의 약간 앞에서
캠조작 감속 밸브를 사용하여
서지압을 감소시키고 있는 회로

요동 모터를 사용한 회로

⑤ **유압 모터의 성능** : 유압 모터는 입구 압력(MPa)당의 토크가 중요하며, 유압 모터의 용량을 나타내기도 한다. 유압 모터가 회전을 시작할 때에 토크가 가장 크게 되므로 이 최대 부하인 시동 토크를 측정하여 결정한다. 유압 모터의 효율은 펌프에서와 같이 체적 효율, 기계 효율, 전체 효율의 세 가지로 정의한다.

체적 효율(η_v)은 다음 식과 같다.

$$\eta_v = \frac{\text{이론적으로 계산된유량}}{\text{실제 유압 모터에서 이용된 유량}} \times 100\,\% = \frac{Q_T}{Q_A} \times 100\,\%$$

기계 효율(η_m)은 다음 식과 같다.

$$\eta_m = \frac{\text{유압 모터의 출력 토크}}{\text{이론적 출력 토크}} \times 100\,\% = \frac{T_A}{T_T} \times 100\,\%$$

여기서, $T_T : V_D \times P\,[\text{N·m}]$, T_A : 출력 토크

전체 효율(η_0)은 다음 식과 같다.

$$\eta_0 = \eta_c \cdot \eta_m \times 100\,\%$$

$$= \frac{\text{유압 모터의 출력}}{\text{유압 모터에 전달된 입력}} \times 100\,\% = \frac{2\pi\,T_A N}{P Q_A} \times 100\,\%$$

$$L = \frac{2\pi TN}{60 \times 1000} = \frac{PQ}{60 \times 1000} [\text{kW}]$$

$$\therefore \ T = \frac{PQ}{2\pi N} = \frac{Pq}{2\pi} [\text{N} \cdot \text{m}] \left(\text{여기서}, \ q = \frac{Q}{N} \right)$$

6-4 **부속 기기**

(1) 오일 탱크

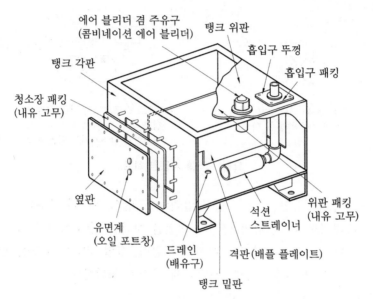

오일 탱크의 표준 부위 명칭

① 오일 탱크의 구비 요건

⑦ 오일 탱크 내에서 이물질이 혼입되지 않도록 주유구에 여과망과 캡 또는 뚜껑을 부착하고, 오일로부터 분리할 수 있는 구조이어야 한다.

⑭ 공기 빼기 구멍에 공기 청정기를 부착하고, 공기 청정기의 통기용량은 유압펌프 토출량의 2배 이상으로 하며, 소형 오일 탱크는 에어 블리더가 주유구를 공용시 켜도 무방하다.

⑪ 용량은 펌프 토출량의 3배 이상으로 유면의 높이를 흡입 라인 위까지 항상 유지 하여야 한다.

⑭ 오일 탱크 내의 방해판은 펌프 흡입측과 복귀측을 구별시키고, 복귀유를 오일탱 크의 측벽에 따라서 흐르도록 한다.

㈜ 오일 탱크의 바닥면은 바닥에서 최소 간격 15 cm를 유지한다.

㈐ 보기 쉬운 곳에 유면계를 설치하여야 한다.

㈏ 완전히 세척할 수 있는 방법을 고려해 두어야 한다.

㈎ 스트레이너의 삽입이나 분리를 용이하게 할 수 있는 출입구를 만든다.

㈒ 스트레이너의 유량이 유압펌프 토출량의 2배 이상인 것을 사용한다.

㈓ 내면은 방청과 수분의 응축 방지를 위하여 내유성 도료로 도장 또는 도금한다.

㈔ 업세팅 운반용으로서 적당한 곳에 훅을 단다.

㈕ 정상적인 작동에서 발생한 열을 발산할 수 있어야 한다.

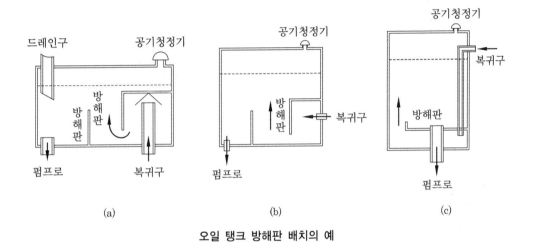

오일 탱크 방해판 배치의 예

② 오일 탱크의 부속장치

㈎ 입구 캡(filler cap) : 오일 주입구를 닫았을 때에는 기밀을 유지하며, 작은 공기 여과기가 있어 오일 탱크 내에 부분 진공이 되지 않도록 항상 깨끗하여야 한다.

㈏ 유면계(oil level gauge) : 오일 탱크 안의 오일량을 확인하는 일을 한다.

㈐ 배플(baffle) : 오일 탱크로 돌아오는 오일과 펌프로 가는 오일을 분리시키는 일을 한다.

㈑ 출구 라인과 리턴 라인 : 오일 탱크의 윗부분이나 옆면에서 들어가고, 라인 끝 부분은 모두 탱크의 밑바닥 가까이에 위치한다.

㈒ 입구 여과기(inlet filter) : 보통 스크린으로 되어 있으며 유압 장치의 여과기와 직렬로 연결되어 있다.

㈓ 드레인 플러그(drain plug) : 오일 탱크 내의 오일을 전부 배출시킬 때 사용하는 것으로 오일 탱크에서 가장 낮은 곳에 부착되어 있다.

(2) 여과기 (filter)

① 오일 여과기의 형식

⑺ 분류식(bypass type) : 펌프로부터 오일의 일부를 작동부로 흐르게 하고 나머지 는 여과기를 경유한 다음 탱크로 되돌아가게 되어 있다.

⑻ 전류식(full-flow type) : 주로 사용되는 형식으로 펌프로부터의 오일이 전부 여 과기를 거쳐 동력부와 윤활부로 흐르게 되어 있다.

② 여과기의 구조 및 작동원리 : 유압 장치에 사용되는 여과기를 설치 위치에 따라 분류 하면 탱크용 여과기와 관로용 여과기로 나누어진다. 또한 표면식, 적층식, 자기식으 로 대별되기도 한다.

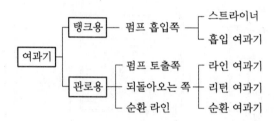

⑺ 스트레이너(strainer) : 펌프를 고장나게 할 염려가 있는 약 100메시 이상의 먼지 를 제거하기 위하여 오일 필터와 조합하여 사용하고, 필터 엘리먼트(element)를 직접 오일 탱크 내 흡입쪽에 설치한다.

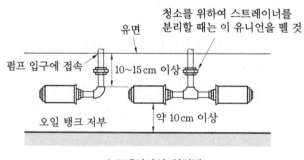

스트레이너의 연결법

⑻ 흡입 여과기 : 스트레이너와 같이 펌프의 흡입쪽에 설치하고, 엘리먼트를 케이스 내에 삽입하여 배관 사이에 부착한다.

⑼ 관로용 여과기 : 압력 라인이나 리턴 라인(return line)에 설치하는 것으로, 배관 을 풀지 않고도 엘리먼트를 교환할 수 있게 되어 있다.

㈑ 리턴 여과기 : 유압 회로의 되돌아오는 쪽에 부착하며, 케이스가 간단하게 되어 있다.

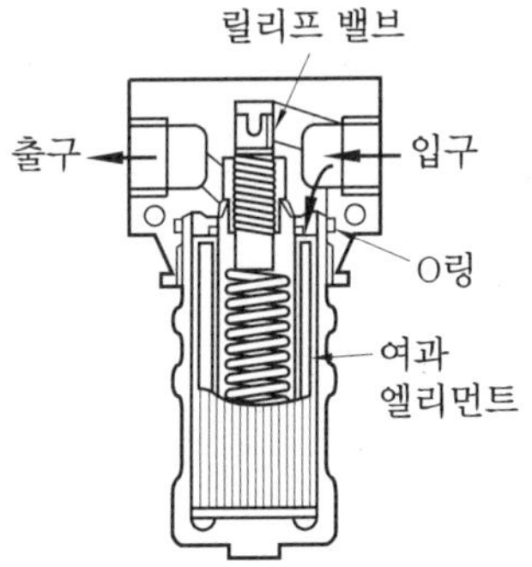

압력 라인용 여과기

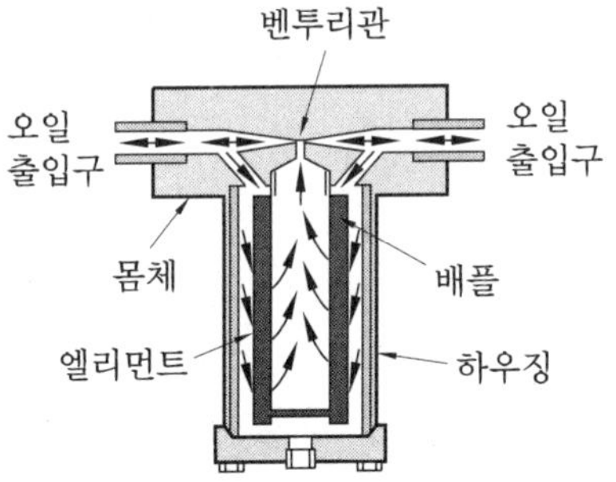

바이패스식 여과기

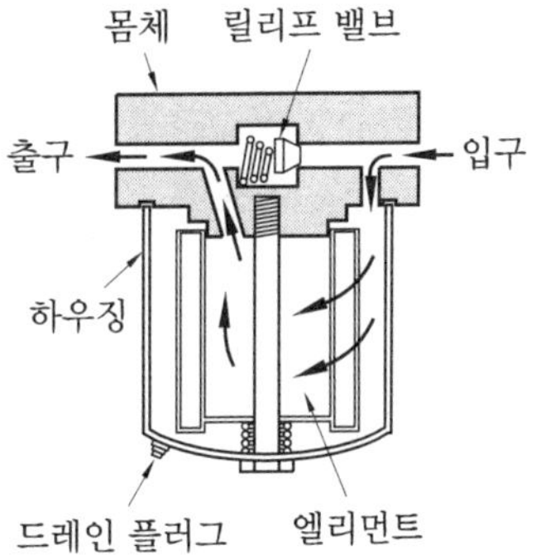

리턴 여과기

㈒ 순환 여과기 : 회로 내에 여과기를 사용하지 않고 전용의 펌프로 여과기를 통과시켜 사용하는 것이다.

㈓ 표면식 여과기 : 표면에서만 여과하며, 여과 재료는 구멍 크기가 일정한 것이 적당하고 강인하거나 극히 접착력이 강한 여과 재료 (직포, 철망) 가 사용되고 있다.

㈔ 적층식 여과기 : 여과면이 여러 개 중첩되고 각각의 면에서 여과가 이루어진다. 필터 재료로는 구멍 배치가 굴곡이 많고 특수하게 짠 철망, 금속 리본을 감은 것 등을 사용하고 있다.

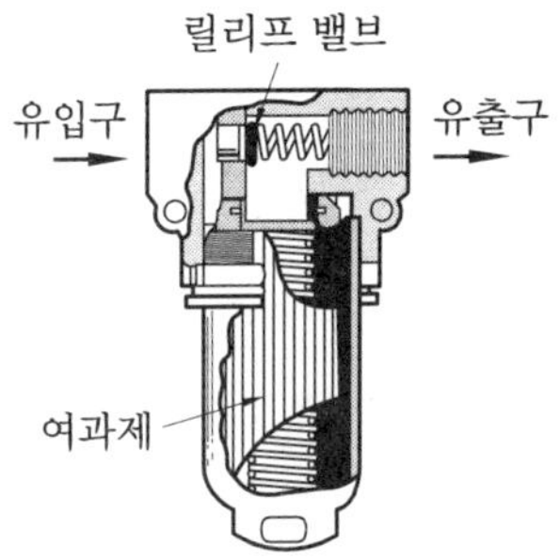

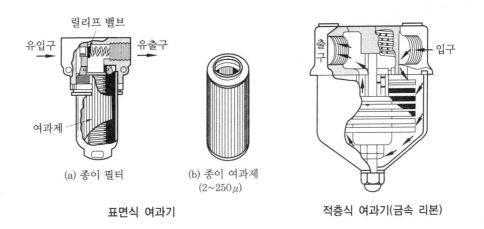

(a) 종이 필터

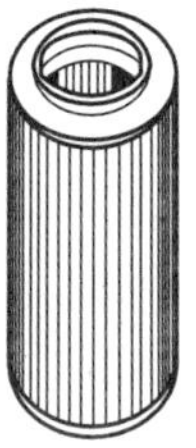
(b) 종이 여과제 (2~250μ)

표면식 여과기

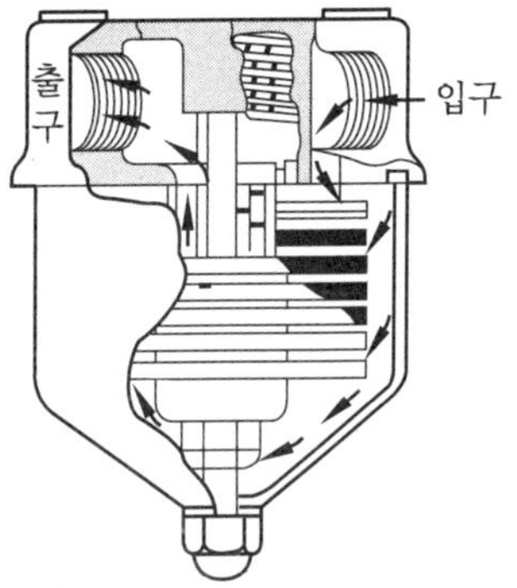

적층식 여과기(금속 리본)

㈕ 자기식 여과기 : 자석을 이용하는 여과기로서 오일 중에 흡입되고 있는 자성 고형물을 자석에 흡착시키는 것에 의하여 여과하는 것이다.

③ **여과기 선정 시 주의사항**

　㈎ 여과 엘리먼트의 종류　　　㈏ 여과 입도, 여과 성능

　㈐ 유체의 유량, 점도와 압력 강하　㈑ 내압과 엘리먼트 내압

④ **여과재의 종류**

　㈎ 페이퍼 : 거름 종이에 페놀 수지를 같이 담가 고온처리를 하여 내수성과 거름종
이의 강도를 강화한 것이다.

　㈏ 소결합금 : 스테인리스강, 청동, 황동 등의 미립자를 그 재료의 용융점보다 조금
낮은 온도에서 소결 결합한 것으로 여과 입도는 2~6 μm 정도이다.

　㈐ 금속망 : 스테인리스강, 모넬, 니켈, 황동 등으로 만든다.

　㈑ 와이어 메시 : 모넬, 스테인리스강, 청동 등의 와이어에 일정한 높이와 간격으로
돌출부를 원통 모양으로 하여 사용한다. 통로의 단면은 안쪽이 크게 되어 있어 통
로의 먼지 등이 쌓이지 않고 쉽게 닦아낼 수 있다. 여과 입도는 25~250μm 정도
이다.

⑤ **사용 조건**

　㈎ 펌프의 흡입 : 40~60 메시(340~230 μm) 정도

　㈏ 보통의 유압 장치 : 20~25 μm 정도의 여과

　㈐ 미끄럼면에 엄밀한 공차가 주어져 있을 경우 : 10 μm까지

　㈑ 작동이 정밀하고 고감도의 서보 밸브를 사용할 경우 : 5 μm 정도

　㈒ 특수한 경우 : 2 μm 까지의 여과

⑥ **필터 성능 표시**

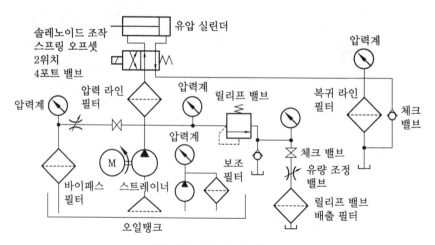

필터 연결 장소의 대표적 예

㈎ 통과 먼지 크기　　　　　　㈏ 먼지의 정격 크기

㈐ 여과율 (정격 크기)　　　　　㈑ 여과 용량

㈒ 압력 손실　　　　　　　　　㈓ 먼지 분리성

6-5　축압기 (accumulator)

이 기기는 용기 내의 작동유를 고압으로 저장하여 압축된 스프링이 하나의 잠재 에너지원이 되는 것과 같이 유압의 에너지를 저장하는 것이다.

(1) 축압기의 용도

축압기는 에너지의 저장 (부스터 역할), 충격 흡수, 압력의 점진적 증대 및 일정 압력의 유지에 이용된다. 축압기는 위의 네 가지 기능 가운데에서 어느 것이든 할 수 있으나 실제의 사용에 있어서는 어느 한 가지 일만 하게 되어 있다.

① **충격 흡수용 축압기** : 압력이 최고일 때 여분의 오일을 저장하였다가 서지가 지난 후에 다시 내보내는 일을 하며, 이것에 의해 장치 내의 진동과 소음이 감소된다.

② **압력의 점진적 증대용 축압기** : 유압 프레스에서와 같이 고정 부하에 대한 피스톤의 동력 행정을 부드럽게 하는 데 사용된다.

③ **일정 압력 유지용 축압기** : 폐회로 내의 유압유에 일정한 힘이 가해지도록 한다.

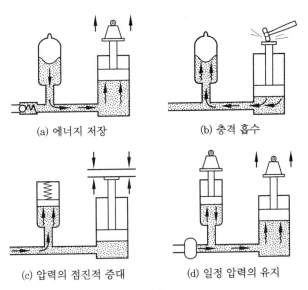

(a) 에너지 저장　　　　　　　(b) 충격 흡수

(c) 압력의 점진적 증대　　　　(d) 일정 압력의 유지

축압기의 용도

㉮ 유압 에너지의 축적 : 간헐운동을 하는 펌프의 보조로 사용하는 것에 의하여 큰 토출 펌프를 대신하며, 정전이나 사고 등으로 동력원이 중단될 경우 축압기에 축 척한 압력유를 방출하여 펌프를 운전하지 않고 장시간 동안 고압으로 유지시키고 자 할 때에 사용하며, 이를 서지 탱크라고도 부른다.

㉯ 2차 회로의 구동 : 기계의 조정, 보수 준비 작업 등 때문에 주 회로가 정지하여도 2차 회로를 동작시키고자 할 때 사용된다.

㉰ 압력 보상 : 유압회로 중 오일 누설에 의한 압력의 강하나 폐회로에 있어서의 유 온 변화에 수반하는 오일의 팽창, 수축에 의하여 생기는 유량의 변화를 보상한다.

㉱ 맥동 제거 : 유압 펌프에 발생하는 맥동을 흡수하여 첨두 압력을 억제함으로써 소음·진동을 방지한다. 이 경우 노이즈 댐퍼라고도 한다.

㉲ 충격 완충 : 밸브를 개폐하는 것에 의하여 생기는 유격이나 압력 노이즈를 제거 하고, 충격에 의한 압력계, 배관 등의 누설이나 파손을 방지할 수 있다.

㉳ 액체의 수송 : 유독, 유해, 부식성의 액체를 누설 없이 수송하는 데 사용된다. 이 경우 트랜스퍼 바이어라고도 부르고 있다.

(2) 축압기의 형식

① 뉴메틱 축압기(pneumatic accumulator) : 기체의 압축성을 이용한 것이며, 오일에 대 한 부하의 한 방식과 또는 쿠션의 수단으로 불활성 가스를 사용하고 있다. 가스와 오일이 같은 용기에 넣어져 있으며, 오일 압력이 상승되면 유입되는 오일이 가스를 압축하고, 오일 압력이 낮아지면 가스가 팽창되면서 오일을 밖으로 내보낸다. 피스 톤, 블래더(bladder), 다이어프램(diaphragm) 등에 의해 가스와 오일의 혼합이 방지 되어 가스가 유압 장치 내에 들어가지 않게 한다.

② 추부하 축압기(weight loaded accumulator) : 초기의 축압기 형식으로 피스톤과 실린 더로 되어 있고, 피스톤에 작용되는 추의 무게로 오일에 에너지를 주게 되어 있다. 일정한 압력을 유지할 수 있는 장점이 있으나 운동 부분의 관성이 크고, 응답성도 좋지 않아 충격이나 맥동의 흡수에는 적합하지 않으며, 구조가 크고 값이 비싸 설치 를 하는 데 제한을 받는 단점이 있다.

③ 스프링 부하 축압기(spring loaded accumulator) : 스프링이 부하의 기능을 하는 것으 로 스프링의 변위에 의해 생기는 힘과 유압이 평행을 이루도록 한 것이다.

6-6 ## 오일 냉각기 및 가열기

(1) 오일 냉각기 (oil cooler)

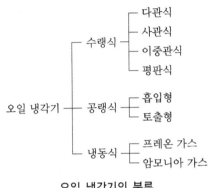

오일 냉각기의 분류

　작동 중 유온이 상승하고 이 때문에 점도의 저하, 윤활제의 분해 등을 초래하여 작동 부가 녹아 붙는 등의 고장을 일으키게 되며 유압 펌프의 효율 저하와 오일 누출 등의 원인도 된다. 일반적으로 60℃ 이상이 되면 오일의 산화에 의한 변질이 촉진되어 오일의 수명이 단축되며, 70℃가 한계이다. 열의 발생이 적을 경우에는 오일 탱크의 표면이나 파이프 표면 등을 거쳐 열을 발산시킬 수 있으나 발열량이 많은 경우에는 오일 냉각기에 의해 강제적으로 냉각할 필요가 있다.

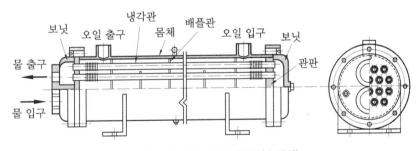

셸 앤드 튜브식 오일 냉각기 (수랭식)

(2) 가열기 (heater)

　한랭 시에 유압기기를 작동하면 오일의 점도가 높아지기 때문에 펌프의 흡입 불량, 펌프 효율의 저하 등으로 인한 정상 작동을 할 수 없게 되므로 점도를 유지하기 위하여 가열기를 사용하여 적당한 온도로 가열한다. 오일 냉각기가 최고 온도를 억제하는데 비하여 가열기는 최저 온도를 유지하도록 한다. 최저 온도는 일반적으로 20℃ 전후이다. 사용상 주의점은 다음과 같다.

① 가열기 와트 밀도가 1~3 W/cm^{2}인 것을 선정한다.

② 가열기의 발열부를 완전히 오일 속에 담그고 발열시킨 다음 오일이 대류되도록 한다.

㈎ 투입 가열기

• 소형이며 설치가 용이하다.

• 보수관리가 간단하고 가격이 싸다.

• 100~500 L 정도의 기름 탱크로 한다.

• 히터 둘레의 기름을 강제적으로 순환시킨다.

㈏ 밴드 가열기

• 소형이나 설치가 어렵다.

• 화재의 위험성이 높으며 보수관리가 간단하다.

• 주배관의 보온에 사용된다.

• 히터의 보호막에 상처를 내지 않도록 하여 이물질이 묻지 않도록 주의한다.

㈐ 증기 가열기

• 증기를 열원으로 하며 대형이다.   • 설치가 어렵고 고가이다.

• 인화성이 없는 곳에 사용한다.

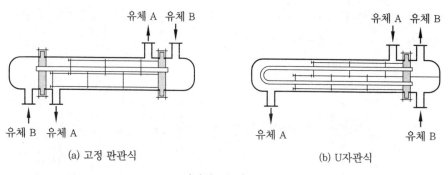

(a) 고정 판관식   (b) U자관식

다관식 열교환기

6-7 유압 작동유

(1) 구비 조건

① 비압축성이어야 한다 (신뢰성).

② 적절한 점도가 유지되어야 한다 (손실 방지).

③ 장시간 사용하여도 화학적으로 안정하여야 한다 (노화 현상).

④ 녹이나 부식 발생 등이 방지되어야 한다 (산화 안정성).

⑤ 열을 방출시킬 수 있어야 한다 (방열성).

⑥ 불순물을 침전 분리시킬 수 있어야 한다 (청결성).

내화성 작동유의 특성 비교

특성＼작동유	합성 작동유 인산에스테르계	함수형 작동유 수글리콜계	임파티드 에멀션계
윤활성	첨가 광유 다음으로 좋은 윤활 특성을 갖는다. 고압이 되면 점도가 상승하는 경향이 있다.	윤활성은 좋지 않다.	기름에 물이 함유되어 있으므로 윤활성은 비교적 양호하다.
고무실재	불소, 부틸, 실리콘, 에틸렌, 프로필렌 고무가 적합하다. 니크릴, 아크릴 등의 내유 고무는 팽윤이 크다.	고무는 문제가 없다. 아스베스트, 코크스, 가죽 등 수분을 흡수하는 것은 적합하지 않다.	수글리콜계와 같다.
도료	거의 모든 도료를 용해하므로 탱크 내 도장은 피한다. 나일론기, 페놀기, 에폭시기는 비교적 내성이 있다.	페인트, 에나멜, 바니시 등을 용해한다.	수글리콜계와 같다.
부식성	고분자 화합물이므로 금속 표면에 흡착되는 경향이 있어 방청 효과는 우수하다.	임파티드 에멀션계와 같으며, 특히 아연, 카드뮴, 알루미늄, 마그네슘류와 수소화물을 만들어 부식을 일으킨다.	물을 기(基)로 하기 때문에 녹과 부식에 큰 문제가 된다. 기상 부분에 녹이 발생하기 쉽다.
조작온도	고온성(80℃ 이상)에서도 운전 가능, 저온성 양호 (유동점은 -57℃)	상한온도는 약 70℃, 저온성 비교적 양호 (유동점 -40℃)	상한온도 40~70℃, 하한온도 5℃ 이하에서는 불가
압력	고압 (21 MPa 이상)에서도 양호한 윤활성을 나타낸다.	고압, 고하중의 윤활에 문제가 있다.	고압에서도 점도가 저하된다.
보수	혼입 수분의 제거에 특히 주의를 요한다.	물 (증류수) 의 보급과 온도 점검을 요한다.	좌동

(2) 작동유의 종류 및 물리적 성질

① **석유계 작동유** : 작동유의 대부분을 차지하며, 주로 파라핀기(파라핀기 탄화수소 함유) 원유를 정제하여 산화 방지, 방청 등의 첨가제를 첨가한 것으로 점도는 13 cSt (70 SSU) 이상 880 cSt (4000 SSU) 이하의 것을 사용한다.

② **인화점과 연소성** : 기름을 가열하면 일부가 증발하여 공기와 혼합한다. 이곳에 화염을 가까이 하면 순간적으로 착화한다. 이때의 기름의 온도를 인화점이라 하고, 인화점에서 계속 가열하면 연속해서 연소가 지속된다. 이때의 기름 온도를 연소점 또는 발화점이라 한다. 작동유의 인화점은 대략 170~220℃의 범위이다.

③ **압축성** : 고압 대형의 유압 장치에서 문제가 되며, 작동유 중에 약간의 공기라도 흡입되어 있으면 압축률은 크게 변화하므로 작동유에 공기가 혼입되지 않도록 한다.

④ **잔류탄소의 색** : 잔류탄소는 작동유를 도가니 안에 넣고 가열하였을 때 남는 탄소분을 중량 (%) 으로 표시한 값이다. 색은 불순물 혼입을 조사하는 데 필요하다.

⑤ **유동성** : 시험관에 작동유를 넣고 냉각시켜 점도가 증대되어 시험관을 기울이더라도 서서히 움직일 정도일 뿐 흐르지 않게 되는데, 이때의 온도를 유동점이라 하고, 냉각을 계속하면 움직이는 것까지도 정지되는데, 이때의 온도를 응고점이라 한다.

(3) 실용적 성질

① **온도에 따른 점도 변화**

  ㈎ 점도가 너무 높은 경우
  - 내부 마찰의 증대와 온도 상승 (캐비테이션 발생)
  - 장치의 관내 저항에 의한 압력 증대(기계 효율 저하)
  - 동력 손실의 증대(장치 전체의 효율 저하)
  - 작동유의 비활성(응답성 저하)

  ㈏ 점도가 너무 낮은 경우
  - 내부 누설 및 외부 누설(용적 효율 저하)
  - 펌프 효율 저하에 따른 온도 상승 (누설에 따른 원인)
  - 마찰 부분의 마모 증대(기계 수명 저하)
  - 정밀한 조절과 제어 곤란 등의 현상이 발생한다.

② **압력과 점도와의 관계** : 점도는 압력의 증대에 따라 지수 함수적으로 증가하나 그 증가율은 원유의 종류에 따라 다르고, 보통 압력이 30 MPa 정도 이상이 되면 주의를 요한다.

③ **중화수** : 중화수란 작동유의 산성을 나타내는 척도로서 양질의 작동유는 낮은 중화수를 갖는다.

④ **산화 안정성** : 작동유가 공기 중의 산소와 반응하여 물리적·화학적으로 변질하는 것에 저항하는 성질이 있는데, 이것을 산화 안정성이라 말하며, 작동유의 성분 및 운전 온도, 운전 압력, 이물질 등에 따라 영향을 받는다. 산화 원인을 분류하면 다음과 같다.

㈎ 작동유의 성분, 원유의 종류, 정제법, 첨가제의 유무

㈏ 운전 온도 : 유압 장치의 최적 온도는 45~55℃이다.

㈐ 운전 압력 : 압력이 증가함에 따라 점도가 증가하여 유온이 상승하고, 공기량도 상승하여 작동유의 산화를 촉진시킨다.

㈑ 외부로부터 이물질 침입 : 외부로부터 침입하는 수분, 절삭유, 윤활유, 도료, 마찰 등이 산화를 촉진한다.

⑤ **항유화성** : 작동유 중에 수분이 미치는 영향이다.

㈎ 윤활 능력의 저하

㈏ 밀봉 작용의 저하

㈐ 금속 촉매 작용의 활성화

㈑ 유화유로의 변질

⑥ **소포성** : 작동유에는 보통 5~10 %의 공기가 용해되어 있고 이 작동유를 고속 분출시키거나 압력을 저하시키면 용해된 공기가 분리되어 거품이 일어난다. 이 거품은 윤활작용의 저하, 산화를 촉진시켜 작동유의 손실과 펌프의 작동을 불가능하게 한다. 또, 압축성이 증가되어 유압기기의 작동이 불규칙하게 되고 펌프에서 공동현상 발생의 원인이 된다. 그러므로 작동유는 소포성이 좋아야 하고 만일 거품이 발생하더라도 유조 내에서 속히 소멸되어야 한다. 작동유의 소포제로서 실리콘유가 사용된다.

⑦ **방청 방식성**(anti-rust and anti-corrosion properties) : 부식은 작동유의 산화에 의하여 생성된 유기물, 수분, 기타 이물질에 의하여 일어나 작동유 속으로 혼입되면 활동면을 손상시켜 성능을 저하시키므로 첨가제를 첨가시켜 금속 표면에 막을 생성시켜 공기나 수분 등의 접촉을 막아 방청 방식 작용을 하도록 한다.

일반 기계 공학

1999년 7월 30일 1판 1쇄
2014년 3월 20일 2판 1쇄
2023년 1월 25일 2판 3쇄

저 자 : 차홍식 · 양인권
펴낸이 : 이정일

펴낸곳 : 도서출판 **일진사**
www.iljinsa.com

(우) 04317 서울시 용산구 효창원로 64길 6

전화 : 704-1616/팩스 : 715-3536

등록 : 제1979-000009호 (1979.4.2)

값 20,000 원

ISBN : 978-89-429-1391-6

◉ **불법복사는 지적재산을 훔치는 범죄행위입니다.**
저작권법 제97조의 5(권리의 침해죄)에 따라 위
반자는 5년 이하의 징역 또는 5천만원 이하의 벌
금에 처하거나 이를 병과할 수 있습니다.